事故防控策略与技术

（第二版）

胡月亭　著

石油工业出版社

内 容 提 要

本书从事故预防的宏观、微观两个层面，通过对风险防控工作影响的分析，探讨了事故防控的策略与技术，揭示了事故预防的客观规律和工作中遇到的问题，并通过构建宏观、微观两个模型，为解决企业风险防控的问题提出了思路、方法与意见、建议。本书针对当前 HSE 风险管理工作做了有益研究和探索。另外，还首次对“两书一表”风险管理模式、蝴蝶结模型风险管理工具做了系统介绍。

本书可作为 HSE 培训的核心教材，适用于企业 HSE 管理人员及领导干部、政府安全生产监督管理人员阅读使用，也可供相关专业的科研人员、高校师生参考使用。

图书在版编目（CIP）数据

事故防控策略与技术 / 胡月亭著 .—2 版 .—北京：石油工业出版社，2023.4

ISBN 978-7-5183-5620-1

Ⅰ . ① 事… Ⅱ . ① 胡… Ⅲ . ① 生产管理 – 安全管理 Ⅳ . ① X92

中国版本图书馆 CIP 数据核字（2022）第 177106 号

出版发行：石油工业出版社
（北京安定门外安华里 2 区 1 号　100011）
网　址：www.petropub.com
编辑部：（010）64523552　　图书营销中心：（010）64523633
经　　销：全国新华书店
印　　刷：北京晨旭印刷厂

2023 年 4 月第 2 版　2023 年 4 月第 1 次印刷
787×1092 毫米　开本：1/16　印张：22.75
字数：550 千字

定价：85.00 元
（如出现印装质量问题，我社图书营销中心负责调换）

序

风险无处不在，事故皆可预防，要做到安全生产，风险控制为本。风险管理，既有宏观层面的战略问题，也有微观层面的战术问题，无论哪个层面出了问题，都将影响到事故防控的最终效果。

本书是作者多年来企业HSE风险管理实践的结晶，不仅系统分析总结了HSE风险防控工作中出现的各种问题，而且还探究了有效解决这些问题的方法、途径。全书分为两篇，分别从宏观、微观两个层面揭示了事故预防的策略与技术等问题，探究了事故防控的客观规律，并通过宏观、微观两个模型的构建，提出了解决这些问题的思路、方法与意见、建议。

纵观全书，我认为创新性、实用性是本书的两大突出特点。

在创新性方面，首次以能量意外释放理论作为全书主线，使得能量意外释放理论、奶酪模型、蝴蝶结模型、三类危险源（危害因素）与三重屏障、安全文化等形成了一条环环相扣的风险管理链条，相辅相成，相得益彰。具体而言，主要体现在以下几个方面：

一是在危害因素辨识环节，针对当前风险管理与传统安全生产管理，在名词、术语方面相互交叉重叠、歧义丛生的问题，通过对与危害因素相关概念的梳理、整合，不仅有效地解决了这一问题，而且还在统一概念的基础上，通过对两类危害因素（危险源）的重新命名，理清了两者之间的逻辑关系，为做好危害因素的辨识创造了条件。

二是在风险控制环节，剖析了三类危险源划分存在的问题，并对三类危险源（危害因素）进行了重新划分；通过分析奶酪模型防范能量失控的原理，引入兼有事故预防与应急双重功能的蝴蝶结模型，通过对蝴蝶结模型防控屏障漏洞（升级因素）辨识与弥补的分析，提出了与三类危险源（危害因素）相对应的三重屏障概念，在此基础上，构建了三类危险源（危害因素）与三重屏障相对应的“3×3”事故防控微观模型。该模型揭示了事故发生的内在机理，剖析了事故防控的层级和关键环节，为风险管控、事故原因分析等提供了规范的技术路线，对于做好事故防控的具体工作，具有很好的实用价值。

三是针对当前HSE管理体系运行过程中出现的问题，通过分析管理体系与风险管理、管理体系与安全文化之间的相互关系，构建了事故防控宏观模型。事故防控宏观模型指出了羁绊HSE管理体系有效运行的症结所在，科学地解答管理体系不能有效发挥作用的问题，同时还提出了通过管理体系进行事故防控的策略、模式。

另外无论微观模型还是宏观模型，都不约而同地把安全生产问题的根源指向了企业不良的安全文化，从理论上佐证了企业安全文化对于安全生产的极端重要性。关于安全文化的论断，两个模型相互印证，为通过培育安全文化，建立安全生产长效机制提供了理论上的依据。

在实用性方面，本书定位于 HSE 风险管理实践，是基于作者多年来从事 HSE 风险管理工作的亲身经历，剖析的是 HSE 风险管理实践中的实际问题与真实案例，并针对当前企业 HSE 风险管理中的突出问题，切中要害，有的放矢。

首先，在论述方式上，本书采取夹叙夹议的方式，在对关键环节内容进行阐述、分析的同时，就如何做好相应工作进行分析、总结，对可能存在的陷阱、误区进行提示，同时，还对一些典型问题进行专题剖析，并提出了相应对策建议，具有很好的实用价值。

其次，在内容安排上，具体问题具体分析，问题少的地方一笔带过，关键环节则不惜笔墨。如危害因素辨识是风险防控工作的重点、难点，也是当前的薄弱环节，本书不惜用大量篇幅，从概念的梳理整合、类型划分，到辨识重要性的阐述，再到具体方法的介绍、技巧的提示等，对于做好危害因素辨识工作十分有益。

另外，本书首次对 HSE "两书一表" 管理模式与蝴蝶结模型技术做了系统介绍。HSE "两书一表" 是由我国企业自创的、在安全生产管理方面为数不多得到国际认可的一种风险管理模式，简单易行、行之有效；蝴蝶结模型则是在国际上日趋受到热捧的一种风险管理技术，以图文方式表达，简单明了，尤其是它兼具事故预防与应急双重功能，对重特大风险的防控更是具有独到之处。

综上所述，创新性、实用性是本书的两大突出特点，同时，本书语言通俗易懂，问题分析能够切中要害，意见建议切合实际，对于如何通过风险管理做好事故防控工作大有裨益，是一部事故防控领域不可多得的上乘之作。

中国安全生产协会副会长
国家安全生产专家组成员
中国安全生产科学研究院原院长

目录 CONTENTS

上篇　宏观策略篇

下篇　技术方法篇

上篇　宏观策略篇

导　读

原则上讲，一切事故都是可以预防的，并且事故的预防原理也不复杂，首先要查找出可能导致事故发生的因素，然后对其进行评估，从中筛选出需要防控的对象，最后制定并实施相应的防控措施，这就是事故预防的基本流程。但要按照这一流程做实、做好，使其能够真正发挥事故预防的作用，绝非易事，因为它不仅涉及方法、技巧等微观层面的技术问题，而且还涉及观念、理念、策略、模式等宏观层面的一些问题。

本篇为宏观策略篇，主要阐述事故防控宏观层面的问题。

本篇通过对事故发生的机理、特点，传统安全管理中存在问题等的分析，引入了先进、科学的安全管理新模式——HSE 管理体系。由于 HSE 管理体系是舶来品，故将其作为本篇重点内容进行了全方位、多角度的诠释，鉴于 HSE 管理体系的核心是风险管理，为加深对 HSE 管理体系的理解，还介绍了风险管理基础知识。在此基础上，阐述了以 HSE 风险管理为核心的 HSE 管理体系在中国石油基层组织的应用实践——HSE“两书一表”管理。

HSE 管理体系理论先进、科学，被西方企业的管理实践所证实，但我国企业在建立和运行 HSE 管理体系的过程中，出现了这样或那样的一些问题，为什么先进、科学的 HSE 管理体系在我国的企业不能有效发挥作用呢？本篇通过对风险管理、管理体系及其与安全文化之间相互关系的探讨、分析，构建了事故防控的宏观模型，不仅科学地回答了 HSE 管理体系不能有效发挥作用的问题，同时也指出了促使管理体系有效运行的策略、模式。

在篇章结构的逻辑顺序上，首先是理论阐述，如能量意外释放理论、奶酪模型理论在内的事故致因理论，管理体系及风险管理理论等；然后是理论对实践的指导，即理论在实践中的应用——HSE“两书一表”管理模式；最后，通过对理论与实践相结合过程中存在问题的探讨、分析，构建了事故防控宏观模型。

第一章　事故致因机理与传统安全管理

我国是个大国，地广人多，一些生产安全事故时有发生，尤其是一些重特大安全生产事故的发生，更是揪动着每个国人的心。事故是究竟怎么发生的？为什么有些事故后果如此严重？怎样才能避免事故的发生？事故的发生关系着人们的生命安危，在“以人为本”的今天，每个人都应该认真思考这个问题。

本章从传统事故致因理论分析入手，构建了屏障模型，在分析事故致因基础上，探讨了传统安全管理模式下的一些缺陷和问题，剖析了传统管理模式下，安全生产管理工作的艰巨性和复杂性。

第一节　事故的致因机理

安全生产工作之所以难以管理，与事故发生的特点有密切关系，本节将通过能量意外释放理论与奶酪模型理论等，对事故发生的机理进行研讨和分析。

一、事故致因解释

事故是如何发生的？事故发生的内在源头在哪里？导致事故发生的外在因素又是什么？安全研究领域有多种多样的理论对此进行了解释。其中，最初的事故频发倾向论，把事故的发生仅归咎到个别人的性格特征上，认为事故多发生在极个别人身上，这些人具有容易发生事故的、稳定的、个人内在的倾向，发生了事故就将违章者开除了事。这种理论虽然认识到在事故的发生中人是非常重要的因素，但单单强调人的因素，而忽视了除人为因素之外的其他原因，不但失之偏颇，也违背科学。后来的事故遭遇倾向论则认为，事故的发生不仅与个人因素有关，而且还与生产条件有关，它是对事故频发倾向论的修正。海因里希事故因果连锁理论认为，通过防止人的不安全行为、消除机械的或物质的不安全状态，中断事故连锁进程，便能够避免事故的发生。这一理论较事故频发倾向论有了明显的进步，能够较为客观地解释导致事故发生的原因。

1961 年，吉布森（Gibson）提出了解释事故发生物理本质的能量意外释放论。他认为，事故是一种不正常的或不希望的能量释放，各种形式的能量是构成伤害的直接原因。因此，应该通过控制能量或控制作为能量达及人体媒介的能量载体来预防伤害事故。1966 年，在吉布森的研究基础上，美国运输部安全局局长哈登（Haddon）进一步完善了能量意外释放理论，提出“人受伤害的原因只能是某种能量的转移”，并提出了预防能量意外释放的相应措施。英国曼彻斯特大学从事心理学教学研究的瑞森（Reason）教授，构建了事故致因奶酪模型，奶酪模型因其直观、形象、生动引起了广泛好评。能量意外释放论揭示了事故发生的内因，奶酪模型解释了事故发生的外因，二者相辅相成，能够更好地说明事故致因机理。下面分别就能量意外释放论与奶酪模型理论做进一步分析。

二、能量意外释放论——揭示了事故内因

有关事故致因理论很多，除上述理论外，还有诸如能量意外释放论、轨迹交叉论、扰动论、人因系统论等。其中，由吉布森（Gibson）提出、哈登（Haddon）发扬光大的能量意外释放论认为，在正常情况下，只要能量能够得到有效控制，到其被需要的地方按需释放，就能够发挥应有作用而不会导致事故发生，如机械能驱动车辆前行，核能发电、电能驱动电机做功、电灯发光，辐射能通过特定通道辐射透视等，能量到了其应该发挥作用的地方，发挥其应有作用。否则，如果能量失去控制而意外释放，就可能会造成事故的发生。

能量意外释放论认为，事故的根本致害物就是客观存在的各种能量或有害物质（图 1-1-1），如机械能可能导致撞击伤、夹伤等机械伤害，热能可能导致灼烧、中暑等，电能可能会干扰神经，或电击伤亡等，声能可能会造成听力的损伤，化学能可能导致火灾爆炸，辐射能则可能致病，甚至发生癌变、胎儿畸形等，而一些工作场所高密度粉尘，轻则可致硅肺病，重则可能发生爆炸伤人，等等。

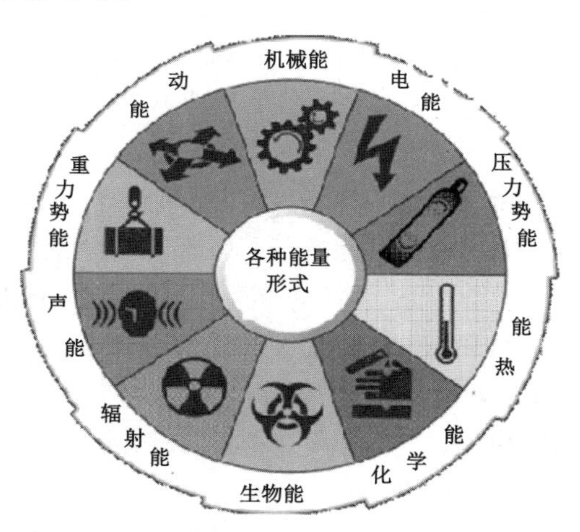

图 1-1-1　各种可能导致事故发生的能量

另外，哈登（Haddon）在吉布森（Gibson）提出的能量意外释放论基本观点的基础上，还以用安全的能量代替不安全的能量、限制能量、防止能量积蓄、控制能量释放、设置屏障等十项对策，把能量意外释放论推广了出去。

总之，能量意外释放论抓住了事故致因的核心：能量，能量意外释放导致事故发生。该观点已经受了实践的检验，被广为接受。能量意外释放论揭示了事故发生的内因，但是，无论是吉布森还是哈登都没有对能量为何会失去控制而意外释放作出进一步的解释。

能量意外释放论指出了事故发生的内在原因就是客观存在的能量或有害物质，但能量或有害物质究竟是如何意外释放而导致事故发生的呢？能量意外释放论并没有给出更为合

理的解释。因为按照能量意外释放模型（图 1-1-2），只要防控屏障出现了问题（隐患），就可能会有事故发生，因为源头类危害因素与其可能波及的“受体”之间只有一道屏障，但事实却并非如此，因为现实当中防控屏障有了隐患并不一定会有事故发生，毕竟隐患是导致事故的发生的小概率事件。

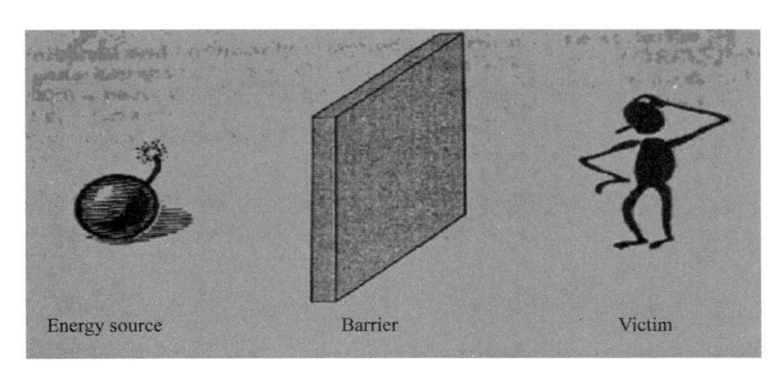

图 1-1-2　能量意外释放论示意图（基于 1980 年哈登观点）

三、奶酪模型理论——揭示了事故外因

为探求能量或有害物质究竟是如何失控的，其失控而引发事故的机理到底是什么，下面通过“瑞士奶酪模型”对事故发生的原因作进一步分析。

瑞士奶酪模型（图 1-1-3）是由英国曼彻斯特大学的心理学家詹姆士·瑞森（James Reason）教授所提出来的，因此有时也叫“瑞森（Reason）模型”。该理论认为，防范能量或有害物质意外释放的防范屏障并不是铁板一块，而是像瑞士的奶酪一样，具有漏洞，它们层层遮挡在危害因素（Hazard）之前，防范被其穿透而意外释放，导致事故的发生。该理论进一步认为，不仅每层奶酪上面随机分布着尺寸、位置不同的孔洞，而且这些孔洞的尺寸、位置随时间在不断变动，当某一时刻所有屏障上的孔洞都位于一条直线上时，就形成了通路，这时所有的防范屏障也就失去了应有的防护作用，能量就会像光线一样穿透所有屏障而意外释放，从而导致事故发生。

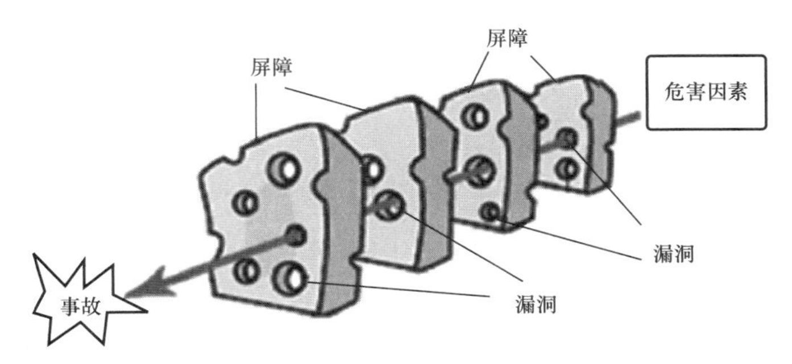

图 1-1-3　奶酪模型

较之能量意外释放模型（图 1-1-2），奶酪模型把防控屏障设定为多层带有孔洞的奶酪片，同时还假定这些孔洞的尺寸、位置都随时间而变化，从而就能够较为形象地解释能量失控的外部微观机理。

能量意外释放论说明了事故发生的内因，奶酪模型揭示了事故发生的外因，二者相辅相成，就构成了完整的事故致因理论。

需要补充的是，奶酪模型中的这些“奶酪（防护屏障）”，既有为防控事故发生而特意施加的屏障，如日常工作中的风险防控措施，蝴蝶结模型中的“关键任务”“关键设备”；也有无需特意施加而客观存在的自然屏障，如正常人趋利避害的风险意识、理智判断等。现以行人过马路为例，说明奶酪模型的作用机理。马路上机动车辆川流不息，高速行驶的车辆具有很高的动能，为防止行人穿越马路时被高速行驶的机动车辆撞上而引发事故，每个路口都安装了红绿灯，并且交警、交通协管员在路口执勤，这些都是人为主观设置的防范屏障。除此之外，司机通过路口时的谨慎驾驶、行人穿越马路时的小心理智等，都是确保行人穿越马路时不被机动车辆撞上的自然屏障。也正是由于这一道道屏障的作用，才使得许多过马路的行人安然无恙。但由于这些屏障不是铁板一块，而是像奶酪一样有许多“孔洞”，所以当危害因素把所有屏障都一一击破时，就会导致事故的发生。某市曾发生过这样一起交通事故：某日一行人因故心事重重，在过马路时，不但因没有观察误闯了红灯，而且在闯红灯过马路时心不在焉，没有注意观察来往车辆情况，同时，该路口也没有交警与协管员执勤，这样“红绿灯”“执勤管理”及“行人理智”这几道屏障就都失去了应有的作用。与此同时，驾车通过红绿灯路口的这位司机又是个新手，看到这种突发状况，慌忙去踩刹车，但误把油门踏板当成了刹车。这样“司机谨慎、机智”这道屏障也因其技术欠佳而失去了作用。所以“红绿灯”“执勤管理”“行人理智”“司机谨慎”等所有防范屏障都被一一突破而失去作用，使机动车辆高速行驶时的动能失控，其能量直接释放到这个行人的身上，导致了这起交通惨剧的发生（图 1–1–4）。

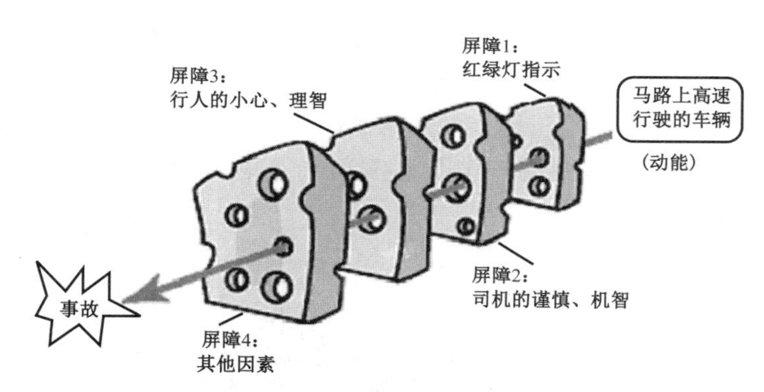

图 1–1–4　交通事故奶酪模型图

为进一步剖析事故发生的机理，再以 2003 年发生在重庆开县的“12 · 23”井喷事故为例进行印证分析。钻井作业就是把埋藏在地下的油气资源通过钻井打通一个通往地面的运输通道。由于地层深处流体具有极高的压力，为防止这种压力势能失控，需要在所钻井筒内保持一定的液柱压力进行平衡，它就是防止地层压力势能失控的防护屏障。本起事故发生在起钻作业环节，起钻前及起钻过程中长时间停机检修后，当班人员都没有按规定充分循环钻井液，致使侵入钻井液的气体没有被带出，减低了钻井液密度，降低了井眼液柱压力。在起钻过程中，随着钻具从井眼中起出，井筒内液柱液面下降，当班人员没有按照规定要求及时向井眼内灌入钻井液，导致井眼液柱压力进一步降低，地层压力微高于井眼液柱压力而造成溢流。当班人员工作疏忽，没有认真观察录井仪，及时发现钻井液流量变化等溢流征兆，致使井涌并最终导致井喷发生。在实施关井时，由于钻杆内单向阀被违规卸下，半封与旋转防喷器关井无效，剪切闸板防喷器因未能剪断钻具，导致井喷失控，致使大量含有硫化氢的气体喷出。现场指挥人员由于缺乏经验，没有果断采取点火措施，造成喷出的含硫化氢天然气随风向蔓延。同时，由于缺乏必要的防范知识，很多已撤离的村民又擅自返回自己家中，最终造成很多居民因硫化氢中毒而死亡（图 1–1–5）。

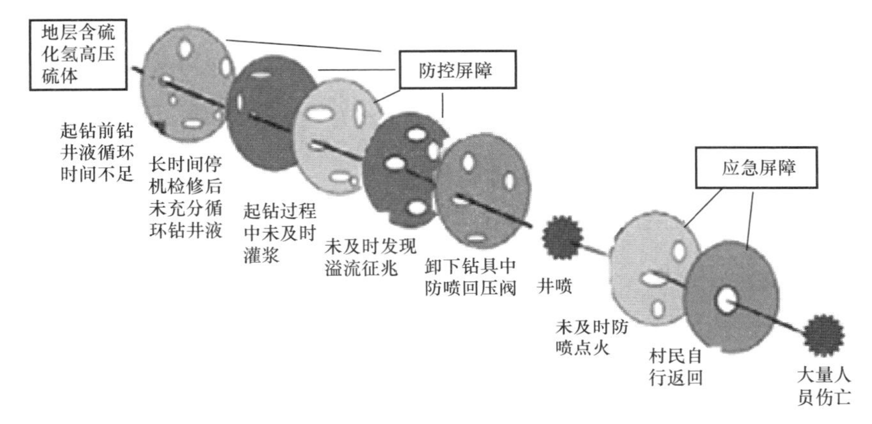

图 1–1–5 重庆开县井喷事故奶酪模型图

四、奶酪模型存在问题分析

奶酪模型在解释事故发生的原因时，借助带有孔洞的奶酪作比喻，不仅浅显易懂，而且生动形象，该理论一经推出，就好评如潮，引起了业内外人士的广泛关注，瑞森教授被称作“奶酪人”。当然，如同任何事物一样，奶酪模型在令人赞叹的同时，人们也发现其自身也存在一些不容忽视的问题，如，其对事故致因的解释采用比喻方式，主要是针对人的不安全行为的防范，且没有给出屏障准确界定等。尤其严重的是，由于他把事故防控屏障比作自始至终都带有漏洞的“瑞士奶酪”，给人们造成“没有无缺陷的屏障（措施）”的错觉，由此误导了人们对屏障（措施）性质的认识，致使人们放松了对屏障（措施）质量的关注与重视，这种影响不容小觑。因为奶酪模型关于屏障（措施）有漏洞的描述，似乎成为了一些人为措施（屏障）质量问题开脱的“理论依据”，直接导致了风险管理活动出台的防控措施（屏障）质量不高，造成了一些防控措施（屏障）要么不起作用，要么日后隐患高发，已成为目前制约风险管理发挥作用的主要问题之一。例如，在谈及措施（屏障）质量时，常会听到诸如“差不多就行了，大师（瑞森教授）都认为措施（屏障）没有完美无缺的，措施（屏障）有问题是自然的事……”。

另外，奶酪模型未对屏障作出明确的定义，把各个层级的屏障都汇集在一起，致使奶酪模型中屏障的功能重叠、数量重复，因此，当对屏障有数量要求时（如核工业、壳牌公司等都要求对重大风险防控必须具有三个以上屏障)，就会遇到很大问题。还有，瑞森教授作为心理学家，其奶酪模型主要研究的就是人的行为安全，且模型中的 hazard 一词外延太广等。

第二节　事故致因与防控的基础模型——屏障模型

虽然能量意外释放理论与奶酪模型分别揭示了事故发生的内、外因，对于事故致因的解释科学、合理，但是它们自身也都存在一些问题，尤其是奶酪模型的问题还比较多。本节将在分析奶酪模型存在问题的基础上，对奶酪模型进行修改完善，构建一个新的事故模型——屏障模型。屏障模型基于屏障理论，既能够科学合理地解释事故致因、用于事故原因分析，也已经成功用于事故防控，并通过国内外论文的发表，得到了包括奶酪模型发明人瑞森教授在内的专家、学者的广泛认可，目前已成为屏障理论的基本模型(图 1-1-17)。

一、能量意外释放论与奶酪模型问题分析

1. 能量意外释放论问题分析

如前所述，能量意外释放论只是认为非需能量的意外释放，是导致事故发生的根本原因，至于能量为什么会意外释放，能量意外释放论并没有给出科学、合理的解释。对于能量意外释放的原因，奶酪模型做出了合乎情理的解释。该理论认为，任何防控能量或有害物质的屏障都像瑞士奶酪片一样存在或多或少的孔洞，况且这些孔洞的尺寸和位置随时间而变动，当所有屏障上的孔洞都位于一条直线上时，就形成了通路，能量或有害物质就会像光线一样穿透所有屏障而被意外释放，从而导致事故发生。

2. 奶酪模型问题分析

奶酪模型虽然对能量为何会意外释放给出了合乎情理的解释，但正如前所述，其自身也存在一些问题，除前述因奶酪模型“没有无缺陷的屏障(措施)”而造成不重视屏障(措施)质量之外，下面就奶酪模型中所存在的其他的几个主要问题进行逐一分析。

1)奶酪模型屏障类型问题分析

瑞森教授构建的奶酪模型有三个版本，分别为 Mark Ⅰ、Mark Ⅱ与 Mark Ⅲ(图 1-1-6)。在 Mark Ⅰ 中，高层决策问题、直线组织管理缺陷、不安全行为的心理前提条件等因素，影响着屏障的性能，导致屏障上出现了能量泄漏的通道——漏洞[图 1-1-6(a)]。在 Mark Ⅱ 中，屏障影响因素由 Mark Ⅰ 中的四个演变成了三个，即组织、工作场所和人员，其中，组织又包括企业文化、组织过程及管理决策。同时，屏障的数量由 Mark Ⅰ 中的一个变成了三个，出现了奶酪模型的雏形[图 1-1-6(b)]。在 MarkⅢ 中，屏障影响因素与 Mark Ⅱ 基本相同，只是把位于“尖端”的“人员”又换成了 Mark Ⅰ 中的“不安全行为”。另外，在该版本中，把屏障影响因素由屏障一侧移到了屏障的下方，在该位置增加了 Hazard，形成了由 Hazard、防控屏

障及（事故）损失三个事故模型基本要素所构成的奶酪模型常见样式［图 1-1-6（c）］，至于其中的防控屏障（Defences）究竟是什么，三个版本均没有给出明确的说明。

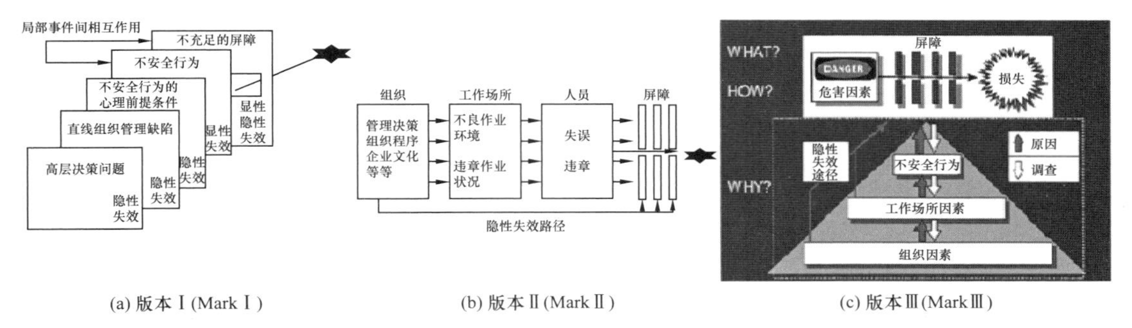

(a) 版本Ⅰ(MarkⅠ)　(b) 版本Ⅱ(MarkⅡ)　(c) 版本Ⅲ(MarkⅢ)

图 1-1-6　奶酪模型的三个版本

正因为在奶酪模型没有给出有关防控屏障的明确定义，致使人们对奶酪模型中的屏障理解，与客观现实有出入，也与瑞森教授所构建的奶酪模型未必一致。目前，国内外对奶酪模型的理解，倾向于把所有对能量起防控作用的因素都作为奶酪模型中的防控屏障，如，美国 CCPS 出版物及我国教科书有关奶酪模型的描述都是如此（图 1-1-7）。另外，需要说明的是，设备设施等物方面的屏障是人们基于理解所添加的，瑞森教授所构建的奶酪模型是分析人的行为安全方面的问题，并没有此类屏障。

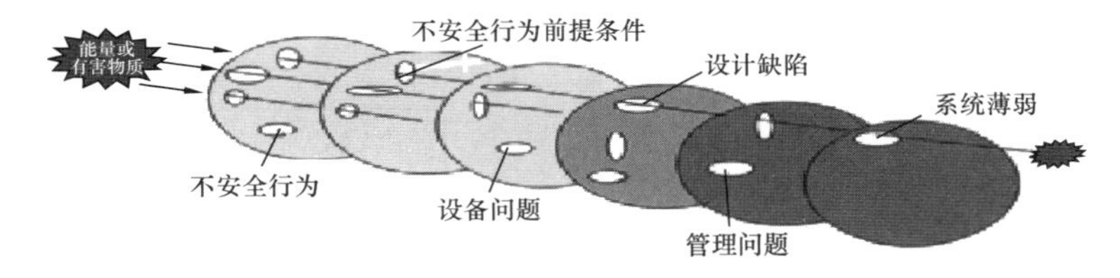

图 1-1-7　CCPS 出版物中的奶酪模型

广义而言，把所有对能量防控起作用的因素都作为防控屏障并无不妥，组织的各个层面都有防止能量失控的屏障。但问题是，在组织的不同层面，有着不同层次的屏障，如果把它们都堆放在一起显然是不恰当的，因为在组织的不同层面的屏障，其在能量控制中的地位、作用是不一样的。瓦尔斯特龙（Wahlstrom）和贡塞尔（Gunsell）区分了初级屏障和次级屏障，认为次级屏障管理着初级屏障。与之相似，舒普（Schupp）也将屏障分为一级屏障和二级屏障，他认为一级屏障控制第一类危害因素（源头类危害因素），二级屏障控制第二类危害因素（衍生类危害因素）。总之，不同层次的屏障具有不同的功能，将它们都混放在一个层次上既不科学也不合理，因此，图 1-1-7 所示的屏障的设置是存在问题的，尤其是在对屏障的具体数量有要求的情况下更是如此。

就奶酪模型而言，其中真正直接对能量或有害物质起到防控作用的屏障应该是瑞森教授所指的“尖端”，因为瑞士奶酪模型是直接的能量控制模型，其中的屏障直接接触或控制能量。瑞森教授所谓的“尖端”就是系列屏障中处于控制能量前端的屏障，故称之为“尖端”，它对能量起着直接管控作用，后面的屏障则对“尖端”起着支持、影响作用，正如 Mark Ⅱ中的箭头所示［图 1-1-6（b）］:“组织”影响着“工作区域”,“工作区域”影响着“工作人员”。正是由于其负面屏障影响因素的,在“尖端”处会出现了漏洞,使其失去能量控制能力。负面屏障影响因素就是瑞森教授所说的“常驻病原体”。当然,如果屏障影响因素是正向、积极的,则能够增强“尖端”的屏障控制的能力。需要指出的是,图 1-1-6 中的(a)图中标记为“防御不足(Inadequate Defence)”的屏障并不存在,真实的屏障应该是右数第二个屏障,它是系列屏障因素的“尖端”。虽然在瑞士奶酪模型的三个版本中,处于“尖端”位置的事物并不相同, Mark Ⅱ中是“人员”, Mark Ⅰ & Ⅲ中是“不安全行为”,但从道理上推测,它们都应该是“人员”,即直接管控能量或有害物质的一线员工,即“人员”,而“不安全行为”则是“人员”屏障上的漏洞(图 1-1-8)。“不安全行为”也即“人员”屏障上的漏洞,可以理解为“人员”屏障的对面,“人员”屏障是防控事故发生的屏障,而人的“不安全行为”则是导致事故发生的直接原因。

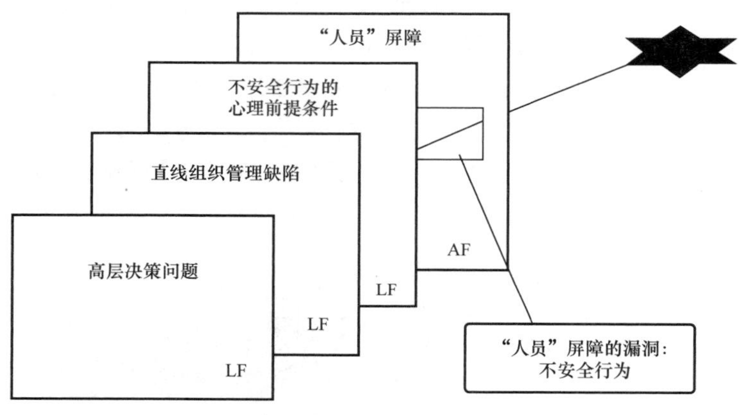

图 1-1-8　奶酪模型 Mark I（第一版）的修正图

另外,在图 1-1-6（b）、(c)中,分别被标识为“Defences”的三个、四个屏障中,就应该是包含“人员”屏障在内的“尖端”,那么,除了“人员”屏障之外,还有什么可作为屏障直接防控能量或有害物质的失控呢?

无论是海因里希、博德还是亚当斯的事故因果理论,还是北川彻三事故致因链理论、轨迹交叉论抑或能量意外释放论等现代主流事故致因理论都一致认为,除人的不安全行为外,物的不安全状态是导致事故发生的另一个直接原因,因此,除了现场一线员工(“人员屏障”)之外,作为“物的不安全状态”的对立面,承载能量或有害物质的硬件设备设施,应该是作为除“人员屏障”之外的另一类直接屏障,因为它也能像一线员工(人员)那样,直接与能量相接触,或者说它直接对能量起着控制作用。事实上,现场硬件设备设施,包括安全附件等,和一线操作岗位员工一样,直接与能量接触,是直接控制能量的另一种直接屏障。瑞森教授作为一名心理学家,主要研究人的行为安全问题,而不是硬件设备设施,因此,由其构建的奶酪模型,不包括硬件设备设施,是可以理解的。基于上述分析,直接防止能量意外释放的屏障,除了由一线岗位操作员工所组成的人员屏障外,还应包括由现场硬件设备设施所构成的硬件屏障。

诚如前述，实际工作中，直接防护能量或有害物质的屏障只有“硬件屏障”与“人员屏障”两种类型。其中，人员屏障主要指一线操作岗位员工(如操作工、飞行员、驾驶员、医生、护士等)，他们工作在生产经营活动的一线，直接接触或通过硬件接触能量或有害物质；硬件屏障既包括硬件设备、设施、工器具，当然也包括安全附件等，因为它们或是能量载体(如飞行的飞机)或作为能量或有害物质的容器(如高压储罐、管道)等，直接接触(承载)能量或有害物质。总之，一线岗位操作员工、现场硬件设备设施等直接接触(承载)能量或有害物质，对它们起着直接的防控作用，故称直接防控屏障，简称直接屏障。

相对于人员、硬件之类的直接屏障，其影响因素如奶酪模型中的“组织”“工作场所”[图 1-1-6(b)]，实际上就是支持一线岗位员工、硬件设备设施等发挥作用的直线组织的监管、高层的决策乃至其组织的(安全)文化等。虽然他们对于能量或有害物质的防控至关重要，但他们并不直接与能量或有害物质相接触，而是通过人员、硬件屏障间接发挥作用。这种支持、影响直接屏障发挥作用的屏障影响因素，虽然也对防控能量、有害物质起作用，但鉴于它们的作用已通过直接屏障体现出来，因此，它们相对于直接屏障而言，对事故防控起间接作用，在屏障模型中把其称为间接屏障。

举例来讲，直接屏障与间接屏障的关系，就像战场上士兵与将军的关系。战场上士兵所作所为，其作战技能及由此形成的战斗力，乃至战场上的布阵、战略战术等，都与将军平日对士兵的管理、训练密切相关，将军水平已通过战场上士兵的表现反映了出来。因此，一旦打起仗来，士兵在前线冲锋陷阵，将军指挥于后方司令部大营，敌军能否破阵攻入，一是看前线士兵的战力(防线质量)，二是看有多少道防线(防线数量)。由此可见，由于将军的作用已通过士兵战力展示，已反映在排兵布阵之中，因此，在迎敌的防线中，既不能把将军再算在前线士兵人数之中，也不能再出现由将军所组成的一道防线。

2)奶酪模型屏障性质问题分析

如前所述，虽然奶酪模型能够对能量意外释放的原因做出合理的解释，但其文学式比喻形式不适于对科学模型的解释，更何况“任何屏障都像奶酪存在缺陷(漏洞)”观念，已经造成了对风险防控措施质量不重视的不良影响。

德克尔(Dekker)及沙佩尔(Shappell)和维格曼(Wiegmann)等对此类问题提出具有代表性的质疑：屏障上为什么会有孔洞？屏障上的孔洞究竟是什么？为什么孔洞的尺寸、位置会随时间而发生变化？为什么当所有屏障上的孔洞在一条直线上就意味着发生了事故？

实际上，现实工作中的事故防控屏障的不完善是客观现实，并不难理解，未必一定要假设为带有孔洞的奶酪片。因为任何事物都有其自身的薄弱之处，如，钢铁虽坚固但会被腐蚀，玻璃不会被腐蚀但易碎，橡胶柔韧不易碎但易老化等；再如，采用螺栓固定会出现螺母松动、脱落等。事物都可能会因其自身特质缺陷而出现不安全状态。同理，由于人是具有主观能动性的高等动物，如果监管不到位，员工就可能会偷懒耍滑走捷径，出现违规操作，即是人都可能会出现不安全行为。另外，由于所处工作环境、工作状况等因素，也会对防控屏障造成影响，致使其出现问题，影响其作用发挥甚至失去其防控功能。如，防控硫化氢中毒的人员屏障——“报警并在上风向集合”，可能会在夜间因光线暗、风力弱，无法判别风向而失去作用。总之，由于屏障（措施）自身本质特征缺陷或其质量问题，或因工作环境、工作状况及监管问题等因素影响，可能会使屏障（措施）失去防控能力。这种大概率导致屏障（措施）失效的因素称为潜在型危害因素（the Potential Hazard），它是一种客观存在。Bow-Tie（蝴蝶结模型）中，把潜在型危害因素（the Potential Hazard）称为“升级因素（Escalating Factor）”。

正是由于人员与硬件屏障都有其特质缺陷及其影响因素等，为防止因此出现问题，就应对其制定并采取相应的预防措施，使这种缺陷始终处于潜在状态，如，通过强化对员工教育培训与监督，防止人的不安全行为，做好对钢铁壳体防腐工作，橡胶制品则在其将要老化前及时更换，针对防硫化氢屏障“因光线暗、风力弱，无法判别风向”问题，采取“照亮高挂风向标”就能够解决问题……总之，虽然所有屏障都有失效（出现不安全行为或不安全状态）的可能性，但如果事先把它们辨识出来，制定并采取相应预防措施，就能够使这种“潜在型危害因素”在其寿命期内处于潜在状态，不出现不安全的行为或状态，这时的屏障就能够持续有效发挥作用，这种状态在屏障模型图中以虚线孔洞示意[图 1-1-9（a）]。相反，如果没有预防，或者预防工作不得力、不到位，如橡胶制品已经老化仍未更换，螺栓出现了螺母松动、脱落，人员出现了不安全的行为等，使得这种可能的缺陷由潜在变成了现实，这时的屏障也就失去了应有的防控作用，这种状态在屏障模型图中以实线孔洞示意[图 1-1-9（b）]。潜在型危害因素失控就成为了现实型危害因素（the Actual Hazard;the Hazardous State），现实型危害因素是潜在型危害因素失控而产生的、致使屏障（措施）失去作用的衍生类危害因素，现实型危害因素类似我们所说的“隐患”。隐患虽然类似现实型危害因素，但它并不完全等同于现实型危害因素，因为二者的外延不同。现实型危害因素具有严格学术定义，相反，隐患则是一种管理要求，内容比较宽泛，再加上人们对隐患理解、判断会有这样或那样的偏差等原因，因此，隐患的范围要远大于现实型危害因素。关于现实型危害因素（the Actual Hazard;the Hazardous State）与隐患的进一步分析，参见本书下篇第一章第一节中“衍生类危害因素与隐患”相关内容。

事实上，不仅像钢铁、玻璃之类的简单屏障是如此，一些结构复杂的屏障（系统），如由监测（Detection）、决策（Decision）与行动（Action）等功能单元所构成的主动型硬件屏障系统，同样也可以照此办理。因为任何一个复杂的屏障系统都可以分解为一个个子系统，每个子系统可再分解为一个个分系统，每个分系统再分解为一个个功能单元，功能单元最后分解到一个个组件。实质上，任何复杂的屏障系统都是由众多组件（元器件）按照一定的逻辑关系所组成。如果某屏障系统中的某些组件是薄弱环节，只要该屏障（系统）出现问题，基本就是这些组件的故障所致，那么，这些组件可能出现的故障就是该屏障（系统）的潜在型危害因素。这样，为了确保此类屏障发挥作用，就要基于此类屏障具有的潜在型危害因素（故障性质），采取相应对策措施，如在改进设计、采用高质量组件等的基础上，强化对此类组件的检维修等，就能够确保这些潜在型危害因素始终处于潜在状态，从而保障此类屏障有效发挥作用。例如，一台车辆好比一道复杂屏障，如果该车能按要求每行驶一定距离或间隔一定时间送 4S 店养护（预防性检维修），就能够确保该车正常行驶而不会出现抛锚现象。

对于硬件屏障而言，屏障一旦失去作用，这种状态就会一直持续下去，直到采取了相应措施，如进行了修复或更换，现实的缺陷就会重新回到了潜在状态，因此，图 1-1-9（b）左右两个屏障是等效的，否则就不会再发挥作用。相反，人员屏障则相对易变，因为作为人员屏障的当事人，其安全行为（规范动作）与不安全行为（无意失误、有意违章）易于变换，致使人员屏障出现时而起作用时而不起作用的情况，因此，相对于硬件屏障，人员屏障具有易变性。如前所述，瑞森教授是位心理学家，其主要研究人的行为安全问题，在其构建的奶酪模型中，只有人员屏障，而人员屏障的这种易变性，可能就是奶酪模型释义中"屏障孔洞的尺寸、位置随时间而发生变化"的道理。

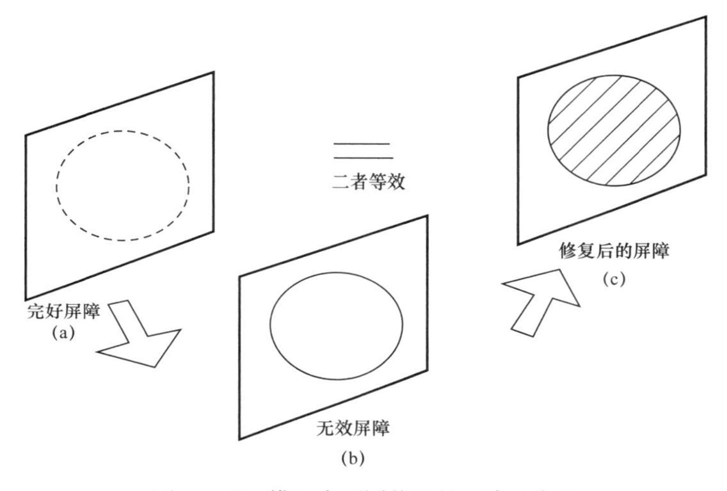

图 1-1-9　模型中不同状况的屏障示意图

总之，屏障能否发挥作用，主要取决于其自身特质缺陷及工况、环境及监管等因素，因此，要做好屏障维护工作，应根据屏障自身本质特征缺陷做好相应的预防与维护工作，在此基础上，还应根据客观实际，考虑其工况、环境及监管等因素可能出现的问题。

3）屏障基本类型分析

如上所述，通过对奶酪模型屏障问题分析，认为直接屏障包括人员屏障与硬件屏障两种基本类型。事实上，关于屏障基本类型的问题，曾有过很大的争议，较早时期有关屏障类型的观点就像奶酪模型那样，存在多种屏障类型混杂并存现象。表 1-1-1 为斯克莱特（S.Sklet，2006）对从 1980 年至 2006 年间有关屏障代表性论文的梳理情况。

实际上，其中的物理屏障（Physical Barrier）与技术屏障（Technical Barrier）是同一类东西，都是主要由硬件所组成，只是与物理屏障相比，技术屏障的技术含量更高、结构更复杂一些而已，如，防护栏就是典型的物理屏障，而船舶自动防撞系统，则是由探测（Detection）、决策判断（Decision）、动作反应（Action）等复杂的技术系统所构成的技术屏障，二者的共同特征，都是主要由硬件所组成，因此，此类屏障都可统称为硬件屏障（Hardware Barrier），如果把硬件屏障进一步细化，可根据其特点再细分为物理屏障（Physical Barrier）与技术屏障（Technical Barrier）。

表 1-1-1　各种有关屏障类型的理论观点

<table>
<tr><td colspan="4">屏障类型（Barrier）</td><td>出处</td></tr>
<tr><td colspan="2">物理屏障
（Physical）</td><td colspan="2">非物理屏障
（Non-physical）</td><td>Jojnson，1980；
ISO：17776—2000；
DoE，1997；PAS，2002</td></tr>
<tr><td colspan="2">硬件屏障
（Hard）</td><td colspan="2">软件屏障
（Soft）</td><td>Reason，1997</td></tr>
<tr><td>物理屏障
（Physical）</td><td>技术屏障
（Technical）</td><td colspan="2">行政屏障
（Administrative）</td><td>Waslstrom & Gunsell，1998</td></tr>
<tr><td>物理屏障
（Physical）</td><td>技术屏障
（Technical）</td><td colspan="2">人因 / 组织屏障
（Human factor/Organizational）</td><td>Svenson，1991</td></tr>
<tr><td colspan="2">技术屏障
（Technical）</td><td>程序 / 行政屏障
（Procedural/Administrative）</td><td>动作屏障
（Human Action）</td><td>Neogy et al，1996</td></tr>
<tr><td colspan="2">技术屏障
（Technical）</td><td>人员 / 组织屏障
（Human/Organizational）</td><td>人员屏障
（Human）</td><td>Kecklund et al，1996</td></tr>
<tr><td colspan="2">技术屏障
（Technical）</td><td>组织屏障
（Organizational）</td><td>操作屏障
（Operational）</td><td>Bento，2003</td></tr>
<tr><td colspan="2">物理屏障
（Physical）</td><td colspan="2">管理屏障
（Management）</td><td>DoE，1997</td></tr>
<tr><td colspan="2">硬件屏障
（Hardware）</td><td colspan="2">行为屏障
（Behavioural）</td><td>Hale，2003</td></tr>
</table>

在上述屏障分类中，还有不同于硬件屏障的另一类屏障，包括上面所提到的非物理屏障（Non-physical Barrier）、软件屏障（Soft Barrier）、人员屏障（Human Barrier）、人因屏障（Human Factor Barrier）、组织屏障（Organizational Barrier）、程序屏障（Procedural Barrier）、行政屏障（Administrative Barrier）、管理屏障（Management Barrier）、操作屏障（Operational Barrier）、行为屏障（Behavioral Barrier）等。这类屏障的突出特点，都是最终要通过人员的正确操作，达到防控能量、有害物质失控的目的。如上所述，根据屏障的分类，其中的组织屏障、行政屏障、管理屏障等，实质上属于确保人员正确操作的支持性、保障性屏障，属于间接屏障范畴，而程序屏障则是组成屏障（系统）的一部分，属于屏障要素范畴，而人员屏障、人因屏障、操作屏障或行为屏障等，则是同一类型的东西，都是通过一线岗位员工的正确操作达到防控能量、有害物质失控目的，此类屏障可统称为人员屏障（Human Barrier）。

基于上述分析，不难看出，直接防控能量、有害物质失控的屏障，它们要么是工作场所一线员工的正确操作，即人员屏障（Human Barrier），要么是现场设备设施及其安全附件对能量、有害物质的防控作用，即硬件屏障（Hardware Barrier）。如果此类屏障出现问题，起不到防控作用，就会导致事故发生。分析事故发生的直接原因，要么是人的不安全行为，要么是物的不安全状态，或者二者组合，除此再无他因。人的不安全行为就是人员屏障上的漏洞，物的不安全状态就是硬件屏障上的漏洞，由此可以反证人员屏障与硬件屏障两类基本屏障类型的科学合理性。

由于笔者身处石油石化行业，与国际石油公司及其相关机构，联系比较紧密，笔者的论文《A Concise and Practical Barrier Model》得到了包括道达尔公司、壳牌公司等在内的一些专家、学者帮助，论文也在一些国外石油公司得到了广泛传播。目前，IOGP、壳牌公司、道达尔公司等组织机构、国际公司，推出了与屏障模型相类似的风险防控模型，其中的防控屏障就是人员屏障（Human Barrier）与硬件屏障（Hardware Barrier）两种基本类型（图 1-1-10），其与屏障模型中对直接屏障的分类完全相同。

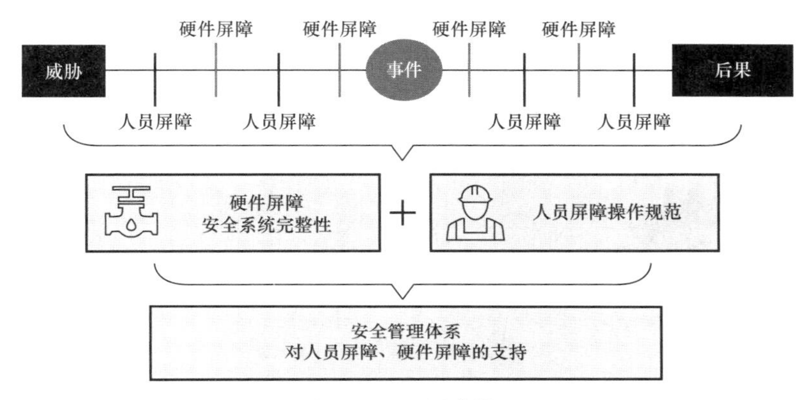

图 1-1-10　屏障类型

4）奶酪模型中 Hazard 问题分析

在奶酪模型中，瑞森教授可能就是把 Hazard（危害因素）视作能量或有害物质，但国内外相关标准都对 Hazard 给出了一致的定义：可能导致人身伤害和（或）健康损害的根源、状态或行为，或其组合。根据两类危害因素（Hazard）理论，这里的“根源”即能量或有害物质，是需要防控的事故“元凶”，而“状态或行为”则是导致约束、限制能量措施失效或破坏的不安全因素，也即防控屏障上的漏洞。由于 Hazard 中“根源”与“状态或行为”的性质完全不同，需要防控的是能量或有害物质，而不是 Hazard，因为它的外延太过宽泛，因此，屏障模型应用能量或有害物质代替 Hazard 更为合适。

二、基础模型的构建及释义

1. 模型构建

基于上述分析，根据两类危害因素理论，在能量意外释放论、奶酪模型基础之上，构建了一种新型的事故防控模型。该模型在结构形式上与奶酪模型、能量模型都有相似之处，都具有三个要素，或由三个部分组成：能量或有害物质、防控屏障及失控所造成的损失（注：图 1-1-11 为未失控情形，故无事故），但在屏障类型及屏障性质上，其与奶酪模型、能量模型各不相同。首先，在防控屏障类型方面，一方面，防控屏障只有直接屏障，间接屏障作为直接屏障背后的支撑，并不出现在本模型之中，解决了直接屏障与间接屏障之间的混淆问题；另一方面，直接屏障既有人员屏障也有硬件屏障，弥补了奶酪模型中缺乏对物的不安全状态防控的缺陷。其次，在防控屏障性质方面，防控屏障就是真实屏障的示意图，屏障虽然由于“潜在型危害因素”的存在，有出现漏洞的可能，但通过对“潜在型危害因素”的辨识与控制，能够防止屏障出现漏洞，确保屏障能够发挥作用。当然，这里所谓的“无漏洞”，并非要求屏障尽善尽美，无任何瑕疵，而是要求屏障能够发挥其应有作用，因为一旦屏障出现了漏洞就起不到应有的防控作用，而非像奶酪模型所示的那样，所有屏障自始至终都存在着漏洞。最后，在该模型中，把导致事故发生的致因物定义为包括能量或有害物质在内的源头类危害因素（Hazard Source），而非 Hazard，这既符合能量意外释放论原理，也解决了原奶酪模型中 Hazard 外延过于宽泛的问题。

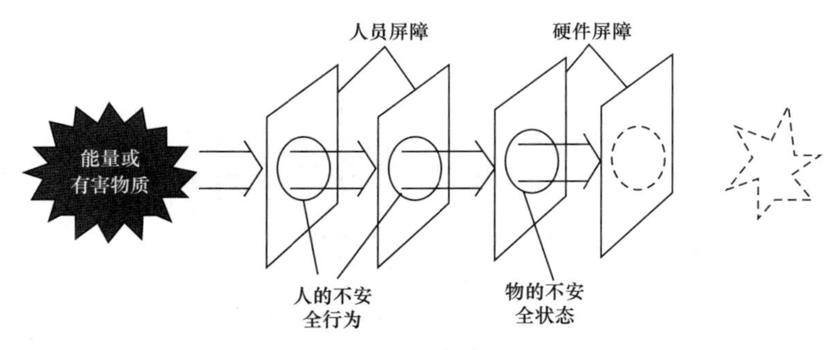

图 1-1-11　屏障模型

本模型中的屏障并不被类比为带有孔洞的奶酪片，而是真实屏障的示意图片（图 1-1-11），对事故致因的解释不像奶酪模型那样，“屏障上孔洞的尺寸、位置会随时间而发生变化，当所有屏障上的孔洞在一条直线上就意味着事故的发生”，而是因为对能量或有害物质的防控一般都具有多重屏障，只要其中任何一个屏障能够发挥作用，就能够确保能量或有害物质的受控，只有当所有屏障都失去了作用，失去控制的能量才可能释放到“受体（受侵害的人机物环等）”上，况且如果“受体”能够抵抗能量的侵袭而免受损害，就是未遂事故，否则，才意味着事故的发生（图 1-1-11），因此，事故的发生是小概率事件。另外，通过上述分析可以看出，要有效预防事故发生，屏障模型既强调屏障数量更注重屏障质量。

由此可见，事故发生的内因就是存在有导致事故发生的能量或有害物质，外因是防控失当，可能是防控屏障的缺失或全部被击穿，失去了防控作用，造成了能量或有害物质的失控，故导致了事故的发生。

2. 屏障类型及其层次划分

如上所述，屏障模型把屏障划分为直接屏障与间接屏障，今后如果没有特别说明，凡屏障都是指直接屏障，屏障类型可划分为人员屏障（Human Barrier）与硬件屏障（Hardware Barrier）两种基本屏障类型。

在屏障层次的划分方面，人们也逐渐达成共识，即，奶酪模型中的屏障应划分为两类，一类是直接作用于能量或有害物质的屏障或屏障系统，另一类是影响屏障作用发挥的屏障性能影响因素（PIF：Performance Influencing Factors）或风险影响因素（RIF：Risk Influencing Factors）。这里的屏障或屏障系统就是屏障模型中的直接屏障，而屏障性能影响因素（PIF）或风险影响因素（RIF）就是屏障模型中的间接屏障。

另外，目前有关屏障的最新研究还达成以下共识，即，所谓屏障或屏障系统（Barrier System）就是指一些屏障要素（Barrier Element）按一定逻辑关系所构成的、能够独立发挥预防或减缓作用的防控手段。本模型中所谓的硬件屏障（Hardware Barrier）与人员屏障（Human Barrier）就是能够独立发挥作用的屏障系统。由此可见，我们一般所指的防控措施相当于屏障要素，它只是防控屏障的组成部分。如，人员屏障不仅仅包括管理型控制措施（操作规程等），还包括岗位人员、培训、监管等多个方面，它们有机结合在一起才能够组成人员屏障（系统）。

按屏障在事故防控中的作用方式，可分为主动（Procative）屏障与被动（Passive）屏障；按其功能可分为预防（Prevent）屏障与减缓（Mitigate）屏障，等等。

3. 模型释义

防控屏障分为直接屏障与间接屏障两类，在本模型中，防控能量或有害物质意外释放的防控屏障只有直接屏障，但直接屏障能否发挥作用取决于间接屏障，因此，在分析研究直接屏障时必须联系间接屏障。这样，一则避免了把直接屏障与间接屏障混为一谈，解决了直接屏障与间接屏障间的数量重复、功能重叠问题；二则使得直接屏障与间接屏障间层次分明、逻辑清晰，在直接屏障的基础上，分析研究间接屏障，能够追本溯源，形成环环相扣的因果关系链条，尤其有利于事故原因的追溯分析。更为重要的是，这样符合客观实际，或者说，得到了客观现实的印证，因为无论是LOPA、Bow-Tie、ETBA等一些风险管理工具方法中的防控屏障，还是实际工作中的各种风险防控措施（屏障），凡是直接与能量或有害物质接触而发挥防控作用的，不是人员屏障就是硬件屏障。当然，Bow-Tie模型案例中也出现过其他类型的屏障，但皮特·亨德森（Peter Hudson）已经证明，Bow-Tie模型案例中，除人员、硬件之外的其他类型都是不正确的。

在直接屏障方面：人员屏障主要通过一线人员对规程、措施等的执行，产生正确规范的动作行为而发挥防控作用。这里的人员并不以蓝领、白领区分，而是看是否从事一线岗位工作，如工厂的操作、检维修人员，医院的医生、护士及飞行员、驾驶员等，就是充当人员屏障的一线岗位员工。当然，当管理（决策）人员从事一线员工业务时，也将被视为一线员工，如医院院长作为外科大夫主刀做手术时，就是在作为一线岗位员工——主刀医生而发挥作用，而不是在行使医院院长的管理（决策）职能。硬件屏障主要通过硬件的完好性而确保其有效发挥作用。硬件既包括设备、设施、工器具，也包括安全附件等，安全附件只有安全防护功能，而设备、设施、工器具等，与人员屏障一样，一般都具有实用与安全两个方面的功能，如压力容器，既起到容纳高压物质的容器作用，也起到防止其泄漏的安全防护功能。

在间接屏障方面：虽然组织的管理、监督及安全文化等，在风险防控中发挥着极其重要的作用，但它们并不直接作用于能量或有害物质，而是通过一线员工或硬件设备设施而发挥作用。如在人员屏障方面，通过组织管理，选择合适的岗位员工，并进行有效的培训，使其能够胜任本岗位工作，再加上组织的监督，确保其正确履职，就能够使人员屏障的作用得以有效发挥；在硬件屏障方面同样也是如此，通过组织管理，首先组织相关人员做好硬件的设计、建造与安装等方面的工作，在此基础上，再组织检维修人员做好对硬件运行期间的检查、维护工作，使其功能正常发挥，就能够确保硬件屏障有效发挥作用。正是由于间接屏障的作用已通过直接屏障表现出来，因此，间接屏障应隐藏在直接屏障背后，不能再与直接屏障一起出现在防控能量或有害物质的模型之中了（图 1-1-12），否则，就会像奶酪模型那样，造成屏障的相互重叠、重复计数，既不科学合理，也不符合实际，更不利于现实工作中的事故预防，如核工业领域及石油行业的壳牌公司都要求对高风险的防控至少设置三层以上的屏障，这些屏障就必须是直接屏障。

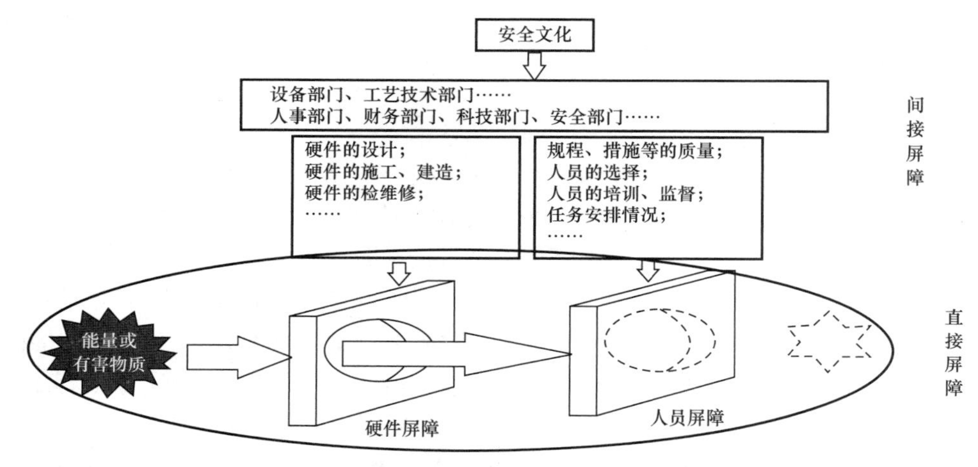

图 1-1-12　直接屏障与间接屏障之关系

当然，如果组织监管不力，人员、硬件屏障就会出现问题，如选人用人不合适，或培训不到位等，就会在工作中出现不当操作，这就是人的不安全行为，表现为人员屏障上的漏洞；在硬件方面，如果设计、建造或安装等方面存在问题，或者检查、维护工作不到位等，硬件就会出现问题，这就是物的不安全状态，表现为硬件屏障上的漏洞。另外，如果再进一步追溯造成组织监管不力的深层次问题，不难发现一定是组织的不良安全文化在作祟，组织高层领导不重视安全生产工作，如人财物力资源配置不到位，安全监管松懈，等等，见图 1-1-13 下半部分。

综上所述，人员屏障、硬件屏障是直接与能量或有害物质接触的第一层级防控屏障，组织监管则是通过人员、硬件屏障才能发挥作用的第二层级防控屏障，组织的安全文化就是整个组织的安全价值观，既能够作用于组织监管，通过组织监管，再作用于人员、硬件屏障而发挥作用，也能够直接作用于人员屏障而发挥作用，它属于第三层级防控屏障。虽然这些屏障都能够起到事故防控作用，但它们并不在一个层面上，而是分别位于三个不同的层级，其中，第一层级的防控屏障为直接屏障，第二、三层级的防控屏障为间接屏障，间接屏障通过直接屏障发挥作用（图 1-1-13）。

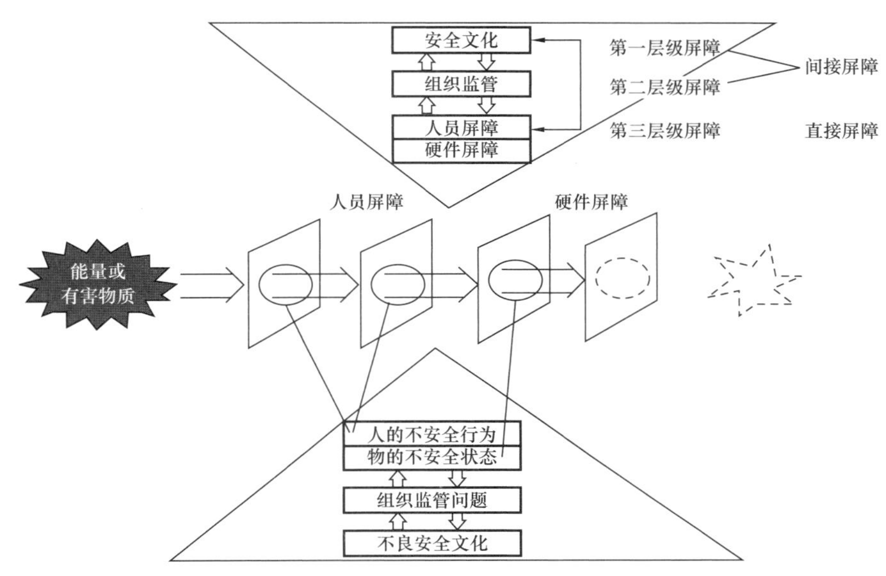

图 1-1-13　本模型的事故防控机理分析

总之，人员屏障、硬件屏障作为直接屏障，直接作用于能量或有害物质的防控，规范它们的有序流转而不发生失控，从而实现安全生产。间接屏障也即“(屏障)性能影响因素(PIF)”或“风险影响因素(RIF)”，它支持、影响着直接屏障。间接屏障对直接屏障的影响是双重的，一方面，良性间接屏障可以强化直接屏障(人员屏障和硬件屏障)，促使其发挥作用，如图 1-1-13 上半部分所示；另一方面，间接屏障的漏洞、缺陷，或称为病态间接屏障，它对直接屏障的影响是负面的，导致了直接屏障漏洞的产生，使其失去防控作用，最终导致事故的发生，如图 1-1-13 下半部分所示。由于奶酪模型是事故致因模型，故其主要关注间接屏障(屏障影响因素)对直接屏障所造成的负面影响。

三、屏障模型的特点、作用与意义

1. 屏障模型的特点

较之奶酪模型，屏障模型两个突出的特点就是，它解决了奶酪模型中存在的屏障质量问题与屏障数量问题。

在屏障质量方面，屏障模型改变了奶酪模型中屏障的性质，把奶酪模型中自始至终都带有漏洞的奶酪片，变成了不应有漏洞的真实屏障示意图。当然，这里的“不应有漏洞”并非要求屏障尽善尽美，没有任何缺陷，而是认为屏障应发挥其应有作用，如果屏障出现了漏洞，就意味着屏障失去了应有的防控作用。因此，为确保屏障发挥其应有作用，首先必须确保新出台的屏障没有漏洞(能够发挥作用)，同时，还应辨识出其中的“潜在型危害因素”，并据此制定相应预防措施，做好屏障维护工作，保证屏障能够在其寿命期内持续有效发挥作用。为此，基于屏障模型理论，提出了“风险管理策划阶段评审”的理论观点。通过“风险管理策划阶段评审”，不仅能够有效提升屏障(措施)质量，防止因其质量低劣不起作用等问题，而且还能够辨识出其中可能存在的潜在型危害因素，通过制定并采取相应预防措施，防止在其寿命期内隐患的产生，确保屏障（措施）持续有效发挥作用。更为重要的是，把“风险管理策划阶段评审”拓展应用于对风险管理所有关键环节的质量进行集中评审把关，就能够克服当前风险管理活动中的形式主义问题，有效提升风险管理的事故防控效果，进一步规范了风险管理流程。关于“风险管理策划阶段评审”详见下篇第四章。

在屏障数量方面，屏障模型把奶酪模型中的防控屏障分为直接屏障与间接屏障两种类型，屏障模型中的防控屏障只有直接屏障，间接屏障隐藏在直接屏障背后并不出现在模型中。直接屏障主要包括人员屏障与硬件屏障两大类，间接屏障主要包括组织管理（包括后勤保障）、组织监督及组织的安全文化等，它们对直接屏障起着维护、支持和保障等作用，防止直接屏障出现问题，保障直接屏障作用的发挥。鉴于间接屏障的功能作用已经通过直接屏障反映出来，故间接屏障应隐匿在直接屏障背后，不能再与直接屏障一起出现在屏障模型之中（图 1–1–12），否则，就会像奶酪模型那样出现屏障功能上的重叠、数量上的重复的问题。因此，屏障模型把屏障划分为直接屏障与间接屏障，解决了防控屏障功能重叠、数量重复问题，有效提升了风险评价的科学性、准确性，这对于把风险降低至“合理、实际且尽可能低水平”，具有极其重要的意义，否则，如果间接屏障也混淆其中，将会造成屏障数量虚增，从而误导人们对真实防控情况认识。这对于重大危险源或重大风险的防控至关重要，因为对于重大危险源或重大风险的防控，应设置多重防控屏障，以增加防控安全系数，最大限度地降低重特大事故发生的可能性。核工业、壳牌公司都明确要求，重大风险的防控至少要设置三道以上的屏障，这些屏障必须是直接屏障。

除上述两大特点外，本模型还具有结构简单、层次清晰等特点，可用于事故致因解释、事故原因分析与事故防控等多个方面。

2. 屏障模型的作用

屏障模型解决了奶酪模型与能量意外释放论存在的问题，不仅能够用于事故致因解释、事故原因分析，而且在事故防控方面，更有其独到之处。

1）用于事故致因解释

屏障模型与能量意外释放论相结合，能量意外释放论说明了事故发生的内因，屏障模型解释了事故发生的外因，二者结合在一起，则能够科学合理地解释了事故的致因机理。

能量意外释放论认为，事故之所以发生，究其实质，就在于客观存在的能量或有害物质，只要存在某类能量或有害物质（如电能），就会有此类事故（如触电事故）发生的可能，相反，如果没有此类能量或有害物质（如电能）的存在，就绝不会有此类事故（如触电事故）发生的可能性，总之，只要有能量或有害物质存在，就有因其失控而发生事故的可能，能量或有害物质是导致事故的发生内因。

屏障模型理论认为，能量或有害物质之所以失去控制，就是因为防控能量或有害物质的直接屏障——人员屏障与硬件屏障，都因其自身本质特征缺陷或受环境、工况等影响而存在潜在危害因素，其失控就会转变为现实型危害因素——隐患，隐患会导致屏障失去作用，进而导致能量或有害物质失控，就可能造成事故发生。当然，鉴于对能量或有害物质的防控一般都具有多重屏障（人员屏障、硬件屏障），即使个别或部分屏障存在隐患，只要其中任何一道屏障能够发挥防控作用，就能够有效防控事故发生，只有当防控某一能量或有害物质的所有防控屏障都失去了作用，才会造成该能量或有害物质的失控，失控的能量或有害物质波及“受体”（人员、财物、环境等）上，如果对“受体”的冲击超过了其承受程度（门限值），“受体”就会因此受到伤害、破坏或污染等，这就意味着事故的发生，否则，将是未遂事故。

由此可见，能量或有害物质的存在是事故发生的内在依据（内因），防控屏障的失效导致能量或有害物质失控，是促使事故发生的外部条件（外因），只有二者的结合才能致使事故发生。

2）用于事故原因分析

屏障模型能够从纵向与横向两个方面，用于分析事故发生的原因。

首先，在纵向上，安全文化不良是导致屏障失去防控作用的源头。奶酪模型发明者瑞森教授认为，一线操作人员的不安全行为，或设备的不安全状态等的“显性失效”，与系统和组织活动中从高层领导、各级管理人员到后勤支持保障人员等不同管理层面存在的“隐性失效”，同时被激活才会导致事故的发生。实质上，就事故致因的逻辑关系而言，首先应该是组织决策层对安全工作不重视的“隐性失效”，导致了各层级组织在安全监督、管理方面的不作为或乱作为等，这些也是所谓的“隐性失效”，它们是屏障模型中间接屏障上的漏洞、缺陷，就是瑞森教授所谓的隐藏在人们肌体中的病毒、细菌，也正是这些“隐性失效”的存在导致了“显性失效”——作业现场人的不安全行为或（和）物的不安全状态，最终由“显性失效”——人的不安全行为或（和）物的不安全状态，也即事故的直接原因，导致了事故发生。

综上所述，在事故致因链条中，首先是决策层领导干部（尤其是“一把手”）对安全生产工作的态度，无论在人财物的分配的决策方面，还是在日常处理安全生产与生产经营关系方面，表现得对安全生产工作的淡漠、不重视，或者口是心非，口惠而实不至，由此而上行下效影响到组织的各级直线组织、职能部门乃至整个组织，对安全生产工作的态度，使得他们漠不关心，得过且过；其次，由于组织不良安全文化逐渐影响并渗透就会到组织的各个方面的影响，组织的各级直线组织、职能部门在安全监管方面，都心存侥幸、得过且过，不作为或乱作为等，组织在安全监管方面就会出现很多问题，管理不到位、监督缺位的现象将会普遍存在；最后，正是由于受到不良安全文化的侵染，致使一线操作人员，还是运维人员，没有人把安全生产工作放在心上，而组织安全管理不到位、监督缺位，就会造成一线员工在安全生产方面的不作为或乱作为等。操作人员在安全生产方面的不作为或乱作为，就会造成人的不安全行为的大量出现；运维人员在安全生产方面的不作为或乱作为，就会造成物的不安全状态的大量出现。这样，由于人的不安全行为、物的不安全状态的大量、普遍存在，从而使得防控能量或有害物质的屏障，要么不复存在，要么失去作用。总之，从纵向上看，安全文化不良是导致屏障失去防控作用的源头。

其次，在横向上，能量或有害物质是导致“受体（人、物、环境等）”遭受到损害的源头。根据两类危险源（危害因素）理论，源头类危害因素是导致事故发生的源头、根源，事故的发生就是因为源头类危害因素（能量或有害物质）失去控制而意外释放，因此，要避免“受体（人、物、环境等）”遭受到损害，就必须使源头类危害因素——能量或有害物质受控，为此，就要根据能量或有害物质特点设置相应的防控屏障，对其进行防控。如上所述，正是由于不良安全文化最终导致人的不安全行为、物的不安全状态的大量、普遍存在，使得防控能量或有害物质的屏障，要么不复存在，要么失去作用，但由于对能量或有害物质的防控一般都会有多重防控屏障，只要其中一道屏障能够发挥作用，就能够有效阻止能量或有害物质的失控，事故就不会发生。只有当所有防控屏障都失去了作用，才能给能量或有害物质的非正常流转形成通道，而造成能量或有害物质的失控而意外释放，并最终导致事故的发生。因此，**从横向上看，能量或有害物质是导致“受体（人、物、环境等）”遭受到损害的源头**。

由此可见，不良安全文化影响到安全监管，使得安全监管工作不到位，由于安全监管工作的不到位，导致人的不安全行为、物的不安全状态的出现，也即，屏障上出现了漏洞，使得防控屏障因此而失去作用，这种情况下，导致事故发生的可能性就会大大增加，一旦所有屏障都失去作用，就会给能量的非正常流转形成通道，从而造成能量的失控而意外释放，失控的能量或有害物质意外释放到“受体”之上，超过了“受体”的承受极限，就意味着事故的发生，否则，就是“未遂事故”。

另外，通过屏障模型（图 1-1-13），不仅能够从纵向、横向两个方向分析追溯事故原因，而且还能够层次清晰地分析出导致事故发生的致因物、直接原因、间接原因及深层次原因。

第一，事故的发生一定是出现了某种能量或有害物质的失控，因为它们是事故发生的根源所在。分析事故原因看是否是因为没有辨识出该种能量或有害物质而造成屏障缺失所致，这就是所谓“想不到”问题，否则，如果是已辨识出该种能量或有害物质，但对其设置的防控屏障出现了问题，这就是所谓“管不住”问题。

第二，如果是没有辨识出引发事故的源头类危害因素——能量或有害物质，说明对源头类危害因素辨识存在问题，今后应加大源头类危害因素辨识在力度，从而有效避免类似事故的发生，解决“想不到”的问题；如果是防控屏障的问题，应对防控屏障作进一步分析，分析查找出事故发生的直接原因，是人员屏障漏洞（人的不安全行为）问题，还是硬件屏障漏洞（物的不安全状态）问题，还是二者都有问题，从而采取有的放矢的针对性措施，防控此类事故的再次发生，解决“管不住”的问题。

第三，要从根本上防控事故发生，还应追根溯源，查找源头、本质问题。之所以出现人员屏障或硬件屏障的问题，其背后的原因是一定是直线组织在安全管理或监督方面存在这样或那样的问题，通过追本溯源找到组织在安全管理或监督方面的问题，才能够找到此类屏障失效的共性问题，进而从监管源头进行针对性整改，确保此类问题不再发生。它们是导致此类事故发生的间接原因或管理原因。

第四，对于直线责任组织在安全监督管理方面出现的问题，首先要弄清是否是组织监管某个方面、某个环节偶然失误出现的问题，或者是组织监管的短板、薄弱环节，如果是这样，可以有的放矢地查缺补漏，强化薄弱环节管理，从而达到治本目的。相反，如果是组织不良的安全文化问题，致使整个组织从高层领导、各级管理人员到一线员工，都不真正重视安全生产工作，存在着得过且过的侥幸心理，造成安全监管上的懈怠，从而导致隐患丛生（大部分屏障都不起作用），而造成的事故发生（图 1-1-14），那就一定要通过培育安全文化着手，从根本是解决安全文化不良所造成的一系列问题。

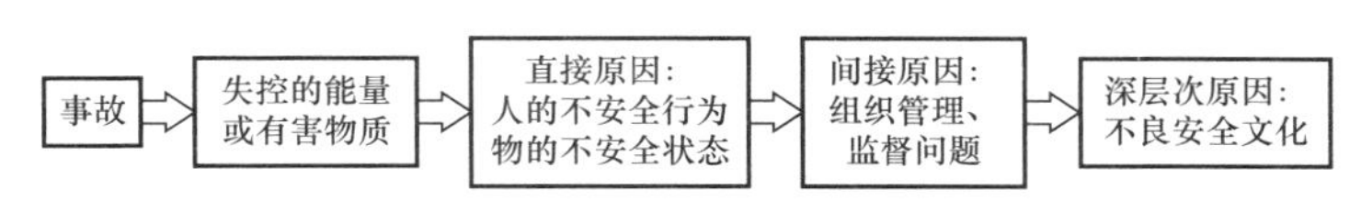

图 1-1-14　事故原因分析追溯

3）用于事故预防

如上所述，能量、有害物质是事故发生的根源、源头，要防止事故发生，虽然采取消除或通过替代 / 减少手段能够更好地进行防控，但由于种种原因，对于绝大多数能量、有害物质的防控，一般最终都要借助防控屏障，通过防控屏障，实现对源头类危害因素的防控。在通过防控屏障进行控制时，应通过间接屏障做好对直接屏障的维护工作，提升直接屏障的质量，使其中的衍生类危害因素始终处于潜在状态，从而使防控屏障发挥其应有作用，在此基础上，还可考虑通过增加直接屏障数量来提升防控的安全系数。

屏障模型客观、真实地反映了事故致因与防控机理，直观展示了直接屏障对能量的防控作用、直接屏障与间接屏障间相互关系，对于事故预防工作具有很强针对性和可操作性。下面从 4 个方面说明屏障模型对事故防控的指导作用。

（1）屏障模型不仅能够提升防控措施的有效性，真正做到双重预防，而且还能够进一步规范风险管理流程，有效提升风险管理的事故防控效果。

屏障模型高度重视屏障质量，严把措施（屏障）质量关，根据屏障模型提出的“风险管理策划阶段评审”的理论观点，不仅能够提升防控措施的有效性，真正做到双重预防，而且还进一步规范了风险管理流程，为提升风险管理事故防控有效性奠定了基础。

① 屏障模型能够提升防控措施的有效性，真正做到双重预防。

风险控制环节既是风险管理的关键环节，也是风险管理的薄弱环节，如果通过风险管理活动出台的防控措施（屏障）质量不过关，起不到应有的风险防控作用，就会前功尽弃，同时，由于措施质量不过关，问题多、质量差，也是导致日后隐患多发的根源。当然，即使出台时防控措施（屏障）的质量过关，但如果不对其中潜在型危害因素进行预防，也可能会因潜在型危害因素的失控，致使隐患产生，使得防控措施（屏障）失去作用，这是当前风险管理活动中常见的问题，尤其是在我国安全生产领域此类问题更为突出。

屏障模型理论很好解决了这些问题，从而提升风险管理事故防控的有效性。

基于屏障模型提出了“风险管理策划阶段评审”的理论观点，一是要通过“风险管理策划阶段评审”，优选适宜措施类型，如采取本质安全型措施，消除源头类危害因素，就能够做到“从根本上消除事故隐患”；二是要通过“评审”严把防控措施（屏障）质量关，有问题的或质量不高的防控措施（屏障）不允许过关投入使用，必须使问题得到以整改，达到一定的质量要求才能投入使用，从而确保防控措施（屏障）的管用、能用、好用，发挥其应有作用，这就从源头上保证了防控措施（屏障）的质量。三是要通过“评审”发现防控措施（屏障）自身存在的潜在型危害因素，进而有的放矢地制定并落实相应的预防措施，使其中的潜在型危害因素始终处于潜在状态，从而有效预防隐患的大量涌现，确保防控措施（屏障）能够持续有效发挥其应有作用，这就是"把风险管控挺在隐患前面"。当然，对防不胜防而出现的隐患，还应通过隐患排查治理，使业已出现的隐患得到及时有效治理，恢复其应有的防控功能，做到"把隐患排查治理挺在事故前面"。这就是双重预防。

需要指出的是，这种通过层层预防之后，真正因防不胜防而出现的隐患，数量上少之又少，这样能够通过隐患排查治理，不仅能够保证所有隐患都得到及时、有效整治，而且也能够确保隐患整治质量，相反，如果像以往那样不对隐患做任何预防，隐患就会大量涌现，这样就增加了隐患整改治理的难度，要么因隐患治理资金需求量太大而得不到及时治理，要么因大量隐患集中整改治理难度太大，导致治理的质量低劣而造成短期内复发，这就是所谓的"管不住"问题。

② 通过"风险管理策划阶段的评审"，进一步规范了风险管理流程。

实际上，在风险管理的辨识、评估与控制等关键环节中，除了"控制"环节容易出现质量问题，造成防不胜防之外，"辨识"与"评估"环节同样存在着这样或那样的问题，导致了风险管理的形式主义。鉴于当前风险管理过程中出现的形式主义问题，把"风险管理策划阶段评审"，拓展应用于风险管理各个关键环节，严把各关键环节质量关，为提升风险管理关键环节的质量，提供了切实可行的方法、途径，进一步规范了风险管理流程，能够有效克服风险管理过程中的形式主义，提升了风险管理的事故防控效果。

能量或有害物质是导致事故发生的"元凶"，因此，为防止事故的发生，必须首先把可能导致事故发生的源头类危害因素——能量或有害物质找出来，然后，经过风险评估，评估出源头类危害因素的风险程度，并根据风险评价准则，筛选出需要防控的危害因素，最后，根据需要防控的危害因素的性质特点及其风险等级，配置相应资源，有的放矢地设置相应的防控屏障予以防控。这就是典型的风险管理"三步曲"。事实上，通过多年风险管理实践发现，不仅风险管理控制环节会出现屏障（措施）质量问题，影响风险管理的效果，实际上，在辨识、评估等环节同样也会出现质量不过关的问题，由此大大降低了风险管理防控事故的有效性。为提升风险管理效果，借鉴在风险管理策划阶段对控制环节[即屏障（措施）的质量]进行评审把关的做法，拓展到风险管理的各个环节。在风险管理策划阶段，也即在防控屏障出台后、实施前，不仅要对控制环节进行评审把关，而且要对包括控制环节措施质量在内的风险管理各个关键环节（包括辨识、评估与控制）的工作进行集中评审把关。通过集中评审，发现包括措施质量在内的风险管理辨识、评估与控制各环节可能存在的问题，进而有的放矢地加以改进，就能够有效提升风险管理各关键环节工作质量，使辨识、评估与控制等风险管理关键环节都能够做足、做好、做到位，从而有效提升风险管理的事故防控作用。这样，风险管理流程就由原来的"辨识、评估与控制"风险管理"三步曲"，变成了"辨识、评估、控制与评审"四个环节。这就是基于屏障模型所提出的"风险管理策划阶段评审"观点在事故预防方面的贡献。

总之，基于屏障模型所提出的"风险管理策划阶段评审"观点，不仅能够促使双重预防工作的落地实施，解决隐患管理难题，而且还能够进一步规范风险管理工作流程，使其更好发挥事故防控作用。目前，该理论观点受到业内的广泛认可，一些行业、企业按照该理论观点，开展了相应的评审活动，均已收到了很好的效果。关于“风险管理策划阶段评审”详见下篇第四章专题内容。

（2）不仅有助于科学地选择适宜的风险防控措施，而且也有助于厘清各类防控措施间的逻辑关系。

像消除、替代或减少、工程控制、管理控制、PPE 之类的风险防控措施，究竟应如何选择？它们与传统的 3E［Engineering（工程技术）、Education（教育培训）、Enforcement（强制、管理）］及我国的“三防（人防、物防与管防）”有什么关系？另外，还有对人的不安全行为、物的不安全状态的预防措施，以及隐患整改治理措施等，它们使用对象是什么？它们之间究竟存在什么逻辑关系？目前尚无文献资料对此做出系统的分析阐述，通过屏障模型不仅能够有助于我们科学合理地选择适宜的风险防控措施，而且还能够很好地厘清各类防控措施间的逻辑关系，更好地做好风险管理工作。

① 屏障模型有助于我们科学合理地选择适宜的风险防控措施。

如前所述，屏障模型可划分为三大部分：源头类危害因素、源头类危害因素的失控可能殃及的受体，以及把二者隔离开来的防控屏障。通过屏障模型，不仅能够把各类典型的风险防控措施完整、形象地展示出来，而且能够科学、合理地解释其控制力度的强弱层次原理（图 1-1-15），从而有利于科学选择风险防控措施，更好地做好风险防控工作。对于源头类危害因素的防控，主要就是采取消除、替代或减少、工程控制、管理控制及 PPE 等措施进行控制。首先，消除、替代或减少是从源头对能量、有害物质的控制，是本质安全化防控措施，尤其是消除，它是最为彻底的釜底抽薪式的防控措施，能够把该类能量或有害物质彻底根除，从而从根本上消除此类能量或有害物质失控所造成的事故发生，做到一劳永逸，其防控力度最大，应优先选择；替代就是用低风险的能量或有害物质代替高风险能量或有害物质，减少就是减少该能量或有害物质的使用数量。如果通过替代或减少能够把能量或有害物质的风险降低到了可接受程度，就如同“消除”一样的防控力度，否则，还需进一步控制。总之，无论消除还是替代或减少，针对的都是源头类危害因素——能量或有害物质，属于本质安全型防控措施，因此，其防控力度大，防控效果好。其次，如果无法采取消除、替代或减少等本质安全化防控措施，或者如果通过替代或减少还不能把能量或有害物质的风险降低到了可接受程度，就应考虑防控屏障类控制措施，即：工程控制与管理控制。“工程控制”措施或称工程技术措施，就是通过硬件设备、设施或工程技术手段等进行控制，它就是屏障模型中的硬件屏障；“管理控制”就是通过制度、规程、红线、禁令等手段，对一线操作岗位人员的行为进行约束、规范，它就是屏障模型中的人员屏障，而不是广义的管理手段。另外，鉴于员工聪明灵活，善于走捷径，所以，通过人员屏障进行的管理控制，力度更弱、效果更差。特别是在当前人们的安全意识还比较淡薄的情况下，工程控制措施（硬件屏障）的控制效果要明显优于管理控制（人员屏障），因此，应尽可能采用硬件屏障方面的工程控制措施，尽量减少人员屏障的使用。最后，PPE 就是员工个人防护用品的佩戴，它不同于以上几种控制方式，PPE 既不能消除或减少源头类危害因素（能量或有害物质），也不能对能量或有害物质的失控起到预防作用，因此，采用 PPE 并不能预防事故的发生，仅能够在事故发生时，减轻能量或有害物质对佩戴员工造成的伤害程度，起到一定的保护作用。

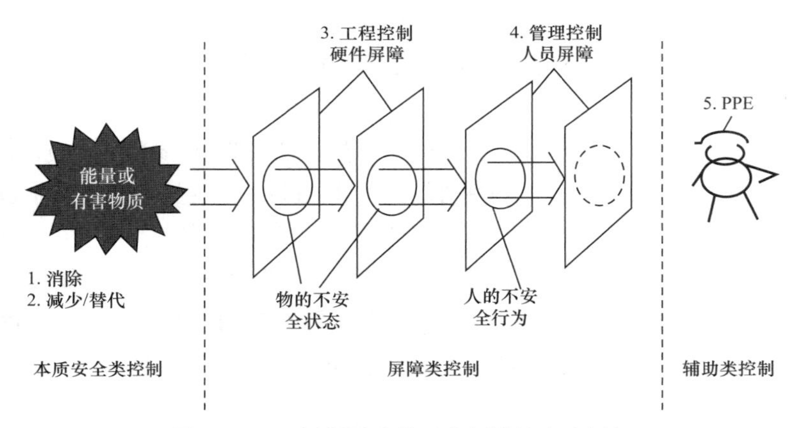

图 1-1-15　根据屏障模型分析措施力度层级

事实上，绝大多数能量、有害物质要么不能消除，要么无法消除，因此，真正能够通过“消除”控制能量、有害物质少之又少，而通过“替代或减少”控制后，一般还不能把风险降低到可接受程度，尚需进一步通过防控屏障进行控制。另外，由于 PPE 并不能预防事故的发生，只能作为辅助手段，一般不单独使用。由此可见，对于绝大多数能量、有害物质的防控，最终都要通过防控屏障进行。根据屏障模型可知，当采用屏障进行控制时，提升屏障质量、增加屏障数量，都能够有效降低能量穿透的概率，因此，如果采用屏障管控措施（工程控制与管理控制），可从提升屏障质量与增加屏障数量两个方面，增强风险防控力度，例如，针对高风险的防控，可在确保屏障质量的前提下，适当增加屏障的数量，就能够有效降低事故发生率。

② 助于我们厘清各类防控措施间的逻辑关系。

如上所述，虽然针对导致事故发生的源头——能量或有害物质的防控，应采取消除、替代或减少、工程控制、管理控制、PPE 等多种防控措施，但鉴于种种原因，绝大多数对源头类危害因素的防控，最终都要通过屏障类控制措施进行控制。3E［Engineering（工程技术）、Education（教育培训）、Enforcement（强制、管理）］控制理论实质上就是屏障类控制措施，在 3E 理论中，Engineering（工程技术措施）就是工程控制措施或工程技术措施，也即硬件屏障，而 Education（教育培训）就是通过教育培训规范人的行为，即管理控制措施或人员屏障，Enforcement（强制、管理）则是组织通过制定政策、措施所进行的监督管理，因此，Enforcement（强制、管理）就是屏障模型中管理直接屏障（人员、硬件屏障）的间接屏障—组织监管或管理体系，也就是图 1-1-10 中的安全管理体系（Safety Management System）。3E 措施转化为我国的安全生产管理，就是所谓的“三防（人防、物防与管防）”，“人防”就是 Education（教育培训）措施，就是人员屏障或管理控制；“物防”就是 Engineering（工程技术），就是硬件屏障或工程（技术）控制；“管防”就是 Enforcement（强制、管理），就是屏障模型中支持直接屏障的间接屏障。

根据潜在型危害因素理论，无论硬件屏障（工程控制）还是人员屏障（管理控制），都会因其自身存在潜在型危害因素而出现问题（隐患）。为此，还需根据具体情况，对人员屏障可能出现的不安全行为、硬件屏障上可能出现的不安全状态，采取相应的预防措施进行预防。如采取诸如人机环匹配的人机工程设计、加强教育培训、合理的工作安排等预防人的不安全行为，采取诸如本质安全设计、精密加工制造、高质量安装及规范性检维修等手段预防物的不安全状态等。当然，如果预防失当就会导致隐患（人的不安全行为、物的不安全状态）产生，这时就需要通过隐患整改治理措施，对企业已出现的隐患进行整改治理。如前所述，无论潜在型危害因素还是现实型危害因素（隐患）都属于衍生类危害因素范畴，因此，对潜在型危害因素的预防与对现实型危害因素（隐患）排查治理就属于对衍生类危害因素的控制。

这就是这些控制措施之间的逻辑关系。

（3）不仅提升了风险分级防控的操作性，而且也有助于正确认识风险管控现状与问题。

在实际工作中，一些企业对于重大风险危害因素的防控，虽然投入了大量人财物力，但投入的这些资源是否真正用对了地方？能否起到应有的防控作用？事实上，通过业已发生的一些事故案例分析可以看出，一些重大危险源失控，并非领导不重视，也并非不舍得投入，但投入的人财物力，要么只是专注于某个点位、个别环节，用力过当，造成投入的低效甚至无效，要么是耗费在无关紧要的细枝末节，并没有把这些投入资源，真正转化为防控重大风险的屏障（措施），造成了实际防控的直接屏障质量差、数量少，最终导致能量的失控、事故的发生。因此，对重大风险的防控，人财物力的投入，应该在提升直接屏障质量的基础上，通过增加直接屏障数量，有效降低重大事故发生率。

实际上，根据风险分级防控原理，不同的危害因素具有的风险程度各不相同，要有效管控风险，就应该根据其风险程度的高低，合理地分配相应资源，做好风险的分级防控工作。那么，究竟如何才能真正做好风险分级防控？壳牌公司在通过蝴蝶结模型进行风险分级防控时，要求根据风险程度的高低，对屏障设置的数量提出相应要求，如：

① 一般风险，预防与应急各需设置一层屏障即可。

② 较大风险，预防与应急至少应各设置两层及以上的屏障。

③ 重大风险，预防与应急至少应各设置三层及以上的屏障。

虽然这种量化方式科学合理，但在以往应用过程中却出现了很多问题。因为按照奶酪模型理论，凡能够对能量起防控作用的事物，都视作防控屏障，这样就把各个层面的屏障都混合在一起，不仅会造成功能重叠，更为重要的是数量重复，对屏障数量的计量就失去了意义。例如，每一个人员屏障的后面，会有诸如警示标识、教育培训、监督管理、安全文化等若干间接屏障对其支撑；同样，每一个硬件屏障的后面，会有诸如合理设计、高质量建造、适时检维修、后勤保障等若干间接屏障对其支撑，如果把它们也视作屏障，显然就会造成屏障数量重复，这时的计数就失去了意义。

屏障模型把防控屏障分为直接屏障与间接屏障，直接起防控作用的只有直接屏障，间接屏障的作用已通过直接屏障反映，不再参与计数，因此，两类屏障的划分很好地解决了屏障计数问题，这样不仅提升了风险分级管控的可操作性，同时也扭转了奶酪模型造成的多道防控屏障错觉，使我们正确认识现场风险管控现状与问题。实际上，正是由于这些不正确认识，在现实风险防控工作中，往往给人以“屏障层数很多”的假象（图 1–1–16）。以上一节中防井喷屏障为例，如果按照奶酪模型解释，每个事故原因都会对应一道屏障，就会认为有很多屏障（图 1–1–5），实际则不然，“起钻前钻井液循环时间不够”“长时间停机后未充分循环钻井液”“起出钻柱后不及时灌浆”等原因，对应的屏障只有一个——“钻井液液柱压力”，因为它们都作用在“钻井液液柱压力（屏障）”之上，最后导致“钻井液液柱压力（屏障）”不足以压制地层流体压力而发生井涌，又因“未及时发现井涌”而进行有效处置，最终导致井喷发生，由此可见，实际工作中真实的屏障数量远没有奶酪模型示意的那么多！

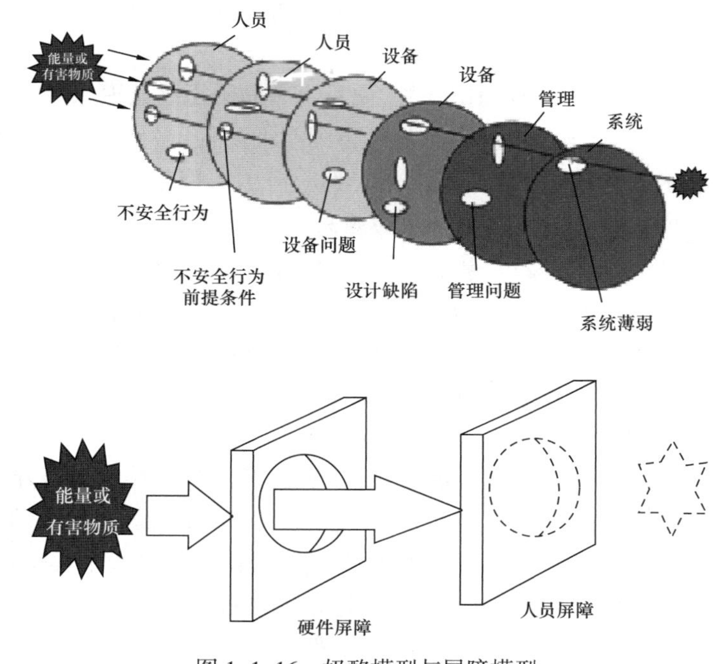

图 1–1–16　奶酪模型与屏障模型

在实际工作中，正确认识和处理好直接屏障与间接屏障之间的相互关系十分重要。首先，直接作用于能量或有害物质、真正起事故防控作用的只有直接屏障，间接屏障服务于直接屏障，促使直接屏障发挥作用，只有把间接屏障打造好，直接屏障才能够有效发挥作用，反之亦然。因此，一定要通过间接屏障做好直接屏障运维工作，壳牌公司为确保直接屏障发挥作用，把硬件屏障定义为“关键设备”，人员屏障定义为“关键任务”，要求相关组织、人员高度重视并务必做好此类工作，这就是通过间接屏障保障并促使直接屏障发挥作用的典型例证。其次，直接屏障数量的多少决定了其防控力度的强弱，但间接屏障数量的多少与工作流程有关，与能否保障直接屏障质量（使直接屏障发挥作用）并没有必然联系。第三，正确甄别直接屏障与间接屏障，注意清点现场防控能量或有害物质的直接屏障数量，尤其是对重大风险、重大危险源的防控，如果参与对其防控的直接屏障数量太少，或者需要防控源头类危害因素的风险程度太高，就应视情况在确保直接屏障质量的前提下，适当增加直接屏障的数量，以有效提升事故防控的安全系数。

总之，对于间接屏障应看其质量而不看数量，间接屏障质量越高，越能够做好对直接屏障的维护、支持工作，直接屏障质量就会越高，因为直接屏障的质量取决于间接屏障；对于直接屏障不仅应看其质量，还要看其数量，在直接屏障质量一定的情况下，其数量越多，失控可能性越少。

（4）屏障模型是理论基础，蝴蝶结模型等则是与之对应的实用工具。

人们曾把奶酪模型与蝴蝶结模型（Bow-Tie）联系在一起，认为奶酪模型是蝴蝶结模型的基本组成单元，蝴蝶结模型是由一个个奶酪模型组合而成，但由于奶酪模型自身缺陷，按照奶酪模型去构建蝴蝶结模型，在实际工作中往往会出现屏障数量虚增及其漏洞性质等方面的问题。因为奶酪模型把各个层面的防控措施（屏障）都放在了一起，且屏障类型五花八门，皮特·亨德森（Peter Hudson）已经证明，Bow-Tie 模型案例中，除人员、硬件之外的其他类型都是不正确的。相反，屏障模型把屏障分为直接屏障与间接屏障，屏障模型中只有直接屏障，克服了奶酪模型中屏障数量虚增的问题。同时，屏障模型认为屏障上可能的漏洞就是“潜在型危害因素”（即蝴蝶结模型中的 Degrading Factors），可防可控，并非像奶酪模型中的漏洞那样始终存在。总之，屏障模型能够作为蝴蝶结模型的基本组成单元，用来构建包括蝴蝶结模型在内的屏障工具，如 LOPA、蝴蝶结模型等。

实质上，虽然蝴蝶结模型的出现先于屏障模型，但屏障模型作为分析事故致因与防控的基础理论模型，蝴蝶结模型则是基于屏障理论所构建的实用方法、工具，下面对此作进一步分析。

① 防控阶段的细分：由屏障模型到简化版蝴蝶结模型。

屏障模型作为一种基础理论模型，只是对事故致因源头、防控屏障性质等进行了界定，没有按照事故发展进程，把它们细化为预防与应急两个环节，也即，把预防屏障与应急屏障都混在了一起（图 1-1-17 左）。事实上，如果按照实际事故演化的方式，事故可划分为发生、发展阶段。因此，对事故的防控也应根据事故发生阶段进行划分，首先是对能量或有害物质失控的预防，通过预防不让它们失控，就不会有事故发生。如果一旦预防失败，也即在能量或有害物质失控之后，就进入了事故状态或紧急状态，即蝴蝶结模型所谓的“顶事件”状态。这时就应该启动应急响应，通过发挥应急屏障的作用，尽可能减轻事故后果的严重程度。因此，对事故的防控，按照事故发生的逻辑顺序，实际上应该划分为预防与应急两个阶段，这样就细化了屏障的预防与减缓功能，“顶事件”左边是预防屏障，右边是应急（减缓）屏障（图 1-1-17 中）。

② 进一步再由引发原因的细分：由简化蝴蝶结模型到真正蝴蝶结模型。

上面虽然把对事故的防控划分为了两个阶段，但也只是针对某一种特定的失控情形。实际上，能量或有害物质失控的原因或渠道可能多种多样，会有不同失控情形，为了有效防控事故发生，应把它们都一一列举出来，针对不同的失控原因（路径），有的放矢地设置相应防控屏障，提高防控针对性。这样对能量失控的预防就不再是一个途径（一条直线），而是有多种可能的失控途径（多条直线）。如，一高压储罐可能会因误操作过压、储罐腐蚀、外力撞击等多种原因发生泄漏，因此，针对不同原因的泄漏，防控屏障各不相同。对于事故应急响应也是同样道理，这是因为能量失控后会有不同后果或多方面的损失，把这些损失（后果）区分开来，针对不同后果（损失）采取相应的防控手段（屏障），从而有效降低其后果严重程度。由此可见，无论事前预防与事故应急都应是多个途径，把它们组合在一起就是蝴蝶结模型（图 1-1-17 右）。

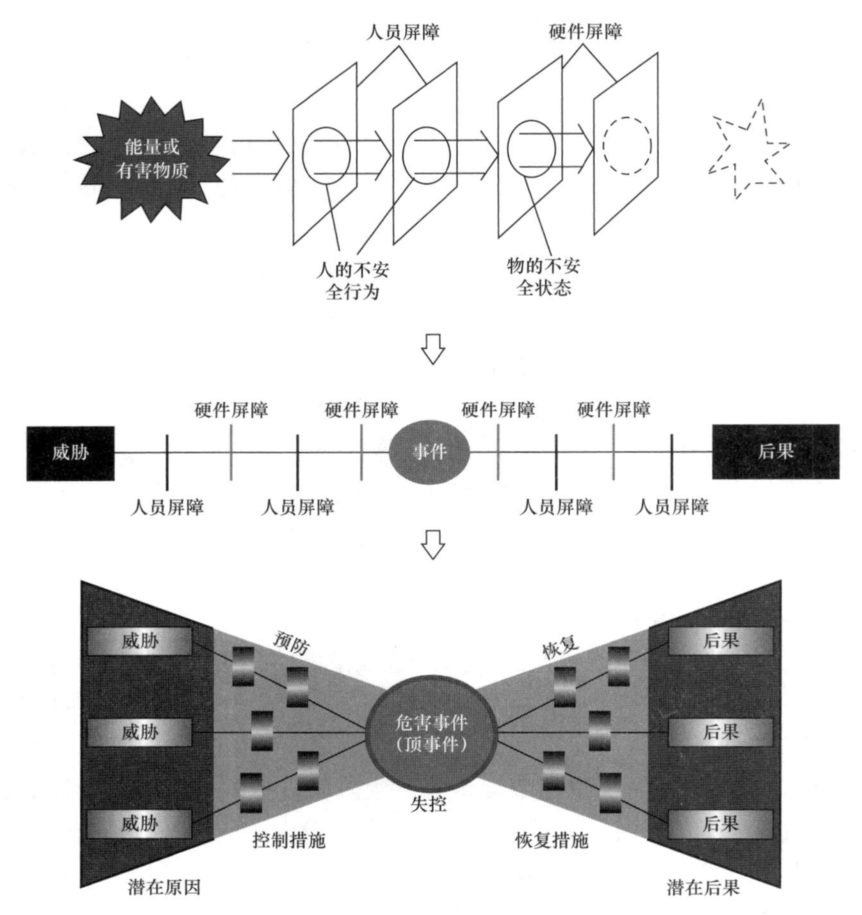

图 1-1-17　由屏障模型到简化版蝴蝶结模型再到完整蝴蝶结模型

由此可见，屏障模型是构成了蝴蝶结模型的基本组成单元。同样道理，屏障模型也是构成了 LOPA 等其他屏障管理工具的基本组成单元。

3. 屏障模型的意义

综上所述，屏障模型的构建具有以下重要意义。

（1）屏障模型解决了因奶酪模型“任何屏障都有缺陷（漏洞）”而带来的轻视屏障质量的负面问题，认为凡有漏洞的屏障都会不起作用，必须确保每道屏障的质量。基于本模型对屏障质量的要求，提出了“风险管理策划阶段评审”的理论观点，要求在屏障（措施）出台后、实施前的“风险管理策划阶段”，对屏障（措施）进行评审把关，从而确保了出台的屏障（措施）

能够管用、能用、好用，把其进一步拓展到对风险管理所有关键环节进行质量把关，能够进一步规范风险管理工作流程，有效克服了风险管理过程中的形式主义问题。

（2）屏障模型首次提出了直接屏障、间接屏障概念，并把直接屏障限定为人员、硬件屏障，认为模型中的屏障应由直接屏障所组成，间接屏障为其背后的支撑，这样就解决了不同层次屏障间功能重叠、数量重复的问题，既科学合理，也符合客观实际，为基于屏障理论的工具、方法奠定了基础。同时，通过把硬件屏障添加到模型中去，弥补了奶酪模型中缺少对物的不安全状态防控的缺陷。

（3）在事故致因解释方面，本模型解决了奶酪模型采取比喻式假设出现的问题，其与能量意外释放论结合在一起，能量意外释放论揭示了事故发生的内因，屏障模型解释了事故发生的外因，内外因相结合，使得在事故致因理论方面更趋科学、合理。在事故原因分析方面，本模型层次清晰，客观、真实，能够科学地分析导致事故发生的致因物、直接原因、间接原因及深层次原因，在事故原因分析方面具有独特优势。

（4）在事故预防方面，首先在微观技术层面，基于本模型对屏障质量要求，提出了“风险管理策划阶段评审”的建议，不仅有效提升屏障质量，防止因其质量差而造成隐患多发、不起作用等问题，而且把其拓展至对风险管理关键环节质量把关，能够有效解决风险管理形式主义问题；其次在宏观策略层面，本模型能够追根溯源，查找出事故发生的致因物、直接原因、间接原因及深层次不良安全文化关系，揭示了安全文化建设对于事故防控的重大意义。

（5）屏障模型采用能量而非 Hazard（危害因素）作为事故源头，不仅解决了奶酪模型中 Hazard 外延宽泛的问题，而且也解释了能量意外释放论未能说明的能量失控的原因。

（6）屏障模型是基于屏障理论所构建的基础理论模型，既可用于事故防控工作，也可用于事故致因解释与事故原因分析等，同时还可作为屏障管理工具、方法的基本组成单元，如蝴蝶结模型、LOPA、ETBA 等就是基于屏障理论所构建的，屏障模型就是构成这类屏障管理工具、方法的最基本组成单元，总之，屏障模型已成为基于屏障理论的基本模型。

另外，屏障模型是“事故防控微观模型”（参见下篇第六章）的基础，“事故防控微观模型”就是在屏障模型之上的拓展，屏障模型为“事故防控微观模型”奠定了基础。

四、防控措施与屏障之区别与联系

鉴于屏障概念是目前安全生产领域日渐升起的、更为科学的名词术语，因此，本书构建了屏障模型，并将自屏障模型开始，应用屏障概念介绍风险管理相关知识。为此，下面通过对屏障与防控措施之间的区别与联系进行分析、对比，阐述引入屏障概念的原由、道理。

1. 当前措施思维存在问题

在风险防控方面，除防控措施自身质量问题之外，目前安全生产管理工作中另一个普遍存在的问题，就是风险防控工作中重视局部而忽视全局、系统的问题。如，某个环节可能做得很好，乃至有过之而无不及，但由于其余的某个(些)环节则很薄弱、是短板，有的甚至出现“断层”，在这种情况下，如果不去弥补短板，而是在所谓的重点环节一味增加投入，也不会见到更好的效果，或者说收效甚微，事倍功半。例如，目前一些企业整天忙于风险管控措施相关的制度、规程制修订等工作，构建了比较完善的规程、制度，并对已出台规程、制度等进行修改完善等。但与此同时，它们并不关注对这些制度、规程的宣贯、培训，以及它们的监督检查等相关工作。由于宣贯不到位或监督缺位等原因，使得这些制度、规程等风险管控措施并不能得到有效落实，自然也就不能发挥其应有的作用，这样再好的制度、规程也将是徒劳无益。由此可见，由于不能全面系统地考虑问题，只是在某个（些）自认为重点的环节上花精力、下功夫，而对其他那些自认为非重点的环节却置之不理、听之任之，结果由于“非重点环节”出现了这样或那样的问题，不能形成一个环环相扣的有机整体，造成防控的低效、无效。如，红绿灯交通规则，“红灯停、绿灯行、黄灯要缓行”，简单易行、通俗易懂、行之有效，而且也是家喻户晓、尽人皆知，但正是由于监管环节出现了问题，很多人并不按照规则通行，出现了所谓的“中国人过马路”现象。总之，再好的防控措施，如果不能落地实施，就无法起到应有作用。

2. 屏障与措施之区别与联系

要解决上述问题，就要建立系统性的屏障概念，屏障就是屏障系统，除具有完整、无缺陷特点外，还具有系统性、全局性特征。

如前所述，所谓“屏障（Barrier）”就是指“屏障系统（Barrier System）”，也就是能够独立发挥预定防控作用的防控系统，一般由多个“屏障要素（Barrier Element）”有机组合而成。屏障与措施之间最大的区别就是，每一道屏障都是一个能够独立、有效发挥预定作用的完整防控系统，而防控措施则是屏障这个完整系统中的一个重要组成部分，或者说是其中的一个要素，它不能够独自发挥作用，需要借助相关支持条件，或者说与其他相关要素组合在一起，形成完整屏障之后才能够发挥作用。如房间的防火屏障，就是由烟雾探测仪（Detection）、判断决策软件（Decision）及喷淋（动作）系统（Action）有机组成。只有这三个组成部分都完好，才能够成为一道有效的防火屏障，其中，无论是烟雾探测仪、喷淋系统还是判断决策系统，都只是屏障的一个要素（组成部分）。如，无论喷淋系统多么先进、高效，但如果离开了探测（Detection）与判断决策（Decision）的配合、支持，其可能会误动作而造成损失，却无法独自发挥应有的防火作用。同理，如果把屏障比作建立在适宜位置的一堵“防火墙”，它能够起到应有的防火作用，那么防控措施则类似组成“防火墙”的“防火砖”，虽然它是重要的防火材料，但如果只是把高质量的“防火砖”堆放在那里，而不借助沙子、水泥及相应工艺，把它在适宜的位置砌成“防火墙”，那么，质量再好的“防火砖”也是摆设，无法发挥应有的防火作用。

由此可见，“屏障（Barrier）”就是指“屏障系统（Barrier System）”，也就是能够独立发挥预定防控作用的防控系统，它由多个“屏障要素（Barrier Element）”有机组合而成；而防控措施则仅仅是构成屏障系统的某个屏障要素，其自身无法发挥作用，只有与其他屏障要素有机结合在一起，组成屏障系统（屏障），才能够发挥其应有作用。

3. 屏障思维

通过上述分析，要有效提升事故防控效果，必须解决上述风险防控工作中存在的问题，屏障概念的引入，树立屏障思维就是解决此类问题的一种有效方式。

首先，消除奶酪模型有关“没有无缺陷的屏障（防控措施）”的影响，树立屏障无漏洞、无缺陷的屏障思维意识。由屏障模型可知，要使屏障发挥其应有的防控作用，必须保证屏障不能有漏洞、缺陷，因为如果屏障出现漏洞，就意味着防控屏障不能发挥其应有作用，如果是这样，风险管理的一切工作也都将前功尽弃，因此，要做好风险管理工作，不仅要做好辨识与评估，更要利用辨识与评估的结果，构建好相应的防控屏障。防控屏障作为风险管理关键环节的产物，其质量必须过硬，凡发现有缺陷或者能改进之处，一定要改进、提高，不能得过且过、放松要求，如，必须确保出台的管理控制措施简单易行、通俗易懂、行之有效，不仅能够确保措施落地见效，而且也为其后续的宣贯培训、落地实施奠定了良好基础。只有这样，才能有效防控事故的发生，达到风险管理的最终目的。实际上，只要方法得当，工作到位，完全能够确保屏障无漏洞。如前所述，只要在屏障出台后、实施前，做好“风险管理策划阶段评审”工作，把好出台屏障（防控措施）的质量关，使出台的屏障能用、管用、好用；在此基础上，加强日常管理工作，发挥好间接屏障对（直接）屏障的支持、保障作用，就一定能够确保屏障无漏洞（发挥应有作用）。当然，对于确因防控不当而出现的屏障漏洞——隐患，应通过隐患的排查治理工作，把其排查出来并加以消除，从而确保屏障无漏洞，就能够使屏障发挥其应有作用。

其次，建立系统、全局的屏障思维意识，摒弃孤立的措施思维意识。如前所述，屏障与措施之间的关系就是系统与要素、整体与部分之间的关系，所谓屏障就是指能够独立发挥预定防控作用的屏障系统，是由多个屏障要素有机组成的、能够独立发挥作用的有机整体。相反，防控措施只是组成屏障这个有机整体的一个部分，是一个完整系统的组成要素，一般不能独立发挥作用，只有组成完整的“屏障（系统）”之后才能够发挥作用。如，首先必须确保出台的管理控制措施简单易行、通俗易懂、行之有效；其次，还要做好管理控制措施的培训，使相关人员能够熟练掌握；另外，如果措施的落地实施可能出现问题，还要做好全过程的监管，只有这样才形成一个完整的“人员屏障”，才能有效防控事故的发生，达到风险管理的最终目的。总之，凡是需要制订并落实管理控制措施时，就应从措施的出台、宣贯，到最后措施落地实施的监管（当然，硬件屏障就应是由硬件的设计，到建造安装，再到日常工作中的检维修等项工作所组成的有机整体），进行系统、全方位思考，发现其中的问题，补齐其中的短板，环环相扣、各司其职，这就是系统性的屏障思维意识。树立了系统性屏障思维意识，能够有效解决当前安全生产管理工作中普遍存在的头痛医头、脚痛医脚，重视局部而忽视全局等支离破碎的措施思维问题，在确保措施质量的基础上，充分关注从措施出台到落地的每一个环节，使之成为一个环环相扣、相互关联的一个有机整体，即防控屏障，就能够确保防控措施的落地实施，从而发挥其应有的防控作用，达到事故防控的最终目的。

由此可见，要解决当下普遍存在的这种顾此失彼的片面性思维问题，有效提升风险管控效率，就要引入屏障概念，建立系统的屏障思维模式。

第三节　传统安全管理的问题

在传统安全管理模式中，安全管理人员是唯一进行安全管理工作的人员，其他人员一概不参与。由于安全管理人员地位不高、作用有限，无法胜任防范事故的重任。在日常的安全管理中，他们就像救火队员，哪里“着了火”就赶往哪里去“救火”。传统的安全管理，就是这样一种通过事故处理、违章处罚等方式，所进行的被动型、处罚式的事故后管理模式。

一、事故发生的特点

事故的发生具有很多特点。下面通过“能量意外释放论 + 奶酪模型理论”事故致因模型，对事故发生的普遍性、概率性和随机性等突出特点进行简要分析，并通过对事故特点的分析，探究传统安全管理在事故防控方面存在的问题。

1. 事故发生的普遍性

根据能量意外释放论学说，能量或有害物质是事故发生的内在根源，没有能量或有害物质就不会有事故的发生。当然，即使存在能量或有害物质，如果其防范屏障功能完好，能够正常发挥作用，那么，能量或有害物质就会在这些屏障的屏蔽下有序流通而不发生失控，也不会有事故的发生。但由于防范能量或有害物质失控的屏障并不是铁板一块，而是类似于奶酪一样，存在大大小小的孔洞，即各种各样的缺陷，某一时刻一旦所有屏障都失去效用，也即所有屏障全部被击穿，就意味着能量或有害物质失控，从而就会引起事故的发生。因此，只要存在能量或有害物质就有事故发生的可能。另一方面，能量或有害物质存在于日常生产经营的各个环节、各个领域，离开了能量或有害物质，正常的生产经营活动将不复存在，我们的日常生活也将难以为继。也就是说，我们的生产、生活离不开能量或有害物质。

综上所述，一方面，能量或有害物质是促使事故发生的源头所在，是事故发生的根源、内因；另一方面，能量或有害物质广泛存在于日常生产、生活中，毋庸说工厂、车间等生产经营单位，即使普通家庭，随处都有能量或有害物质存在（图 1–1–18），而只要有能量或有害物质的地方，就有事故发生的可能，这就决定了事故发生的普遍性。

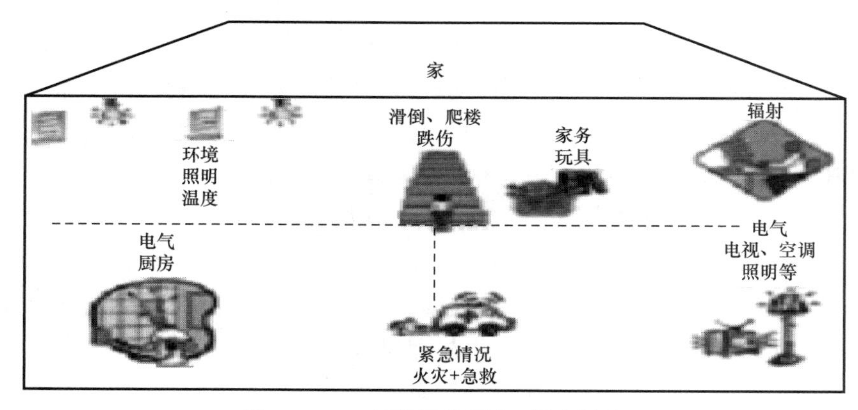

图 1–1–18　风险无处不在：居家风险

由于事故发生的普遍性，各行各业随时随地都会有事故发生，但由于能量的大小、有害物质有害程度的高低决定着事故后果的严重程度，能量越大、有害物质的有害程度越高，事故后果就越严重；反之亦然。因此，一些高风险（高能量、高危害物质）行业，只要发生事故就可能是大事故，就会引起社会的广泛关注。而一些低风险行业，即使发生了事故，但由于其后果轻微，也不会引起大家的注意，这就是为什么一些高危行业和领域事故高发的客观原因。

2. 事故发生的随机性

正如奶酪模型所述，由于这些防范屏障并不是铁板一块，而是像瑞士奶酪那样，自身都不同程度地存在着很多漏洞或缺陷，也正是由于这些漏洞或缺陷的存在，使得这些防范屏障可能会失去应有的防范作用。一旦这些防护屏障在某一时刻都失去了作用，就会造成这些能量或有害物质的意外释放，从而导致事故的发生。由于防范事故发生的屏障众多，形式多种多样，既有人为设置的屏障，也有自然存在的屏障。单就人为设置的屏障而言，其性质也各有不同，既有软件性质的屏障，如一些规章制度、操作规程、处置程序、安全注意事项等；也有硬件性质的屏障，如压力容器、毒性物质容器、机动车辆的安全带、安全气囊等。

这些屏障彼此间相互独立，没有关联。单就一个硬件屏障而言，它何时失效我们不得而知，只能根据设计确定其寿命期，但即使在寿命期内也无法确保其一定有效。如有些车辆的安全气囊在发生碰撞事故时，并未打开而发挥应有的保护作用；反之，即使硬件屏障超过了寿命期，也不会立即失效而不起作用。由此可见，单是一个硬件屏障能否发挥作用尚无法做出准确的预测或判断，更何况像管理方面的软件屏障，对它们有效与否的预测更是无从谈起。因为软件屏障能否发挥作用，既决定于当事人的心理素质、业务能力，也与其当时的身心状态、行为能力有直接关系，因而无从预测、判断。单一类型软件（或硬件）屏障能否发挥作用都无法研判，更何况危害因素的防范是软、硬件屏障组合在一起，要对它们什么时候同时会失效进行预测或判断更是无从谈起，这本身就是一个伪命题。因此，事故会在何时、何地发生，事故会发生在何人身上，一切皆不可预知，像掷骰子一样具有极大的随机性（图 1-1-19）。

图 1-1-19 事故的发生与否像掷骰子一样具有随机性

正是因为事故发生的随机性，为事故的发生蒙上了一层神秘的面纱。在日常工作生活中，我们会常见到这样一种现象：有些人屡次违章作业并没有发生过较大的事故，而另外一些人这样做就会引起事故发生。这就使人们产生了一种错误认识，事故的发生神秘而蹊跷，并非违章等人为原因所致，而在于当事人是否“运气”好。

3. 事故发生的概率性

虽然能量或有害物质普遍存在，但我们发现在日常工作、生活中，事故既不是到处发生、随处可见，也并非此起彼伏、接二连三。这是因为事故防范屏障在发挥着防范事故的重要作用。为了防范事故的发生，每一种能量或有害物质都会有人为设置及客观存在的一系列防护屏障在发挥着防范作用。正如前文所述，为防止路口人车混行而导致交通事故的发生，在十字路口设置了红绿灯、交通警察、交通协管员等。除此之外，还有自然存在的一些内在防护屏障，如人过马路时的谨慎、理智，汽车驾驶员在通过路口时的小心谨慎，以及正常人趋利避害的本能、安全意识等，都构成了防范交通事故发生的屏障，它们对有效防止事故发生发挥着非常重要的防范作用。

正如奶酪模型所示的那样，由于存在着一系列事故防范屏障，而只要其中任何一处的屏障发挥作用，就能够有效防范事故的发生。因此，由于每一种能量或有害物质都存在大量的或人为设置或自然存在的防范屏障，虽然这些屏障都存在这样或那样的漏洞而可能失去屏蔽防范作用，但由于它们同时都失去作用的概率并不高，也即能量或有害物质发生失控的概率并不高，更何况即便是发生能量或有害物质的失控，还可能会因其受体不敏感而成为未遂事故。这就是为什么虽然事故的发生具有普遍性，但实际上事故发生率并不是很高的原因所在。

如前所述，能量或有害物质是事故发生的源头，人的不安全行为、物的不安全状态构成了事故防控屏障的漏洞。大量统计资料表明，事故的发生与人的不安全行为或物的不安全状态相比，是一个小概率事件，也即事故的发生虽是由人的不安全行为或物的不安全状态所致，但其发生的概率很低，事故只是由人的不安全行为或物的不安全状态所导致的小概率事件。

试想，如果事故的发生不是人的不安全行为或物的不安全状态所引发的小概率事件，而是只要出现不安全动作或状态就会发生事故而受到惩罚，人们一定会在安全生产方面严肃认真、小心谨慎；相反，正是因为人的不安全行为是引发事故的小概率事件，致使一些岗位员工对自己的不安全行为不以为然，心存侥幸，碰运气、走捷径，把别人的事故当故事听；同样，正是由于物的不安全状态是引发事故的小概率事件，致使一些领导干部不舍得在安全生产方面进行投入，对诸如隐患治理等不够重视，始终抱着“赌一把、碰运气”的侥幸心理。

另外，一方面，虽然事故的发生具有随机性和概率性，但从长期来讲，它又具有规律性和必然性。海因里希事故“金字塔”统计学模型（图 1–1–20）表明，1 起死亡或重伤事故的背后，会有 29 起轻伤害事故发生；而 29 起轻伤害事故背后，会伴随有 300 起未遂事故、事件发生，而这些未遂事故、事件的发生又是建立在大量人的不安全行为和物的不安全状态基础之上的。这就意味着，人的不安全行为、物的不安全状态持续发生到一定程度，就必然会伴随有人员伤亡事故的发生，不安全行为或不安全状态发生的次数越多，亡人事故出现的次数也就越多。因此，安全管理越松懈、基础越薄弱，事故就发生得越多，虽然短期内这种现象可能不甚明显，但长期而言必然如此。这是通过大量统计数据所得出的客观规律。

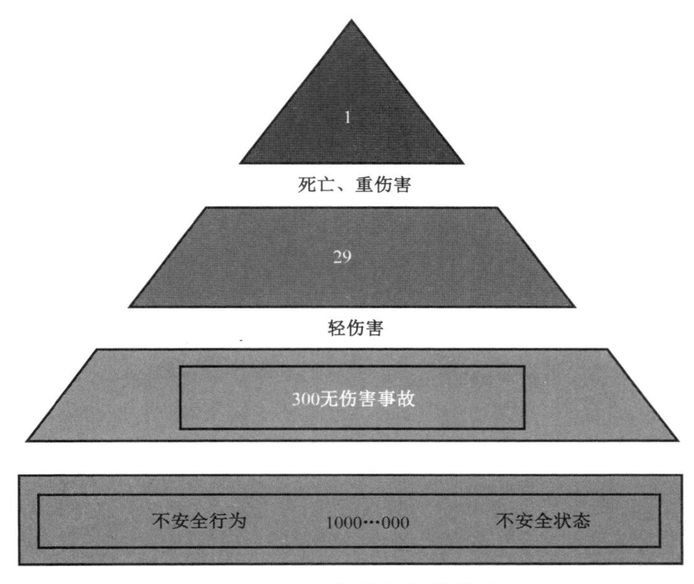

图 1-1-20　事故金字塔模型

当然，除上述特点外，事故还具有因果性、潜在性，及危害性等诸多特点。

二、安全管理工作的特点

安全管理工作有着自己的特点，突出表现在投入产出的可塑性、管理效果的平淡性与滞后性，所有这些都使得安全管理工作不仅仅缺乏成就感而且还充满挫败感。

首先，安全管理工作在投入产出上具有可塑性。众所周知，日常的生产经营等活动，投入多，产出自然就高，加班加点勤奋工作，自然就会带来产量的增加、经营业绩的提升。安全管理工作则不尽然。因为按照常理而言，安全管理工作最终效果的好坏，是以事故的发生与否来评判，而由于事故发生的概率性、随机性特点，无论是在财、物方面的投入上，还是在管理力度上，在短期内，投入与产出并不成比例，不管投不投入或投入多少，不管监管与否或力度大小，要么可能都没有事故发生，要么可能事故仍旧发生。

因为一段时间内，做不做安全管理工作，在安全管理的投入上是多还是少，作为有理性的正常人，都懂得趋利避害。而在另一个时期，虽然投入了大量的人财物力，也做了大量的安全管理工作，但由于基础薄弱、积重难返，加之可能导致事故发生的环节众多等原因，大、小事故还会接二连三发生。某石化公司发生重大事故之后，痛定思痛，但就在其不断加大安全投入和管理力度的同时又频发多起安全生产事故，这一事实就是一个活生生的例证。

其次，安全管理工作效果具有滞后性。无论是通过强化安全管理还是增加安全投入，都不可能产生立竿见影的效果，都需要相当长的时间才可能会产生一定的成效。像生产经营活动，不仅有投入必有产出，而且收效迅速、立竿见影，只要加班加点勤奋工作，就能够即刻在产量、效益上得到回报；反之亦然。而安全生产管理工作则不同，在一个时期内，虽然在安全上进行了大量投入，也强化了管理，这些工作也必定会发挥作用，但由于效果的滞后性，它们并不能立竿见影地有效遏制事故的发生。这是因为安全管理工作是一项最基础的工作，涉及生产经营活动的方方面面，因为根据“木桶理论”（图 1–1–21），即便是 99% 的地方都做得十分到位，仅仅 1% 处出现了问题，就可能因为这 1% 处存在的问题而导致事故的发生。而一旦事故发生，99% 的工作成效也就会被否定。因此，要确保安全生产，就需要把生产经营活动的每一个环节、各个节点的各项工作都 100% 做好。就一个大型企业而言，由于点多、线长、面广，关口、环节众多，安全管理工作在收效上存在着长时间的滞后性，所以要真正在安全管理上见到成效，需要长期耐心细致的艰苦工作。

图 1–1–21　木桶理论

最后，安全管理工作效果的平淡性，致使安全管理工作缺乏成就感。安全管理既不同于和平年代的生产经营活动，更不同于战争时期攻城略地的战斗，因为安全管理工作既没有攻坚克难的成就与乐趣，更不会创造出惊天动地的战绩。相反，安全管理工作最好的成果就是平平淡淡、相安无事。因此，很少会有人因为安全管理工作做得好而引起组织的关注、领导的赞誉，更多的可能是因为事故的发生而饱受责难。

由于安全管理工作的性质特点，在日常工作中，安全管理人员可谓两头受气：平安无事被忽视，出了事故受处分。因为如果在较长一段时间平安无事，安全管理人员的作用可能就会被忽视，安全管理的重要性会被低估，安全管理部门可能会被边缘化，安全管理工作可能得不到应有的重视。所有这些又会为事故的发生埋下隐患，而一旦事故发生，总会拿安全管理人员是问。因为无论安全管理人员是否真有责任，他们都会因为其工作性质逃脱不了被处罚的干系：如果因为自己失职而负有事故责任，自然理当受罚；而即使已恪尽职守，也会因安全管理的连带责任而受到处理。

总之，由于安全管理工作的特点，安全管理人员不仅享受不到付出之后的成就感，相反还会因动辄就被追责而带来很大的挫败感，挫伤安全管理人员的工作积极性。

三、事故特点对传统安全生产管理工作的影响

1. 对领导干部尤其是企业“一把手”的影响

安全生产工作关系到员工的生命安全，是性命攸关的大事，的确十分重要，理应受到高度重视。但在实际工作中，作为领导干部，尤其是企业的“一把手”，不仅要负责全面工作，统筹协调和处理产量、成本、效益、进度、质量、安全等方方面面的利益关系（图 1–1–22），同时

又要实现自己的人生目标。在这种情况下，如何处理好安全生产与生产经营等各项工作的关系，与安全生产管理工作的特质、上级组织对领导干部的业绩考核以及领导者本人的价值取向等有着很大关系。

图 1–1–22　企业“一把手”日常的统筹协调工作

首先，由于事故发生是人的不安全行为或物的不安全状态的小概率事件，具有随机性，表现为安全管理工作的可塑性，即短期内投入与产出不成比例，投不投入差别不大，投多投少没有较大区别。安全管理工作的这些特质，会使一些领导干部心存侥幸，不能真正重视安全工作，如在财、物投入方面能压则压、能挤就挤，配备的安全管理人员数量不足、素质偏低，并且一旦安全管理工作与生产经营等其他工作发生冲突时，自然就会让安全管理工作让路。所以，安全生产工作的性质和特点，使得一些领导干部对安全管理工作不够重视，安全管理工作“说起来重要，干起来次要，忙起来不要”成为一种常见的现象。

其次，由于安全管理是一项基础性工作，突出表现为管理效果的平淡性和滞后性，即安全管理力度的强弱、投入的多少，都不会产生立竿见影的效果，而是需要相当长的时间才可能会见到一定的成效；而且安全管理成效的显现不是轰轰烈烈而是平淡无奇，所以，安全生产工作是一项长期的系统性基础工作，工作艰巨，不易做好，即便是花了功夫、下了力气，其结果无非就是不出事故，平淡无奇，对自己仕途的发展也未必起到应有的促进作用。相反，如果用抓安全生产的精力去抓生产经营或其他业务，可能就会受到关注，得到重用。

另外，现阶段领导干部的提拔任用，考核的是任期内的产值、效益，展示的要么是显山露水的业绩数据，要么是轰轰烈烈的活动壮举，以显示其魄力、证明其能力。虽然发生了事故会对其有不利影响，但事故的发生毕竟是小概率事件，因此，对于那些急功近利、热衷升迁的领导干部，他们追求的就是短期效益、政绩，自然就不会关注安全管理这类可塑性强的基础性工作。因为在安全上管多管少差不多，少投入或不投入，效果不会马上显示出来，因此一些领导干部自然就不愿意在安全管理方面花时间、下功夫，而是心存侥幸、得过且过，不会真正重视安全工作，出现所谓“谈发展热血沸腾、讲安全无动于衷”的现象。

基于这些原因，在传统安全管理模式下，真正能够脚踏实地、一心一意做好安全管理工作的领导干部尤其是企业“一把手”，可谓凤毛麟角、少之又少！

2. 对安全管理人员的影响

由于安全管理工作的可塑性，安全管理效果的滞后性，使得短期内不易见到安全管理工作的成效，导致安全管理人员对安全管理工作缺乏热情和动力。这是因为安全管理效果的平淡性，使得安全管理工作在没有事故出现时，不会为领导所重视；反之，如果出了安全生产事故，领导会拿你是问，让你承担责任，使得安全管理人员两头都受窝囊气。所有这些都在一定程度上挫伤了安全管理人员的积极性和创造性。

更重要的是，正是由于安全管理工作的这些性质特点，使得一些领导干部不重视安全管理工作，造成安全管理人员人微言轻，安全生产工作动辄就给生产经营等工作让路，成为人人可捏的“软柿子”……这些都严重影响着安全管理人员的工作热情。另外，由于事故的发生具有随机性和概率性等特点，使得基层岗位员工对事故的发生与安全管理存在许多不正确的认识，造成他们对安全管理工作不理解、不支持，甚至与安全管理人员有对立情绪，所有这些都会使得一些安全管理人员（尤其是基层单位的安全管理人员）工作积极、主动性不高，工作方法简单，对员工违章、违纪的不安全行为，不是动之以情、晓之于理，而是动辄采取训斥、罚款乃至责骂等方式，这也进一步加剧了安全管理人员与基层员工之间的对立情绪。

3. 对基层员工的影响

首先，由于员工对安全事故发生的特点（随机性、概率性等）知之甚少，也不明白事故发生的机理，看不到不安全行为的危害，认识不到遵章守纪对自己的好处，所以自然就对自身存在的违章等不安全行为的危害性认识不足。事故没有发生在自己身上时，总把别人的事故当故事听，一笑了之。即使自己因违章违纪出了事故，也总会抱怨自己运气不济，不进行自我反省，不查找自身存在的问题。

其次，由于传统安全管理是一种处罚式的管理模式，安全管理人员简单、粗暴的工作方式，使得岗位员工对安全管理工作产生逆反心理，对安全管理人员产生对立情绪，认为安全工作是安全管理人员的事，与自己无关，安全管理人员在日常监督检查中对自己错误行为的批评、教育，是没事找事，若自己因违章而被曝光或受到处罚，认为不是在保护自己的身家性命，而是安全人员故意为难自己，与自己过不去。

总之，在很多员工看来，安全生产工作就是安全管理人员分内的事，与自己无关，要求自己遵章守纪，做好安全工作，不是为了保护自己的生命安全，而是在为安全管理人员脸上贴金……这样，管理愈严格，处罚越严重，员工的对立情绪越强烈：你说东我偏往西，你越是让我遵章守纪、规范操作，我越是我行我素，故意反其道而行之。

四、安全生产管理工作的艰巨性

由于事故发生的随机性、概率性等特点，造就了安全管理工作的可塑性、管理效果的滞后性和平庸性，不仅影响了安全管理人员的工作热情，也影响了领导干部与基层员工对安全管理工作的正确认识，致使安全管理工作得不到应有的重视，从而使得在传统安全管理模式下，安全生产管理工作任务十分艰巨。

1. 安全生产管理工作艰巨性的内在原因

由于事故及安全管理工作的一些特点，使得基层单位一线员工对安全管理工作缺乏理解，加之培训等工作不到位，员工安全意识淡薄，对安全管理没有兴趣，视违章作业如儿戏；同时也使得一些领导干部，尤其是"一把手"对安全管理工作心存侥幸，不够重视，"一把手"的懈怠，必定出现上行下效，也使得各级组织、各职能部门，对安全管理工作被动应付，不愿配合，在人员的配备、财物的投入上，能减则减、能拖就拖。安全管理人员就是在这种领导不重视、部门不配合、员工不支持的情况下，被动、艰难地开展安全管理工作，自然难有大的作为。这就意味着在日常工作中，总会存在着这样或那样不能为安全管理人员所管控的、影响安全生产的各种问题，它们就是"奶酪屏障"上的漏洞。

也正是由于这些问题的聚积，要么直接导致事故的发生，要么出现波折、发生偏离，并最终导致事故的发生（图 1–1–23）。相比之下，质量管理具有自查、自纠的内部纠偏机制，因为质量管理工作发生了偏离，既有内部反馈（出产次品直接影响企业效益），又有外部反馈（质量问题会招致顾客立即投诉）。因此，质量管理一旦出现偏差，会立即、直接接收到反馈信息。由于这些问题直接影响着企业的效益，从而能够促使企业自查、自纠，自行解决问题。安全管理则缺乏这样一种自查、自纠的内部纠偏机制。因为安全管理工作中无论出现了人的不安全行为（如违章行为的出现）或物的不安全状态（如隐患得不到及时整治），要么在短期内根本就不会有任何事故发生，要么即使发生了小事故或未遂事故，也会因其后果轻微而习以为常，得不到应有的重视，更何况安全上的偏离——不安全的做法，总会带来眼前的"好处"，如违章往往是走捷径、跨过程序、超越常规，或能够提高劳动效率，或能够减轻劳动强度，而给当事人（方）带来看得见的好处，使其在不安全的轨道上偏离得越来越远，最终结果就是事故的发生（图 1–1–23）。这一现象早已由经过大量统计数据而得出的事故金字塔理论所证实。

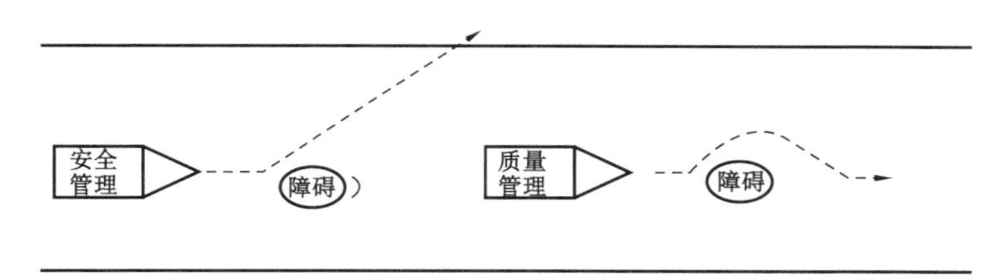

图 1–1–23　安全管理与质量管理的区别

安全生产工作出了差错、发生了偏离，自身缺乏自动纠偏机制，要进行纠偏必须借助外力，这个外力就是组织的领导力，是来自组织的领导干部，尤其是"一把手"的重视。但鉴于安全管理工作的性质特点，很多领导干部并不真正把安全管理工作当回事，而是抱着得过且过的侥幸心理。由于领导的不重视或不够重视，使得要么根本就没有这种纠偏外力，要么这种纠偏的外力力度不够，难以推动举步维艰的安全生产管理工作。这就是造成安全生产艰巨性的根本原因。

2. 只有安全管理人员管安全生产，既管不了更管不好

在传统安全管理模式下，只有安全管理人员管理安全生产，由于安全人员在管理安全方面有名无实、有责无权，因此无法管理安全生产。另外，即便是赋予安全管理人员一定的权力，如果单靠安全管理人员，他们也未必能够管理好安全生产。

1）安全管理人员管理安全有名无实、有责无权

传统的安全管理工作只有安全管理人员单打独斗“唱独角戏”，而且不幸的是，安全管理人员管理安全也是徒有虚名，有责无权。在传统安全管理模式下，安全管理人员工作热情不高，因为安全管理工作不受重视，地位低下，安全管理人员需在领导不太支持、部门不太配合、员工不太理解的情况下，艰难被动地开展工作。同时，安全管理工作还具有投入上的可塑性、效果上的滞后性和平庸性等特质，所有这些都严重挫伤了安全管理人员的积极性和创造性，他们并不乐于去从事安全生产管理，因此，更谈不上扑下身子长期去做艰苦、细致、耐心的安全管理工作。更具讽刺意味的是，安全管理人员名义上在管理安全生产，在实际的安全管理工作中，却是徒有虚名、有责无权。之所以说安全管理人员在管理安全生产有责无权，是因为在生产中，出了事故他们须承担连带责任，但在实际工作中，由于安全管理人员地位低、权力小，他们根本没有权利管理安全生产。例如，在安全生产与生产经营活动发生冲突时，安全部门（人员）并没有决策权。在日常工作中，安全管理人员因叫停不安全的生产作业影响了生产进度而被处罚的现象屡见不鲜。也正因为如此，《安全生产法》明文规定：生产经营单位不得因安全生产管理人员依法履行职责而降低其工资、福利等待遇或者解除与其订立的劳动合同！

总之，在传统安全管理模式下，只有安全管理人员在管理安全工作，安全管理人员在进行安全管理时，既没有人、财、物的支配权，也没有实际工作的决策权，“管理”权限非常有限，因而很难保证安全生产。

2）只靠安全管理人员管理不好安全生产

毋庸说安全管理人员有责无权，无法管理安全，实际上，即便是赋予安全管理人员一定的权力，如果单靠安全管理人员，他们也未必能够管理好安全生产。这是因为事故不是发生在安全人员身上，而是发生在从事日常生产经营活动的员工身上，因此，要做好安全管理工作，首先，要懂得生产经营活动，要清楚明白其工艺流程，要有权进行组织管理，只有如此，才能洞悉其中的风险，掌握其中的关键要领，进而组织安排好生产经营活动，实现安全生产；其次，由于事故的发生要么是由于人的不安全行为、要么是因为物的不安全状态引起，因此，要防范事故的发生，就要规范人的行为、提升物的安全状态，而无论是通过教育、培训去规范员工行为，还是通过改进设计、增加投入等来提升物的本质安全水平等，都需要相关职能部门发挥作用，所以说，安全管理是个系统工程，并不是安全管理人员单打独斗所能够做到的，需要真正懂得生产经营、懂得组织管理、懂得工艺技术等方方面面人员的齐抓共管，需要广大员工的积极参与。

正是因为安全管理是个系统工程，而安全人员不可能是全方位的专家，他们并不真正懂得工艺技术流程等相关技能、知识，并不真正掌管生产经营等相关业务，所以，不用说安全管理人员没有被赋予管理权力，即使被赋予了一定的管理权限，如果没有直线组织的领导，没有各职能部门的配合，没有广大员工的广泛参与，只是靠安全管理人员，他们也没有能力做好安全生产管理。

3. 不良的企业安全文化决定了安全管理工作的艰巨性

不良的企业安全文化使得安全生产具有波动性。而安全生产的波动性又增加了安全生产管理工作的复杂性、艰巨性。如前所述，传统的安全管理就是事故驱动下的安全管理，这种管理模式必然导致安全生产的波动性问题：一旦事故发生，无论是血淋淋的事故本身还是切肤之痛的事故处理，都会迫使大家紧绷神经，促使员工对安全工作的关心、领导对安全工作的重视。正因如此，事故发生之后，领导会破例增加对安全的投入，相关部门会对涉及安全生产的各项工作大开绿灯，员工也会因此而心惊胆战、小心谨慎。因此，在这段时间内，无论人的不安全行为还是物的不安全状态都会有显著改善，从而也就降低了事故发生的可能性。而如果这种情况持续下去，一段时间内就会平安无事。

一旦在较长一段时间内没有事故的发生，上次事故的印象会逐渐淡漠，不仅大家紧绷的安全之弦会逐渐放松下来（因为这种非正常状态本身就难以持续），而且安全管理部门、安全管理人员的作用可能就会被轻视，安全管理的重要性就会被低估，安全管理工作就可能得不到应有的重视：人的安全意识就会变得淡薄，人的不安全行为会有所反弹，事故隐患也可能得不到及时整治……所有这一切又会为下一个阶段的事故高发（或重特大事故的发生）埋下伏笔。这就是不良安全文化的“惯性”所致（图 1–1–24）。不良安全文化使得安全生产具有波动性，这种波动性增加了安全生产管理工作的艰巨性。这只是不良安全文化影响的一个方面，其他影响将在后面论及。

图 1–1–24　安全生产的波动性

4. 投入不足、压缩工期等一些痼症顽疾严重影响着安全生产

日常生产经营活动中一些见怪不怪的痼症顽疾严重影响着安全生产，如安全投入不足、压缩工期等。安全生产需要满足一定的条件，要做到安全生产，需要人、财、物力的投入与方方面面的配合、支持，需要科学、合理的工期安排等，否则安全生产自然就无从谈起。

首先是安全投入问题，无论是对员工的业务技能培训，还是现场所需的各类安全防护设施配置等，都需要一定的安全投入，否则，将是巧妇难为无米之炊，安全生产无法实现。目前的现实情况是，由于一些企业领导安全意识淡薄，为追求效益最大化，实施诸如低成本策略等，挤压、挪用安全生产费用，使得安全生产费用严重不足，不能够满足安全生产的基本需要。尤其是作为甲乙方中的乙方企业，面临的情况可能会更糟。由于市场的低价恶性竞争，导致乙方正常利润空间被挤压，而乙方为了求得生存空间，加之安全意识淡薄，拼命压低安全方面的开支，造成安全投入严重不足。由于投入不到位，或因为员工得不到应有的培训而造成安全技能差、安全意识淡薄，致使安全设施缺失、隐患长期得不到治理等，最终的结果就是引起事故的发生。

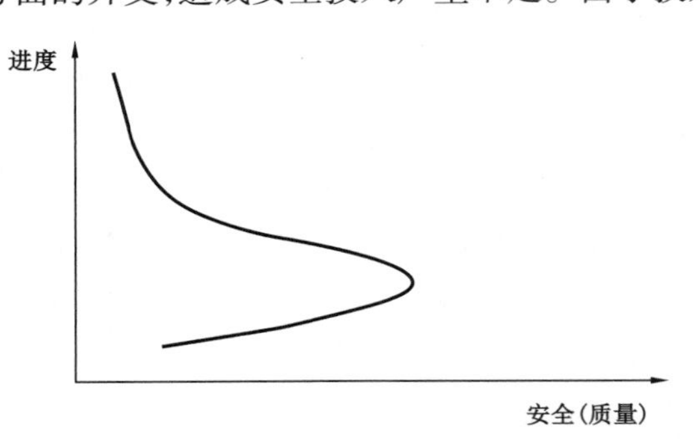

图 1-1-25　安全（质量）与进度的关系

其次，合理的工期安排是确保安全生产的另一个重要因素（图 1-1-25）。因为只有在一定的时间内才能合理安排生产进度，只有科学、合理的工期安排，才能做到有条不紊、按部就班，从而为安全生产创造必要的条件。

由于目前我国正处在经济高速发展阶段，大到企业的宏观战略规划，小到一项具体施工项目或作业，都在不断挑战既定的标准、规范，竞相“多拉快跑”，在创下一个个速度“奇迹”的同时，也意味着对安全生产规则的无视与违背，致使事故发生的概率大大增加，出现了所谓“带血的 GDP”。

纵观历史，西方发达国家在其经济高速发展阶段，同样也经历了一个事故高发阶段。因为合理的工期一旦被过分压缩，不仅管理人员心有压力而急躁冒进、违章指挥，而且一线员工会因为加班加点而心身疲惫，造成注意力不集中或投机取巧、冒险蛮干等，为事故发生埋下“定时炸弹”，因赶工期而引发的事故不胜枚举。另外，由于工期被压缩，还会为所建造的工程项目埋下质量隐患。因为工期紧张，不仅打乱科学合理的工序流程，而且在施工过程中也会偷工减料、简化工序，从而为所建造的工程项目埋下隐患，出现“项目竣工之日就是隐患整改之时”的荒谬现象，影响了工程项目的本质安全。像安全投入不足、压缩工期之类严重威胁安全生产的现象还有很多，这些现象已成为日常工作中习以为常、见怪不怪的顽疾，严重影响着安全生产是导致安全管理艰巨性的重要原因之一。

5. 宏观大环境对安全生产管理的影响

安全生产管理工作的艰巨性还与目前的大环境有着密不可分的关系。在当前商品经济的大潮下，不仅由于下岗分流等造成目前在岗员工的业务素质普遍降低，而且在当前环境下，大家身心浮躁、职业操守弱化，对企业、岗位缺乏情感，对本职工作缺乏热情，得过且过、不作为等，也是促使事故发生的重要原因之一。

前些年企业改革，企业所属中专、技校停办，一线熟练员工下岗分流，新聘的临时工、合同工不仅安全意识淡薄，而且自身素质、业务技能较差。统计数据表明，绝大多数事故的发生都与员工安全意识差、技能素质低不无关系。放眼各个行业，一线操作岗位，包括一些高风险要害岗位，到处都有外雇工、临时工的身影。他们昨天还在乡间的农田耕作，今天就可能现身轰鸣的车间机器旁，从事具有一定技术性、风险性的工作。员工素质不高，事故发生概率自然增加。

这种情况的出现，进一步增加了安全生产管理的复杂性、艰巨性。首先这是因为他们的流动性大，增加了培训工作的难度，致使培训不易做到位。他们中的绝大多数文化素质低、接受能力差，况且，由于国企管理体制较为僵化，不能及时调整员工薪酬待遇，使得一些得到了较好培训、具有一定知识技能的技术熟练工，如过江之鲫，为追逐较高的薪酬而频繁跳槽，“择良木而栖”，这样就会进一步降低培训效率。一些国有企业成为反复培训新员工的“培训学校”，而在其中工作的大多是刚入行的新人，业务技能、素质自然就不高。

再者，这些人员是外雇工、临时工，他们的工作都是临时性质，不仅专业技能普遍不高，而且也没有主人翁意识，缺乏责任感。也正是由于责任感的缺失，导致他们工作不认真，检查维护不仔细，进一步增加了事故的高发、多发的可能性。况且，一旦出现紧急情况或事故先兆，他们会临阵脱逃，贻误了在第一时间内进行应急处置的良好时机，导致事故发生率大幅度上升。

总之，在目前市场经济宏观大环境下，用工方式的改变、人们道德理念变化等导致的员工素质降低，加大了安全管理工作的艰巨性。加之传统安全管理缺乏科学的方式、方法，也是导致安全管理艰巨性的原因之一。虽然我们一直倡导“预防为主”，但在传统安全管理模式下，我们不仅事前预防的意识淡薄，也缺乏先进、科学的事故预防方式、方法，对于事前防范，苦于无计可施，只能望洋兴叹，只有等到事故发生之后，再通过原因分析，汲取教训，亡羊补牢。

正是由于事故发生的随机性和概率性等特点，造就了传统安全管理自身存在着种种问题和缺陷，使得安全生产管理工作领导不重视，员工不理解、不配合，安全管理人员缺乏激情，没有动力……所有这些，使得传统的安全管理工作走进了一条死胡同：安全生产工作不管理固然不行，而仅靠安全人员所进行的安全管理也未必能够起到有效的作用，尤其是随着现代化生产水平的提高，一些高危行业出现了重特大事故高发现象。严峻的现实迫使我们必须探求新形势下的安全生产管理工作新思路、新模式，诸如 HSE 管理体系等一些新的安全管理模式就是在这种情况下应运而生的。

第二章　安全管理新模式——体系化管理

恩格斯曾经说过，社会客观现实的需求比十几所大学更能够推动发明创造的产生。传统的安全生产管理模式已走到了尽头，以HSE管理体系为代表的安全生产的体系化管理，正是基于客观现实的强烈需求而产生的一种先进、科学的安全生产管理模式，但由于这种管理模式来自西方，所以存在文化背景差异、生活习惯以及语言翻译等诸多方面的问题，在对其理解上存在诸多误区，应用方面更是出现了不少问题。基于此，本章将以HSE管理体系为例，就体系化管理特点及产生的背景、组成、结构及其相关问题等进行阐述与分析，以期能够澄清一些似是而非的认识，使管理体系能够发挥其应有的作用。

第一节　体系化管理简介

一、概述

“体系”一词来自于英文单词“system”，一般英汉词典把其同时译作“系统、体系”两个汉语词意，维基百科把其定义为一组交互或相互依赖的组件形成的一个整体，因此，体系与系统是一回事，体系管理就是系统管理。实质上，系统管理就是体系管理的精髓、本质，是体系管理最突出的特点，当然，除系统管理外，体系化管理还有重视领导作用、全员参与、PDCA循环以及文件化管理等，这些都是体系化管理不同于传统管理的一些显著特点。

那么，为什么要实施系统管理？实施系统管理就是为了解决以往非系统管理无法解决的问题。如HSE管理体系的出现，就是因为传统安全管理那种只靠安全管理部门“单打一”的管理模式，已经无法解决现代工业化社会重特大事故的高发问题了。只有通过实施系统管理，落实直线责任，使各级组织、各职能部门齐抓共管、各负其责，才能够从根本上解决传统安全管理存在的突出问题，才能够真正做好安全生产管理工作。

目前，体系化管理已经应用到很多行业、领域，比较知名的有质量管理方面的ISO 9000质量管理体系，健康安全与环境管理方面的HSE管理体系，环境管理方面的ISO 14000环境管理体系，安全健康管理方面的OHSAS 18000职业安全健康管理体系，以及社会责任管理方面的SA 8000社会责任管理体系等。纵观这些实施体系化管理的行业、领域，无论是质量管理、环境与健康管理，还是社会责任等，它们与安全生产管理都有一个共同的特点，即这些行业的管理涉及面都很宽泛，非单一主管管理部门力所能及，因此，要做好相应的管理工作，都需要落实直线责任，齐抓共管，进行综合治理，也就是需要实施系统管理。

就事故防控方面而言，目前有HSE管理体系、ISO 14000环境管理体系、OHSAS 18000职业安全健康管理体系等，其中，HSE管理体系无论是应用范围还是取得的成效，都比较突出。基于此，本章将以 HSE 管理体系为例，介绍体系化管理产生的背景，体系化管理的要素、结构框架、特点，以及体系的建立与运行及其相关问题。

二、HSE 管理体系产生背景

如上所述，传统的安全管理模式，不仅在我国安全生产管理中走到了十字路口，在国外也陷入了同样的窘境。1987 年发生在瑞士巴塞尔市桑多兹化学公司仓库的大火，1988 年发生在英国北海油田的帕博尔·阿尔法平台的火灾爆炸事故，以及 1989 年发生在美国阿拉斯加海岸埃克森石油公司油轮污染事故等几起重大安全生产及环境污染事故（图 1-2-1），在令人震惊的同时，迫使人们深刻反思传统的安全管理工作。尤其是发生在英国北海油田的帕博尔·阿尔法平台的火灾爆炸事故，造成了 167 人死亡，事故震惊了西方社会及整个石油行业。在事故发生之后，英国政府即委派英国行政学院的卡伦勋爵，代表英国政府前往事故现场进行实地调查，调查报告提出了 106 项安全管理改进建议，认为要做好安全管理工作，不能靠事故驱动、被动应付，而应该做到主动防范、综合治理。英国能源部根据事故调查报告，结合石油行业安全生产的严峻现实，要求在英国境内施工作业的石油公司，要针对石油行业的特点，探索进一步强化安全生产管理的方法模式。

图 1-2-1　阿尔法平台的火灾爆炸事故（左）与埃克森石油公司油轮污染事故（右）

事实上，早在 1984 年荷兰皇家壳牌集团（以下简称壳牌公司）基于强化自身安全管理工作的需要，就采用了杜邦公司所提出的“强化安全管理原则（ESM:Enhanced Safety Management Principle）”进行安全管理，并取得了较好的效果。与此同时，壳牌公司还引入了质量管理体系。正是在这种情况下，壳牌公司应英国政府强化安全管理的要求，结合本公司建立实施的质量管理体系及 ESM 所取得的成效，认为要进一步做好安全管理工作，应借鉴质量管理体系的做法，提高领导力在安全管理中的作用，增强员工参与意识，实行更加严格、更为系统的体系化管理。这样，他们就把对安全风险管理的要求融入质量管理体系框架，形成了壳牌公司的安全管理体系。另外，鉴于健康、安全与环境的管理在原则、方法和效果上彼此相似，且实际工作中也相互联系，壳牌公司就把健康、安全与环境的管理放在一起，纳入管理体系，并于 1991 年颁布了健康、安全与环境（HSE）方针指南。

同年在荷兰海牙国际油气勘探开发行业健康、安全与环境会议上，HSE 一体化管理的概念也为大家所接受。1994 年，在印度尼西亚雅加达举办的油气勘探开发行业健康、安全与环境会议上，集健康、安全与环境管理工作于一体的 HSE 管理体系得到了与会国家石油公司代表及石油行业安全管理专家的认可和接受。在此背景下，国际标准化组织（ISO）TC67 的 SC6 分委会，在 1996 年起草并发布了《石油天然气工业健康、安全与环境管理体系》（ISO/CD14690）标准草案。同年，中国石油天然气总公司组织对 ISO/CD14690 标准草案进行翻译转化，并于同年的 6 月 27 日颁布了我国石油天然气行业标准——《石油天然气工业健康、安全与环境管理体系》（SY/T 6276—1997），拉开了我国石油天然气行业健康、安全与环境管理体系建立和运行的序幕。从此，安全生产、环境与健康管理进入了一个新的时期。

三、HSE 管理体系简介

HSE 管理体系是什么？它是应对 HSE 管理（尤其是安全管理）艰巨性而创新的一种先进、科学安全、环境与健康管理模式，绝不是一大堆没完没了的文件，体系审核也绝不是“就文件而审文件”！但在管理体系建立之初，给人们留下的印象就是如此。

英国政府健康与安全执行局（Health and Safety Executive，HSE）认为，一个组织要做好任何一种管理工作，都必须具有做好该工作的方针目标（或政策）（Policy）——健康、安全与环境方针（要素 2），而要使政策方针得到落实、目标得以实现，必须具有相应的资源支持，必须有相应的组织（Organization）去负责监督落实——组织结构、职责、资源和文件（要素 4）。在此基础上，通过策划（要素 3）、实施和运行（要素 5）、监测检查（要素 6）及管理评审（要素 7）这种科学管理模式，就能够科学合理地把这项工作做好。当然，鉴于事故发生的特点和安全管理工作的艰巨性，要做好安全管理工作，组织的高层管理人员，必须通过一定的形式，展示出强有力的安全领导力，也即，要做出“有感的领导和可见的承诺”——领导和承诺（要素 1），从而推动该项工作顺利开展。

另外，HSE 管理体系还是一种文件化的管理形式，通过管理手册、程序文件与作业文件等文件，规范各个层面的管理工作。上述 7 个要素都是 HSE 管理体系的有机组成部分，在管理体系中称为要素，把它们的一定方式有机组合在一起就构成了 HSE 管理体系。

事实上，HSE 管理体系就是针对健康（Health）、安全（Safety）与环境（Environment）管理业务的特点所创新的一种体系化管理模式。它是指一个组织在其自身活动中，对可能引发的 HSE 方面的风险，通过系统管理，采取预防措施，以控制其发生，减少可能引起的人员伤害、财产损失及环境破坏，最终实现企业的 HSE 方针和目标的一种管理模式。由于健康、安全与环境的管理是一项复杂的系统工程，由诸多要素（组成部分）有机组合而成，这些要素是做好 HSE 管理所必需的方方面面的管理工作。也正是由于健康、安全与环境管理工作，涉及人财物等方方面面，需要全要素管理不可能由某些人或某个部门“单打一”，尤其是安全工作的管理具有的艰巨性和复杂性，要做好这些工作需要齐抓共管、综合治理，即系统管理。

HSE 管理体系是以风险管理为核心的一种系统管理模式，它渗透到生产经营的各个领域、各个环节，突出预防为主、领导承诺、全员参与、持续改进的管理思想，是具有高度自我约束、自我完善、自我激励的一种管理机制。目前，HSE 管理体系已成为国际上石油、石化等高风险行业广泛采用的一种先进、科学的管理模式。

在 HSE 管理体系中，"领导和承诺" 是基础。领导的重视与支持是 HSE 管理体系建立的前提和基础，是推动体系运行的原动力。一个企业的 HSE 管理体系能否有效运行，能否发挥其应有作用，关键在于领导尤其是"一把手"作用的发挥。因此，在 HSE 管理体系设计时，把 "领导和承诺" 作为诸要素中的核心要素而突出其重要作用。

系统管理是精髓、是关键。管理体系绝不是游离于组织日常业务活动之外的、由 HSE 管理部门的人员单打独斗的一种孤立的管理模式，而是有机融入组织业务活动之中，由各级直线管理者主管，各职能部门齐抓共管、各负其责的一种综合治理模式，即系统管理。体系管理就是系统管理，就是通过落实直线责任，做到责任归位，实行综合治理，它是 HSE 管理体系得以发挥其有效作用的精髓。

全员参与是根本。通过安全理念的宣贯，尤其是领导的亲力亲为、率先垂范，促使全体员工都能把包括安全在内的 HSE 工作作为自己工作的一部分，自觉、主动做好自身的安全（HSE）工作。

PDCA 循环是体系运行的模式。HSE 管理体系遵循 PDCA 闭环管理原则，管理体系的要素自身构成了一个 PDCA 大循环，同时，每个环节都有自己的 PDCA 小循环，通过 PDCA 循环的闭环管理，做到事前有计划、事中有检查、事后有总结，并通过总结经验、汲取教训，做到持续改进。

文件化管理也是 HSE 管理体系有别于传统管理的一大特色。写应做的——立规矩，做所写的——按规矩办，记所做的——留下可追溯痕迹，强化风险管理，提升工作效率。

风险管理是 HSE 管理体系的核心。一方面，实施体系管理的最终目的是防控 HSE 事故（事件）的发生，做到不出事故、少出事故。要做到这一点，就要通过风险管理进行事前预防，做到关口前移，防患于未然；另一方面，要进行风险管理，不仅需要人力、财力、物力的保障，更需要各级组织、各职能部门的齐抓共管和全体员工的共同参与；同时，还需要相应的工具、方法及行之有效的管理模式。而所有这些正是来自于体系的有效运行。所以，HSE 管理体系为有效实施风险管理提供了充分必要的条件，创造了适宜的环境氛围。

总之，风险管理是 HSE 管理体系的核心，HSE 管理体系的一切工作都是围绕着风险管理展开，最终用于风险管理，并通过风险管理达到防范事故的最终目的。

HSE 管理体系具有很多特点（图 1-2-2），除上述所介绍的诸多特点之外，体系审核也是 HSE 管理体系的特点之一。通过规范的体系审核活动，不断发现管理体系运行过程中的问题，规范体系运行，做到持续改进。

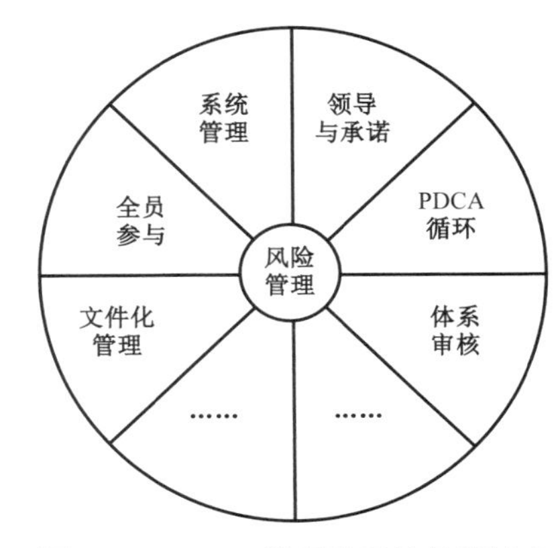

图 1-2-2　HSE 管理体系的显著特点

四、HSE 管理体系的基本构成及要素释义

HSE 管理体系标准是建立与实施 HSE 管理体系的基本依据，它规定了 HSE 管理体系各要素的构成及相互关系，规范了健康、安全与环境管理体系，其作用就是指导 HSE 管理体系的建设，规范 HSE 管理体系的运行，并最终实现健康、安全与环境管理的目标。

在《石油天然气工业　健康、安全与环境管理体系》（SY/T 6276—1997）（等同采用 ISO/CD 14690）标准中，对 HSE 管理体系设定了领导和承诺，方针和战略目标，组织结构、职责、资源和文件，策划，实施和运行、检查，管理评审等 7 个要素。

随着时间的推移、经验的积累，一些国际大石油公司根据自己的客观实际，在 ISO/CD 14690 标准的基础上，建立了适合本公司情况的 HSE 管理体系，衍生出的企业或行业 HSE 管理体系版本多种多样，但万变不离其宗，只是根据各自对体系的理解，或对非核心部分掐头去尾，或把相关因素分解、合并等，由于它们都是基于 ISO/CD 14690 这一标准建立的，因此，其关键要素和基本结构都是相同的，只是在标准的术语或要素的数量等方面存在一些差别。

1. HSE 管理体系基本构成

现以《石油天然气工业　健康、安全与环境管理体系》（SY/T 6276—2014）标准为例，对 HSE 管理体系的诸要素进行解释。HSE 管理体系共 7 个一级要素，其中有 4 个一级要素包含的内容比较多，故又在其下细分共 27 个二级要素，这样就由 3 个单独的一级要素和 27 个二级要素构成了 HSE 管理体系（表 1–2–1）。如前所述，体系就是系统，要素就是构成 HSE 管理体系的有机组成部分，这些组成部分（要素）既覆盖了 HSE 管理活动的方方面面，又彼此分工、相互联系，构成了 HSE 管理体系。

表 1–2–1　HSE 管理体系要素构成（对应 SY/T 6276—2014 章条号）

一级要素	二级要素
5.1　领导和承诺	（无）
5.2　健康、安全与环境方针	（无）
5.3　策划	5.3.1　危害因素辨识、风险评价和风险控制的确定； 5.3.2　法律法规和其他要求； 5.3.3　目标和指标； 5.3.4　方案
5.4　组织结构、职责、资源和文件	5.4.1　组织结构和职责； 5.4.2　管理者代表； 5.4.3　资源； 5.4.4　能力、培训和意识； 5.4.5　沟通参与和协商； 5.4.6　文件； 5.4.7　文件控制

续表

一级要素	二级要素
5.5　实施和运行	5.5.1　设施完整性； 5.5.2　承包方和供应方； 5.5.3　顾客和产品； 5.5.4　社区与公共关系； 5.5.5　作业许可； 5.5.6　职业健康； 5.5.7　清洁生产； 5.5.8　运行控制； 5.5.9　变更管理； 5.5.10　应急准备和响应
5.6　检查	5.6.1　绩效测量和监测； 5.6.2　合规性评价； 5.6.3　不符合、纠正措施和预防措施； 5.6.4　事故、事件管理； 5.6.5　记录控制； 5.6.6　内部审核
5.7　管理评审	（无）

2. HSE 管理体系要素释义

为便于对 HSE 管理体系的理解，下面就 SY/T 6276—2014 中的 7 个一级要素及 27 个二级要素的功能、作用做一通俗解释，以便说明 HSE 管理体系是如何在这些要素作用下，实现 HSE 风险管理目的的。

要素 1：领导和承诺

“领导和承诺”是 HSE 管理体系中最重要的要素。同时，它又位于体系运行框架图中“叶轮”的轴心（核心）位置，故又称其为“核心要素”。它驱动着“叶轮”的转动，为 HSE 管理体系的运行提供原动力。健康、安全与环境的管理，尤其是安全工作的管理艰巨而又复杂，是个“老大难”问题。俗话说，安全管理“老大难”，“老大”来管就不难。目前政府也在倡导安全生产要抓“一把手”，由“一把手”抓安全生产。事实也正是如此，任何一个企业，只要是安全生产工作做得好的，无一例外都是因为这个单位的主要领导对安全生产管理工作的重视。因此，HSE 管理体系把“领导和承诺”作为最重要的要素，尤其重视领导力在安全管理上的作用。

要素 2：健康、安全与环境方针

“健康、安全与环境方针”体现了建立运行 HSE 管理体系的组织对 HSE 管理的意愿、追求以及行动准则，确定了 HSE 管理行进的方向。方针一般是由组织高层管理者为组织制定的在 HSE 管理方面的指导思想和行为准则，是对 HSE 管理的意向和原则的表述。事实上，方针就是大政方针，是行进的方向，是旗帜，是号角，能够号召、调动和凝聚组织的所有力量形成合力，向着既定的目标努力奋斗。

要素 3：组织结构、资源和文件

“组织结构、资源和文件”是 HSE 管理体系建立和运行的物质基础，为体系建立和运行提供支持条件。由于其包含的内容较多，该一级要素又细分为组织结构和职责，管理者代表，资源，能力、培训和意识，协商与沟通，文件，文件控制等 7 个二级要素。

“资源”要素要求建立和运行 HSE 管理体系的组织应为其配置相应的资源，如人、财、物等。俗话说：“巧妇难为无米之炊。”如果没有物质条件的保障，一切都将成为空谈。

“组织结构和职责”要素要求建立和运行 HSE 管理体系的组织应设置相应的管理机构和岗位，明确其职责，在体系运行中应发挥的作用等。因为体系的运行虽然要求全员参与，但也要有相关 HSE 机构进行组织、协调，负责体系的建立、有效的维护等多项工作，例如在体系建立阶段的推动工作、体系文件开发编写、实施阶段的体系审核等。

“能力、培训和意识”要素要求，无论是专门人才还是一般员工，都必须通过有效的培训提升其能力和意识，以满足 HSE 风险管理的需要。在安全生产工作中，能力问题关系到会不会安全、能不能安全，意识问题解决的则是愿不愿安全、想不想安全，既有能够安全的能力，又有想安全的意识，才能真正做到安全生产，二者缺一不可。而无论提升能力还是增强意识都要通过有效的培训才能实现。如对风险管理技能、技巧的培训，使员工有能力开展本岗位的危害因素辨识风险管理活动；通过技能培训，使员工熟练掌握操作规程、作业技巧；通过先进理念、意识的教育、培训，使员工的安全理念由“要我安全”向“我要安全”转变。总之，通过有效的培训，员工不仅想安全、要安全，而且能安全、会安全，从而真正实现安全生产。

“文件”这个要素，狭义而言是指为进行风险管理工作而进行的一些策划的结果，包括管理手册、程序文件、作业文件等，通过文件管理做到“写应做的、做所写的、记所做的”。“文件控制”就是对文件进行管理，以确保文件的上传下达及其有效性等。

“管理者代表”要素要求最高管理层中应指定一名成员代表最高管理者（一把手），在 HSE 管理方面行使最高管理者的权利，发挥最高管理者的作用。由于最高管理者事务繁忙，管理者代表在日常 HSE 管理中，代行最高管理者权利，以便督促 HSE 管理体系各事项的落实。当然，HSE 的最终责任仍应由最高管理者承担。

上述三个一级要素是 HSE 管理体系运行的基础，为体系的运行提供了必要的条件：“健康、安全与环境方针”指明了 HSE 管理体系运行的方向，“领导和承诺”是推动 HSE 管理体系朝着指定方向运行的驱动力，“组织结构、资源和文件”为 HSE 管理体系的运行提供物质条件。这些要素为 HSE 管理体系的运行指明了方向，提供了动力及运行条件，同时，还营造了适宜的氛围与环境，使管理体系得以有效运行。

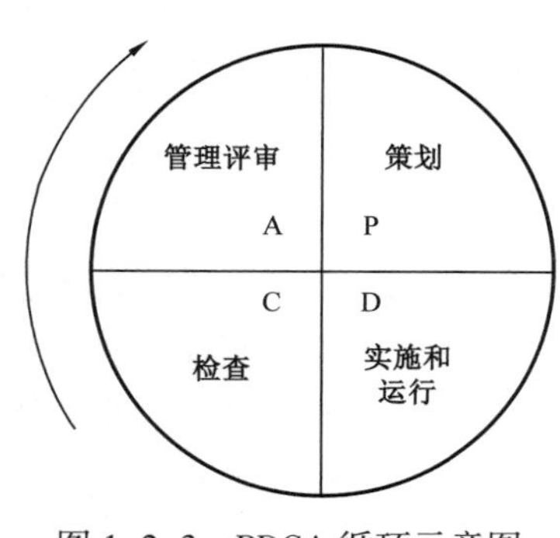

图 1-2-3　PDCA 循环示意图

下面四个一级要素“策划（P）”“实施和运行（D）”“检查（C）”，以及“管理评审（A）”，恰好构成 PDCA 循环（图 1-2-3），它们是管理体系的运行主体，是 HSE 管理体系的中心环节。

要素 4：策划

“策划”就是 PDCA 循环的 P（PLAN：计划、策划），它包括对危害因素辨识、风险评价和风险控制的策划，法律、法规和其他要求，目标和指标，管理方案等四个二级要素。

在组织对一个项目、活动或一个时期（如一个年度）的工作进行风险管理时，首先要进行“对危害因素辨识、风险评价和风险控制的策划”，它是风险管理的核心内容，即通过对一个项目，一项工作、活动，或一个时期（如一个年度）的业务活动进行危害因素辨识，辨识出其中存在的危害因素，然后参照“法律、法规和其他要求”等，设定风险评价准则，对所辨识出的危害因素进行风险评价。在此基础上，根据评价结果，对需要进行防控的危害因素制定防控措施。

对关键项目或重大风险的防控，还应根据风险的严重程度，以及法律、法规和相关要求等，设定本次风险管理活动的“目标和指标”，通过“策划”形成的需要实施的结果就是“管理方案”或类似“管理方案”的风险防控措施等相关文件。策划是风险管理的前提和基础，事关风险管理工作的成败。

要素 5：实施和运行

“实施和运行”包括设施完整性、承包方和供应方、顾客和产品、社区与公共关系、作业许可、运行控制、变更管理、应急准备和响应 8 个二级要素。

“实施和运行”就是把上一步“策划”中做出的计划、方案、措施等，落实到具体实践活动中。它是风险管理活动中至关重要的环节。

要做好“实施和运行”，首先就要营造良好的“实施和运行”环境，如“社区与公共关系”方面，要与所在社区的地方政府、居民及相关单位进行有效的交流与沟通，既要熟悉、了解当地的自然条件，也要充分认识其社会环境，做到既要“知彼”又要“彼知”；另一方面，对于一些高风险作业，一旦风险失控，可以及时通知周边人员进行紧急撤离。“承包方和供应方”是组织做好 HSE 工作的重要保障。其中，供应方所供应的机器、设备、原材料等，性能是否符合要求、质量是否过硬直接关系到安全生产。而承包方则直接参与生产经营活动，他们能否做到安全生产，对本组织有着直接的影响。

“实施与运行”，在硬件方面，“设施完整性”对于确保安全生产至关重要。因此，对设备设施应从设计、建造、采购、安装、操作、检查、维护直至报废进行全寿命周期管理，达到规定要求，绝不允许在安全附件缺失的情况下或在设备、设施“带病”的情况下运行，这是确保物的状态安全的重要前提。

“运行控制”即对生产经营活动的方方面面，各种类型的施工作业、操作、维修等，都要确保“受控”：对于常规作业（操作）执行操作规程时，要使作业活动“受控”，从而确保能量或有害物质“受控”；对于非常规作业活动，如作业许可管理范畴，应通过作业许可管理程序进行管理，至少，也应在作业活动开始前，通过开展风险管理活动，如通过实施“工作安全分析”，辨识出作业活动中存在的危害因素，制定出相应的风险防范措施，并依照措施进行施工作业活动，以确保活动“受控”。

在工作期间，如果发生了变更，就要通过“变更管理”，制定相应的措施，对因变更而产生的新增风险进行控制。当然，如果工作中某一环节出现问题，导致紧急状态出现，应通过“应急准备和响应”予以应对。“应急准备和响应”由岗位员工及现场相关人员迅速按照应急处置程序进行有效处置，如果处置失当或其他原因，应对已失控的事故状态，通过请求外部专业救援力量的方式，迅速控制局势，抑制事故蔓延，把事故造成的损失降到最低。

要素 6：检查

“检查”包括：绩效测量和监测，合规性评价，不符合、纠正措施和预防措施，事故、事件报告、调查和处理，记录控制，内部审核等 6 个二级要素。

“检查”就是 PDCA 循环中的 C（Check：检查），即在体系运行过程中开展监测、监督和检查等。因为在 HSE 管理体系运行过程中，需要对运行情况进行监控，以确定是否按照策划阶段设计的方案实施，是否满足法律、法规及其他相关要求，评价指标实现情况如何等，发现不符合的地方应及时予以纠正。同时，还应及时报告、调查、处理事故，把事故作为资源，为体系的持续改进提供依据。

内部审核是确保体系规范运行的一种重要检查方式，一个运行周期至少要进行一次全要素审核，系统地对体系运行情况进行审查。当发生重大变更或有事故发生时，还应根据具体情况开展专项审核，有针对性地强化管理。

“检查”的设置，是为了使风险管理工作按照前期的策划有效实施，出现问题及时处理，达到按照原来的规划、计划运行，有效防范事故发生的最终目的。

要素 7：管理评审

“管理评审”是 PDCA 循环中的最后一个环节 A（Action：行动），即对体系运行的结果进行评审、处理，并在此基础上进行持续改进。

管理评审通常是建立在内审、外审等体系审核基础之上的，是对体系运行情况的回顾、审视和检查。管理评审应覆盖体系的所有要素和体系运行的全部活动(图 1-2-4 灰色部分涵盖所有要素)。管理评审应由组织的最高管理者主持，通过管理评审，了解组织体系运行的整体情况，包括资源配置等，以便为持续改进体系运行做出正确的决策。管理评审的主要目的就是在体系运行一定时间后，对其整体运行情况进行评估审查，以确保 HSE 管理体系在对健康、安全与环境管理工作方面的适用性、充分性和有效性，并根据运行实际情况，采取相应措施，如根据需要调整或增加资源配置等。

3. HSE 管理体系各要素间的相互关系

HSE 管理体系各要素相互关联、各有分工，构成了一个有机的功能体。

就七个一级要素而言，“领导和承诺”是核心要素，是建立和运行 HSE 管理体系的前提、基础和驱动力。

“健康、安全与环境方针”是 HSE 管理体系建立和运行的总体原则，为体系的建立和运行指出了方向。

“组织结构、职责、资源和文件”是 HSE 管理体系建立和运行的物质基础、支持条件。

“策划”为 HSE 管理体系的建立和运行提供支撑，是做好 HSE 风险管理的至关重要的阶段。

“实施和运行”是“策划”实践阶段，是HSE风险管理的关键。

“检查”是确保HSE管理体系规范、有效运行。

“管理评审”是推动HSE管理体系持续改进的动力。

因此，根据这些要素在HSE管理体系运行中的功能作用，又可进一步把它们划分为驱动力、前进方向、基础和条件、运行主体及监测控制五个主要部分，它们相互促进、彼此影响，形成一个有机的整体，驱动着HSE管理体系的运行，为有效进行HSE风险管理提供条件、营造环境，它实质上就是HSE风险管理的体系框架——HSE管理体系。

（1）驱动力：HSE管理体系的7个一级要素组成一副螺旋桨，“领导和承诺”就是驱动HSE管理体系这副叶轮运行的轴心，是核心要素，它为HSE管理体系的建立和运行提供原动力，驱动着HSE管理体系的运行。“策划”“实施与运行”“检查”“管理评审”等要素是体系运行的主体，都处于这片叶轮的叶片之上，它们一起构成HSE管理体系运行的PDCA循环链，在叶轮轴动力的驱动下运转。因此，HSE管理体系的运行模式实质上就是在“领导和承诺”原动力驱动下的PDCA循环（图1-2-4）。

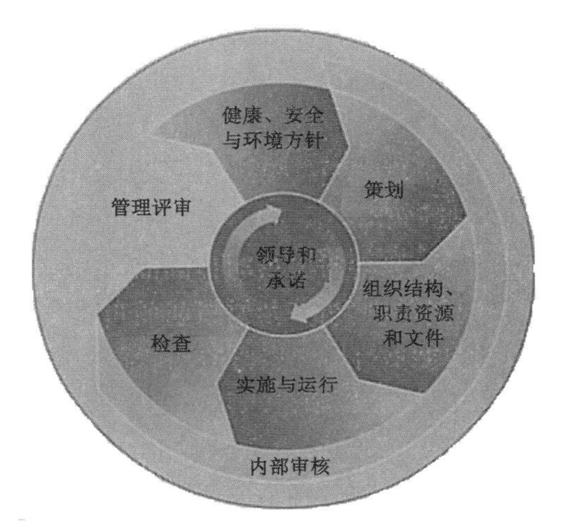

图1-2-4　HSE管理体系框架模型

HSE管理体系源自质量管理体系，但安全生产管理与质量管理的最大区别就在于安全生产管理不具有自动纠偏机制，因为以安全生产管理为代表的HSE管理缺乏自动纠偏机制，要进行纠偏，必须借助外力，这个外力就是组织的领导力，尤其是组织“一把手”的领导力，因为其左右着组织的全盘工作，在HSE管理方面具有绝对的权威性。通过打造科学的HSE管理体系框架，该体系有效地解决了纠偏问题，使HSE管理体系具有自我约束、自我完善、自我激励机制。

此外，HSE管理体系中的“第三方审核”“内、外部审核”与“管理评审”等系列审核，也为体系的运行助力，促进组织的纠偏。因为通过各种审核活动，可以发现并解决存在的问题，从而克服体系运行中的阻力，使之在正确的轨道上运行。

（2）前进方向：“健康、安全与环境方针”体现了组织对HSE的意愿与追求，规定了HSE管理体系的运行方向。因此，“健康、安全与环境方针”的确立就意味着HSE管理的大政方针已经确定。

（3）基础和条件：“组织结构、职责、资源和文件”则是HSE管理体系建立和运行的物质基础和支持条件。其中，“组织结构和职责”解决的是职责分配问题；“资源”解决的是资源配置问题；“培训、意识和能力”解决的是最重要的人力资源问题；“协商与沟通”解决的是信息交流问题；“文件”解决的是“规矩”的建立及其表现形式，如制度、标准、规范等方面的问题；“文件控制”则是文件资料的管理问题。总之，所有这些都是 HSE 管理工作的基础，这些问题处理得正确与否，不仅影响到管理的章法、效率，而且还直接关系到 HSE 管理体系的运行能否得以维系。

（4）运行主体：“策划”“实施与运行”“检查”“管理评审”等要素是 HSE 管理体系运行的主体，它们承载了 HSE 风险管理的全部内容。同时，它们一起构成了 HSE 管理体系运行的 PDCA 循环链。“策划”是 HSE 风险管理的重点，因为风险管理“三步曲”（危害因素辨识、风险评估以及风险的削减与控制）绝大部分内容都在该阶段进行；“实施与运行”是落实“策划”阶段所形成的方案、措施，它是 HSE 风险管理的关键所在，如果说 HSE 管理体系的建立和运行是为了做好 HSE 风险管理，那么 HSE 风险管理的输出结果就体现在“实施与运行”阶段，比如事故的发生与否，HSE 业绩的好坏等。

“管理评审”是 PDCA 循环链的最后一环，也是运行主体的最后阶段。它主要是在组织最高管理者的主持下，对“检查”环节暴露出的问题以及 HSE 管理体系运行的适宜性、充分性和有效性等方面的情况进行评估、审视，并为持续改进 HSE 管理业绩进行决策。

（5）监测控制：如前所述，该部分的一些内容实际上已包括在运行主体阶段的相关内容之中，但由于其重要程度很高，故单列出来进行分析。因为要确保体系得到有效运行的重点就在于建立和完善以监视与测量、内部审核和管理评审为主要手段的三级监控机制，以最终实现体系的持续改进。

一是监视与测量。监视与测量一般是在生产经营活动场所（施工作业现场），由基层组织岗位员工进行的活动。监视与测量是获取基础数据的主要手段，如各种污染物含量、总量，产生和排放地点，产生的原因，安全生产隐患的排查与整改等基本数据，直观地反映了体系运行的最终效果。这些基础数据是否真实、充分，对于改进和提高体系运行效果有着不可替代的作用。

二是内部审核。如果说监视与测量只是获取一个个“点”的基础数据，那么内部审核则能从整体上系统地掌握体系运行的实际效果。内部审核一般为全要素审核，便于通过内部审核，发现体系运行过程中可能存在的各类问题，从而为体系持续改进提供重要依据，但也要根据需要开展专项审核。内部审核一般由实施管理体系的组织发起，并对本组织进行审核，故称之为内部审核。与之对应的还有第三方审核、外部审核等。

三是管理评审。管理评审是从整体上系统地评价体系建设和运行的有效性、符合性和适宜性。管理评审从方针目标的实现、资源的提供、体系的有效性、体系的可操作性等方面对体系进行整体的评价，这是公司最高管理层参与体系管理的最重要的手段，也是体现部门与领导的沟通、对领导施加的影响、争取领导支持的最重要的平台。在管理评审中，要树立问题思维方式，将暴露问题、解决问题作为管理评审的主要目的。为实现 HSE 管理体系的有效运行和持续改进，绝不可将管理评审会开成成绩总结或表彰会，而是应“吹毛求疵”，发现问题并通过问题的整改，做到持续改进。另外，从图 1–2–4 可以看出，由于权限所致，内部审核无法对体系的“方针”及同级“领导和承诺”“管理评审”等要素进行审核，而管理评审的权限则要大得多，它可以对所有要素进行检查、审视，并在此基础上进行改进。

第二节　体系化管理的特点

首先，HSE 管理体系是全要素管理，30 个要素（3 个一级要素及 27 个二级要素）覆盖了生产经营活动的方方面面，如人、机、料、法、环等，正常情况、异常情况以及事故状态，各个业务领域、各种作业活动等，解决了以往管理中出现的覆盖不到或重复覆盖等诸多问题。

其次，HSE 管理体系遵从 PDCA 循环，通过 PDCA 循环，各种要素可以相互结合成一个有机整体，做到工作前有计划、工作中有检查、工作后有总结，从而做到了闭环管理、持续改进。

当然，HSE 管理体系最突出的特点还在于它的系统管理，尤其强调了“领导和承诺（领导力）”在 HSE 管理方面的重要作用，解决了制约安全管理的“老大难”问题。所有这些工作都是为风险管理奠定基础、营造氛围和创造条件，因为 HSE 管理体系的最终目的就是通过风险管理的有效实施，做好对能量或有害物质的防控，从而避免事故的发生。

一、HSE 管理体系的本质特点

领导和承诺、系统管理、风险管理、全员参与、PDCA 循环等都属于 HSE 管理体系的本质特点。

1. 突出领导力作用

HSE 管理体系高度重视领导力的作用，把“领导和承诺”作为管理体系的核心（轴心）要素，抓住了 HSE 管理的关键。

美国前国务卿基辛格博士说：“领导就是要带领人们，从他们现在的地方到他们还没有去过的地方。”也就是说，领导的作用就是引“领”着团队成员，“导”向他们到要去的地方——目的地（目标）。这里“领导和承诺”的“领导”不是指“领导人”，而是指“领导力（Leadership）”。领导力可以被形容为一系列行为的组合，而这些行为将会激励人们跟随领导到要去的地方，这是大家心甘情愿地跟随前往，而不是简单、被动地服从。根据领导力的定义，我们可以看到领导力是我们做好每一件事的核心。安全管理任务艰巨而复杂，要做好安全管理工作，就需要强有力的领导力。领导力的“五力”模型认为，要打造强有力的领导力，领导人员应具有感召力、前瞻力、决断力、控制力和影响力（图 1–2–5）。

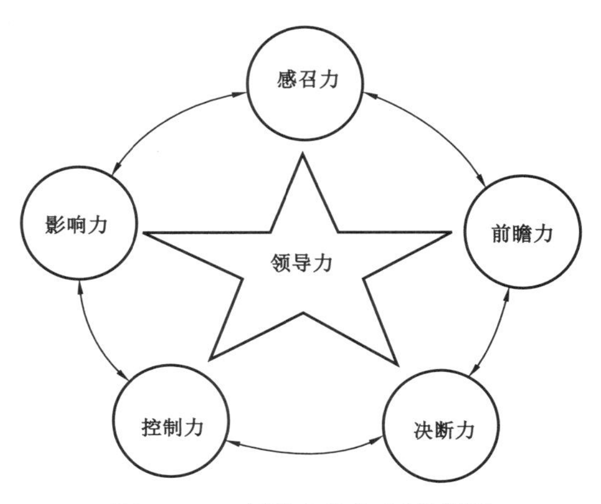

图 1–2–5　领导力的“五力”模型

事实上，事故发生的特点与安全管理的性质，决定了安全生产管理的艰巨性和复杂性，而事故处理的“四不放过”，又增加了安全管理岗位的“风险性”——因为一旦发生了事故，安全管理岗位就要承担事故的连带责任。因此，不仅一般管理人员因其权力小责任大而不愿去管安全，许多领导干部也把安全生产管理视作“烫手山芋”，敬而远之，一些企业甚至曾爆出当事人因上趟洗手间而被选定为安全主管领导的笑谈。实际上，目前很多企业在确定安全生产分管领导人选时，确实存在类似的尴尬局面。因此，一种普遍现象就是考虑新提职的干部，由于其本身资历较浅，还没有向组织讨价还价的资格，所以只能被动地听从安排。

正因为其资历较浅等原因，其在领导班子成员中属“弱势”角色，在同行间缺乏控制力、影响力以及协调力，根据“五力”理论，这也就意味着其领导力不够强大。鉴于安全生产管理工作所具有的“可塑性”等特质，要管理好安全生产工作，主管安全工作的领导必须要强势，具有超强的领导力，否则，就无法统筹协调方方面面的工作，自然也就不可能做好艰巨而复杂的安全管理工作。试想，分管每一路业务的领导都想把自己所分管的工作做好，但他们都比安全分管领导阅历深、资格老，工作中自然也就强势，再加上安全管理的可塑性等特质，当遇到他们的工作与安全管理工作冲突时，每次让位的都会是安全管理工作。

在这种情况下，即便是安全分管领导有做好安全管理工作的良好愿望，也会因其心有余力不足而作罢。更何况很多人面对这种情况，早已失去应战的勇气，抱着“做一天和尚撞一天钟”的消极心态，只想熬够时间或瞅准机会，抽身走人了事。

基于上述原因，我们不难看出，安全分管领导要么没有意愿，要么缺乏领导力，所以他们不具有做好安全管理工作的领导力。因此，如果主要领导对安全工作的重要性认识不足，不能够在安全生产管理上作出表率，不能对分管安全生产的领导鼎力相助，单靠分管安全生产领导的努力，很难抓好一个企业的安全生产管理工作。无数正反两个方面的事例都已证明：凡是安全生产业绩好的企业，必定是“一把手”真心实意地重视安全。反之亦然。

楚王好细腰，举国皆缩食；唐皇喜丰腴，倾朝肥为美。一个组织的“一把手”就是一方“诸侯”，对于该组织具有超强的领导力。这不仅是中国几千年来的传统文化，也反映了目前的客观现实。

如果一个企业的“一把手”能够真正重视HSE管理工作，在HSE管理上身先士卒、率先垂范，做“有感领导”，其作用就会像指挥千军万马的“指挥棒”一样，引领着企业行进的方向，指挥、影响、感染进而带动自己的直接下属、各级领导乃至广大员工，向着其指引的方向努力。

只要“一把手”在HSE管理方面身体力行，作出表率，各级领导对安全管理工作自然也不会怠慢。如此一来，HSE管理所需的人、财、物等各种投入必将会得到有效保障，广大员工也会在各级领导的影响、感召下，积极主动投身于HSE管理的各项工作之中。如此一来，即使再困难的工作也必定会无坚不摧、所向披靡，“安全生产老大难，老大来管就不难”就印证了这个道理。

HSE管理体系也认识到了这一点，因此强调各级领导尤其是“一把手”在体系管理中的地位和作用。要做好安全生产管理工作必须取得领导尤其是企业“一把手”的理解和支持，发挥好“一把手”的安全领导力。HSE管理体系明确要求“一把手”应对建立、实施、保持和持续改进 HSE 管理体系，提供强有力的领导和明确的承诺，同时还要求其承诺应以书面的形式予以公示，促使领导干部以其个人信誉为担保，确保其兑现已做出的承诺。

HSE 管理体系要求各级组织、各职能部门要齐抓共管、综合治理，明确各级领导、各职能部门的 HSE 管理责任，保障 HSE 管理体系的建立和运行，并通过遵守法律、法规及相关要求、制定 HSE 方针、主持管理评审、提供必要资源、确保 HSE 管理体系运行和 HSE 目标的实现等，即做到“有感的领导和可见的承诺”。另外，HSE 管理体系还通过内审、外审，尤其是上一级的体系审核等一系列的审核活动，督促领导干部在安全管理方面的履职情况，促使他们恪尽职守，使其领导力发挥作用。

当然，要充分发挥“一把手”在安全生产管理方面的引领作用，还应充分结合我国的实际情况，如采取签订安全生产“责任状”、安全生产合同及缴纳安全生产抵押金等多种方式，把安全生产业绩与领导干部的“帽子”“票子”联系在一起。一方面，通过先进理念的宣贯、引领，提升领导干部的安全理念、意识，为其提供内在动力，使其积极主动做好安全生产工作；另一方面，如果内在动力不足，则可通过“责任状”“合同书”等形式向他们施加外在压力，使其迫于压力而产生敬畏之心，不得不为之。

2. 强调系统管理

系统管理是体系管理的另一个显著特点。系统管理是管理体系的精髓，是 HSE 管理体系得以有效运行的关键。HSE 管理体系中的“体系”一词，也可译作“系统”，因此，体系管理即系统管理。这里的系统管理至少应包括以下三方面含义：

第一，系统管理就是综合治理，要进行系统管理不是靠一个部门“单打一”，唱独角戏。任何事故都是发生在日常生产经营活动之中的，而任何一项生产经营活动都要有相应的人员进行管理。因此，要防止事故的发生，就要让生产经营活动的管理人员自己去管理生产经营活动中的安全，做到“谁组织谁负责”“谁管理谁负责”，“管生产必须管安全”“管工作必须管安全”。无论理论还是实践都已证明，单靠安全管理部门及其专职管理人员，既管不了更管不好安全。因此，要做好安全管理工作，就要通过体系管理，落实直线责任，在做到责任归位的情况下，由各级组织、各相关职能部门，齐抓共管、各负其责，根据 PDCA 闭环管理模式，在管理业务工作的同时，进行相应的风险管理工作，即把风险管理与业务活动相结合，并有机融入各项业务活动之中，在安全专业人员的指导支持下，由主管业务工作的负责人去管理、去负责。也就是说，要通过管理体系做好安全生产工作，使管理体系发挥有效作用，就必须使安全风险管理工作融入日常生产经营活动中去，成为业务活动的一部分，由各级直线管理人员主管，由各级组织、各职能部门各负其责，做到责任归位，齐抓共管，从而实现系统管理（综合治理）。为做到系统管理，落实直线责任，在 HSE 管理体系手册中设置有责任分工专篇，对各职能部门的 HSE 管理职责都进行了界定。

第二，系统管理还体现为全要素管理，即通过把 HSE 管理体系中的要素开发相应的体系文件（或转化为相应标准、制度等可操作性文件），并通过对这些文件的执行，做到对日常生产、经营活动各个方面、各个领域、各个环节的全面覆盖，做到横向到边、纵向到底。只要每个要素的相关要求都得到了有效执行，那么，无论是人、机、料、法、环等方面，还是正常、异常、紧急等状态，都能够做到全部受控，从而使各类事故、事件都能够得到有效预防和控制。这样既避免了日常管理中由于那些杂乱无章的非系统性管理所造成的顾此失彼的弊端，也解决了传统安全管理中某些方面管理重叠而另一些方面管理缺失的极端情况导致的各种问题。

第三，系统管理还表现为管理手段、方式方法的系统性。HSE 管理体系不是一种单一的工具、方法，而是一种系统化的管理模式。HSE 管理体系遵从 PDCA 循环原则，既重视事前策划（如通过危害因素辨识、风险评估以及制定防控措施），又重视过程控制（如活动过程中对执行情况、效果的监测、检查与监督）和事后的总结、回顾（如管理评审等），以做到持续改进；HSE 管理体系既注重事前防范的风险管理，也重视紧急事故状态下的应急管理。同时，HSE 管理体系特别推崇体系审核工作，通过内审、外审、管理评审等一系列各种类型的体系审核工作，有效解决存在的各种问题，防患于未然，从而达到防范事故发生的目的。

3. 遵循 PDCA 循环

遵从 PDCA 循环是 HSE 管理体系的重要特点之一，PDCA 循环是 HSE 管理体系的运行方式。

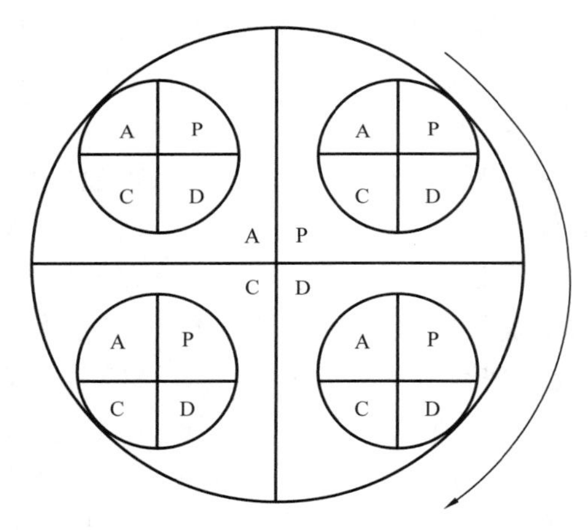

图 1-2-6　PDCA 循环大环套小环示意图

PDCA 循环不仅仅存在于体系运行的一个管理周期（一个项目周期或季度、周年等）的大过程之中，而且还存在于每个环节中，也就是说，在 P（Plan）、D（Do）、C（Check）、A（Action）循环的每个阶段，都包含有一个或多个完整的小 PDCA 循环，即大环套小环。同时，也正是通过这些小的循环活动，确保和推动了大循环的进行，为 HSE 管理体系持续改进提供了内在动力（图 1-2-6）。

PDCA 循环是由美国著名质量管理专家埃德沃兹·戴明（ED. Wards Deming）打造的一种科学的工作方法、管理模式，俗称“戴明环”。对于一个项目、活动或者一个周期（如一年、一个季度等）的工作，在开始工作之前，通过调查研究，对将要开展的工作进行计划，制定一套管理方案，然后依照此方案去执行、落实。当然，在执行期间还要不断地检查、审视，发现问题及时处理；项目、活动结束或一个工作周期结束，对该段工作进行分析、检讨，总结经验、汲取教训，并把这段实践的经验、教训用于下一个项目的总结、改进工作中去。如此往复下去，不单是 HSE 管理体系，任何管理工作只要按照 PDCA 模式去做，总结经验、汲取教训，都将会越做越好。

4. 注重全员参与

在前面的奶酪模型及后面将要谈及的蝴蝶结模型中，都提到了“个体与硬件”，这是两种最基本的防范屏障。所谓"个体"就是基层组织一线岗位员工；所谓"硬件"是指在用设备、设施等硬件物品(包括防护设施)。人的安全行为自然取决于"个体"情况，而"硬件"状态如何，也是一线岗位员工这个"个体"检查、维护的结果。因此，通过一线岗位员工的规范操作，以及对机器、设备等硬件设施的科学合理地检查、维护，以使其功能发挥正常作用，确保能量或有害物质的受控，从而有效防范事故的发生。

当然，要规范人的操作行为、保持物的状态安全，靠的还是组织的管理。事故的发生既与一线岗位员工密切相关，也与各级组织的管理人员相关。一线员工尽心尽力把工作做好了，就能够有效避免事故的发生；反之，如果他们不作为，组织就要加强监管，通过管理人员强化对一线员工的监督管理，使一线员工有效履职。

要做好 HSE 管理工作，有效防止各类事故的发生，必须依靠广大员工，做到安全生产工作全员参与、人人有责，只有如此，才能从根本上做好安全生产工作，有效防止事故的发生。因此，HSE 管理体系倡导领导干部要在安全管理方面率先垂范，做"有感领导"，其主要意义就在于通过领导的带头作用，感动、感染、感化广大一线员工，使其自觉自愿地投入到安全生产管理工作中去，发挥自己工作的积极性和主动性，遵章守纪，认真做好本职工作，把好每道关口，不造成能量或有害物质的失控，从而有效防止事故的发生。

另外，事故基本上都发生在基层组织和施工作业现场。在 HSE 风险管理工作中，无论是危害因素的辨识，还是风险防控措施的落实，其执行主体都是一线岗位员工，各项风险管理工作都要求一线岗位员工的参与，否则，就会因为危害因素辨识不到位，找不到可能导致事故发生的真正原因，使得风险管理失去应有的意义；或者风险防控措施得不到落实，达不到风险防控应有的目的。

总之，要做好 HSE 管理工作，有效防控事故的发生，必须动员广大员工，尤其是一线岗位员工，全员参与，自觉投身到 HSE 管理工作中去。

5. 风险管理为核心

风险管理有别于传统安全管理的最大特点是，风险管理一改传统安全管理被事故牵着走的被动管理模式，成为一种主动的安全生产管理模式，通过风险管理，能够做到事前预防、关口前移。在风险管理模式中，对于没有操作规程的非常规工作，首先要求在一项工作或活动等开始之前，通过对该项工作或活动可能存在的危害因素(或可能引发事故的原因)进行辨识，然后通过风险评估工作，对已辨识出来的危害因素进行评价，筛选出需要进行防控的较高风险的危害因素，制定相应的风险防控措施，并把它落实到该项工作或活动中去，这样就能够有效防控该项工作或活动中可能的事故的发生。

当然，对于具有操作规程的常规工作，应通过对其作业环节进行风险管理，把风险防控措施融入操作规程，并按照规程作业，从而达到防控事故发生的目的。

建立和运行 HSE 管理体系的最终目的，就是要有效防控事故的发生。而要做到这一点，就要借助风险管理这一有效工具。因此，风险管理是 HSE 管理体系的核心工作，是建立和运行 HSE 管理体系的最终目的。

在 HSE 管理体系中，无论是领导作用的发挥，还是全员参与、系统管理、PDCA 循环、文件化管理等，要么是为了营造良好的风险管理氛围、环境，要么是为了建立良好的风险管理工作模式，或者是为了充分有效地利用人财物力等有限的资源投入，发挥最大效用，其最终目的只有一个，就是要服务于风险管理。因为只有通过风险管理，才能够做到关口前移、事前防范，有效防控事故的发生，从而达到建立和运行体系的最终目的。

另一方面，要做好风险管理工作，必然需要财物等方面的支持、全员的参与，需要一定的方式、方法和工作模式，需要营造风险管理所需的氛围。而体系管理就是为更好地实施风险管理，提供人、财、物的支持和科学工作的模式，通过系统管理，做到责任归位，全员参与，通过文件化管理为风险管理提供有效的记录、载体，通过 PDCA 循环，为做好风险管理提供持续改进的良好行为准则、工作模式。

风险管理是 HSE 管理体系的核心（图 1-2-7）。从图中可以看出，首先是在“领导承诺”前提下的 PDCA 大循环，在确定了“健康安全与环境管理方针”，具备了“组织结构、资源、职责和文件”等物质条件的情况下，实现管理体系框架的 PDCA 大循环；其次是图的中心阴影部分的 PDCA 小循环，该 PDCA 循环是在上述体系框架下的风险管理活动，是一个相当于大循环的小循环，体系的建立目的就是为了实现风险管理，大循环为了小循环，小循环支撑大循环，二者之间的关系见本篇第三章中的“风险管理框架”与“风险管理流程”内容。

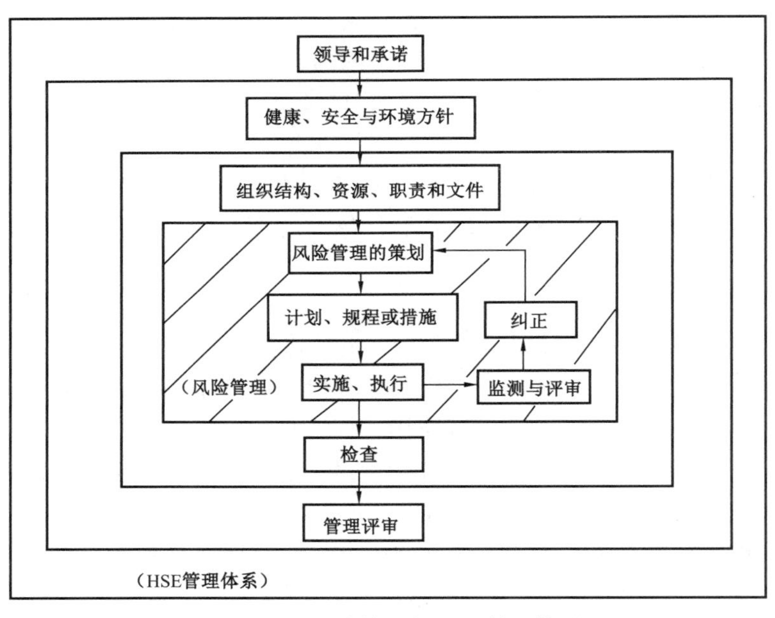

图 1-2-7　风险管理与 HSE 管理体系

二、表观特征

在这些特点中，文件化管理属于 HSE 管理体系表观特征，其余则属于本质特点。

文件化管理是 HSE 管理体系的一大特色。通过管理体系进行文件化管理的一个显著特点就是利用策划、设计等几项前期工作，把所有文件梳理、整合，形成手册、程序文件和作业文件三种层次。手册规定了组织的方针、目标，明确了组织机构等体系建立并赖以运行的资源，同时还界定了各职能部门在HSE管理方面的职责分工等；程序文件主要是规范职能管理部门的工作流程，订立办事依据，对如何科学、合理开展各项工作、管理各类事务，通过程序文件加以规范，使每项工作有章可循、有据可依，做到规范化管理；作业文件则是基层组织层面的文件，主要是把组织的制度、标准、规范等要求，落实到具体施工作业中，规范指导日常生产经营活动中的风险管控工作，如HSE“两书一表”等就是典型的基层组织作业文件。

通过体系的文件化管理，把日常管理的文件进行梳理、整合，形成管理手册、程序文件和作业文件三个层次（图1-2-8）。根据该文件层级设计，不同层次的文件，针对不同层面的人员，在什么岗位的人员使用什么文件，清楚明白、一目了然，既提升了文件管理工作的质量，又提高了日常管理工作效率，更提高了文件管理的针对性。

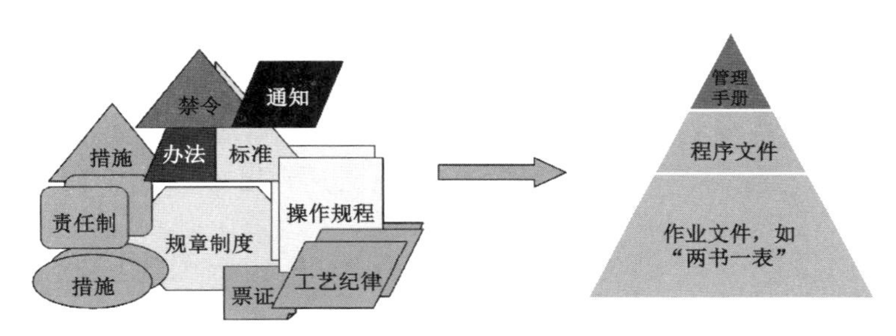

图1-2-8　管理体系中的文件化管理与传统公文管理的区别

在针对基层组织岗位员工开发的作业文件——HSE“两书一表”的岗位作业指导书中，就把对岗位员工的各种要求、规定和应知应会的知识都写了进去，岗位员工通过学习、培训岗位作业指导书达到提升素质、增强能力的目的。尤为重要的是，由于体系文件的开发，针对具体的管理要素，纵向到底横向到边，做到了全方位、全覆盖，这样在文件管理上，既避免了某些方面管理文件的重叠、矛盾，又解决了管理文件的缺失、办事没有依据等一些客观现实问题。

文件化管理是一种科学的管理模式。实行文件化管理，首先要做到“写应做的”，即立规矩，建立规矩，规范管理，做正确的事；然后“做所写的”，即按规矩、程序做事，即正确地做事；最后，“记所做的”，即对所做的进行记录，尤其对关键环节或重要节点，要留下痕迹，以便通过对记录的审核、检查，从中或总结经验或发现问题，做到PDCA闭环管理，以利于今后工作的持续改进。

HSE管理体系不仅重视文件也注重“记录”。通过记录，留有痕迹，可以有据可查，追本溯源，进而做到持续改进。另外，关于“文件”与“记录”的区别，一般而言，文件在先，记录在后，文件是在事前（如在策划阶段）所形成的、对今后的工作具有指导或约束性质的信息载体，如制度、标准、规程等，通过对文件的学习贯彻，可以对所做工作加以指导和规范。因此，文件的主要作用就是通过建章立制，订立规矩，规范管理行为（这里的管理行为，既包括管理人员也包括操作人员）。记录一般是指在工作过程中形成的，或阐明取得的结果或提供所从事活动的证据等，是工作过程、结果或相关情况留下的痕迹，做到有据可查，为持续改进提供依据。

综上所述，体系建立过程中的文件化工作，就是通过梳理整合现行杂乱无章的文件，既做到无缺失全覆盖，又避免因管理重叠而出现的矛盾，达到规范管理、提高工作质量和工作效率的目的。

另外，HSE 管理体系除上述显著特点外，还具有自律性、通用性、兼容性等特点。其中，自律性是自我约束、自我激励、自我管理的一种自律性管理；通用性是指 HSE 管理体系是一种国际通用的规则，共同遵守的惯例；兼容性是指 HSE 管理体系源自质量管理体系，易于整合与吸收其他管理体系的精华，为我所用。

第三节　管理体系的建立和运行

要通过实施 HSE 管理体系，做到关口前移、事前预防，并最终达到避免事故发生的目的，首先，要结合企业自身实际，根据 HSE 管理体系的原则要求，建立适合本企业实际的 HSE 管理体系；然后，通过 HSE 管理体系的有效运行，达到提升 HSE 管理水平，防控事故发生的最终目的。

一、HSE 管理体系的建立

HSE 管理体系的建立主要包括前期准备、初始状态评审、体系的规划与设计、体系文件编写、体系的试运行及管理评审 6 个基本阶段。

前期准备阶段是管理体系建立的基础。只有做好了前期准备工作，才能更好地着手管理体系的建设。否则，不仅会影响到管理体系建设的进度、效率，还可能使其质量受到影响。因此，前期准备阶段，对于建立高质量的管理体系十分重要，必须予以重视。

在初始状态评审阶段，一定要通过初始状态评审工作，对本组织生产经营情况，尤其是 HSE 管理的现状，如管理优势、薄弱环节等特点，有一个透彻的了解、全面的认识。因为管理体系就是建立在该评审所获得的信息基础之上的，只有通过对本组织生产经营情况、HSE 管理现状等方面情况的了解、掌握，才能有的放矢地建立适用于本企业实际的 HSE 管理体系。

准备阶段的工作能否做好、做到位，直接影响所建立的管理体系的质量，直接关系到所建立的管理体系能否有效运行，能否发挥其应有的作用。该项工作做得到位，就能为后续体系的建立运行打下坚实的基础；反之，后续的规划设计、文件编制，都可能不切实际，为日后体系运行埋下隐患。因此，必须在前期准备工作的基础上，认真、细致地做好基础资料的收集整理工作，进而为组织生产经营情况，尤其是 HSE 管理方面的现状，做好客观、公正的评估，既要发现优势，又要找出不足，对组织管理现状、特点等有个准确定位和清醒的认识，从而为该组织管理体系的规划、设计奠定坚实的基础。

体系的规划与设计是管理体系建立的关键阶段。同时，它也是初始状态评审阶段的延续。根据通过初始状态评审的客观现实，如企业基本情况、管理优势、薄弱环节以及 HSE 管理方面的基本特点等，按照管理体系基本要求，进行本企业 HSE 管理体系的规划与设计。该方面工作主要包括 HSE 方针、目标及管理方案等的制定及体系文件结构的设计等。HSE 方针、目标必须立足企业实际，既具有前瞻性、引领性，同时，又要有一定的现实意义，不能好高骛远、不切实际；关于 HSE 职责分工，应按照体系管理基本要求，各级组织、各职能部门根据其相应职能，分别赋予相应的 HSE 职责，权责相符、各负其责。

尤其应该注意的是，在进行体系文件设计时，绝不能脱离实际，不顾企业客观现实，唯体系标准是瞻，闭门造车。应充分结合本企业的客观现实、管理模式、员工素质等具体情况，在对企业管理中 HSE 及其相关方面的文件、资料进行系统梳理的基础上，统筹考虑，进行体系文件的设计。在对现有文件梳理的基础上，进行体系文件设计，根据体系标准要求，分清这些文件的适用层次，把 HSE 大政方针、职责分工等顶层设计内容纳入管理手册，把管理层适用的文件整理到程序文件中供管理人员参考，把基层组织层面的文件整合到作业文件层次以便基层组织使用。

总之，通过对体系文件结构的设计，把传统管理中各种杂乱无章的文件、资料进行系统的整理、归纳，使之条理清楚、层次分明，既便于管理，又方便使用。需要格外注意的是，在设计体系文件时，既要考虑 HSE 管理体系的基本要求，更要顾及企业的客观实际，如对那些管理体系所要求的，规范管理方式、提升管理质量所必需的，同时经过努力能够做到的，在进行体系文件设计时，应予以设计、开发，其目的是通过体系化管理，弥补管理短板，提升管理水平，这正是实施管理体系的目的。而对那些虽然管理体系有要求，但与企业目前的 HSE 管理实际相距甚远，日常工作中根本不可能做到或无法使用的体系文件，可考虑暂不列入，待日后时机成熟再行加入，以免文件开发得过多，造成体系文件泛滥，形成“文山”，不仅不利于管理水平的提升，反而为众多体系文件所困，影响正常的 HSE 管理工作。

在体系文件编写阶段，进行文件的设计、开发时，首先，应树立正确的文件编写观点，明确文件编写的正确目的，按照体系管理原则要求，使体系文件与现行的制度、规定相结合，开发编制科学合理、具有可操作性的体系文件。其次，应努力提高文件编写的科学合理性和可操作性，文件要求不能过低也不能过高，要切实可行，具有可操作性。同时，要努力提高文件编写质量，遣词造句要使用大众化语言，做到言简意赅、通俗易懂。最后，文件编写时，一定要注重文件编写的实用性，一定要注意与我国企业的客观现实相结合，根据体系文件的设计，在文件的种类、数量上，能少则少，能合并就不要分开，并注意在日后工作中，根据实际需求，逐步健全。切忌不顾客观现实盲目照搬，贪多求全，体系文件编写得形式主义，绝不能只为了应付审核而编造出一些无用的体系文件，把体系文件编成“文山”，使大家望而却步，成为一堆劳民伤财的废纸。

体系的试运行就是检验前面所有工作最后的效果。通过管理体系的试运行，把所开发的体系文件应用到实际工作中去，并通过监视测量、内部审核、管理评审等一系列活动，查找管理体系设计、体系文件编写等方面存在的问题，根据出现的问题修正规划、设计工作，进一步完善体系文件的策划、编写，为后续管理体系的规范运行打好基础。

二、HSE 管理体系的运行

1. HSE 管理体系的运行原则

HSE 管理体系的运行主要包括在体系运行之后进行的监视测量、内部审核、管理评审、体系的改进和完善等活动。在这些活动中应坚持的基本原则是：

一是全员参与的原则。HSE 管理体系是一种以质量管理体系为基础、风险管理为核心，渗透到生产经营各个领域、各个环节的先进、科学的管理模式。由于 HSE 管理体系贯穿于生产经营的各个领域、各个环节，因此，体系建设和运行绝不仅仅是安全环保部门或体系管理部门的事，需要各级领导、各个职能部门分工协作、齐抓共管，更需要全体员工的广泛参与。

HSE 管理体系应该明确一个归口的管理部门，负责体系建设、运行、改进的组织管理。但体系管理部门不可能也不应该承担体系运行的全部责任，实施体系管理组织的各个部门必须各负其责，从而确保体系的建立和有效运行。所有岗位的全体员工，均应根据自己的职责、分工，参与到体系运行当中去，进行岗位危害因素的辨识以及风险控制措施的实施，发挥各自的作用。只有全体员工充分参与，才能够使体系得到有效的运行，才能确保所有风险得到有效控制，从而避免事故的发生。

二是预防为主的原则。HSE 管理体系就是为有效实施风险管理打基础、造氛围，核心目的就是风险管理。而所谓风险管理就是事故预防。因此，运行 HSE 管理体系应坚持预防为主的原则，而不能主次不分或舍本逐末。建立、运行 HSE 管理体系应始终贯穿着对各类事故事先预防的理念，从危害因素辨识、风险评估到制定风险削减与控制措施，始终贯穿事先防范这条主线。

事故的发生是由于能量或有害物质的失控所致，通过风险管理活动，辨识出客观存在的能量或有害物质及其屏障上的漏洞，并在此基础上，设置新的屏障进行屏蔽。只要这些工作做到位，辨识系统、全面，措施（屏障）切实可行，就能够做到事前防范、关口前移，从而有效防范事故的发生。因此，HSE 管理体系的实施，就是通过风险管理建立事故预防机制。

三是持续改进的原则。体系的建设和运行是不可能一蹴而就的。发布了体系文件，通过了外部审核，并不是体系建设和运行的终点。还需要根据内外部环境的变化，根据公司目标的不断提高，随时对体系进行改进和完善。这种改进包括承诺、方针、目标的不断提高，管理流程的不断优化，文件的不断规范，监视与测量手段的不断完善，内部审核的不断改进等，其最终目的是改进和提高绩效。

另外，体系的建设和运行还必须坚持实事求是的原则，即体系建设和运行必须立足于现实，符合实际。不同的企业有不同的内外部环境、资源条件、目标指标及企业文化等，应在符合标准要求的前提下，打造出符合实际的、能够操作的管理体系，并将其付诸实施，并在实施过程中不断修改完善、持续改进。切忌在体系建设和运行的过程中，不顾企业实际生搬硬套或提出不切实际、高不可攀的要求，导致体系空转，失去实际意义。

2. HSE 管理体系的运行

HSE 管理体系的实施并不困难，各级组织、各主管部门应真正按照体系管理的要求，根据“谁主管、谁负责”“管工作、管安全”的原则，在日常工作的基础上，把 HSE 风险管理方面的工作有机地融入日常业务管理活动中去，在管理生产经营活动的同时，根据 HSE 风险管理的要求，按照业务分工，对自己业务范围内的 HSE 工作进行有效地管理，并不断总结经验，持续改进。因为 HSE 管理体系的目的就是为了做好 HSE 风险管理。

下面根据 HSE 管理体系各要素之间的逻辑关系，阐述在日常工作中 HSE 管理体系是如何运行的。

从图 1-2-9 左上方始，要素“领导和承诺”（5.1）为体系的运行提供驱动力，推动管理体系按照既定的方向运行。可理解为，各级领导，尤其是“一把手”要做“有感领导”，能够通过自己所作所为以实际行动感染、带动自己的下属和广大员工，身体力行，投身于 HSE 方面的工作中去，为实现组织既定的目标努力。要素“健康、安全与环境方针”（5.2）明确了 HSE 管理的大政方针，确定了体系运行的方向及将要达到的目标。要素“组织结构、职责、资源和文件”（5.4），不仅为风险管理的开展提供了组织保障，还为风险管理活动提供了必需的人、财、物力资源，为做好 HSE 风险管理工作提供了物质条件和组织保障。上述这些都是 HSE 管理体系运行的前提和基础。

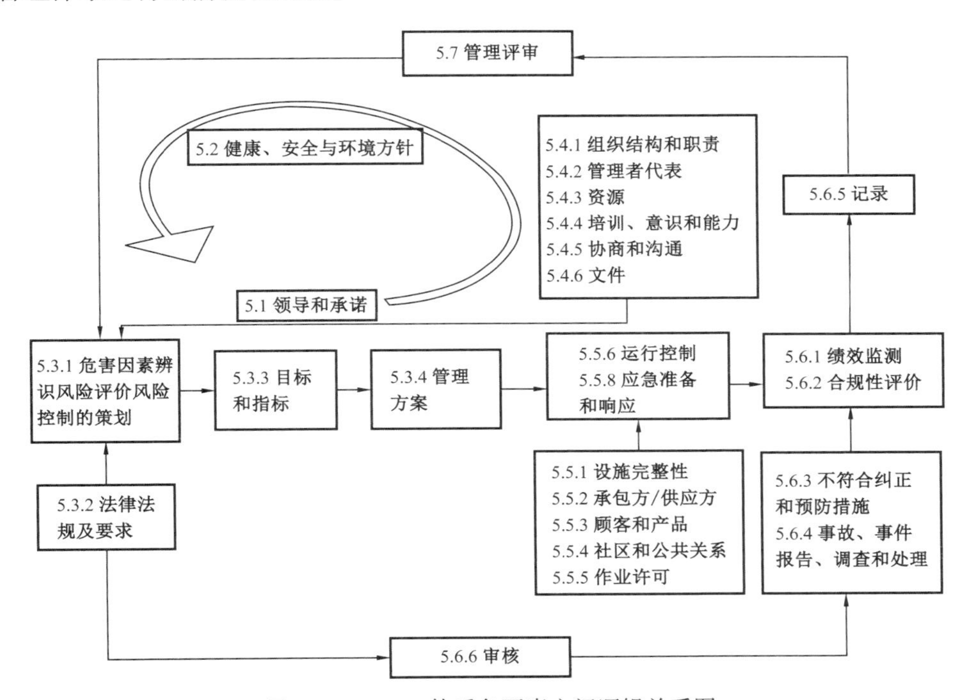

图 1-2-9　HSE 体系各要素之间逻辑关系图

在日常生产经营业务活动中，无论是移动作业项目还是固定生产场所，无论是产品生产还是商品经营，要防范事故的发生，必须进行主动预防。如果是移动作业项目，就应该在项目开始之前，对项目进行“危害因素辨识、风险评价与风险控制的策划”（5.3.1）。当然，如果是车间正常生产活动，可以月、季、年为节点或以工艺流程（如装置开停车等）为节点，对生产经营活动进行“危害因素辨识、风险评价与风险控制的策划”（5.3.1）。在危害因素辨识的基础上，要对所辨识出的危害因素进行评估。为此，需要根据“法律法规及要求”（5.3.2）等，建立评估标准，判定危害因素风险程度是否能够承受，是否满足法律法规等相关要求。在此基础上，为实现既定“目标或指标”（5.3.3），根据现有条件（包括技术、工艺、人员、设备、方法等），把“策划（P）”结果形成“管理方案”（5.3.4）或防控措施等。

“实施与运行（D）”（5.5）阶段就是把“管理方案”（5.3.4）或防控措施等付诸实施。该阶段是HSE风险管理的重头戏，因为HSE风险管理工作业绩的好坏与否直接决定该阶段的工作。为做好“运行控制”（5.5.6），既要处理好“社区与公共关系”（5.5.4）、“承包方和供应方”（5.5.2）及“顾客和产品”（5.5.3）等运行环境及业务活动相关的各项工作，更要解决好本组织生产经营活动中的作业风险管控问题。为此，首先应确保“设施完整性”（5.5.1），以提升本质安全水平；其次，要重点抓好每一项高风险作业活动的“作业许可”（5.5.5）管理，因为高风险作业活动是事故的高发环节；再次，由于人员、工艺、设备等方面的变化、变更是易发生失控的薄弱环节，必须做好相应的“变更管理”（5.5.7）。与此同时，还要通过“应急准备和响应”（5.5.8），准备好突发情况下的应急管理工作，有效遏制突发事件，把事故的损失降至最低。

为了确保能够按照“策划（P）”阶段既定的方案运行，完成设定目标，要对“实施和运行（D）”的过程进行监测、监督和检查，以防出现偏差，这就是要素“检查（C）”（5.6）的内容。为此，首先企业基层组织要在生产经营过程中，校准和维护监测设备、仪器等，对诸如污染物排放、工作场所噪声等进行监测，这就是“绩效测量和监测（5.6.1）”。其次，企业应通过内部审核（5.6.6），对运行过程进行检查和审核，及时发现运行过程中出现的问题、不符合项等，采取积极主动的纠正与预防措施（5.6.3），确保本组织目标、指标的实现。当然，如果运行期间有事故、事件发生，要进行报告、调查和处理（5.6.4），总结经验、汲取教训。

“管理评审（A）”（5.7）是对体系整体运行情况进行评审，确保HSE管理体系在对健康、安全与环境管理工作方面的适用性、充分性和有效性，并根据运行情况，采取相应的措施，及时纠偏，以便进一步做好HSE风险管理工作，同时也为下一个运行周期的持续改进提供必要的信息输入，进一步提升HSE管理绩效，完成PDCA闭环管理。

由上述管理过程可知，HSE管理体系就是把对HSE的管理融入日常生产经营活动中去。HSE管理体系各要素涵盖了HSE管理的方方面面，在工作中只要按照“谁主管、谁负责”的系统化管理方式，各自负责自己业务范围内的HSE管理，就能够有效防止事故的发生。同时，体系运行遵循PDCA循环闭环管理模式，只要通过PDCA循环不断总结经验、发现问题并做到持续改进，就能够把HSE管理工作做得更好。

3. 由传统安全管理向体系化管理建议的过渡

如前文所述，要解决 HSE 管理体系与实际工作“两层皮”的问题，就应在结合企业实际建立了适于本企业的 HSE 管理体系之后，按照管理体系的要求，尝试与日常 HSE 管理工作相结合，真正把体系管理的思路、方法应用到企业日常安全管理工作的实践中去。当然，由于传统管理与体系管理是两种不同的管理模式，为做到无缝衔接、顺畅过渡，可在 HSE 管理体系运行之初，结合日常管理工作的一些习惯做法，并在此基础上持续改进。

管理体系中的很多内容都来源于日常管理工作，或与日常管理工作中的一些做法大同小异，只是将日常工作加以科学化、系统化、规范化并适当文件化。通过对日常工作的梳理不难发现，很多日常的管理方法、方式和体系要素的要求是相似或相同的，如我们平时所进行的岗检、巡检、安全检查以及隐患排查等，就是在进行“危害因素辨识”，至少是危害因素辨识的一种方式；开展的隐患治理，就是落实硬件化的“风险防控措施”；企业建立多年的岗位责任制就是管理体系标准中所谓的“职责”；日常工作中的员工培训、三级教育等，与管理体系标准中“能力、意识与培训”相对应，就是在通过培训提升员工的业务能力和安全意识；工作中的例会（班前、班后会）等沟通、交流，就是标准所讲的基层组织的“信息交流”方式。另外，各种安全专项检查、大检查等，与体系标准中“监视和测量”比较接近，而年终的安委会实质上也就是一种“管理评审”活动。

对于上述已经开展的工作，应根据管理体系的要求，在现有的基础上进一步规范、完善，以便做得更好。当然，管理体系有些要求，在日常管理中可能是缺项的，而这些可能正是我们管理工作上的短板、不足之处，一定要结合企业实际情况开展这些工作。对于不尽完善者，要进行修改完善，这样才能够做到无缝衔接，较为自然地过渡到体系管理。

总之，体系的运行要充分结合目前实际情况，在此基础上对现存的一些习惯做法进行规范、完善，把优良的东西发扬光大，对陈腐的陋习予以抛弃，做到“洋为中用”、传统的为现代所用，既不能抱残守缺、顽固不化，也不应动辄否定一切、推倒重来。

三、HSE 管理体系建立和运行应注意的问题

HSE 管理体系建立之后，能否发挥有效作用，成为安全、健康与环境管理工作的利器，最终取决于 HSE 管理体系是否能够科学建立并有效运行。众所周知，HSE 管理体系最初就是由壳牌公司在参照质量管理体系的基础之上打造而成的，而质量管理体系是由当时世界顶级质量管理专家潜心打造的质量管理精品模式，是迄今为止最值得称道的经典管理体系。很多企业正是通过实施质量管理体系，发生了巨大的变化，甚至创造了企业管理史上的奇迹，一举成为国际知名企业。

遗憾的是，质量管理体系在我国一些企业所发挥的作用并不尽如人意。虽然一些企业通过实施质量管理体系的确改善了质量管理工作，但更多的企业实施质量管理体系的情况是：委托第三方机构编写了体系文件，取得了体系认证，但没有真正理解质量管理体系之精髓所在，更没有把质量管理体系的原则要求、程序、模式等，贯彻落实到实际工作中去，结

图 1-2-10　ISO 9000 质量管理体系认证

果是流于形式，起到的仅限于产品广告作用，诸如“某某产品企业通过 ISO 9000 质量管理体系认证”（图 1-2-10），仅此而已。

被业界奉为经典的质量管理体系在我国的应用效果尚且如此，要使由此演化而来的 HSE 管理体系有效发挥作用，更需引起我们的高度重视。

1. 建立 HSE 管理体系应注意的问题

HSE 管理体系源于西方石油公司，要使其在我国企业的 HSE 管理方面发挥威力，必须根据我国企业的客观现实，打造适用于我国国情的 HSE 管理体系；必须在立足于组织实际情况的前提下，按照 HSE 管理体系的原则要求，构建符合企业实际、满足组织需要的 HSE 管理体系。

首先，HSE 管理体系从建设到运行都十分关注组织的领导发挥的重要作用。企业领导必须提高认识，切实重视 HSE 管理体系的建立工作，要为体系的建立提供资源、创造条件，如拨付必要的经费予以支持，抽调相关人员成立工作组，真正参与体系的建立工作等。绝不能把体系的建立当作一项负担，被动应付。否则，HSE 管理体系即使勉强建立，也会成为摆设，无法得以有效运行。

其次，建立 HSE 管理体系，本企业的相关人员一定要亲力亲为、主动参与，以创建适合本企业实际的 HSE 管理体系。自策划创建管理体系开始，尤其是初始状态评审、体系的规划与设计、体系文件编写等阶段，企业有关人员应亲自操刀、全程参与，在全面分析本企业 HSE 管理实际情况的基础上，打造适合本企业实际的 HSE 管理体系。当然，HSE 管理体系的建立也并非排斥第三方专业机构的咨询、指导。因为在专业机构的指导下，能够少走弯路，快速进入角色，但与专业机构合作，绝不能一纸合同把建立体系的全部工作都委托给第三方，由其臆造一个与本企业无关的书面管理体系，这样的体系文件就是一堆废纸，徒劳无益。

没有本企业相关部门、人员的参与，制定出的规则、程序，犹如空中楼阁，不切实际，它必然游离于本企业之外，注定无法得以运行或有效实施。诸如此类的现象不胜枚举：一些企业在开发体系文件时，要么委托第三方，臆造一堆废纸；要么只有安全管理部门人员闭门造车，其他相关部门概不参与。由于相关各方不介入，也不征求他们的意见、建议，因此给各个职能部门分配的 HSE 职责，自然也是一厢情愿，不被他人认可，更谈不上实施，这样的管理手册自然也就成了摆设，基于该类手册、文件的管理体系谈何落实？

相反，曾经有一家企业在编制手册时就要求相关部门参与，特别是在确定各部门间 HSE 职责分工时，更是召集所有相关部门反复讨论，充分征求大家意见，最后经过反复酝酿达成共识，虽然耗费了较长的时间，但这样制定的职责分工，为大家所认可、接受；这样所开发出的规则、程序也较为切合实际。这家企业在后来涉及 HSE 职责的落实上就比较顺利，因为大家经过争辩既心服口服，也心知肚明，在实际工作中自然就不易再出现推诿、扯皮现象。

最后，一定要处理好管理体系文件质量与数量的关系，处理好编制与应用的关系，避免出现编而不用的“文山”问题。通过实施 HSE 管理体系，构建管理手册、程序文件、作业文件等层次化的文件化管理模式，对现行的文件重新编排、定位，使其指向性更强，定位更加明确，从而能够有效解决传统管理模式中文件交叉重叠、杂乱无章等诸多问题，提升文件使用效率。但值得注意的是，第一，伴随管理体系而引入的文件化管理是个新的概念，编写人员可能会因对其理解不深而照猫画虎，导致文件编制质量不高、可操作性不强、结合实际不够等诸多问题；第二，我们目前的文件管理方式与西方存在许多差异，如在我们的实际工作中，大量红头文件下发的行政命令，以及制度、规程、办法、规定等的存在；第三，目前我们企业一些员工文化素质还比较低，加之文化背景差异，一时难以适应西方的文件化管理模式，如众多记录的填写等。所有这些，如果得不到妥善处理，很有可能就会割裂体系文件与现行文件，使其成为编而不用的“两张皮”。

为此，应在体系建立之初，策划、编制体系文件时，就把这种先进、科学的文件化形式与当前企业管理的实际情况相结合。策划、编制的体系文件，与目前在用的制度、规程、办法、规定等文件有机结合在一起，一方面，从格式、流程等方面满足体系文件要求，另一方面，取代原有的文件而发挥现实作用，从而做到能用、管用，进而通过持续改进，力争做到好用，并逐步替代传统的文件管理方式。为此，应充分结合企业实际，探索适于本企业的文件化管理模式，如有些企业主要领导高度重视体系管理，尤其是文件化管理工作，文件化整合力度很大，能够把公司的现有管理制度等融入程序文件之中，这样整合完成后，一切管理工作依据程序文件执行，传统的文件管理方式即告废止，这样的做法一开始难度肯定会很大，但随着体系的运行，问题将会不断暴露并得以整改，文件化管理的优势将会不断显现，体系管理也将会逐渐进入良性循环状态，体系管理尤其是文件化管理的优势将得以有效发挥。

也有些企业探索简化体系文件的编写，把程序文件作为公司制度、标准等之上的总体框架，制度、标准等传统文件作为其支撑，依次梳理、规范现行制度、标准等传统文件，这样既做到对管理体系要素的全面覆盖，又解决了传统制度、标准之间交叉、重叠乃至自相矛盾等种种弊端，更为重要的是，找到了管理体系的文件化管理与传统文件管理的结合点，避免了编而不用的“两层皮”，当然，还有很多其他做法，这些都是一些有益的探索和尝试。

总之，在进行体系文件开发时，绝不能不顾我国基层组织实际情况，搞“泛文件化”，为应付体系审核而编造不具实用价值的文件、记录。因为这样不仅不能提升工作效率，而且也不利于发挥 HSE 管理体系的作用，还将妨碍对安全生产的管理，因为大部分精力都用在了构建、维护这些并不实用的文件上，必然减少了日常安全管理的投入，这些都将成为安全生产管理工作的累赘、负担，甚至严重影响着安全生产。因此，在进行体系文件开发时，一定要弄清弄懂文件化管理的目的，一定要与企业现状相结合，从而开发出具有可操作性的体系文件。要顾及企业员工文化素质偏低、对文件记录有抵触的客观现实，在开发编制体系文件时，应尽可能减少、简化文件、记录的数量，能简单的一定不要复杂，能整合的一定不要分开，切忌一味迷信西方的文件化管理模式，不顾企业实际，不结合管理工作现状，盲目追求大而全，开发编制一大堆不切实际的体系文件，形成名副其实的“文山”（图 1-2-11），既无人查阅，更无法使用，劳民伤财，有百害而无一利。

图 1-2-11　体系文件编制成“文山”

2. 运行 HSE 管理体系应注意的问题

由于企业的生产经营环境与国外体系产生地有很大的不同，因此，HSE 管理体系可能会因水土不服而无法运行，也可能会在运行过程中出现各种各样的情况和问题。出现了问题要研究处理，不能因噎废食，不能否定 HSE 管理体系的作用。应通过体系审核等方式，查找问题与不足，妥善解决可能出现的各类问题，在实际工作中逐渐磨合、适应，并做到持续改进，惟其如此，才能发挥 HSE 管理体系应有的作用。

首先，需注意两种极端的情况。为保证 HSE 管理体系有效运行，需注意两种极端的情况：一是不结合中国国情和企业实际的教条主义，即实施体系管理没有与企业客观实际结合，照本宣科、生搬硬套，这样的体系必将十分僵化，自然就无法得到很好的实施；二是过分强调企业特殊性的放任自流，过分强调客观条件，过分强调本单位的特殊性，无原则地随波逐流、顺其自然，不坚持管理体系基本原则，违背了 HSE 管理体系的基本要求，自然也就失去了通过 HSE 管理体系规范和提升 HSE 管理的意义。

其次，要坚持三项基本要求。要有效运行 HSE 管理体系，在实施 HSE 管理体系过程中，应坚持以下三项基本要求：

一是要坚持管理体系基本原则、基本规则不动摇。系统管理是 HSE 体系管理的基本原则，是 HSE 管理体系得以有效运行的关键。因此，要建立和运行 HSE 管理体系，就必须要在“领导和承诺”的前提下，落实直线责任：管生产管安全、管工作管安全，真正实现责任归位，做到系统管理。如果只是 HSE 管理部门“单打一”，就注定不是体系管理，HSE 管理体系当然就得不到有效运行。

二是要坚持体系管理与企业实际相结合。要充分结合企业实际情况，不能生搬硬套，避免不切实际的本本主义、教条主义。因为 HSE 管理体系是源自西方的舶来品，应用时需特别注意与我们客观现实的结合。比如文件化管理本来是 HSE 管理体系的一大特色，通过文件化工作，既可使管理工作规范化，也可通过对文件（记录）所留“痕迹”的审核发现问题，持续改进。但如果不顾我国企业客观实际，实行泛文件化管理，把体系文件编成“文山”，或为应付审核而编造文件（记录），不仅起不到应有的作用，反而还会影响到正常的安全、环境与健康管理工作,并引发人们对 HSE 管理体系工作的反感,贻害无穷。

三是坚持实用性原则,避免建而不用的"两层皮"。真正把 HSE 管理体系的原则、管理精髓、方式方法等,与企业生产经营管理活动相结合,把 HSE 管理体系转化为企业日常工作的管理模式加以实施,为我所用。系统管理是 HSE 管理体系的基本原则,实施体系管理,一定要落实直线责任,齐抓共管,做到综合治理;PDCA 是 HSE 管理体系的运行准则,实施体系管理,就要做到 PDCA 闭环管理,总结经验、汲取教训,做到持续改进;风险管理是 HSE 管理体系的核心,实施体系管理,就要建立风险思维、培养风险意识。总之,实施体系管理,就要把这些先进、科学的管理模式、方式方法,同我们企业的日常管理结合在一起,使其真正成为日常健康、安全与环保管理工作的行为方式。

最后,做好 HSE 管理体系审核工作(图 1-2-12)。管理体系建立并运行之后,应适时地组织开展管理体系审核工作,通过体系审核检查管理体系的要素、活动是否有效实施,有关法规的符合性,活动开展的有效性等。HSE 管理体系审核是客观地获取审核证据并予以评价,以判定组织对其设定的 HSE 管理体系审核准则形成文件的过程,是确保企业 HSE 管理体系有效运行、持续改进的重要手段。体系审核对于规范体系的运行发挥着十分重要的作用。通过体系审核,把目前企业体系运行的实际情况与预期情况进行对比,发现其中的偏离或差距,并针对这些偏离或差距可能带来的风险提出改进建议,对症下药,规范体系运行,做到持续改进。总之, HSE 管理体系审核在体系运行过程中发挥的作用至关重要,它影响着管理体系发展的方向,关系到管理体系能否有效发挥作用。

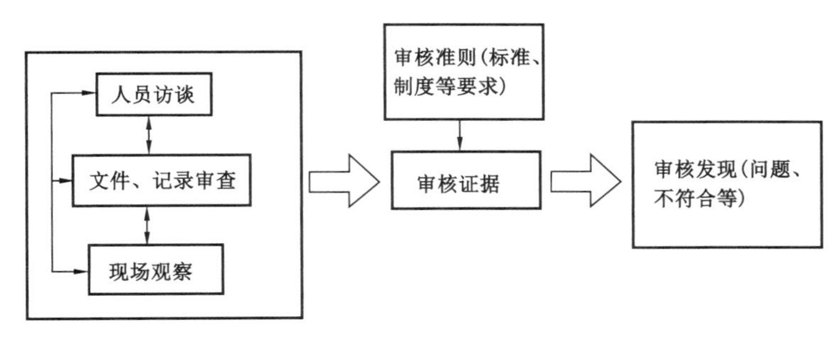

图 1-2-12　HSE 管理体系审核

要做好体系审核工作,必须选调具有敬业精神的高素质审核人员,以认真负责的态度,采取科学的方式方法,切实做好审核工作。能够切中要害的体系审核,就好似遇到了一位医术高明的大夫,通过把脉问诊,能够做到对症下药,药到病除,使肌体由病态逐渐焕发活力;反之,如果审核工作没有做好,或出了偏差,就好似遇到了一位庸医,不仅缓解不了病人的症状,还可能会因此而耽误甚至加重病情,使其每况愈下。

体系审核时,一定要切中当前"肌体的病理"特征,切忌体系审核的教条主义。例如,在体系文件数量已经泛滥成灾的情况下,绝不能再盲目对照标准就文件审文件,甚至因为数量不满足标准要求而开具不符合项,从而导致每次体系审核,都会增加一批文件的数量,造成为迎接审核,加班加点编造虚假记录,无中生有开发莫须有文件,使本来就已很多且无用的体系文件,变成了名副其实的"文山",而由于文件过多且不切合实际,平时无人过问，只是为了应付审核，这样就陷入了“越审核文件越多，文件越多越不实用”的恶性循环。

体系审核时，切忌不分青红皂白，不顾企业现状，以钦差大臣自居，指手画脚，夸夸其谈，把自己的拙见或本单位的做法当作唯一正确的标准去衡量其他企业。因为自己对某项工作可能只是一知半解，并非行家里手，而本企业的做法也不一定规范，未必比别的企业更高明。因此，当遇到问题或疑惑之时，应放下身段，与企业人员或同行探讨、商榷，或查找相关制度、标准等客观依据，绝不能凭自己一时冲动，妄下结论，错开药方，给本就不堪重负的基层组织添乱，把基层组织的HSE管理引向误区。当然，如果自己确系该方面的专家，可以直截了当提出问题或开具不符合，并给出相应的改进建议。

体系审核时，应充分结合企业实际，为企业体系运行过程中的重点、关键问题把脉问诊。如当前文件编制方面的问题比较突出，体系审核时，就应重点关注文件编制的问题；如编制的文件是否发挥了作用，实际工作中是否遵循了文件要求，文件的要求在实际工作中能否做到，以及关键节点是否留有痕迹。出现问题，就要分析原因，从中找出问题的症结所在，进而对症下药，提出意见建议。

体系审核时，要注意倾听，善于观察，多做交流、访谈，少些武断说教，遇到问题要多问几个为什么，不能为事物的表象（如文件数量的多少、编制的精美程度等）所迷惑，要细致观察、认真思考，去粗取精、去伪存真，透过纷乱现象抓住问题本质。如通过对作业现场审核所发现的物的不安全状态、人的不安全行为等问题，追溯到管理层面存在的问题，进而指出管理上的短板，发现体系运行过程中真正的症结所在，从而为规范体系的运行、提升HSE管理水平开出良方，这才是体系审核的真正目的。

另外，为切实做好体系审核工作，还必须注意以下问题：

第一，体系审核不能只是“吹毛求疵”。体系审核不应只查找问题，而看不到成绩，应在查找问题的同时，努力发现体系运行中企业的一些好的做法及典型案例，对企业进行认可、表彰或奖励，具有广泛适用性的“最佳实践”应在一定范围内加以推广。

第二，应注意审核活动的频次，既不能太少也不能过频。频次过低会错失发现并解决问题的时机，使管理体系运行中的偏差得不到及时纠正。当然，审核过频也未必合适，因为频繁的审核活动，可能会加重被审核方的负担，使其疲于应付，达不到体系审核的应有目的；更为重要的是，过频的审核活动，可能会使很多高素质审核人员不能频繁参与，从而影响审核质量。因为主力骨干都是来自各被审核单位，他们作为单位为数不多的HSE骨干人员，不会被允许频繁离开自己的工作岗位，去参加上级组织的审核活动，这样不可避免地会抽调一些不具备审核能力的人员参与，从而出现“庸医误诊”问题。比如在日常审核过程中，经常会发生个别低水平审核人员，提出一些啼笑皆非的问题，成为被审核方的难题，不仅起不到体系审核应有的作用，反而会适得其反，不仅给体系管理工作抹黑，也影响企业的正常工作。图1-2-13为常见安全管理活动频次的金字塔图，其中，全要素体系审核置于各项安全管理活动的金字塔顶端。

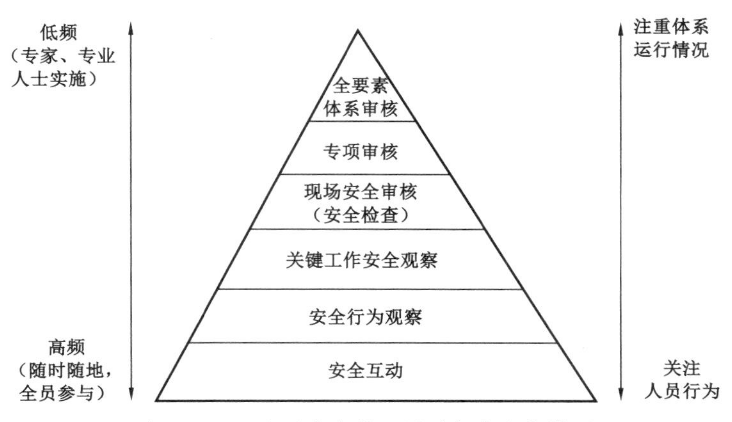

图 1-2-13　常见安全管理活动频次金字塔图

第三，要做好体系审核工作，必须为审核工作创造一个良好的环境。体系审核与突击检查都是发现问题的好时机，但体系审核与突击检查不同，突击检查重点是检查安全生产的现状，主要是现场情况的真实性，防止其作假掩盖真相，不需要被检查单位的配合。体系审核强调的则是管理的系统性、有效性，写的与做的是否相符，体系的运行情况是否符合预期等，这些都需要深入进去，做观察、访谈与资料查验等深入细致的工作，因此，要更好地发挥体系审核作用，一定要使被审核方能够主动配合审核。

但在实际工作中，为了促使被审核方对审核发现问题的整改，提高问题整改率，往往不得不公开审核问题，对被审核方施加一定的压力，这样就会造成被审核方对审核工作的抵触，故意遮掩而不是主动暴露问题，弄虚作假掩盖真相，影响以后体系审核的顺利开展。为此，应针对当前情况，努力探索适宜的审核方式方法，为审核工作创造良好的环境，如改变以往动辄挑毛病、找问题的审核惯用做法，变为以查找工作中的亮点、典型做法为切入点，消除被审核方的顾虑，能够使其主动配合，心甘情愿地接受审核。

另外，真正的治本之策还应在提升审核质量上狠下功夫，如通过对审核人员精心挑选、严格培训，切实提升审核人员业务素质，加之对审核工作严格管理，从而使审核质量、水平得到有效提升，进而提高被审核方对审核工作的信任程度，使其重视审核工作，从而有效提升问题整改率等。实质上，一次高水平的体系审核工作，并非是发现多少个需要整改的现场隐患、表观问题，因为这些是传统安全检查关注的对象，而不是体系审核工作的重点，体系审核重点关注体系运行的有效性、实际工作与标准要求的符合性等，即使通过审核发现了现场存在的隐患、问题，也不应就问题谈问题，而应通过对所发现的问题进行追根溯源，发现产生这些问题的根源，找到安全生产监管工作中的短板，进而有的放矢地改进监管工作，真正消除产生这些问题的根源，从而达到治本的目的，绝不是要求通过体系审核发现了多少隐患、问题，进而要求企业整改，即使全部整改后，下次审核还要出现类似的新问题，这使得安全生产管理工作在低水平上重复，失去了体系审核工作的意义。

第四，做好审核结果的正确应用，有效提升管理水平。体系审核关注的是管理的系统性、体系的运行情况是否符合预期等，发现的多数都是管理上存在的问题，这对于做好持续改进工作十分重要。因为这些问题就是管理上的短板，发现并及时采取措施加以应对，就是在补短板，对于有效提升管理水平意义重大，因此，应通过对审核结果的分析研究，查找其中的共性问题，进而追根溯源，探索改进企业管理层面的问题。不应就事论事，只重视策划与实施，而把来之不易的审核结果弃之不用，这就失去了体系审核应有的意义。

四、建立与运行 HSE 管理体系的意义

HSE 管理体系是当今国际上通用的、先进的、科学的 HSE 管理模式，通过实施 HSE 管理体系，不仅能够与国际接轨，取长补短、洋为中用，提升自身竞争力，更为重要的是能够解决诸多在传统安全管理模式下无法解决的问题。

首先，HSE 管理体系将“领导和承诺”作为其核心要素，高度重视领导力在安全生产管理中的重要作用，通过先进的 HSE 管理理念的宣贯、培训，以及践行有感领导、履行承诺以及体系审核和管理评审等一系列手段，能够进一步提升领导干部对安全生产管理工作重要性的认识，增强他们的履职能力，使其不仅在日常工作中能够妥善地处理好安全生产与生产经营活动的关系问题，为安全生产管理提供必需的人、财、物力资源，而且还能够通过身体力行、践行“有感领导”，使员工、下属感受到对安全生产管理工作的重视，进而带动广大员工自觉投身到安全生产管理工作中。

其次，体系管理就是系统管理，系统管理是 HSE 管理体系的精髓，通过系统管理与“全员参与”，从根本上解决了安全生产管理工作的主体与责任问题。通过建立与实施 HSE 管理体系，传统安全生产管理模式下的专职安全人员，不再像以往那样在安全生产管理工作中单打独斗，而只是在其中担当辅导员、咨询师之类的配角，理清了安全管理的执行主体。

最后，“全员参与”作为 HSE 管理体系的方针，强调广大员工参与安全生产管理工作的重要意义，认为员工是安全生产工作的主角，安全生产工作必须由员工广泛参与。通过先进 HSE 管理理念的宣贯培训，“有感领导”的带动、感化，以及广大员工参与，使大家逐渐认识到安全生产对自己的生命安全所承载的意义，并逐渐走向由“要我安全”向“我要安全”的转变，员工由传统安全管理中的“弱势群体”成为岗位属地的主人，能够积极主动参与安全生产管理工作中去，解决了员工对安全管理工作的抵触问题。

通过 HSE 管理体系有效运行，既能够解决传统安全管理中的诸多问题，又能够为有效实施风险管理搭建平台、铺平道路，进而使有效实施风险管理、进行事故预防成为现实。因为风险管理是 HSE 管理体系的核心，只有通过风险管理才能做到关口前移、事前预防。也正是因为风险管理是 HSE 管理体系的核心，是实现事故防控的必由之路，所以必须对风险管理有一个透彻的理解、准确地把握，为此本书接下来用一章的篇幅对风险管理基本知识进行阐述。

第三章 风险管理概述

鉴于HSE管理体系的核心就是HSE风险管理，因此，要进一步加深对HSE管理体系的理解，就必须把HSE风险管理弄明白。为此，本章将从介绍风险管理基础知识入手，对有关风险管理的术语、概念、原则、管理流程等逐一进行解释，并在此基础上，引入风险管理在HSE管理方面的应用——HSE风险管理，为事故防控宏观模型的构建奠定基础。有关HSE风险管理的详细内容将在下篇专题介绍。

第一节 风险管理基础知识

风险管理起源于20世纪30年代美国的保险业界，是指社会组织或者个人用以降低风险的消极结果的决策过程。通过风险识别、风险估测与评价，选择与组合各种风险管理技术，对风险实施有效控制，妥善处理风险带来的损失的后果，从而以最小的成本收获最大的安全保障。

风险管理的特点在于管理的主动性和预防性，即在事件发生之前，通过风险管理，采取积极主动的防范措施，从而避免不希望的事件发生。风险管理的应用范围十分广泛，既可用于保险业，也可用于金融、财务、安保、质量以及健康、安全与环境等所有风险的管理。用于健康、安全与环境风险的管理，就是HSE风险管理。

一、风险管理术语

任何一个组织，不管其规模大小或性质如何，都会面对各种各样的内外部因素的影响。因此，能否实现既定目标就具有“不确定性”，这种“不确定性”就是“风险”，而对这种“不确定性”的管理决策过程就是“风险管理”。

“风险”虽是个古老的问题，但对“风险”管理也即“风险管理”则是来自西方的舶来品，尤其是把“风险管理”用在健康、安全与环境（HSE）方面。因此，要做好HSE风险管理工作，首先要对风险管理的术语等有正确的认识。

1. 风险管理术语结构

首先由风险引出对风险的管理，即风险管理，风险管理中主要内容就是风险管理过程（或流程），风险管理流程包括沟通与咨询、建立环境、风险评估、风险处置以及监测与测量等，其中风险评估又细分为风险辨识、风险分析及风险评价三个步骤。为透彻理解风险管理，下面就根据该术语结构图（图1-3-1），对这些风险管理术语逐一进行解释，以期对风险管理有基本的认识。

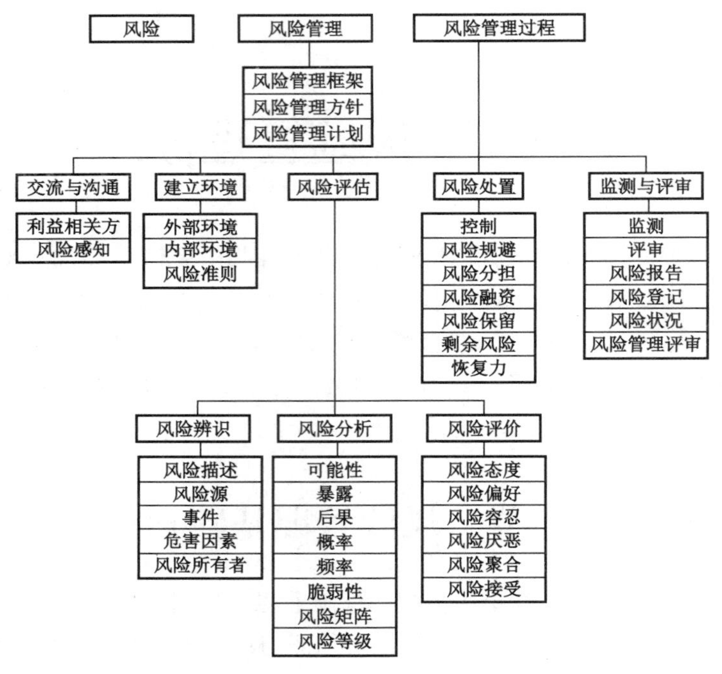

图 1-3-1　风险管理术语结构图

2. 风险管理术语

1）风险(Risk)

不确定性对目标的影响。即由于不确定性可能会偏离预期,对目标的实现造成(正面或负面)影响。HSE 风险一般都是负面的影响。

2）风险管理(Risk Management)

针对风险所采取的指挥和控制一个组织的协调活动。

(1)风险管理框架(Risk Management Framework)为设计、实施、监测、评审及持续改进整个组织的风险管理所提供的基本的和结构化的一整套框架。风险管理框架实质上就是风险管理体系架构,它类似于 HSE 管理体系 7 个一级要素所组成的“叶轮”图形。通过该框架图的运行,完成相应功能。

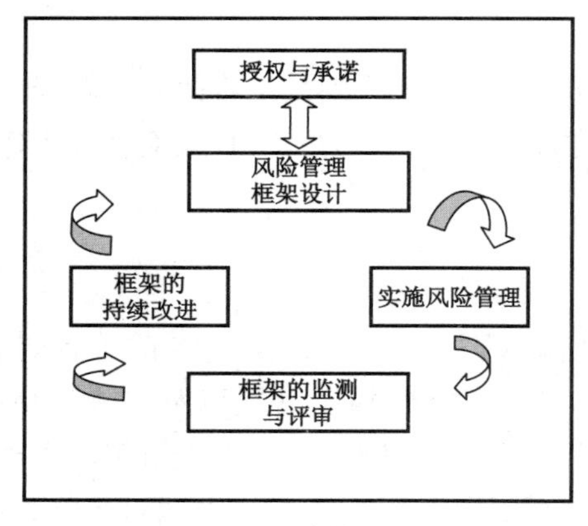

图 1-3-2　风险管理框架图

(2)风险管理方针(Risk Management Policy):一个组织有关风险管理的总体意愿和方向表述。

(3)风险管理计划(Risk Management Plan):在风险管理框架中,把管理的要素、资源用于某项风险管理活动所形成的方案。类似于HSE管理方案。

3）风险管理过程（流程）（Risk Management Process）

把管理的方针、程序、做法等系统地应用到交流、协商、建立环境中去，以实现对风险的辨识、分析、评价、处理、监测及评审等风险管理过程。

（1）交流与沟通（沟通与协商）（Communication & Consultation）：为实施风险管理，与利益相关方所进行的提供、分享、获取信息等方面持续、往复的过程。

- 利益相关方（Stakeholder）：能够影响或被影响，以及感觉自身可能被活动或决定所影响的个人或组织。即有利益关联的个人或组织，如企业的股东、员工、承包商及其所在地的地方政府、社区组织等，都是该企业的利益相关方。
- 风险感知（Risk Perception）：利益相关方对风险的观点、看法，它反映了利益相关方的需求、认知和价值观等。

（2）建立环境（Establishing the Context）：为进行风险管理，确定应该考虑的内外部参数，为风险管理方针设定范围及风险准则。环境分为内、外部环境，它对于风险管理的实施十分重要。因为风险管理是在一个特定的环境中进行的，要进行风险管理，必须建立与之适应的内外部环境，并进行适宜的风险管理活动。

- 外部环境（External Context）：为实现其设定目标所处的外部环境。如企业所处的人文社会环境等。
- 内部环境（Internal Context）：为实现其设定目标所处的内部环境。如企业的组织结构、企业文化等。
- 风险准则（Risk Criteria）：评价风险程度高低时对照的依据。其中，有来自外部环境的国家法律、政府法规等，也有来自内部环境的企业标准、规定等，一般内部准则要高于外部准则。

（3）风险评估（Risk Assessment）：风险辨识、风险分析及风险评价的全过程。风险评价（Risk Evaluation）是风险评估的环节之一，同时，风险评估又是风险管理的环节之一。

① 风险辨识（Risk Identification）：发现、认可及描述风险的过程。在 Hse 风险管理中，一般称为“危害因素辨识”，事实上，“危害因素”与“风险”有明显区别。

- 风险描述（Risk Description）：对风险的结构化表述，通常包括源头、事件、原因及后果四个要素。
- 风险源（Risk Source）：具有导致风险产生的内在可能性的要素或要素的组合。
- 危害因素（Hazard）：潜在危害的来源。风险源的外延较大，既包括负向损失也包括正向收益，而危害因素的外延较小，只包括负向损失，因此，它是风险源的一种。
- 事件（Event）：一组特点情形的改变或出现（发生）。事件的外延很广，可大、可小，可为良性，也可为恶性。
- 风险所有者（Risk Owner）：具有责任和权利进行风险管理的个人或实体。如驾车时，驾车人就是交通事故的风险所有者，而交通运输公司也是交通事故的风险所有者。

② 风险分析（Risk Analysis）：对风险性质的理解和对风险严重程度确定的过程。它是风险评估的一个子过程，为风险评价和风险处置决策提供依据。

• 可能性（Likehood）：发生某件事情的机会大小。在采用 Lec 法评估风险时，可能性、暴露和后果分别是其三个评价因素。
• 暴露（Exposure）：组织或（和）利益相关方受一个事件影响的程度。在 HSE 风险管理中，“暴露”主要是针对可能产生的人身伤害，含义为当事人暴露于危险环境中的频繁程度。
• 后果（Consequence）：对目标造成影响的事件的结果。同上。
• 概率（Probability）：用 0 和 1 之间的一个数字表示事件发生的可能性，其中 0 表示不会发生，1 表示必定发生。
• 频率（Frequency）：单位时间内事件或结果出现的个数或次数。
• 脆弱性（Vulnerability）：对（一个）风险源产生敏感性的固有特性。如一个培训不合格或未经培训上岗的人员，其因违章作业导致事故发生的脆弱性很高。
• 风险矩阵（Risk Matrix）：通过后果和可能性来对风险程度进行展示并排序的一种工具方法。
• 风险等级（Level of Risk）：通过后果和可能性组合表示的风险量级。在 HSE 风险管理中，风险程度的确定就取决于后果和可能性的乘积。

③ 风险评价（Risk Evaluation）：通过风险分析结果与风险准则的对比，确定风险及其量级能否被接受或容许的过程。

• 风险态度（Risk Attitude）：组织在风险的追求、保留、承担或规避风险方面的表现。如风险偏好或风险厌恶。
• 风险容忍（Risk Tolerance）：组织和利益相关方为达到其目标，在进行风险处置后愿意承担的风险。
• 风险偏好（Risk Appetite）：组织愿意追求或保留风险的数量和种类。风险偏好是“风险态度”的一种量化表示，主要用于金融、财务方面的风险管理。
• 风险厌恶（Risk Aversion）：对风险的规避态度。
• 风险聚合（Risk Aggregation）：把很多风险聚合成一个风险，以完整了解风险全貌。这是在风险分析或评价阶段使用的一种手段。
• 风险接受（Risk Acceptance）：承担某一特定风险的决定。

（4）风险处置（Risk Treatment）：改变风险的过程，如通过“消除”方式，消除了风险，或通过其他处置方式，降低了风险的等级，等等。

• 控制（Control）：为改变风险所采取的措施。在 HSE 风险管理中，一般的控制措施包括：消除、替代、工程控制、管理控制及个人防护用品等类型。
• 风险规避（Risk Avoidance）：为避免暴露某种风险，采取的不参与或撤离某项活动的决定，这是一种保守的风险处置方式。
• 风险分担（Risk Sharing）：与他方分担风险的一种风险处置方式。如购买保险。
• 风险保留（Risk Retention）：从特定风险中接受潜在收益或损失。风险保留包括对已进行风险处置后剩余风险的接受，被保留风险的等级取决于风险准则。

- 剩余风险（Residual Risk）：采取风险处置措施之后剩下的风险。在 HSE 风险管理中，除非采取“消除”方式进行风险处置，否则在其他方式进行风险处置后，一般都会有剩余风险存在。
- 恢复力（Resilience）：组织在复杂和变化环境中的适应能力。

（5）监测与评审（测量）（Monitoring & Measurement）：它与“交流与沟通”一样，是对风险管理全过程的监测、测量和评审，主要包括监测、评审、风险登记以及风险管理审核等。

- 监测（Monitoring）：为了识别与所要求或期望的绩效水平之间的变化，所进行的持续的检查、监督以及审慎的观察或决定。它既可用于风险管理框架，也可用于风险管理过程和具体风险的控制等。
- 评审（Review）：为确定达到既定目标开展的对工作适宜的、充分的、有效的审查评价活动。
- 风险报告（Risk Reporting）：向内外部利益相关方提供关于风险现状及其管理情况的一种交流沟通形式。
- 风险登记（Risk Register）：对辨识出的风险进行的记录。
- 风险概况（Risk Profile）：对（任意一组）风险所做的描述。
- 风险管理审核（Risk Management Audit）：为了获取客观的评价证据，确定风险管理框架或其任一部分的充分有效性而开展的系统的、独立的、文件化的工作。

在上述风险管理术语中，包括了 HSE 风险管理方面的所有专业术语，由于 HSE 风险管理只是风险管理的一个应用领域，因此，相对于上述风险管理术语，HSE 风险管理中所用到的术语面要窄一些。但为了让大家对风险管理有一个全面的认识，同时也拓宽 HSE 风险管理的思路与视野，有必要把所有风险管理术语及其结构框架介绍给读者，这对于正确理解风险管理原理，进而做好 HSE 风险管理不无益处。

二、风险管理原则

风险管理原则是对风险管理工作的基本要求，因此，要做好风险管理工作，就应该掌握并遵循风险管理原则。

1. 风险管理原则

《风险管理原则与指南》（ISO 31000：2009）认为，一个组织要进行有效的风险管理，应遵循如下原则：

（1）风险管理创造并保护企业的价值。

（2）风险管理是组织所有活动有机整体的一部分。

（3）风险管理是决策的一部分。

（4）风险管理是明确针对不确定性事务的管理。

（5）风险管理具有系统性、结构性和时效性。

（6）风险管理是基于可获得有效信息的管理。

（7）风险管理应针对具体管理对象而量身定做。

（8）在进行风险管理时，应考虑人文因素。

（9）风险管理应是透明的，并具有包容性。

（10）风险管理具有动态性和反复性，并对变化保持响应。

（11）风险管理促使组织持续改进。

2. 风险管理原则的解读分析

风险管理的11项原则，为进行风险管理奠定基础、设置前提。风险管理原则针对所有类型，如将风险管理作为组织所有管理流程的一个组成部分以及任何决策的一部分。同时，它要求组织的风险管理流程系统化、高效、一致、动态、反复以及适应变化等等。虽然并不特指HSE风险管理，但它对于HSE风险管理也具有很好的指导意义。因此，应通过对风险管理原则的解读、分析，正确理解每一条的含义，从而指导HSE风险管理工作正确、有效地开展。

1）风险管理创造并保护企业的价值

通过风险管理，控制损失，获得效益最大化，从而创造和保护企业的价值，为实现组织设定的目标做出贡献。通过HSE风险管理活动，能够有效避免事故的发生，为生产经营活动保驾护航，为企业实现其生产经营目标、指标作出贡献。

2）风险管理是组织所有活动的一部分

任何方面的风险管理都不能是单独、孤立的，都存在于相应的业务活动之中。因此，风险管理应与组织的业务活动相结合，融入组织管理过程，成为其整体业务活动的一部分。要进行安全风险管理就不能由安全主管部门“单打一”，而是要把其融入日常生产经营业务中去，做到“谁主管、谁负责”“管生产、管安全”“管工作、管安全”，这是风险管理的基本原则。只有这样，才能真正使安全风险管理工作在事故防范中有效发挥作用。

3）风险管理是决策的一部分

风险管理旨在把风险控制在可接受的范围内。一方面，组织所有决策都应考虑风险和风险管理；另一方面，风险管理能够为决策者提供有益的参考信息，有助于决策者作出正确的决策，有助于企业决策者判断风险应对是否充分、有效，有助于决定行动优先顺序并选择可行的行动方案。因此，组织所有决策都应考虑风险和风险管理，使风险管理成为决策的一部分。

4）风险管理是明确针对不确定性事物的管理

风险管理是对不确定性事物的管理，事物不确定性的特质，以及如何进行管理等。风险本身就定义为“不确定性”，如果是确定性的东西，就没有必要通过风险管理模式进行管理。因此，风险管理是针对不确定性事物的管理。

5）风险管理具有系统性、结构性和时效性

系统、及时、结构化的风险管理将有助于风险管理效率的提升，并产生一致、可靠的结

果。首先，风险管理是系统化的，应通盘考虑，不能各自为政、顾此失彼；其次，结构化的风险管理是指风险管理具有相对固定的结构框架，它们之间是相互关联的；再次，风险管理具有很强的时效性，随着时间的变化，不仅要进行管理的事物本身会发生变化，而且其面临的内、外部环境也会发生变化，所以风险管理也必将随之变化。

6）风险管理是基于可获得有效信息的管理

风险管理的输入建立在包括历史数据、经验教训、相关方意见反馈、观察感悟、专家预测、判断等信息基础之上，风险管理的成功与否，与占用的信息量多少及其准确性等有很大关系。因此信息的输入十分重要。风险管理是基于可获得有效信息的管理。同时，作为决策者在进行决策时，应注意所基于的数据或所用的模型以及专家的判断等可能具有的局限性和偏差。

7）风险管理应针对具体管理对象而量身定做

一个组织的风险管理是定位在该组织风险管理的内外部环境及其风险现状基础之上的。风险管理应量身定做，针对具体管理对象进行有针对性的风险管理。例如，对于某一项工作、活动的 HSE 风险管理，更是要针对该项工作、活动，进行危害因素辨识，并在此基础上，制定防控措施予以实施，有的放矢地进行风险管理。

8）在进行风险管理时，应考虑人文因素

风险管理取决于组织所处的内部和外部环境以及组织承担的风险。进行风险管理应充分考虑人员能力、企业文化及内外部环境，尤其是人文因素等方面的影响。因为这些因素既能够促进也可以阻碍组织目标的实现。如果在进行风险管理时考虑人文等方面因素的影响，风险管理工作就建立在可靠的基础之上，风险管理工作自然就会比较顺利，设定的目标就能够实现。反之，如果忽略了它们的影响，就会妨碍风险管理的进展，导致事倍功半，甚至造成风险管理的失败。

9）风险管理应是透明的，并具有包容性

风险管理活动本身既不是什么机密活动，也没有什么神秘性，应是透明的，并具有包容性，应使利益相关方了解并参与公司的风险管理工作，这样可以确保风险管理策略的全面性和适宜性。同时，应听取他们对风险管理的意见与建议，尤其在重大风险事件和风险管理有效性等方面，应注意与相关方及时沟通，取得理解和支持，以便更好地开展风险管理活动。

10）风险管理具有动态性和反复性，并对变化保持响应

随着内外部环境的变化，以及监测、评审的运行，尤其是时间的推移，一些风险会随之变化，有些风险的程度会降低，有些风险甚至会消失。但与此同时，一些新的风险将会出现。因此，风险管理既要按照事前策划执行，也要根据风险的变化而作出相应的调整。这样才能对风险进行有效管控。所以说，风险管理具有动态性和反复性，要做好风险管理工作，必须对变化保持响应。

11）风险管理促使组织持续改进

风险管理具有诸多特点，如动态性、反复性和时效性等。因此，进行风险管理应持续不断地对各种变化保持敏感并作出恰当反应，做到与时俱进。同时，进行风险管理还应不断总结经验、汲取教训，所有这些都促使实施风险管理的组织必须不断学习、进取，这样才能有效管控风险，发挥风险管理应有的作用。

另外，在进行风险管理活动中，应广泛参与、充分沟通。组织的利益相关者之间的沟通，尤其是决策者在风险管理中适当、及时的参与，有助于保证风险管理的针对性和有效性。利益相关者的广泛参与有助于其观点在风险管理过程中得到体现，有助于其利益诉求得到充分考虑。利益相关者的广泛参与要建立在对其权利和责任明确认可的基础上。利益相关者之间需要进行持续、双向和及时的沟通，尤其是在重大风险事件和风险管理有效性等方面。

三、风险管理框架

1. 风险管理框架概述

风险管理框架就是为设计、实施、监测、评审及持续改进整个组织的风险管理所提供的基本的和结构化的框架，各要素之间的关系构成一个完整的 PDCA 闭环管理。

“风险管理原则”对“风险管理框架”，特别是其中的“授权与承诺”要素具有指导作用。在“授权与承诺”要素的作用下，按照“风险管理原则”要求，进行“风险管理框架设计”，并根据设计的“风险管理框架”，实施“风险管理”；在风险管理过程中，通过对“框架的监测与评审”，实现对“框架的持续改进”，完成一个闭环管理流程。

2. 风险管理框架要素

风险管理框架中包括 5 个一级要素，分别为授权与承诺、风险管理框架设计、实施风险管理、框架的监测与评审及框架的持续改进等。其中“风险管理框架设计”包括“了解组织及其环境”等 6 个二级要素；“实施风险管理”包括“实施风险管理框架与过程”2 个二级要素，如图 1–3–3 所示。

从框架图的结构可以看出，“授权与承诺”就像 HSE 管理体系中的“领导和承诺”那样，是一个十分重要的要素。它通过“风险管理框架设计”要素，指导和支持着其他 4 个要素。当然，它也接受“风险管理框架设计”要素在内的情况反馈，同时，“风险管理框架设计”“实施风险管理”“框架的监测与评审”及“框架的持续改进”要素又一起构成了 PDCA 循环的闭环。

下面分别对这些要素的意义与作用进行分析、探讨。

1）授权与承诺

组织的最高管理者或被授权的管理者代表，应在风险管理方面行使最高管理者的权利，并作出相应承诺，确保实现以下几项原则。

（1）组织的文化与风险管理方针一致。

（2）风险管理的绩效指标与组织的绩效指标一致。

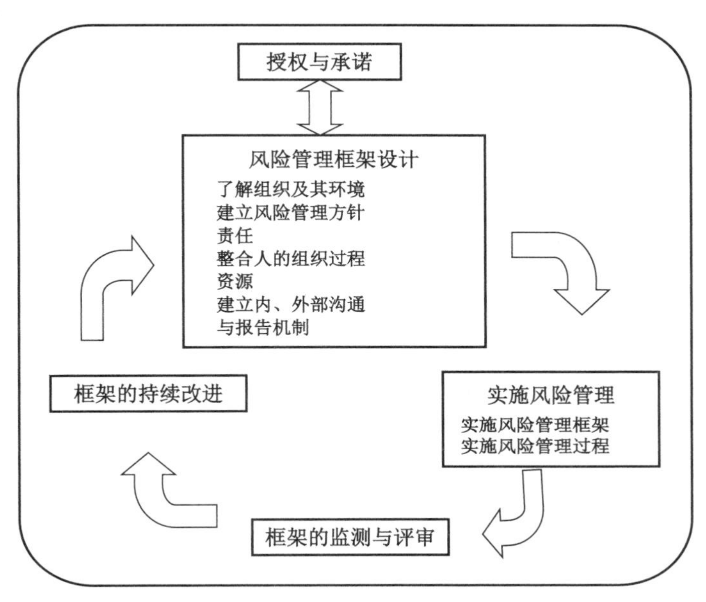

图 1-3-3　风险管理框架详图

（3）风险管理的目标与组织的目标一致。

（4）风险管理在法律、法规方面的符合性，即合规性问题。

（5）组织应有相应的人员、岗位进行风险管理，界定相应职责。

（6）应配置适宜的风险管理资源。

要强化某些人在某个方面的作用，就要求其作出相应的承诺。"承诺"意味着责任和权力，在某一方面作出承诺就意味着组织在该方面管理的方向、总体要求和责任的分配，也就意味着公开告知，接受大家监督、检验，从而也就无形中对其增加了践诺的压力和责任感，促使其更好地践行自己的承诺。

2）风险管理框架设计

如果说"授权与承诺"是整个风险管理框架中最重要的要素，那么，"风险管理框架设计"则是构成 PDCA 循环的四个要素中最关键的要素。在该要素中，既为风险管理明确了方针，又为风险管理提供了相应的资源等物质条件，建立了适宜的风险管理环境。该要素包括七个二级要素，下面分别对其进行剖析。

（1）了解组织及环境：组织的自身情况及其内外部环境因素对风险管理影响很大。因此，在构建风险管理框架时，首先应了解组织及环境，惟其如此，才能根据相应的特点，构建适于本组织及特定环境的风险管理框架。

（2）确立风险管理方针：风险管理方针即组织在风险管理方面总的意愿及对风险管理的陈述。它一般包括：

- 组织风险管理的依据。
- 风险管理方针与组织的方针、目标关系。
- 风险管理的责任、职责。

- 处理利益、冲突的方式。
- 对风险管理所需资源的承诺。

（3）明确职责：组织应确保有明确的责任、权利和适当的能力来管理风险。其中，既包括实施和维护风险管理的过程，又包括该过程对于风险管理实施的充分性、有效性。如传统管理方式对安全生产工作的管理，就有悖于该项要求。因为安全管理人员具有管理安全生产工作的责任，但却不被赋予安全生产管理的权利，权责不对等，因而不可能得到有效的管理。

（4）将风险管理整合到组织的所有过程：风险管理不是孤立的、独自开展的一项工作，风险管理原则第2条明确指出"风险管理是组织所有活动有机整体的一部分"。因此，风险管理一定要与组织的业务活动相结合，把风险管理融入组织的业务活动中。只有这样，才能真正做好相应的风险管理工作。

（5）明确资源：进行风险管理工作，应该为该项工作的开展配备相应的资源，否则，巧妇难为无米之炊。如为进行HSE风险管理要配置HSE管理人员，承担咨询师、辅导员角色；为HSE风险管理的有效开展出谋划策；需要配置相应的人力资源；要对员工进行HSE风险管理方面的相关培训；为落实风险防控硬件措施投入一定的财力。

（6）建立内、外部沟通与报告机制：组织应建立内外部沟通与报告机制。内部沟通、报告机制主要用于：风险管理框架的运行及改进工作的沟通、报告；对风险管理框架运行的有效性的沟通、报告；内部沟通、报告还包括内部各层级之间、内部利益相关方之间的信息交流等。外部沟通、报告机制主要用于外部利益相关方之间正常情况下的信息交流，如信息发布、披露，以及紧急状态下与周边利益相关方之间的沟通与联络等。

3）实施风险管理

该要素包括"实施风险管理的框架"与"实施风险管理过程"两个二级要素。

（1）实施风险管理的框架：实施风险管理框架要求，应确定框架实施的时机和策略；应把风险管理方针贯彻到实施过程中去；体系的运行要符合法律、法规要求等。因此，要确保框架的顺利实施，对员工进行宣贯、培训，对利益相关方进行沟通、交流是必需的。实施风险管理框架实质上就是实施风险管理体系，使创建好的风险管理的框架（风险管理体系）得到运行。

（2）实施风险管理过程：如果说实施风险管理框架就是使创建好的风险管理的框架（风险管理体系）得到运行，是一个大的PDCA循环过程，那么，实施风险管理过程则是在上述框架中，一项具体风险管理工作的落实过程，是一个相对较小的PDCA循环。具体的实施内容、方法、方式将在后面"风险管理过程（流程）"详述。

4）框架的监测与评审

为确保风险管理的有效性，应对框架进行监测与评审，即监测各种风险管理指标的绩效，并定期评估其适宜性；应定期测量风险管理计划的进展及其可能存在的偏差；应定期评审风险管理框架、方针、计划的适宜性。通过评审，及时发现并报告风险及风险管理计划有关情况，确保风险管理的适宜性、充分性和有效性，使其真正起到对风险的防控作用。

5)框架的持续改进

基于上述监测与评审结果,有针对性地对风险管理框架、方针、计划等作出相应的修改、调整,以使其更好地达到风险管理的目的。

四、风险管理过程(流程)

风险管理流程,又称风险管理过程,它是把风险管理的方针、程序、做法等,系统地应用到交流、协商、建立环境,以及对风险的辨识、分析、评价、处理、监测及评审活动中去,从而实现对具体业务活动进行风险管理的过程。实质上,风险管理流程就是针对具体业务活动进行风险管理的一整套的规范程序。

风险管理原则为风险管理奠定了基础、指明了方向,风险管理框架则为风险管理提供基本的和结构化的一整套框架,营造实施风险管理的"大环境"。而风险管理流程(过程),则是针对具体的一项业务活动的风险管理工作,对风险管理活动进行规范,为正确做好风险管理工作提供一个科学合理的工作流程。否则,可能会因各种原因导致风险管理工作无法开展;而即使风险管理活动能够进行,如果不按照该流程执行,可能会造成风险管理活动质量不高,导致事倍功半的结果。总之,风险管理流程(过程)为有效开展风险管理工作提供了一套科学、合理的工作程序。

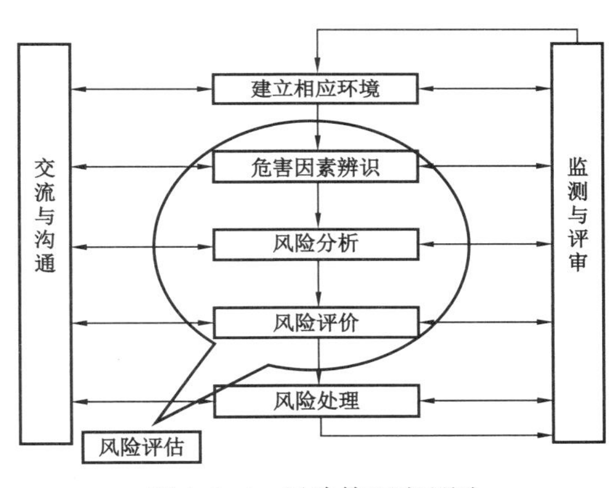

图 1-3-4　风险管理流程图

在该流程图 1-3-4 中,把风险管理分为交流与沟通、建立相应环境、风险评估、风险处理(置)、监测与评审 5 大部分。其中,风险评估又包括危害因素辨识、风险分析与风险评价三个子过程。下面根据风险管理的流程,依次介绍如下:

1. 交流与沟通

要做好风险管理工作,就要在风险管理的整个过程中,也即在风险管理的各个阶段,做到内外部利益相关方等的交流与沟通。通过沟通交流,使相关人员都能够了解各自在风险管理中的地位,进而有效发挥各自在风险管理中的作用,从而为实施风险管理工作奠定坚实基础、创造良好环境。

2. 建立相应环境

相应环境就是指欲达到设定管理目标的组织所处的内外部环境。通过建立内外部环境,组织可以清晰表达其目标,同时,应在设定风险管理目标时考虑内外部环境参数,并为风险管理的后续过程设定范围和风险准则等。

通过建立风险管理的内外部环境,使组织与其设定目标联系在一起,确定进行风险管理应考虑的内外部因素，并对风险管理的范围、风险指标等进行确定。需要注意的是，虽然这些内外部参数在设计框架时已经考虑，但在进行具体业务活动的风险管理时，要把这些内外部参数与具体业务活动的风险相结合，而且此时的内外部参数要比在设计框架时考虑得更为细致。

3. 风险评估

风险评估是指包括危害因素辨识（风险辨识）、风险分析、风险评价在内的全过程。其中，危害因素辨识，是对特定风险管理范围内的危害因素进行辨识；风险分析即分析确定危害因素可能引发事故的概率，以及可能发生事故的后果严重程度；风险评价即通过风险分析结果与风险准则的对比，确定风险及其量级能否被接受或容许的过程，并以此判定是否需要采取风险防控措施以及防控的优先次序等。

1）风险辨识

风险辨识是进行风险防控的前提和基础。要做好风险管理，首先就要把需要管理的风险辨识出来，否则，就无法对其进行管理。风险辨识的重点是要全面、系统、彻底地开展辨识，尽可能把存在的所有风险都辨识出来。为此，需要全员参与，并选择适宜的辨识方式与方法。

2）风险分析

在大量风险被辨识出来之后，应对辨识出来的风险进一步分析，以便为后续的“风险评价”做好准备。“风险分析”既包括对其可能引发事故的概率及可能发生事故的后果严重程度的分析，也包括对风险的现有控制措施及其具有的不确定性和敏感性的分析。诸如一个风险影响多个目标及一个目标被多个风险所影响的特殊情况等，都属于风险分析内容。风险分析不仅要讲求科学，而且还要做到细致、全面、彻底。

3）风险评价

在进行风险分析之后，进入风险评价阶段。风险评价的目的是协助决策，通过对比风险分析的结果与评价标准，判断出该风险的严重程度高低，并决定是否需要进一步处置，以及实施处置的优先次序。

在HSE风险管理过程中，我们一般习惯于把风险的“辨识、评估（价）与控制”，简称为风险管理的“三部曲”，其中的“评估（价）”就包括了这里的“风险分析”和“风险评价”两个步骤。这是因为HSE风险管理相对其后果及严重程度等方面的复杂性，一般要简单一些，可以一步分析完成。因此，对于较为复杂的HSE风险的评估，也应该采用这种方式，以更为全面、科学地对风险进行评估，得出科学、合理的结论，为更好地进行风险防控做好准备。

4. 风险处理（置）

风险的处置包括处置方式、处置方式的选择及实施。

风险处置的方式包括：风险的规避、消除风险源、改变可能性、改变后果、风险分担以及风险保留等。

对于风险处置措施的选择，应在考虑合规性等其他要求的基础上，根据收益与成本（正向风险）或损失与成本（负向风险）综合考虑。

图1-3-5长方框中为风险处置流程图。风险处置措施可根据风险程度高低，视具体情况采取相应的处置措施。如果风险程度很高，还应评估风险处置措施实施之后的情况，如果剩余风险能够接受，即可实施该防控措施；否则，应重新制定新的风险防控措施，直至剩余风险能够接受为止。另外，还应根据风险程度高低，视具体情况，采取单一措施或组合措施；在选择处置措施时还应与利益相关方沟通，考虑其接受情况；应注意处置措施本身可能会产生的新的风险。因此，应对处置措施的实施进行监测，不仅要看其风险防控的有效性，还要看处置措施本身是否会产生新的风险。另外，还应对风险处置措施的有效性与可行性进行评估，以确保其能够发挥应有的作用。

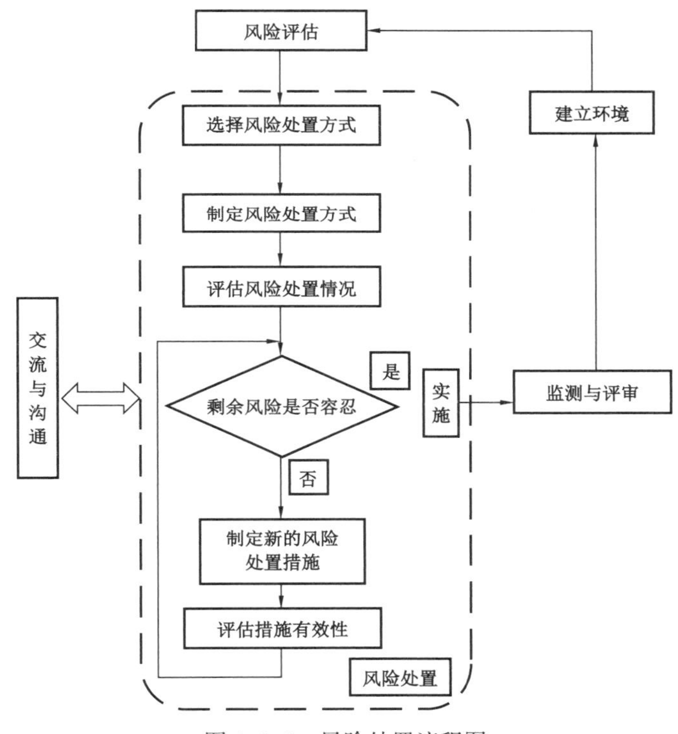

图1-3-5　风险处置流程图

5. 监测与评审

正如上所述，为验证风险防控措施的有效性，为持续改进提供依据，都需要进行监测、评审。通过监测评审，既可以从事情的发展变化中及时发现问题，采取有效的应对措施，也可以总结经验教训，做到持续改进。

为了确保风险管理获得的可追溯性，应对风险管理活动中关键节点等进行记录。

五、风险管理原则、框架和流程及其相互关系

“风险管理原则”与“风险管理框架”“风险管理过程（流程）”一起构成风险管理的三大

基石，对它们的透彻理解和熟练掌握是做好风险管理工作的基础。

事实上，要做好风险管理工作并非易事，不仅需要有合适的工作方式、方法，还需要人、财、物力等相关资源的支持，为此，还需要建立相应的环境，营造适于风险管理的文化氛围，以及在此基础上建立的风险管理的工作模式，所以，风险管理的有效实施是一个系统工程，需要建立一个相应的体系去支持。

在风险管理的顶层设计中，首先应确立风险管理原则，以指导风险管理的全局工作。在确立了风险管理原则的基础上，设计构建风险管理的框架，也就是风险管理体系。《风险管理　原则与实施指南》（GB/T 24353—2009）明确指出要进行风险管理就需要建立风险管理体系，并给出了风险管理的要素。这些要素包括：风险管理方针；有关的制度和程序；与组织结构相关的职责，以及与组织绩效指标一致的风险管理绩效指标；资源分配；与利益相关方沟通的机制；技术手段、方法、工具等。

标准《风险管理原则与指南》（ISO 31000：2009）中，虽然不要求建立专门的风险管理体系，但要求把相关内容融入组织现有的管理体系中去，实施体系化管理。这里的风险管理框架实质上就类似于 HSE 管理体系 7 个一级要素所组成的“叶轮”图形，既有组成框架的各要素，又有要素间的逻辑关系，通过该框架图的运行，完成相应功能。通过对风险管理框架的设计，为风险管理工作的实施构建运行架构，确立基本工作模式。在此基础之上，通过具体的风险管理过程（流程），有效实现风险管理。

总之，风险管理原则、框架和流程及其相互关系图（图 1-3-6）描述了风险管理三大基石的相互关系。“风险管理原则”对“风险管理框架”，特别是其中的“授权与承诺”要素具有指导作用。框架图中“实施风险管理”，则由右面的流程图详细展示。

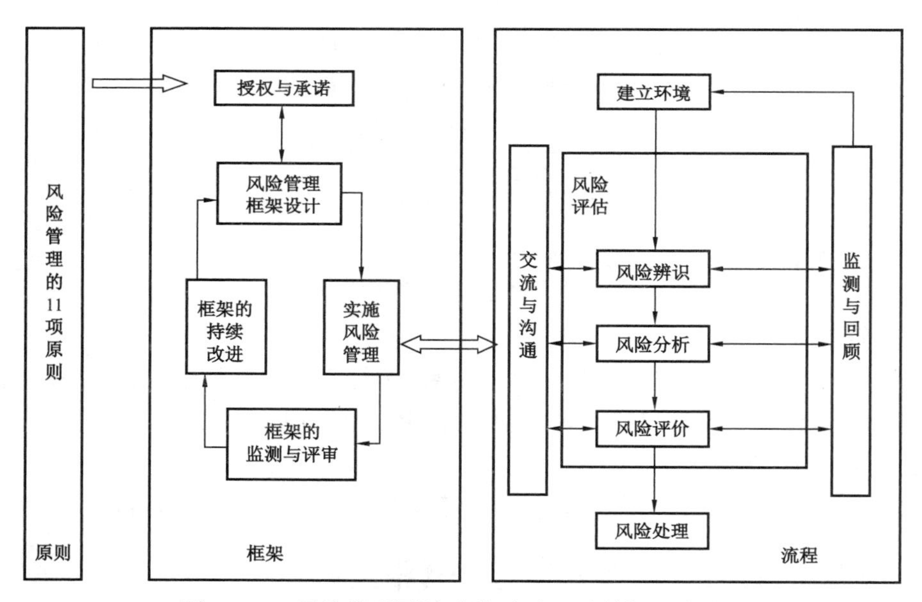

图 1-3-6　风险管理原则、框架和流程及其相互关系图

第二节　HSE 风险管理简介

HSE 风险管理就是在 HSE（健康、安全与环境）方面进行的风险管理。尽管 HSE 风险管理中的有关理论、原则以及一些概念等都遵从于风险管理，但由于 HSE 管理的自身特点以及 HSE 风险管理多年来的实践，使得 HSE 风险管理有其自身的一些独特之处。本节在全面认识风险管理理论的基础上，重点就 HSE 风险管理的一些特点、特色做一简介，具体的 HSE 风险管理内容将在下篇中阐述。

需要注意的是，由于风险管理只有建立在管理体系之上，才能够发挥其应有的作用，因此，前述的风险管理是建立在风险管理体系上的风险管理。由于框架已包含在 HSE 管理体系之中，因此，单纯的 HSE 风险管理内容、环节就相对简单。

一、HSE 风险管理有关术语

在 HSE 风险管理中，有着许多与风险管理相关的同义或近义名词，如风险、危害因素等。这些词语有些相近，有些相关，有些就是同义词，但也有些还有明显的区别。把这些词语弄清楚，对于正确理解 HSE 风险管理理论，乃至做好 HSE 风险管理工作都十分重要。

1. 危害因素

危害因素是指可能导致人员伤害或疾病、财产损失、工作环境破坏、有害的环境影响或这些情况组合的要素，包括根源和状态。它的最突出特点就是客观存在。危害因素既包括能量与有害物质，也包括导致约束、限制能量措施失效的各种不安全因素，或者说是影响能量或有害物质防护屏障正常发挥作用的各种漏洞或缺陷。如电能就是属于源头类危害因素（该名词见下篇第一章），把它辨识出来之后，或加装绝缘保护层（如室内各种电线）进行保护，或把其高架空中（如野外高压输电线路），以防其漏电造成事故的发生。但由于建造质量问题或检查维护失当等原因，室内电线的绝缘保护层可能会发生破损，野外高架电线可能会坠落地面等，这些现象就是屏蔽电能的高架手段或绝缘保护层等约束出现了失效情况，或者说是防护屏障出现了漏洞、缺陷，它们都属于衍生类危害因素（该名词见下篇第一章）。

上面所举事例为能量与物的不安全状态方面的情况，当然还有有害物质、人的不安全行为等方面的情况。无论是能量或有害物质，还是人的不安全行为或物的不安全状态等，它们都属于危害因素范畴。只要是危害因素，其共同的特点就是客观存在，它们就能够被辨识出来；同时也只有把它们辨识出来，才能够采取相应措施，从而有效防止事故的发生。

2. 风险

广义而言，所谓风险就是指不确定性对目标的影响，因此，风险的一个显著特点就是不确定性，风险这种不确定性既有正向的，也有负向的，如，金融财务领域里的风险，既有正向（收益）的不确定性，也有负向（损失）的不确定性。安全生产风险的定义就是指“危害事件发生的可能性和后果严重程度的组合”，因此，安全生产风险只有负向的不确定性，即损失的不确定性，其中包括事件（事故）发生与否的不确定性、导致结果（严重程度）的不确定性等。鉴于无论事件（事故）发生可能性还是其后果严重性，都是人们在事发之前做出的主观预测或判断，因为一旦事件发生，成为了客观现实，就是确定性的了，也就不再是风险，因此，这种由人们主观预测、判断而获得的可能性与严重性指标，自然就具有一定的主观性。由于对辨识出危害因素是否防控及如何防控，取决于其自身所具有的风险程度的高低，而风险程度高低又是靠主观预测或判断而获得的，因此，对于危害因素的风险评价最好应由训练有素的专业人士进行，尽可能客观、公正、准确地进行评价，以期反映其真实的危险程度，从而确定对该危害因素是否防控及如何防控，才能够有效防控事故发生。

3. 风险与危害因素之关系

由上述分析可知，危害因素与风险，一个为可能导致事故的客观存在，一个是对该“客观存在”导致事故可能性及其后果的不确定性的主观评判，二者有着本质区别，不容混淆与颠倒。在风险管理中，危害因素是主体，风险则是依附于该主体之上的客体，是对主体的评价（测量）指标，也即，风险是危害因素具有的风险，离开了危害因素，风险自然就无从谈起，因为皮之不存毛将焉附。危害因素与风险之关系，就类似水与水温、水深的关系，水温或水深都是水的测量指标，没有水就无所谓水温与水深。

正是因为危害因素是风险管理的主体，在风险管理中，一切活动都是围绕着危害因素来进行，而风险只是作为判断危害因素是否需要管控及如何进行管控的评价指标。风险管理一般包括“辨识、评估、控制”等关键环节。首先，通过危害因素辨识，查找将来可能发生的事故原因——危害因素；然后，通过风险评估，对辨识出的危害因素可能导致事故（事件）发生可能性及其后果严重性进行评判，进而与相关标准进行比对，决定是否对其（辨识出的危害因素）防控（其风险程度是否能够接受）、如何防控（根据风险等级，进行分级防控）；最后，通过风险控制，对于需要防控的危害因素，根据其风险程度的高低，有针对性地制定并落实相应的控制措施。由此可知，在风险管理活动中，“辨识”的是危害因素，“评估”的是辨识出的危害因素具有的风险，“控制”的是具有一定风险的危害因素。总之，在风险管理活动中，“辨识、评估、控制”的都是危害因素，危害因素（Hazard）是风险管理工作的主体，贯穿于整个风险管理的全过程，风险（Risk）只是该过程中用于评价危害因素的一种评价指标而已，风险管理的一切工作都是在围绕着危害因素（Hazard）来进行，因此，国外有时也把风险管理（Risk Management）称为危害因素管理（Hazard Management）。

当然，正是由于风险依附于危害因素，而危害因素普遍存在，因此，依附于危害因素之上的风险自然也就相应存在，只不过风险数值大小或程度高低不同而已，这也正是人们认为风险是普遍存在或客观存在的道理。另外，在广义风险管理中，所谓的“风险辨识”实质上是“风险源（Risk Source）”辨识，辨识的是客观存在的风险源，而不是风险，风险是对风险源的评估指标，而不是辨识对象，广义风险管理中的风险源（Risk Source）与安全生产风险管理中危害因素（Hazard）相当。总之，危害因素（Hazard）与风险（Risk）是完全不同两回事，正是由于未准确理解危害因素（Hazard）与风险（Risk）之间的区别，把二者混为一谈，在工作中就会造成了不必要的困惑、麻烦，如，曾有不止一家地方安监部门出台规定，把从事危化品生产经营企业一律划分为“红色”高风险区域，就使得这些企业左右为难。危化品生产经营企业基本上都是重大危险源企业，一旦出事后果严重是客观事实，但鉴于多数危化品生产经营企业能够严格管理，这些企业发生重大事故的可能性并不都很高，如壳牌公司就属于重量级危化品生产经营企业，近几十年来几乎没有发生过重大事故，因此，其风险（可能性与严重性组合）并不太高，总之，危化品的生产经营企业，一般都是拥有重大危险源的企业，虽然一旦出事后果严重，但如果其管理严格、规范，发生事故的可能性就不会太高，那么其风险程度也就不高，不应都划入“红色”高风险区域。当然，管理不善的危化品生产经营企业，风险必定很高，因此，对于风险程度的评判，应具体问题具体分析，应通过可能性与后果严重性两个方面进行综合评判。之所以出现此类问题，究其实质就是混淆了危害因素（Hazard）与风险（Risk）概念的区别，错把危险源（危害因素）分级当成了风险分级。

4. 风险评价、风险评估及风险管理

国际标准化组织（ISO）把“管理”定义为“指挥和控制组织的协调活动”，它把“风险管理”定义为“针对风险采取的指挥和控制组织的协调活动”。

就广义的风险管理而言，它包括沟通与交流、建立环境、风险评估、风险应对、监测与评估整个过程，其本身就构成了风险管理体系。

就 HSE 风险管理而言，是指通过对产品、服务及活动等开展危害因素辨识，并通过分析评价技术，对照风险准则，确定对所辨识的危害因素是否需要进行进一步控制，以及如何控制，使 HSE 风险控制在“合理、实际且尽可能低”的水平。

风险评估（Risk Assessment）包括危害因素辨识、风险分析与风险评价全过程。而风险评价（Risk Evaluation）则是指运用适宜的评价方法，对危害因素的风险程度进行的具体判断。图 1-3-4 为风险管理的流程图，它较好地诠释了上述概念之间的相互关系。从图中我们可以清楚地看出，“危害因素辨识、风险分析、风险评价”构成了“风险评估（Risk Assessment）”。风险评价是风险评估的一部分，而风险评估又是整个风险管理流程的一部分，所以风险评估是风险管理的环节之一。

另外，“风险评价（Risk Evaluation）”突出的是结果，即应用风险分析结果，在评价环节通过定性或定量方法得出风险高低与否的结论；“风险评估（Risk Assessment）”强调的是过程，它包括对危害因素的辨识、风险的分析与评价各个环节在内的整个过程；而“风险管理”的外延更为广泛，它包括图中全部内容，但它更注重对风险的决策、管理，对风险控制措施的落实。

鉴于“危害因素辨识”是 HSE 风险管理中的重头戏，因此，在 HSE 风险管理中，把“危害因素辨识”从“风险评估”中分离出去（图 1-3-4），作为单独一个环节。这样，在 HSE 风险管理中，“风险评估”环节只包括“风险分析”与“风险评价”，且该环节有时也被称为“风险评价”，由此可见，HSE 风险管理中的“风险评价（估）”与广义风险管理中的“风险评价

（估）”，其含义并不完全相同。另外，鉴于 HSE 风险管理是基于 HSE 管理体系的风险管理，因此，广义风险管理流程中的许多风险管理环节，大多已包括在 HSE 管理体系之中，故 HSE 风险管理的关键环节主要包括危害因素辨识、风险评价（估）及风险的削减与控制等。

二、HSE 风险管理的特点

1. HSE 风险管理

顾名思义，HSE 风险管理就是在健康（H）、安全（S）与环境（E）方面进行的风险管理。因此，它具有主动性、预防性等风险管理具有的一切特点。

首先，HSE 风险管理具有风险管理的主动性、预防性的特点。HSE 风险管理同其他任何风险管理一样，通过主动管理，可以有效预防各类事故的发生。“一切事故都是可以避免的”就是基于对安全风险的管理而产生的。因为在任何一项工作（活动）开始之前，只要把该项工作（活动）中可能存在的危害因素都辨识出来，然后通过风险评估，筛选出其中可能引发事故的危害因素，并结合实际制订出切实可行的风险防控措施，最后在工作（活动）中加以落实，就能够有效防止可能的事故发生。因此，HSE 风险管理同其他任何风险管理一样，通过积极主动的预防性管理，可以有效防范各类事故的发生。

其次，HSE 风险管理遵从风险管理原则。风险管理的十一条原则，都适用于 HSE 风险管理。如风险管理的第二条原则规定：风险管理是组织所有活动的有机整体的一部分。HSE 风险管理同样如此。要做好 HSE 风险管理就必须把其与日常的生产经营活动融为一体，因为 HSE 风险就存在于日常的生产经营活动之中，不是独立存在的。因此，单靠 HSE 部门的 HSE 人员，HSE 风险管理注定无法做好。相反，只有落实 HSE 风险管理“直线责任”，要求全员参与 HSE 风险管理，才能够真正做好对 HSE 的风险管理，有效防范各类事故的发生。

进行 HSE 的风险管理，就要求针对具体对象开展危害因素的辨识，结合具体实际量身打造有针对性的风险防控措施加以防控；如果人、机、料、法、环等任何一个方面发生了变化，必须针对其变化情况实施针对性的变更管理，这样才能有效避免各类事故的发生。

另外，HSE 风险管理除具有风险管理的共同特点之外，也具有自己独有的特点。

首先，HSE 风险管理是针对 HSE 三个方面进行的三位一体的风险管理，必须遵循 HSE 三个方面的相应法律、法规、政策、标准等。在我国对健康、安全与环境工作的管理，分属不同的政府主管部门，不同部门要求各异，应注意沟通渠道的畅通，以满足相应的合规性。

其次，由于是三位一体管理，还要处理好内部的相互关系，既不能偏废，也不应平均用力，应根据 HSE 三个方面的风险程度，以及组织及所在国家和地区的要求，在统揽全局的情况下有所侧重，统筹兼顾，做好安全、环境与健康三个方面的风险管理工作。

第三，HSE 风险管理通过 HSE 管理体系实施。《风险管理　原则与实施指南》（GB/T 24353—2009）明确要求通过创建风险管理体系进行相应的风险管理。尽管 ISO 31000：2009 并不要求单独创建专项的风险管理体系进行风险管理，但它要求风险管理必须融入相应的业务管理体系中去。HSE 的风险管理则是通过 HSE 管理体系实施的，因此，HSE

管理体系实质上就是HSE风险管理体系，它是根据质量管理体系框架，把HSE风险管理与各项业务活动融为一体所形成的一种对HSE风险进行管理的管理体系。

2. HSE风险管理与传统健康、安全与环境（HSE）管理之区别

1）管理理念

HSE风险管理理论认为，“一切事故都是可以预防的。”这是因为HSE风险管理的突出特点，就在于管理上的主动性和预防性。HSE风险管理能够通过积极主动的风险管理手段（辨识、评估和控制），识别出可能导致事故发生的各类危害因素，在经过科学的风险评估之后，对需要防控的风险采取有效的措施，就能够做到防患于未然，把可能的事故苗头消灭在尚未发生之时。因此，HSE风险管理理论认为，只要做好了风险防控工作，“一切事故都是可以预防的”。相反，传统的安全管理观点则认为，发生事故是绝对的，不发生是相对的、临时的，事故的发生是在所难免的。这是因为传统安全管理是一种被动、处罚式的事故后管理模式，在事故发生之后，通过分析事故原因，汲取事故教训，出台相应措施，亡羊补牢，防止类似事故的再次发生。事故原因的多样性，可能会导致不仅“类似事故”防不胜防，而且新类型的事故会不断发生。

在传统安全管理模式下，由于是依靠严格监管，监管的力度会有张弛、起伏，从而导致事故发生有阶段性。因此，在传统模式下的安全管理，由于人们安全意识淡薄，且单靠事故处理来汲取事故教训，必定是治标不治本，事故的发生也将会此起彼伏，安全管理也会被事故牵着鼻子走，被动应付。反映到安全管理的目标、指标上，现代HSE风险管理理论认为，通过科学合理的风险管理工作，任何事故都能够做到关口前移、事前预防，也就是说，一切事故都是可以避免的。因此，HSE风险管理追求的是“零伤害、零损失、零污染”，而传统安全管理，则是根据企业客观实际，设定了相应的事故考核指标，诸如千人死亡率、千台车死亡率等。

2）管理模式

传统的安全管理模式是被动、处罚式管理，缺乏必要的事前防范抓手，只在事故发生之后，通过调查、分析事故原因，出台具体防范措施，防止类似事故的再次发生。在事故发生之前，缺乏科学有效的方式方法，不知如何着手防范事故的发生。即使通过安全检查等形式强化管理，也只是以点带面，走马观花，难以发现深层次问题，发现的表面问题也只是就事论事，处理直接责任人员了事，很少上升到管理层面追根溯源探究深层次问题。因此，传统安全管理模式是一种典型的亡羊补牢式的被动型管理方式。

与传统的安全管理模式相反，HSE风险管理的突出特点在于管理上的主动性和预防性。它是在事故发生之前就率先进行主动式预防管理，如非常规工作（活动）通过风险管理“三步曲”，制订防控措施，并加以落实；常规工作（活动）则按照经风险管理完善之后的操作规程，进行风险的防控，从而有效防范可能的事故发生。因此，相比于被动性、滞后性的传统安全管理模式，HSE风险管理具有明显的主动性和预防性。反映到具体管理的方式、方法上，现代风险管理，在通过HSE风险管理“三步曲”进行主动预防的同时，还通过内审、外审、管

理评审等系列先进、科学的体系审核活动，主动查找问题，发现不符合，进而追溯深层次的管理问题，并遵循 PDCA 原则，做到持续改进。同时，也注意总结典型做法、成功经验，既注意解决问题，也及时表彰先进，激励员工投身于安全生产管理活动之中。

3）执行主体

由于 HSE 事故、事件可能发生在日常生产经营活动的方方面面、各个环节，贯穿于生产经营活动的始终。因此，要做好风险管理工作，防范事故发生，首先是领导的作用，要求领导率先垂范，发挥领导力作用；其次要落实直线责任，各个部门、各级组织，都要对自己业务范围内的 HSE 工作负责；最后，在领导带动下，全体员工都要积极主动参与到本岗位的风险管理活动中去，危害因素将得以系统、全面、彻底地辨识，风险防控措施将会制订得切实、合理，具有可操作性，各项风险防控措施也将得到真正的落实，从而使各类事故、事件得到有效的预防和控制。相反，在传统安全管理模式中，安全管理部门是唯一管理安全生产工作的部门，安全管理人员是唯一进行安全管理工作的人员，其他部门在安全管理方面没有任何职责和担当，其他方面的人员也概不参与。由于在现实工作中，安全管理人员既没权利也没能力做好安全管理，因此，单纯依靠安全管理人员，既管不了更管不好安全生产工作。所以，传统安全管理模式下，单靠安全管理人员，安全生产自然就不可能得到有效的“管理”。

总之，相对于现代风险管理的主动性、预防性和正向激励型的管理特点，传统安全管理则突出表现为一种被动性、滞后性和消极处罚型管理模式。现代 HSE 风险管理与传统安全管理的区别详见表 1-3-1。

表 1-3-1　现代 HSE 风险管理与传统安全管理的区别

	传统安全管理	HSE 风险管理
目标	制定伤亡控制指标，诸如，“四个杜绝，三个不超，一个确保”等	追求零伤害、零损失、零污染目标
理念	事故的发生是必然的	一切事故都是可以预防的
管理模式	事故后管理： 重经验，被动式事后处理，亡羊补牢。阶段性、静态性、周期性	事前预防： 通过危害因素辨识、风险评估、削减与控制等流程，实现事前预防。 日常、动态、循环性和持续改进
管理主体	安全管理部门的安全管理人员，其他部门概不参与	按照直线责任原则，谁主管、谁负责，管工作、管安全
约束与激励	外部约束，被动、强制性要求	内部自律，主动、自愿，自我激励
考核	业绩考核，以伤亡结果指标考核为主	建立科学、规范、系统和持续改进的自我约束管理体系，重在过程管理

3. 风险管理与应急管理的关系

通过本章“风险管理基础知识”介绍可知，风险管理本身并不包括应急管理。在风险管理中，唯一与应急管理相关的内容就是“风险应对”中的“恢复力”一词，但“恢复力”定义为“一个组织在复杂、变化环境中的适应能力”，它是一个组织业务持续性管理的一项指标，其中包含有应对突发事件（事故）的处置能力的意思，但这只能说是风险管理与应急管理之间的接口，而不能说风险管理包括应急管理。因为应急管理作为一个系统，有其丰富的内涵，但在风险管理中并没有相应的内容。

事实上，风险管理主要用于对事故的预防，而应急管理则是对突发情况下紧急处置的管理，如防控的失当导致失控发生。因此，如果风险管理工作水平提高了，就意味失控情况的好转，就不会有太多的应急处置。反之亦然。风险管理与应急管理都是 HSE 管理方面的重要工作，一个用于事前预防，属超前指标；一个用于失控情况下的应急，属滞后指标。二者既相辅相成，又彼此独立，互不包含（图 1–3–7）。

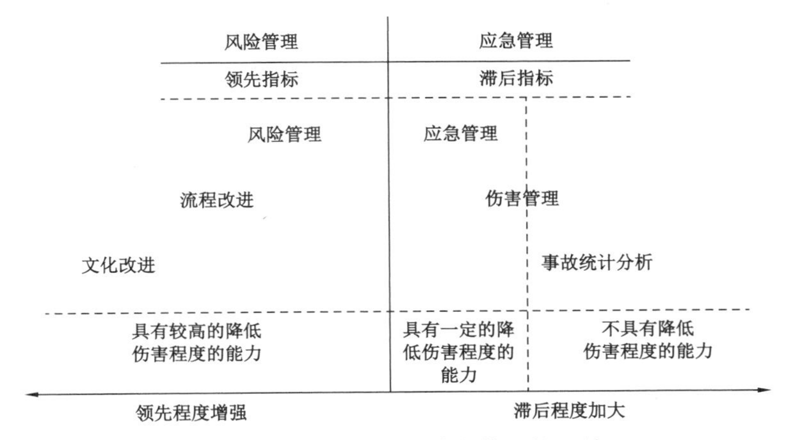

图 1–3–7　风险管理与应急管理的区别

HSE 管理体系作为一种实用性的健康、安全与环境工作模式，其中既包括了用于事故防控的风险管理，也包括了对突发状态的应急管理。这是因为在现实工作中，事故的防控固然重要，但对突发情况的应急管理也必不可少。只有做好了应急管理才能使防控失当的紧急情况得以妥善处理，从而把造成的损失降至最低。但鉴于本书专注于事故的预防，主要是探讨如何使风险管理有效发挥作用方面的问题，而风险管理与应急管理分属不同的专题，加之篇幅所限，本书不涉及应急管理问题。

三、HSE 风险管理原则、框架与流程

如前所述，HSE 风险管理是风险管理在 HSE 管理方面的具体应用。因此，HSE 风险管理与风险管理的理论、原则等完全相同，但在体系框架及管理流程方面，HSE 管理体系也有自己的特点。

1. HSE 风险管理原则

HSE 风险管理是风险管理在 HSE 管理方面的具体应用，因此，风险管理原则完全适用于 HSE 风险管理，不再赘述。

2. HSE 风险管理框架

HSE 风险管理是通过 HSE 管理体系进行的风险管理。因此，HSE 风险管理框架实际上就是 HSE 管理体系的运行框架。它包括 7 个一级要素，分别为：领导和承诺，健康、安全与环境方针，组织结构资源和文件，策划，实施与运行，检查，管理评审等。这 7 个要素构成了一个“叶轮”，其中，要素“领导和承诺”在 HSE 管理体系建立和运行中最为重要，它位于这片“叶轮”的轴心部位，或称核心部位，故该要素被称为核心要素。其余 6 个要素分布于轴心四周的叶片上，由轴心驱动叶片转动，完成 PDCA 循环。

另外，由于 HSE 管理不同于质量管理，不具有自查、自纠自动完成 PDCA 循环的内部机制，因此，即使发生了偏离，也得不到有效遏制。要进行纠偏，还需要借助外力，“领导和承诺”作为 HSE 管理体系的核心要素，为完成 PDCA 循环提供外力，也就是纠偏的外力。

3. HSE 风险管理流程

所谓 HSE 风险管理流程，实际上就是风险管理策划阶段的工作流程，而不是前述风险管理的全部流程。该部分流程对于做好风险管理工作至关重要，因此，本节将在对一些典型的风险管理流程进行分析梳理的基础上，针对目前风险管理工作中的实际情况，构建科学、合理的风险管理工作流程。

1）常见的 HSE 风险管理流程

目前，各组织、公司实施的 HSE 风险管理实用流程多种多样，下面是一些常见的 HSE 风险管理流程。

（1）《危害辨识、风险评价和风险控制推荐作法》（SY/T 6631—2005）中推荐的 HSE 风险管理基本步骤（流程）。

① 划分作业活动：编制作业活动表，包括厂房、设备、人员、程序，并收集有关信息。

② 辨识危害因素：辨识与作业活动等有关的所有危害因素。

③ 评价风险：对与各项危害因素有关的风险做出评价。

④ 依据风险容许标准，确定不可容许的风险。

⑤ 制订风险控制措施计划：针对不可容许的风险，制订风险控制措施计划。

⑥ 评审措施计划：评审措施计划的合理性、充分性、适宜性，确认是否把危害因素的风险控制在可容许的范围。

（2）工作安全分析（JSA）推荐的 HSE 风险管理基本流程。

① 分解工作任务：搜集相关信息，实地考察工作现场，核查工作内容，在此基础上，针对辨识对象分解工作任务。

② 辨识危害因素：识别危害时应充分考虑人员、设备、材料、环境、方法五个方面和正常、异常、紧急三种状态。

③ 风险评估：对存在潜在危害的关键活动或重要步骤进行风险评价。

④ 制订防控措施：对不可接受的风险制订控制措施，将风险降低到可接受的范围。

⑤ 评估控制措施实施效果。

（3）石油天然气生产商协会（OGP）把HSE风险管理程序划分为以下七个步骤（图1-3-8）。

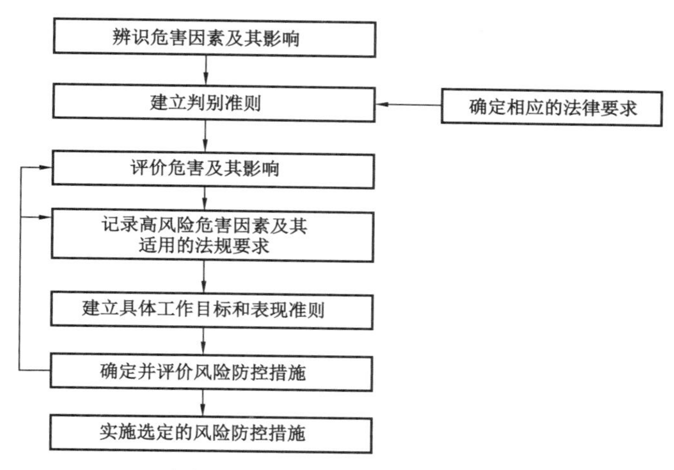

图1-3-8 HSE风险管理流程图

上述流程内容也可简化为以下五个方面的内容。

① 危害因素辨识：根据需要辨识活动、过程或装置等可能存在的危害因素。

② 风险评价：根据法律、法规以及行业、企业的标准、规定或要求，设定判别准则，评价辨识出来的危害因素的风险程度，从而决定是否采取措施以及采取何种措施等。

③ 记录危害因素及其影响：把辨识出来风险较高的危害因素及其相应的法规要求进行登记造册，记录危害因素及其影响，用于日后的风险管理。

④ 设立目标与表现准则：按照组织的HSE方针、战略目标、HSE风险及业务需要，设立本项危害因素具体的控制目标与表现准则，这些目标与表现准则应尽可能量化，且切实、可行。

⑤ 风险控制措施：制订并实施风险防控措施，达到风险防控的目的。

（4）英国政府健康与安全执行局（HSE）把风险评估规范为5个基本步骤。

① 危害因素辨识：辨识特定风险管理范围内的危害因素。

② 确定可能会伤害到谁？如何发生的？它包括确定现场各个岗位操作员工（包括学徒工、残疾员工）、来访参观人员、承包商员工、运维人员、公众等。

③ 评估风险，制订预防措施：通过评估危害因素风险的高低，对需要防控的危害因素制订防范措施。

④ 记录并实施：把制订的风险防范措施记录下来，并对相关人员培训、交底，确保防控措施的实施。

⑤ 评审并改进：工作完成之后，对风险管理过程与结果进行评审，总结经验、教训，做到持续改进。

（5）壳牌石油公司的风险管理，一般按以下5个步骤进行。

① 系统辨识危害因素及其影响。

② 对辨识出的危害因素进行风险评价。

③ 记录高风险危害因素。

④ 制订并采取适宜措施，降低、控制风险，确保风险降低到“合理实际且尽可能低”的水平。

⑤ 制订应急处置措施以应对突发紧急情况。

2）HSE 风险管理流程梳理

（1）风险管理核心内容——风险管理“三步曲”

通过对各种风险管理流程的介绍与分析可以看出，尽管风险管理流程千差万别，有简有繁，各不相同，但所有这些风险管理流程中，都包括危害因素辨识、风险评估及风险的削减与控制这三个最基本的步骤。因为这三个步骤是风险管理的核心内容，相辅相成，缺一不可，通常被称为风险管理的“三步曲”。

① 危害因素辨识：动员相关人员广泛参与，针对辨识对象并根据使用者情况，选择适宜的辨识方法，从人、机、料、法、环等各个方面，正常、异常及紧急等多个状态，对日常生产经营活动、过程、产品或服务，进行全面、系统、彻底的危害因素辨识。

② 风险评估：评估风险程度及确定风险是否可容许的全过程。针对辨识出来需要评估的危害因素，通过分析其可能引发事故的频率，评估一旦引发事故，该类事故可能的后果严重程度等，并在此基础上，评价其风险严重程度的高低，确定是否防控以及如何防控，从而为后续的防控工作做好准备。

③ 风险削减与控制：对风险评估认为需要进行防控的危害因素，首先要判断是否存在相应的风险防控措施，如常规作业操作规程等，评判是否已把风险控制在“合理、实际且尽可能低”的水平；如属于新的作业或非常规作业等，应制订相应的防控措施，以进行风险防控。

上述三个步骤是风险管理工作的核心流程，相辅相成，缺一不可。当然，要真正做好风险管理工作，并非只要这三个核心步骤，必须视情况增加相应的步骤。从微观层面来讲，在危害因素辨识之前，必须针对不同性质的辨识对象，或通过“划分合理的工作步骤”（如作业活动危害因素辨识），或通过“分解至基本功能单元”（如设备设施危害因素辨识）等，做好辨识前的准备工作，为全面、系统、彻底地开展危害因素辨识奠定基础。

对于后果严重的危害因素，必须在“风险削减与控制”之后，增加“应急处置”步骤，以防失控发生；对于风险程度很高的危害因素，应对其措施的有效性进行评审，以期把“剩余风险”降低到可以接受的程度等。

从宏观层面来讲，要做好风险管理工作，需要进行“沟通交流与协商、建立风险管理的内外部环境及检测与评审［见《风险管理流程要求》（ISO 31010）］”等为有效实施风险管理工作，创造良好的实施环境，提供必需的工作条件。这就是为什么要借助 HSE 管理体系实施 HSE 风险管理的原因。关于这个问题，将在下面“HSE 管理体系与 HSE 风险管理之关系”一节中做进一步分析。

总之，风险管理流程多种多样，所有这些流程的安排都是基于不同情况的需求，为的是更好地做好风险管理工作。但无论风险管理流程如何变幻，其核心主体就是风险管理的“三步曲”，因为其他内容可以根据需要或具体情况进行增减等调整，唯有风险管理“三步曲”内容不能取舍、分割，它是风险管理的要害、核心和精髓。风险管理“三步曲”不仅每一步都至关重要，而且还环环相扣、缺一不可。

（2）构建科学的HSE风险管理流程

基层组织是HSE风险管理的重点，HSE风险管理工作最终需要在基层组织中得到落实。因此，应充分考虑基层组织实际，对于HSE风险管理流程的开发与设计，一方面，不能过分保守，把流程制定得繁琐庸长，不具可操作性。即使再周密的流程，如果在实际工作中无法应用，也就失去了意义。另一方面，不能贪图简单、明了而过于简化，造成漏洞百出，以至于按其流程执行，亦不能实现风险防范的基本功能，这样也就失去了风险防范的应有作用。

要有效发挥风险管理的作用，风险管理流程既要简单明了，具有可操作性，也要周到、规范，避免一些关键步骤的缺失。基于上述原则，风险管理流程可按以下步骤考虑。

① 辨识前的准备：对作业活动等危害因素辨识，可通过分解工作任务，划分工作步骤等方式，对辨识对象进行细化；对设备、设施的危害因素辨识，可通过把设备、设施进行“拆分”，分解至基本功能单元等方式，对辨识对象进行细化等。总之，应根据不同的辨识对象，在做好辨识前的准备工作的基础上，再行开展危害因素辨识活动，否则，可能会因囫囵吞枣造成危害因素辨识不到位，乃至挂一漏万，达不到风险管理的应有目的。

② 辨识危害因素：在上述工作的基础上，动员相关人员广泛参与，根据危害因素辨识对象以及辨识方法的使用对象等方面，选取适宜的辨识方法，从人、机、料、法、环多个方面，正常、异常及紧急等多个状态，对辨识对象进行全面、系统、彻底的危害因素辨识。

③ 评价风险：在专业人员主持下，依据法律、法规及相关规定、标准等，确定风险评价的容许标准。在此基础上，采取适宜的评价方法，对辨识出的危害因素的风险进行评价。通过风险评价，对于需要防控的危害因素，如果已有防范措施的，如常规作业活动等，应对其防范措施进行评价；如防范措施能够满足风险防控要求，则应强化对现有防控措施的执行，否则，就应对防控措施进行修改、补充，完善操作规程。对于没有防范措施的新作业、非常规作业等，执行下步流程。

④ 风险削减与控制：针对没有防控措施的不可容许风险，制订风险控制措施或措施计划、方案等；如果风险程度很高，还应评审措施计划的合理性、充分性、适宜性，评估风险控制措施是否能够把危害因素的风险控制在可容许的范围内。

另外，需要注意的是，风险防控措施的表现形式是多种多样的，单就“管理控制措施”而言，既可以是常见的专项风险防控措施或安全注意事项，也可以通过制定规章制度或融入现有操作规程等形式来实现，还可以作为岗位职责甚至任职条件等，其表现形式不一而足。当然，“管理控制措施”只是风险防控措施的形式之一，还有工程措施、消除、替代（减少）等形式（具体见下篇“风险削减与控制”章节内容），应视情况采用适宜类型的防控措施。

⑤ 应急处置措施：一旦风险管理某一环节出现问题，就可能导致控制失效。这时就要通过应急处置，迅速有效地控制局面，以防事故发生或降低事故后果。因此，要做到安全生产，对于后果严重的重大风险不仅要制订预防措施，还应制订失控情况下的应急处置措施，

以防万一失控发生，能够通过应急处置，或把事故苗头消灭在萌芽状态，或把事故的损失降至最低。

⑥ 措施的评审：对风险控制进行评审，评估措施的有效性、充分性，是否会产生新的风险，“剩余风险”能否被接受等。它是在措施出台后、实施前进行，类似于作业许可票证中的“书面审查”。另外，对辨识、评价活动结果及制订的措施等，还要尽可能形成记录，并结合实施效果等情况进行评估，做到持续改进。

上述6个步骤中，核心内容是风险管理的“三步曲”（第②、③、④步）。当然，为了做好危害因素辨识，第①步“辨识前的准备”也是必须的，但它不是风险管理的核心步骤。第⑤步“应急处置措施”在实际工作中也是非常必要的，因为一旦失控发生，必须通过应急管理，降低或减缓事故后果，但是由于应急管理自成体系，它并不属于风险管理的范畴（见本节“风险管理与应急管理”），因此，在图1-3-9中以虚线的方式表明其在流程中的位置。第⑥步“措施的评审”包括两种含义：一是对管理流程的评审，评审“三步曲”的每一步是否到位，构成了PDCA的闭环管理；二是对控制措施效果的评审，分析评估采用该控制措施是否能够把风险降低到“合理、实际且尽可能低”的水平，该控制措施会有什么“副作用”，以及该控制措施的可行性、有效性等。在措施执行之前，由安全管理人员或其上级领导对措施进行审核，对于风险防控非常重要。这样一则审核措施是否能够起到风险防控作用，是否需要进一步改进等；二则是对该风险管理活动进行监督、检查，使大家不再穷于应付，而要认真做事。

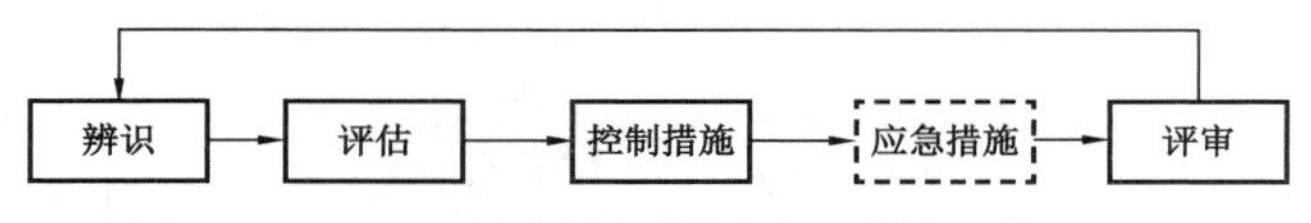

图1-3-9　HSE风险管理策划阶段关键环节流程图

实际上，从本章图1-3-4中，可以清楚地看到，危害因素辨识、风险评估及其控制每一步都要求评审把关，以确保工作的质量。

3）HSE风险管理流程的说明

（1）关于风险防控措施实施前后的评审问题。一般而言，风险防控措施的效果评估，主要是指在措施实施之后的评估。但实际上，在风险防控措施实施之前，开展的“措施评估”更有意义。这是因为风险防控措施实施之前的评估，在一定意义上就是查找防控屏障上的漏洞，即对衍生类危害因素（参见下篇第一章内容）的辨识。通过评估防控措施的有效性、充分性，审视、分析防控屏障上可能存在的漏洞，从而或进一步完善防控措施，或对其中的漏洞进行弥补，以确保不会因防控措施自身的问题而导致事故发生。事实上，目前绝大多数事故发生的原因并不是没有防控措施，而是防控措施中存在这样或那样的问题，比如措施自身的质量问题导致的没有作用、可操作性不强，培训不到位，缺乏监管等。所有这些都属于衍生类危害因素辨识的范畴。在该阶段，恰好是检验、审视控制措施效果的绝佳时期，也是辨识衍生类危害因素的契机。因此，应在防控措施制订之后，对其进行审视、分析，以便发现其中漏洞或缺陷进行弥补，这对于有效防范事故的发生极为重要，尤其是对于重大风险的防控，该步骤更是不可或缺。实质上，对措施有效性与可行性的评审理应在措施制订环节就进行评审。但实际中，这种评审工作就是作业许可中票证的“书面审查”，只是在对高风险作业活动的作业许可中开展过。

应该注意的是，为使该“评审”起到应有作用而不走形式，该评审应由上一级组织或专业人士完成，建议可参照作业许可的票证审查方式，决不能与完成上述（步骤）工作的为同一人，否则就起不到应有的作用。

另外，一般在项目、活动完成之后还要进行“措施效果评审”（图 1-3-10），实际上就是验证评审，或称后评估，即通过实施效果的真实检验，看其防控措施是否有效，主要作用是汲取教训或总结经验。如果风险防控出现问题，可以通过该项评审，审查问题出在何处，是措施自身问题，还是实施过程中的问题，以利于今后类似风险防控工作的持续改进（如图 1-3-10 中“监测、评审”所示）。

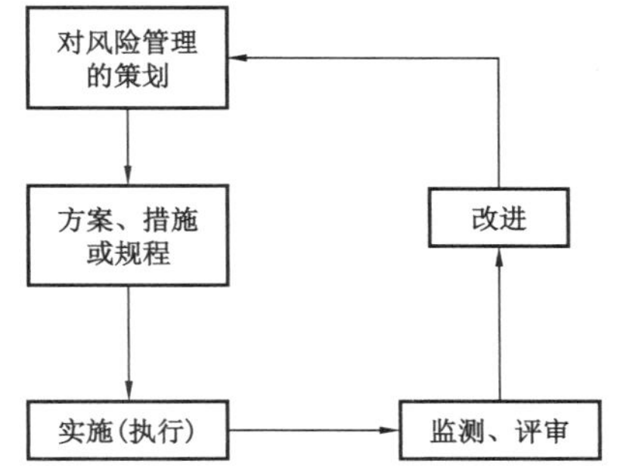

图 1-3-10　HSE 风险管理全过程流程图

（2）关于 HSE 风险管理流程的说明。图 1-3-9 为风险管理策划阶段流程，它只是在辨识、评估与控制策划阶段的工作流程，是整个 PDCA 循环中的“小循环”。图 1-3-10 为 HSE 风险管理全过程流程图，图 1-3-9 就是其中“对风险管理的策划”。HSE 风险管理全过程流程图包括由“对风险管理的策划”所形成的“方案、措施”或“规程”，对“方案、措施或规程”的“实施（执行）”，实施效果的“监测评审”，以及在此基础上的“改进”，这是针对一个具体风险管理对象的 PDCA 循环。HSE 管理体系的运行就是遵从这种“大环套小环”式的闭环管理模式。当然，即使这样一个完整的 HSE 风险管理流程仍然是建立在 HSE 管理体系运行环境之中的，因为像风险管理框架中的“沟通与协商”“建立环境”等环节都在体系运行过程中体现，并未反映在本流程之中。

四、基层组织日常 HSE 风险管理

既然能够通过风险管理做到关口前移、防患于未然，自然要在事故发生之前就做好做足功课，那么，何时开展 HSE 风险管理活动最为合适？原则上来讲，HSE 风险管理活动寓于日常生产经营活动之中，只要进行生产经营活动，就应伴随 HSE 风险管理活动，风险管理活动应是无时无处不在，应常态化。具体到实际工作中，对于那些尚处于风险管理入门阶段的一些企业，特别是企业的基层组织，如果贻误了风险管理开展的时机，就成了“马后炮”，达不到关口前移、事前预防的目的。因此，为做好基层组织风险管理工作，确保日常生产经营活动的风险受控，将风险管理活动分为以下几类。

1. 新的活动、非常规作业 HSE 风险管理活动

所谓新活动就是指以前还没有开展过的活动；而非常规作业活动则是指由于活动的环境或内容等变化大，不易进行规范的活动，其共同特点就是没有现成的操作规程或工作程序可依。因此，对于新的活动、非常规作业活动等没有规程约束、规范的活动，要防止其按照

“自选动作”做事，造成能量或有害物质的失控而导致事故发生。对于事前无据可依的作业活动，应在开始之前，通过开展 HSE 风险管理（“三步曲”）活动，制订出约束作业行为的风险防控措施，作为行动准则、行为规范，规范操作行为，按照规矩（风险防控措施）办事，而不能为所欲为、随心所欲。针对新的活动、非常规作业活动，其具体做法应根据具体问题进行具体分析。

（1）作业活动的风险程度很高，属于作业许可管理的高危作业活动，如动土、动火、受限空间作业等，应严格按照作业许可进行管理。在这种情况下，为全面辨识危害因素、增强措施可操作性等，可在办理票证时采用 JSA（工作安全分析）方法，即把 JSA 结果融入作业许可的票证中，然后按照作业许可管理流程进行 HSE 的风险管理。

（2）作业活动的本身并不具有很高的风险性，只是由于其缺乏作业规程，如新的作业或一般性的非常规作业等。对于此类作业活动，可采用作业许可，也可采用 JSA 方法，在开展工作之前，根据风险管理“三步曲”，对所要开展的工作进行危害因素辨识、风险评估，对需要进行防控的危害因素制订防控措施，在作业过程中，按照制订的措施进行风险防控，即可达到有效防控作业风险的目的。

另外，装置开车之前、钻机开钻之前及设备设施、管线等投用之前等类似情况下，可通过“启动前安全检查”等方式，开展相应的 HSE 风险管理活动，发现其中可能的风险，并采取相应的防控措施予以控制。

2. 常规作业 HSE 风险管理活动

与新的活动、非常规活动相反，常规作业活动是指具有操作规程的日常工作。由于常规作业具有规范作业行为的操作规程，员工只要按照规程去进行作业，基本上就能够防范各类事故的发生。对于常规作业活动，操作规程就是员工的操作行为准则，不用像非常规作业或新的作业那样在活动开始前就进行 HSE 风险管理。

那么，对于常规作业活动，是否还要开展 HSE 风险管理？何时开展 HSE 风险管理呢？答案是肯定的，因为这些规程基本上都是由技术人员制定的，并没有经过安全审查，其中可能会存在安全方面的漏洞，这就是为什么有时候按照规程操作还会发生事故的原因，因此必须对现行规程进行 HSE 风险验证分析。至于校验的时机，应结合公司的管理现状，尽快对未进行过风险验证的操作规程开展安全分析，尤其是当事故发生时，更要注意查找操作规程自身的问题。常规作业风险管理开展的方式与非常规作业类似，都是通过风险管理的“三步曲”对操作规程规范的作业环节开展危害因素辨识，然后通过风险评估找出需要防范的危害因素，对需要防范的危害因素制订风险防控措施，再对照操作规程，查看其中是否包含这些风险防控措施。如果不包含，就应把这些风险防控措施融入操作规程之中，形成新的操作规程。如果通过评估认为现行的操作规程中的风险防控措施满足风险控制要求，则无需再行制定新的措施，只需强化现行操作规程的执行即可。

当然，对于新编操作规程，最好应该在开发编制时，就针对操作规程所规范的作业环节开展风险管理“三步曲”活动，制订出相应的风险防控措施，并把其融入制定的操作规程之中，达到风险防控的目的。然后，根据这些操作规程的具体情况（如属于新制定的操作规程，自身缺陷较多，就要经常检查、反复修改；反之，如果运行时间较长，经过实践检验比较成熟的操作规程，则可以减少检查验证的频次），结合公司的管理现状，定期或不定期对制定的操作规程开展 JCA（工作循环分析），完善操作规程，增强可操作性。

一般而言，对于常规作业的风险管理活动，应至少一年进行一次。

3. 发生变更或引入新业务时的 HSE 风险管理活动

当人、机、料、法、环中的任何一种发生变更时，要对其变更可能引发的风险进行辨识。当经过评估认为风险足够大时，应采取切实措施，对因变更引发的风险进行有效防范，防止事故的发生。如果是一个项目或大型活动，可能会存在人、机、料、法、环等诸多变化，则应针对该项目或活动进行统筹策划，开发编制该项目或活动的 HSE 作业计划书，通过计划书对诸多变化、变更产生的风险进行系统管理。

当引入新技术、新工艺、新材料、新设备等“四新”业务时，应在新业务活动开始之前，开展针对新的业务活动的 HSE 风险管理。与传统业务相比，新的业务活动缺乏相关的事故、事件资料，也无经验丰富的员工可以依靠，因此要做好新型业务的 HSE 风险管理具有很大的挑战性。对于新型业务活动可能存在的危害因素的辨识，可以邀请相关方面的专家，采取“头脑风暴法”进行辨识，或通过现场“小试”“中试”等手段，获取 HSE 相关的资料、信息，在此基础上，开展对危害因素的辨识等风险管理工作，为该项业务科学、合理运作，编制业务流程、工作程序，制定有关注意事项、安全措施等，确保“四新”业务的安全开展。

上面 3 种情况，无论常规或非常规作业的风险管理，还是专项变更管理，都是单项活动的风险管理。下面以工程建设项目为例，说明多种情形组合下的风险管理过程。

4. 工程建设项目 HSE 风险管理活动

工程建设项目（包括新、改、扩）的 HSE 管理全寿命周期风险管理，包括概念设计、初步设计、详细设计、施工组织、正常运行、检维修、退役或拆除等，全过程的不同阶段都要开展风险管理。

第一，在项目概念设计或初步设计阶段，应开展 HAZID 分析（危险源识别分析），一方面从源头避免或降低这些辨识出的危害因素导致的风险；另一方面分析对比该建设项目的每个设计方案在 HSE 方面存在的问题，根据问题的大小、性质权衡得失，通过 HSE 等诸多方面的评价，优选项目设计方案。一般情况下，在早期开展风险管理会更有利于成本、费用的节约，或者说，其性价比会更高。

第二，对于通过预评价的建设项目，应根据预评价报告，进行项目的详细设计。在详细设计的前期，应在 HAZID 基础之上，借助 HAZOP 分析（危险与可操作性分析），开展项目的人机工程研究、火灾爆炸风险防控、紧急撤离与救援研究及应急系统有效性分析等，并基于这些研究结果，进一步完善项目设计，从而提高项目本质安全水平。

第三，当进入项目施工作业阶段时，应开展对建设项目工程建设活动的 HSE 风险管理，如中国石油采取建设项目“两书一表”风险管理模式，对建设项目进行风险管理。“两书一表”风险管理模式，要求在项目开工之前，通过对建设项目现场踏勘、资料调研等工作，开发、编制“项目 HSE 作业计划书”，通过“项目 HSE 作业计划书”的宣贯、培训，对施工建设阶段人、机、料、法、环等方方面面变化产生的 HSE 风险进行系统的管理。同时，针对建设项目中存在的重特大风险，采取相应措施，进行强化管理，既要预防，又要应急。对于建设项目常规作业风险的管控，则是通过日常工作对作业指导书的培训、学习，提升员工自身的业务技能、素质，达到对专业常规风险的管理。总之，通过“两书一表”模式，实现对建设项目 HSE 风险的全面管理。

第四，项目建成后的日常运行、维护阶段的风险管理。首先，对于日常运行过程中的常规作业，应按照常规作业的风险管理进行。其次，在维护保养时，属于常规作业活动，一定要按照操作规程执行；如果属于非常规作业活动，应按照非常规作业要求进行风险管理。同时，在日常工作中，当工艺、方法、技术、材料、设施、人员、环境等发生变化、变更时，或引入新技术、新工艺、新材料、新设备时，应针对所发生的变更，按照变更管理规定的要求，及时辨识变更带来的风险，制订相应的防范措施，进行有针对性的 HSE 风险管理。另外，针对在役装置，如果本质安全程度不高，应对在役装置进行 HAZOP 分析，查找其中的问题、缺陷，进行整改，以提升其本质安全水平。装置在正常运行阶段，无论是计划停工检维修还是非计划停工抢维修，都是事故高发期，应严格进行装置检维修阶段的 HSE 风险管理，具体做法与项目建设期类似。最后，当项目寿命期终结，需要退役时，其拆除阶段风险也非常高，应按照施工建设阶段的风险管理模式，进行拆除阶段的风险管理。

5. 事故、小事故、未遂事故等发生时的风险管理

值得注意的是，在事故、事件发生之后，应及时开展事故、事件的调查工作，对发生事故的人、机、料、法、环等各个方面进行检讨、分析，查找事故、事件发生的各种原因。在此基础上，或完善操作规程，或制订风险防控措施，或整改类似的硬件隐患等，做到举一反三，防止类似事故的再次发生。事实上，事故、事件发生，正是开展风险管理的绝好机会，一定要善于把握这个机会，把事故、事件当作风险管理的宝贵财富。一般而言，事故发生后，我们都会本着“四不放过”原则，查找事故原因、出台防控措施、处理当事人、教育广大员工。但要注意的是，对于此类事故，一定要彻查事故原因，防止因相关责任人害怕受到处理而掩盖事故真相，歪曲事故原因，这就达不到汲取事故教训的目的。但是，小事故、未遂事故因为后果轻微而可能得不到关注，所以失去从中汲取教训的机会，因此，应格外关注对小事故、未遂事故的原因分析及教训汲取。

以上列举了几种典型情况下的风险管理开展的时机及方式，由于生产经营活动类型繁多，不可能一一列举，但一定要把握一个原则，即为确保所有作业（操作）的受控，风险管理要在生产经营活动开始之前进行，以便制订出风险防控措施，并在活动中执行，确保活动受控，绝不能颠倒顺序而流于形式，否则就无法达到风险防控的目的。

第四章　基层组织 HSE 风险管理实践——HSE“两书一表”管理

由于事故的发生基本都是在基层一线，尤其是一些重大及以上的事故。因此，要防患于未然，有效防控事故的发生，风险管理的工作重心必须下移，放在基层组织，放在一线施工作业现场。只有把基层现场 HSE 风险管理工作做到位，才能够真正达到事前预防、关口前移的目的。另一方面 HSE 风险管理理论必须应用到实践中，由实践检验才能得出最终的结论。HSE 管理体系与风险管理同样如此，无论是风险管理理论还是由此衍生的工具、方法，都必须把它们应用到实践中，指导实践活动。

要把风险管理应用到实际工作中，必须密切结合基层实际，构建适用于基层组织的 HSE 风险管理模式。基层组织的现实情况是什么？就我国企业基层组织而言，其主要特点有三：其一，生产经营任务相对繁重；其二，员工文化素质相对较低；其三，安全生产意识相对淡薄。只有充分了解并适应基层组织的这些特点，才能够打造出真正适用于基层组织的风险管理模式。譬如，由于基层组织生产经营任务繁重，要想使措施得到落实，就不能层层加码；由于基层组织员工文化素质相对较低，对基层组织员工就要采取简单明了的风险管理形式等。中国石油自引入 HSE 管理体系之日起，就一直致力于探索把 HSE 管理体系运用于基层组织 HSE 风险管理活动中，使 HSE 风险管理与日常工作相结合，尤其是把 HSE 风险管理融入基层组织的日常业务活动中。经过多年不懈地努力，通过大量探索和反复研究，打造了具有中国石油特色的基层组织 HSE 风险管理模式——HSE “两书一表” 风险管理。

第一节　HSE 风险管理实践

虽然我们一直倡导“安全第一、预防为主、综合治理” 的安全生产方针，但究竟如何把“预防为主” 落到实处，如何把风险管理理论应用于基层组织日常生产经营工作中，做到事前预防，多年一直在探索适宜的方法与模式。

西方石油公司的 HSE Case 是一个很好的案例。西方石油公司通过 HSE Case 的编制与使用，真正使理论与实践相结合，把风险管理理论应用于实际工作中，指导风险管理工作。中国石油在借鉴作业项目 HSE Case 的基础之上，结合我国企业基层组织的特点，研发构建了具有中国石油特色的 HSE “两书一表” 风险管理模式。下面将分别就 HSE Case、HSE “两书一表” 等风险管理形式作以介绍。

一、项目 HSE Case

在 1988 年英国北海油田帕玻尔·阿尔法平台的火灾爆炸事故发生之后，为应对海洋石油行业安全生产的高风险，强化作业现场的 HSE 风险管理，西方石油公司借助以往 HSE 管理经验，采用了一种 HSE 风险管理形式，即 HSE Case。

1. 项目 HSE Case 的概述

为防范事故的发生，在一个项目开始之前，首先，由项目有关人员到项目所在地进行现场踏勘，收集相关资料、信息，对项目可能具有的 HSE 危害因素进行全面辨识，然后通过风险评估，对需要进行防控的危害因素制订具体防控措施，形成的文本资料，即为该作业项目的 HSE Case。在项目开工前，对编制的 HSE Case 组织宣贯、交底，使参与项目工作的每个员工，都清楚明白项目具有的各种风险，及其相应的防控措施，进而在实际工作中得到落实，达到防控项目风险的目的。

HSE Case 源自于 Safety Case，而 Safety Case 则是英国核工业强化安全管理方面的经验做法。1957 年英国温斯凯尔（Windscale）核电站的火灾事故发生后，为强化核工业安全生产管理，推出了 Safety Case 管理方式，并取得了很好的管理效果。

由于受到帕玻尔·阿尔法平台的火灾爆炸事故的影响，石油公司每到一地进行勘探开发作业活动，都会引起项目所在地政府、社区等相关方的高度关注，要求石油公司出具一系列与安全、环保管理措施相关的文件资料，以证明该石油勘探开发项目施工作业的安全性，从而确保其自身不会受到项目的影响，并且不同的相关方，提出的要求也不尽相同。

石油公司每到一地都要针对相关方的各种不同要求，编写各类文件、报告进行解释，耗费大量的时间和精力。基于这种情况，壳牌公司在 Safety Case 的基础上，策划研发了一套针对具体项目全面 HSE 风险管理的文件，该文件既包括项目各种可能存在的 HSE 风险，又包括针对这些风险的具体防范措施，用于证明公司具有足够的风险管控能力，来识别 HSE 风险并将其削减至合理、可行，且尽可能低（ALARP）的程度，以解决项目施工作业的安全环保问题。

通过该文件的编制和使用，既可以确保各项风险防控措施得到落实，切实提高对项目 HSE 风险的防控能力，也可以凭借其风险管理的全面性，满足不同相关方对 HSE 风险防控的文件资料要求，减轻应对相关方各种不同要求的应变压力。这个关于 HSE 全面风险防控的一揽子文件就是项目的 HSE Case。

2. 项目 HSE Case 的特点

HSE Case 是为了提升项目 HSE 风险防控能力所编制的项目 HSE 风险管理文件，其最大的优点在于把 HSE 风险管理理论与项目风险管理实践有机地结合在一起，能够应用风险管理理论有效指导实际作业项目。

HSE Case 是项目全面 HSE 风险防控文件，内容丰富，覆盖面广，有其可取的一面。但正因其内容很多，不仅增加文件自身编制的工作量，也影响着文件的宣贯和落实。例如，要开发编制一个 HSE Case，要求在一个项目、活动或一项工作开始之前，进行全面的 HSE 危害因素辨识和评估，确定相应的风险防控措施，形成书面文字材料。但由于这些工作都要集中在项目开始前进行，时间紧、任务重，不易实施；同时，HSE Case 是整个项目 HSE 风险的管理文件，内容很多，在项目开始前的准备阶段，来不及组织参与项目工作的员工培训和学习，即使进行了培训学习，效果也不会太好。鉴于上述问题，一些公司就在 HSE Case 编制完成后，只作为“保证书”送达相关方，回复其对该项目 HSE 风险防控的关切，弱化项目 HSE 风险管控为目的的宣贯、培训，把 HSE Case 摆在书架上，作为参考文件。因此，一些石油公司内部曾把 HSE Case 戏称为“摆在书架上的文件”。

二、HSE“两书一表”

1. 借鉴国外风险管理模式时遇到的问题

1997 年，中国石油在实施 HSE 管理体系后，致力于强化基层风险管理，在借鉴作业项目 HSE Case 管理方法进行风险管理时，遇到了很大的困难和阻力。

一是在项目开始前，对一个项目进行 HSE 全面风险管理活动，工作量大，且时间紧迫，开展工作难度很大，活动质量不高，直接影响着项目风险管理效果。

二是项目 HSE 的全面风险管理的内容很多，文件编制工作量很大，很难在项目开始前高质量地完成编制工作。

三是由于文件篇幅长、内容多，宣贯工作量大，难以开展，即便进行宣贯培训，短期内大量内容也难以被员工理解和接受，导致培训效果不佳，直接影响风险防控措施的落实。

四是基层组织员工素质相对偏低，HSE 风险管理知识欠缺，风险意识薄弱，日常工作任务繁重，在开展这项工作时，客观上难度大，不易操作，主观上也不够积极主动，不愿去做，从而导致这项工作在基层组织推行举步维艰，难以实施。

2. 问题分析与探索

事实上，HSE Case 不仅成为“摆在书架上的文件”，而且对日常操作风险的管理也受到了一些专家、学者的质疑。其中，澳大利亚学者 Anthony P. Acfield 与 Robert A. Weaver，在其合著的论文“Integrating Safety Management Through the Bowtie Concept——A Move Away From the Safety Case Focus”一文中，认为项目 HSE Case 适用于对项目或活动中的变化、变更产生的风险管理，而不应把其用于对日常操作中常规风险的管理。

1）常规风险及管理

通过对风险管理理论的研究和对各类风险的系统梳理分析，我们认为，基层组织遇到的风险，可大致划分为“相对稳定”和“不断变化”两种类型。其中，相对稳定的风险具有两大特点：首先就是相对稳定，如钻井过程中的井喷风险，只要工作对象、工艺技术、设备设施等不发生大的变化，这类风险就相对稳定，如只要打开地下高压流体层的工艺技术、采用的设备设施等不变，无论是国内还是国外，不管在任何时间段，也无论什么样的队伍进行作业，都会存在井喷风险，不会因时间、地点、人员等方面的变化而改变；其次是与专业相关，如井喷风险只可能存在于与地下高压流体层相关的业务领域，如钻井、测井、修井等，而其他与地下高压流体层无关的行业，如炼油化工、交通运输等行业，就不可能发生井喷事故。但它们有与本行业特点相关的风险，像炼化加工过程中的火灾爆炸风险，交通运输中的车辆伤害风险等，只要从事某行业生产经营活动，就存在与该行业相关的风险。

这类相对稳定的风险实际上就是澳洲学者 Anthony P. Acfield 与 Robert A. Weaver 所谓的“Operational Risk（操作风险）”，我们把此类风险称之为常规风险，或者叫常规作业风险，因为此类风险一般发生于常规作业过程中。

所谓常规作业就是指那些作业内容、环境相对固定，能够按照事先设定的工作程序进行的作业。鉴于常规作业的作业内容、环境等相对固定，可以通过事先制定诸如操作规程、工作程序等相对固定的行为、动作标准来规范员工的操作行为，达到防控因人的不安全行为而引发此类风险的目的。

另外，此类风险的类型相对固定，没有必要把对这类风险的管理放在随项目变化而变化的 HSE Case 中，而应该把它们从项目 HSE Case 中剥离出来，形成一份相对固定的独立文件。

此类风险与专业相关，因此把它从 HSE Case 中剥离出来，形成针对特定的专业风险管理文件——专业（站队）HSE 作业指导书。对此类风险管理的内容相对较多，对其进行梳理、编制的工作量也很大，加之其相对固定，策划、编制的时间不受限制，编制完成可以在很长的时间内保持不变，因此可供岗位员工在日常工作期间参考、学习或专项培训等使用。

2）非常规风险及管理

另一类与常规风险相对应的不断变化的风险，我们称之为非常规风险。非常规风险是指除常规风险之外的其他风险，虽然其外延较大，但其总体数量要比常规风险少得多（图 1-4-1），它既包括各种非常规作业活动的风险，如动火、挖掘、高处作业等产生的风险，也包括各种变化、变更带来的风险，如人员、机器设备、原材料（成品、半成品）、工艺技术、环境因素（自然环境与社会环境）等发生变化所带来的风险等。

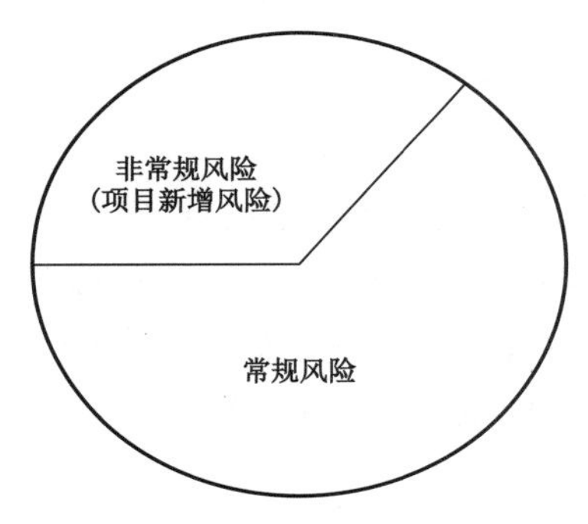

图 1-4-1　常规风险与非常规风险

与常规风险相比，非常规风险有其独有的特点：一是变化性，无论是非常规作业活动的风险，还是因各种变化变更产生的风险，都不像对常规风险的管控一样，能够通过操作规程或工作程序等固化下来的程序进行管控，必须因时、因事或因地（环境）而异，具体问题具体分析，制订具有针对性的防控措施，实现对此类风险的管控，澳洲学者 Anthony P. Acfield 与 Robert A. Weaver 把此类风险称之为“Change Risk（变化风险）”；二是非常规风险虽然类型较多，但其相对于常规风险而言，管控工作量并不大；三是非常规风险与专业无关，任何专业领域都可能具有非常规风险。基于上述特点，非常规风险更适于采用 HSE Case 进行管控。非常规风险与项目相关，不同项目具有不同的非常规风险，应在项目开始前，对非常规风险进行有针对性的辨识、评估与控制。

如前所述，占大量篇幅的常规风险管控内容已从 HSE Case 中剥离出去，HSE Case 只剩下对非常规风险的管理内容(包括项目的应急管理内容),我们把这种情况下的 HSE Case 取了一个新的名字——项目 HSE 作业计划书。项目 HSE 作业计划书实际上就是“瘦身”了的项目 HSE Case。同时,非常规风险随项目变化而变化,不同项目的非常规风险各不相同。所以,每个项目都要针对自身特点,开发编制自己的 HSE 作业计划书。非常规风险数量通常不多,因此,计划书内容较少,篇幅很短,易于编制,便于宣贯。另外,计划书管理的非常规风险在实际工作中又被称作项目的新增风险,故计划书又被称作是对项目新增风险的管理文件。需要说明的是,如动火、挖掘、高处作业等产生的风险,可以通过作业许可进行管理,如人员、设备、工艺等变更产生的风险,一般由变更管理进行控制,除上述两类能够使用已有的管控方法之外,还有一些非常规风险不能够通过已有的风险管理方法进行管控。例如,一直在平原施工作业的基层组织,偶尔进入山区施工,由于自然环境的变化,山区可能发生山洪、泥石流等一些平原上没有的自然灾害,这种随环境变化而产生的风险就属于此类风险。

“两书一表”中的“两书”实质上就是根据 HSE 风险的性质和特点,把 HSE Case 一分为二所形成的(图 1-4-2)。

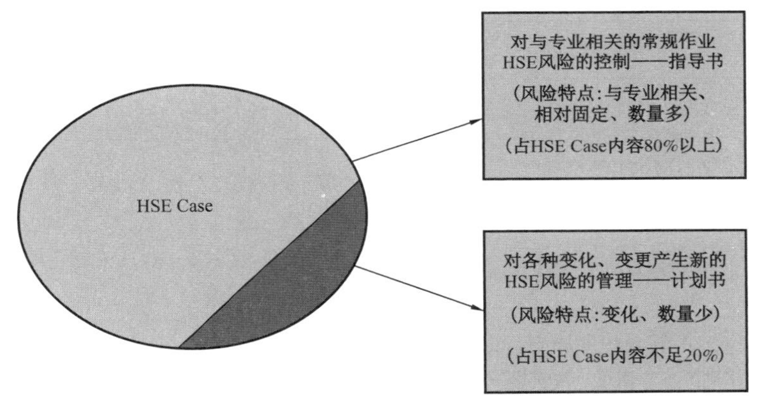

图 1-4-2　由 HSE Case 到“两书一表”的“两书”

3. HSE“两书一表”的形成

所谓 HSE“两书一表”,就是专业(站队)HSE 作业指导书、项目 HSE 作业计划书以及岗位 HSE 现场检查表,即“两本书”加一张表,而其中的计划书(尤其是简化后的计划书)并不是传统意义上的书,根据项目情况,有时可把其缩减为几页纸。

1)专业站队 HSE 作业指导书

HSE 作业指导书是对与专业相关的常规作业 HSE 风险进行管理的指导文件。它是通过对该专业常规作业中风险的识别、评估、削减或控制等,把与专业相关的常规风险控制在“合理并尽可能低(ALARP)”的水平。通过风险管理过程,对特定专业的常规作业需要管控的 HSE 风险制订对策措施,并把这些对策措施分配到相关岗位,形成书面文字记录,经过业务主管部门组织评审后，整理汇编成特定专业或岗位的 HSE 作业指导文件。

由于与专业相关的常规作业 HSE 风险是相对稳定的，只要工艺、技术、设备设施等不发生变化，风险防控措施就不会发生变化（如果因临时性变化而产生风险，则应通过计划书防控），因此，指导书是相对稳定的。

2）项目 HSE 作业计划书

HSE 作业计划书是针对具体项目或活动情况，由从事该项目或活动的施工作业人员，在项目或活动开始之前，通过对项目或活动所在地的现场踏勘，根据具体施工作业的人、机、料、法、环及其变化情况，按照风险管理流程策划编制的对该项目具有的、指导书不包括的项目新增风险的控制文件。编制完成后，经主管部门（人员）审核批准，形成针对该项目或活动的 HSE 作业计划书。

计划书编制的基础是指导书，它是对指导书内容的补充，是对指导书没有覆盖到的、本项目或活动具有的 HSE 风险的防控。指导书与计划书合并在一起就构成对所有辨识需要进行防控的风险控制。二者特点对比见表 1-4-1。

表 1-4-1　指导书与计划书特点对比

特点	指导书	计划书
面向对象	岗位或专业，尽可能按岗位编制	项目、活动
编制时间	对编制时间没有严格限制，但最好在该机构成立之时	项目、活动开工之前（严格限定）
特点	内容丰富，相对固定，可供长期使用	内容简单，是一事一议的临时性文件，项目竣工，其计划书废止
应用	日常工作中参考，集中学习、培训时的主要培训资料。通过日常或集中学习、培训，提升员工业务素质，达到对常规风险进行有效防控的目的	项目、活动开工之前向参与该项目的所有员工进行宣贯、培训，使大家清楚本项目中除常规风险外，还有哪些新增风险及其相应的防控措施，并得到执行，达到对项目新增风险防范的目的

3）岗位 HSE 现场检查表

“两书一表”中的“一表”即岗位 HSE 现场检查表。它针对每个岗位员工使用或管理的机具、设备以及工作面等现场硬件设施中的关键部位、易出问题的部件等，按科学合理的路线（顺序）设计成一张表格，对员工在巡检过程中给予提示，有的放矢地对关键部位、易出问题的部件等进行重点检查，以提高发现隐患的效率。

每个岗位都有本岗位相应的检查表，所有岗位的检查表结合在一起，能够做到对现场所有硬件设备、设施、工器具等的全面检查，确保硬件设施处于安全状态。通过使用岗位 HSE 现场检查表，既能够保证现场物的不安全状态得到全面检查和有效管理，同时也提高安全检查的工作效率。

第二节　HSE“两书一表”管理

中国石油在借鉴 HSE Case 做法的基础上，结合企业基层组织实际，进行了理论探索和研究，形成了 HSE“两书一表”的管理模式，并经过基层组织试点运行之后，于 2001 年发布了关于实施“两书一表”的企业文件，同时还颁布了 HSE 作业指导书和 HSE 作业计划书编制指南，明确提出在基层组织实施 HSE“两书一表”管理，拉开了中国石油基层组织实施“两书一表”的序幕。

一、HSE“两书一表”的特点

HSE“两书一表”是从项目 HSE Case 演变而来，根据风险的性质、特点，把项目 HSE Case 一分为二形成“两书”，既优化了编制，又方便了使用，有效提升项目风险防控管理的可操作性，解决了项目 HSE Case 编制应用过程中出现的诸多难题。

同时，在“两书”基础上增加了“一表”，“两书”用于规范人的行为，“一表”用于检查物的状态。因此，通过 HSE“两书一表”的应用能够有效防控各类事故的发生。

HSE“两书一表”不仅继承了项目 HSE Case 的功能、特点，而且弥补了 HSE Case 的固有缺陷，能够使其风险防控作用得到有效发挥。

首先，HSE“两书一表”通过对参与项目施工作业员工的宣贯培训，提升项目参与者的风险防控能力，以达到有效防控项目风险的目的。

其次，HSE“两书一表”可作为项目 HSE 风险防控的证明文件，提交至甲方、项目所在地社区或地方政府等项目相关方，以此证明项目的 HSE 风险能够得到有效管控。

另外，指导书内容虽多，但其编制和宣贯时间不受限制，可以多花些功夫精心编制，因为编制完成之后可以作为培训参考资料，在日常工作中长期使用。而计划书内容相对较少，即使在项目开始前的准备阶段，也可以完成编制并进行宣贯。这样，既攻克了文件编制难关，又解决了文件的宣贯培训问题，使 HSE“两书一表”真正成为项目 HSE 风险防控的得力工具。

通过实施“两书一表”管理模式，既可以规范人的不安全行为，也可以检查物的不安全状态，能够有效防范各类事故的发生。

HSE“两书一表”风险管理模式与 HSE Case 相比，扩大了风险管理的应用领域。HSE Case 管理模式仅针对移动作业项目，而 HSE“两书一表”管理模式不仅适用于移动作业项目，也适用于固定作业场所。对于固定作业场所，其面对的是常规工作、固定作业环境，变化的事情较少（出现新的风险将通过一事一议的方式处理），可以不必编制作业计划书。而对常规作业的风险防范和作业现场物的不安全状态的检查，则可以通过实施“一书一表”进行风险管理。

综上所述，HSE“两书一表”风险管理模式不仅通过对变与不变风险的分开管理，有效解决了 HSE Case 编制、宣贯的诸多难题，在风险管理的方式方法上更为科学；而且 HSE“两书一表”风险管理模式增加了对物的状态的安全检查表，实现了对各类事故的全面防范，在风险管理的理论上更为全面合理。另外,HSE“两书一表”用于移动作业项目的风险防控,而“一书(指导书)一表”用于固定作业场所的风险管理,扩大了 HSE“两书一表”风险管理模式的应用领域。这些特点使其能够作为基层组织一种通用的 HSE 风险管理模式进行推广普及。

二、HSE“两书一表”的编制与应用

1. HSE 作业指导书的编制与应用

指导书应根据基层组织的性质编制,同一类型的基层组织,其专业、岗位相同,可编制统一的指导书。专业型作业指导书一般应由企业或其二级单位组织编制。在进行专业型 HSE 作业指导书编制时,应以该专业为分析对象,从该专业涉及的工作前的准备阶段开始,从工作前准备、正常工作、期间的相关工作、工作结束,以及发生在本岗位的异常及紧急状态下的情况,对该过程进行全面系统的危害因素辨识,对辨识出的危害因素,进行风险评估,把其中需要防控的危害因素筛选出来,制订相应的风险防控措施,经过业务主管部门组织评审后,整理汇编成相对固定的指导现场作业的 HSE 管理文件。

由于与专业相关的常规作业 HSE 风险是相对稳定的,只要工艺、技术、设备设施等不发生变化,防控措施就不发生变化。因此,指导书是相对稳定的。指导书一旦编制完成,就可以分发给相应的岗位员工,作为他们日常工作中的作业指导文件或者自学材料,更重要的是,基层组织应把对指导书的学习培训作为一种长期的管理行为,平时指导督促员工自觉学习,集中培训时把指导书作为主要培训教材进行宣贯,提升员工业务素质及岗位风险防控能力。

由于指导书的内容相对固定,对指导书的编制与宣贯也可以作为日常工作,这样就避免了在每个项目开工之前突击编制 HSE Case、满堂灌输的尴尬局面,解决了大量风险管理工作在短时间内集中梳理难度大、众多风险防控措施短期不易学习掌握等诸多难题。

2. HSE 计划书的编制与应用

计划书编写应由基层组织主要负责人(队长、项目经理)主持,首先要在项目开始之前,组织有关人员到现场进行实地踏勘,收集资料,进行与项目环境(自然环境与社会环境)相关的危害因素的辨识。在此基础上进行风险评估,把需要防控的,且本项目具有的、指导书不包含的危害因素筛选出来,制订相应的防控措施,形成该项目的计划书。

计划书的策划编制应由生产技术人员、班组长、关键岗位员工及安全员等共同参与完成。计划书编制完成后,应根据项目风险严重程度,将计划书提交相应层级的组织部门进行审批,对项目 HSE 风险管理策划(包括风险的辨识、评估与控制等)把关。

通过审批的计划书,应在项目开始前进行交底宣贯,使参与项目施工的全体员工知晓该项目的非常规风险及其特点,掌握相应的防控措施,从而达到对该项目的非常规风险的防控目的。在项目施工作业期间,应根据作业活动的特点,利用班前会等机会,有针对性地参考、学习计划书或指导书相关内容,提高风险防控的针对性,项目结束即宣告计划书的废止,计

划书编制与应用流程如图 1–4–3 所示。

计划书内容比较简单，编制篇幅也不大，因此基层组织能够在项目开始之前完成编制并进行宣贯和落实。

3. 岗位 HSE 现场检查表的编制与应用

检查表针对不同性质的作业现场，编制方式也各不相同。如钻井等规范化、定制化作业现场，由于设备设施摆放位置相对固定，检查表可以与岗位作业指导书一并编制，并保持相对固定；而对于那些现场设备设施摆放位置不定的作业，如建筑施工等，应针对现场设备、设施摆放情况，开发编制不同的检查表。

编制检查表要基于属地管理原则，划分岗位的属地范围，明确工器具、设备设施的属地管理范畴。依据相关检查标准，将机器设备的重点部件、关键部位及易损件等梳理出来。把上述检查内容，按科学合理的路线（顺序）设计成一张表格，即为该岗位 HSE 现场检查表。

员工在交接班时，或正常工作期间进行巡检时，能够根据检查表的提示，对自己管理的设备设施、工器具等硬件设备，尤其是设备设施的关键部位，进行重点检查，以提高隐患的发现效率，确保硬件设施处于安全状态。虽然与“两书”相比，检查表相对简单，但它解决了 HSE Case 所不具备的对物的不安全状态检查的问题。

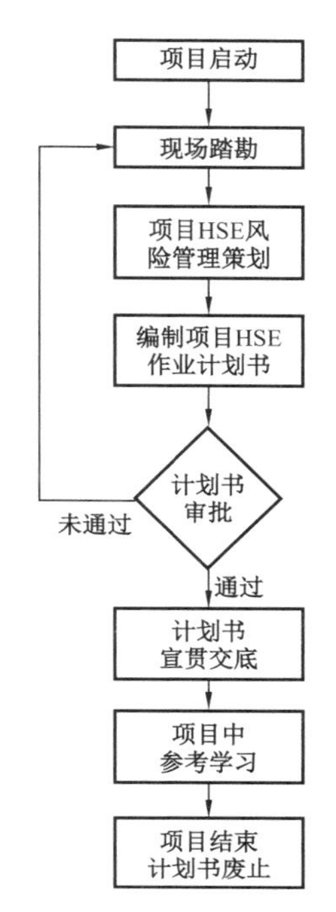

图 1–4–3　HSE 作业计划书的编制与应用流程

通过 HSE“两书一表”的风险管理模式，既可防控人的不安全行为出现，又可预防物的不安全状态发生，可以有效防范各类风险可能导致的事故发生，实现了对各类风险的全面管理。

三、HSE“两书一表”的应用

2001 年，中国石油针对 HSE 风险较大的工程技术服务类企业的基层组织实施 HSE“两书一表”管理。如物探专业、钻井专业、井下专业、炼化检维修专业、管道建设专业、工程建设专业等 HSE 风险较大的移动作业基层组织全部实施了 HSE“两书一表”管理，“两书一表”成为移动作业基层组织采用的主要风险管理方法、工具。随着 HSE“两书一表”效果的显现，采油集输等油田主干专业也陆续实施 HSE“两书一表”管理（图 1–4–4）。

HSE“两书一表”的实施，为基层组织提供了一个可操作性很强的风险管理工具，强化了基层组织的安全管理，提升了安全管理的科学性和有效性。同时，在实施 HSE“两书一表”的过程中，岗位员工通过参与本岗位危害因素辨识等风险管理活动，提升了岗位员工的安全意识，员工落实岗位风险防控措施的积极性也大为提高。通过在基层组织实施 HSE“两书一表”管理，强化了基层组织的“基层建设、基础工作和基本功训练”等工作，使安全管理工作更加科学化，中国石油整体安全业绩有了很大的提高。

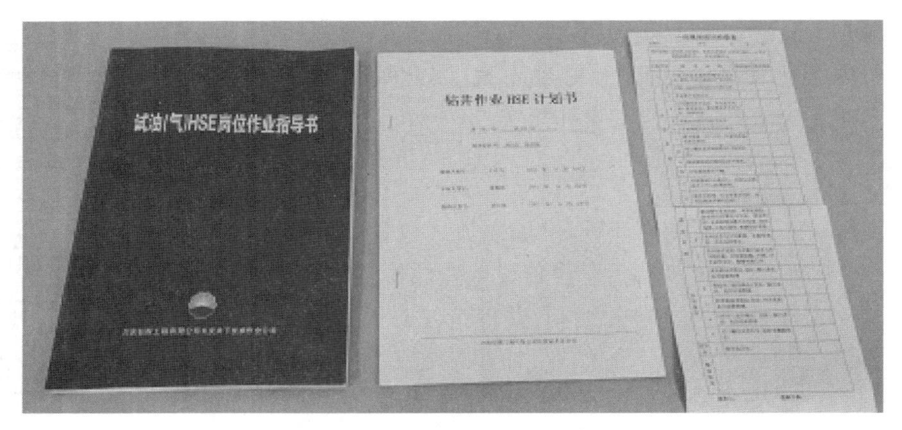

图 1-4-4　HSE“两书一表”的指导书、计划书与检查表

同时,“两书一表”也逐渐成为了基层组织落实 HSE 管理体系的载体。由于 HSE 管理体系是舶来品,加之标准翻译、释义问题,对于管理体系与实际工作的结合,尤其是在基层组织的落地一直是个大问题。实施 HSE“两书一表”管理,尤其是移动作业项目基层组织的作业计划书,其主要内容包括领导与承诺、方针目标、组织结构资源文件、策划、实施、监测、总结评审等,基本上就是管理体系的 7 个一级要素,同时,HSE“两书一表”管控的移动作业项目的风险,也就是该基层组织所面临的全部风险,所以,如果把 HSE“两书一表”工作落实到位,既预防了事故的发生,落实管理体系 7 个一级要素的要求,践行 HSE 管理体系,因此,“两书一表”就成为了移动作业项目的基层组织落实 HSE 管理体系的载体。

HSE“两书一表”的应用给传统安全管理带来许多变化。

（1）员工通过参与编制和使用 HSE“两书一表”,逐渐提升了岗位能力素质,树立了岗位风险意识。通过这些活动,大家认识到风险无时不在、无处不在,只要发生不安全行为、存在不安全状态,就有可能导致事故的发生。员工通过学习和实践,岗位风险意识逐渐深化和加强,自觉自愿遵章守纪。

（2）在安全管理上找到了实实在在的、具有可操作性的事前预防措施,能够真正把事前预防工作落到实处。在基层组织过去的安全管理过程中,一般都是重传统经验和事故教训,是一种亡羊补牢式的事后管理模式,缺乏应有的事前预防措施。通过实施 HSE“两书一表”管理,真正把 HSE 的核心——风险管理理论落到了实处,找到了具体可行的事前预防的措施,并且通过 HSE“两书一表”的形式,把这些措施合理地落实到了日常工作中。

（3）通过 HSE“两书一表”的实施,提升了基层组织风险管理水平和安全生产业绩。实施 HSE“两书一表”管理,使员工普遍具有岗位风险理念,强化了员工遵章守纪的意识,减少了违章操作、违章指挥的行为。通过指导书规范了基层岗位员工防范常规作业风险的安全行为,通过计划书强化了具体项目或活动的新增风险的动态管理,通过检查表实现了对物的不安全状态的控制。

近年来,通过实施 HSE“两书一表”管理,实现了对人的不安全行为和对物的不安全状态的全面控制,各类事故发生率显著降低,安全生产管理水平明显提升。

第三节　HSE“两书一表”的改进

2001 年到 2007 年，通过 HSE“两书一表”的实施和探索，有效提升了基层组织 HSE 风险管理水平，绝大多数实施“两书一表”的企业安全生产业绩都有了不同程度的提高。但同时我们也发现，有些企业的基层组织在 HSE“两书一表”的实施过程中也出现了诸如编而不用的“两张皮”现象等问题。针对多年来 HSE“两书一表”实施过程中存在的一些普遍性问题，我们在大量调查研究的基础上，于 2007 年组织对 HSE“两书一表”的编制进行了进一步优化改进和持续规范，形成了新的 HSE“两书一表”版本。

一、HSE“两书一表”存在的普遍问题

通过广泛深入的调研，我们认为 HSE“两书一表”之所以在企业基层组织编制与应用过程中出现这样或那样的问题，原因大致可归结为以下几点：

第一，我国目前所处的经济发展阶段，基层组织任务繁重，加之国有企业管理部门多、管理层级多，对基层组织而言，日常工作忙于应付，的确存在所谓“千条线穿一根针”的现象，一些基层组织在满负荷甚至超负荷运转，这是绝大多数基层组织普遍存在的客观现实。

第二，基于严峻的客观现实，产值和效益是基层组织的硬指标，一些基层组织在创造产值和提升效益方面花费了大量的精力。由于事故的发生是小概率事件，发生亡人及以上可能被问责事故的概率就更低，因此，在日常生产经营负荷的重压之下，一些基层组织领导在安全生产方面心存侥幸，总认为事故离自己很远，不可能发生在自己的身上，因此对安全管理方面的新模式有抵触情绪。

第三，从 HSE“两书一表”推出的时间点而言，HSE“两书一表”正是在上述背景之下，通过一纸公文被推向基层组织。对于那些心存侥幸的基层组织领导，其结果就是：一方面，推行 HSE“两书一表”管理是上级组织的要求，为了选先评优、应付检查，必须编制出一套公文以满足检查、评比的需要；另一方面，基层组织生产经营任务繁重，产值和效益指标比安全生产指标更为实际，加之 HSE“两书一表”是个新生事物，还不太为人们所熟悉，尤其是不被基层组织管理者们熟悉和认可，所以，他们自然不会采用 HSE“两书一表”来进行安全生产管理。于是，就出现了编而不用的“两张皮”现象。

第四，由于 HSE“两书一表”是安全管理中一种崭新的模式，一些参与编制的人员对 HSE“两书一表”的风险防控原理、内容实质等理解不透彻，没有认真开展危害因素辨识和风险分析，对工艺过程、生产流程以及主要危害不清楚，忽视了内容的适用性，仅在文件形式上花费很大力气，导致文件编制质量不高，与实际工作脱节，可操作性不强，未能及时解决实际工作中出现的问题。

二、HSE“两书一表”的改进

为解决“两书一表”编制和应用中出现的种种问题，一方面，要进一步加强安全生产理念、意识教育，改进以往重结果、轻过程的粗放式管理方式；另一方面，要着重在改进

HSE“两书一表”编制上下功夫。虽然HSE“两书一表”自身的设计与内容编排科学合理，并不存在实质性问题，但鉴于企业安全管理实际情况，尤其是基层组织存在的问题，为了适应客观现实，更好地发挥HSE“两书一表”风险管理作用，我们在广泛深入调查研究的基础上，从HSE“两书一表”的编制着手，对其使用对象的定位、自身内容设置、管理范畴等方面进行了大幅的优化调整，以期能够满足现实需求，有效解决HSE“两书一表”编制与应用过程中出现的问题，达到事故防控的目的。

1. HSE作业指导书的改进

1）HSE作业指导书应用的现状

指导书在应用方面的主要问题，是编而不用的“两层皮”现象。其原因是第一版指导书按专业（站队）编制，导致指导书内容多而杂乱，虽然对本专业中的每个岗位都适用，但其对任一岗位的针对性和可操作性都不强。且指导书内容多、篇幅长，岗位员工容易产生厌倦心理，造成一定的心理压力，不愿去学习，影响了指导书的宣贯和使用；其次，指导书是单纯的HSE风险管理内容，并不能与现行的制度、规程管理相结合，岗位员工一方面需培训规程、制度等应知应会的知识，另外还需要再学习作业指导书的内容，进一步加重了基层组织的负担。再加上人们安全意识淡薄，基层组织对指导书的认可度不高，所以在实际工作过程中对指导书存在偏见。

2）HSE作业指导书的改进

（1）指导书改进原则。

一是化整为零，提高针对性。把原来的专业（站队）指导书拆分为岗位作业指导书，既减少指导书篇幅，又提高岗位作业指导的针对性。

二是把HSE风险管理与日常管理活动相结合。把原来仅包含HSE风险管理内容的指导书，与操作规程、规章制度等相关要求融合，使HSE风险管理与业务管理结合在一起，减轻基层组织负担。

（2）指导书的改进。

基层组织应用HSE“两书一表”出现的问题很多都是短期内难以有效解决的体制、机制等深层次问题，但也有些技术层面的问题，可以通过技术手段或改进管理等方式加以解决。

事实上，对于事故的发生大家都有恐惧心理，不愿事故发生在自己身上，都有做好安全生产管理工作的愿望，只是在严峻的客观现实面前，疲于应付，使得富有“弹性”的安全生产管理工作，没有得到应有的重视。因此，如果考虑到这些客观现实，HSE“两书一表”编而不用的“两张皮”问题就能够得到有效解决。

就操作规程而言，一般由生产、设备、工艺、技术等专业人员编制，其主要目的是保证操纵机器设备正常运转、生产的正常进行。由于规程编制人员大多没有接受过系统的安全训练，由他们制定出的规程也基本未进行过安全评估，因此，这些规程或制度可能会不同程度地存在安全漏洞或缺陷。

在实际生产中,由于操作规程自身的缺陷或漏洞问题而引发的事故也并不少见。一般情况下,此类事故发生后,为防止类似事故的再次发生,企业安全管理部门就会根据事故原因,查找操作规程中的漏洞或缺陷,开发编制相应的“安全操作规程”或“安全注意事项”等。这一现象表明,客观现实需要对操作规程进行评估,对存在的缺陷予以修改完善。

① HSE 风险管理与规程、制度的结合。

实际上,现有操作规程、规章制度等需要与风险管理内容结合,不仅仅是为了解决指导书应用过程中的“两张皮”问题,更重要的是要弥补一些规章制度本身就存在的 HSE 方面的缺陷和漏洞。现有操作规程、规章制度等与风险管理内容相结合的过程,也就是操作规程的修改完善过程。

通过风险管理活动对操作规程的修改完善,开展风险管理“三步曲(辨识、评估与控制)”活动,辨识该作业环节可能存在的危害因素,对辨识出的危害因素进行风险评估,对风险程度高、需要进行防控的危害因素制定风险防控措施;把制定的这些风险防控措施与操作规程进行逐项比对,查找缺陷、漏洞。在此基础上,应用这些风险防控措施修改完善操作规程。

通过风险管理活动需要修改完善的并不只是岗位操作规程,事实上,岗位职责、岗位任职条件以及应急处置程序等相关内容,都应通过类似方式进行修改完善。例如,通过风险分析,认为钻井作业的井架工工作在二层平台,一些不适于高处工作的身体疾患,如恐高症、心脏病、高血压等,就应纳入任职条件进行限制。

岗位职责、岗位任职条件是对岗位员工的基本要求。操作规程是正常状态下进行常规作业的规范动作,而应急处置程序则是紧急情况下的科学合理地处置突发情况的工作步骤。操作规程和应急处置程序分别是正常和异常情况下规范员工行为的指南。巡回检查是对物的状态进行检查,达到防范因物的不安全状态而导致事故发生的目的。上述内容应纳入指导书管理,通过风险管理活动,把经过修改完善后的岗位职责、岗位任职条件、操作规程、应急处置程序以及巡回检查及主要检查内容等纳入指导书中,供员工培训学习。

② 专业(站队)作业指导书拆分为岗位作业指导书。

按专业(站队)编制的指导书内容多而杂乱,虽然适用于所有岗位,但对各个岗位的针对性和可操作性不强,岗位员工不愿学习。通过改进指导书的编制,除非各岗位之间配合密切,独立性不强,否则,都将由原来按专业(站队)编制指导书,拆分为按岗位编制指导书。按岗位编制的指导书,仅是针对本岗位的具体情况,不再包括其他岗位内容,这样既减少指导书的篇幅,又提高岗位作业指导的针对性。

3)HSE 作业指导书的内容

(1)岗位任职条件。

(2)岗位职责。

(3)岗位操作规程。

(4)巡回检查及主要检查内容。

(5)应急处置程序。

其中,“岗位任职条件”“岗位职责”是根据该岗位的工作性质、特点等,由单位人事部门制定的对该岗位工作人员提出入职条件及岗位工作的基本要求。作为一名岗位员工要做好本岗位的工作，在满足该岗位任职条件的同时，还必须清楚明白所在岗位的岗位职责，因此，岗位任职条件、岗位职责应作为员工最基本的应知应会的内容。

“岗位操作规程”“应急处置程序”是指导书的核心内容。随着企业规范化管理的深入，每一项常规作业基本上都有操作规程，但这些操作规程没有得到有效的培训宣贯，不被员工所掌握，自然就谈不上按“规定动作”操作。

指导书的作用之一就是要把这些需要员工掌握的操作规程通过有效培训为员工所掌握，必要时可供员工操作前参考使用，以防“自选动作”的发生。

“应急处置程序”实际上就是紧急状态下的操作规程，因其一旦修改完善就相对固定，可根据某个特定岗位，梳理可能发生在该岗位的各种紧急状态，因此把相应的“应急处置程序”纳入该岗位的指导书之中，供该岗位员工学习掌握，有效提升其应急处置技能。

“巡回检查及主要检查内容”是根据属地管理原则，对本岗位员工使用或管理的工器具、设备、设施等硬件物品的特点，如关键部位或易损部件等，设定需要检查的主要内容，根据检查内容规划设计检查路线，按路线查找硬件设施问题及隐患，确保物的状态全面安全。

改进后的第二版岗位作业指导书，其主要内容是岗位员工应知应会的知识，该岗位与专业相关的常规风险管理内容不像第一版那样单独存在，而是融入岗位操作规程等相关内容之中，有效解决了实际工作中不使用作业指导书的问题。

另外，我们还推荐采用蝴蝶结模型等行之有效的方法，强化对重大风险的防控。重大风险一般都属于常规风险范畴，在通过采取诸如操作规程等正常的防控手段之外，再通过编制重大风险防控的蝴蝶结模型（图 1-4-5），进一步强化对重大风险的防控，并将通过蝴蝶结模型产生的“关键任务”“关键设施”，根据具体情况，分配到相关岗位，写入该岗位指导书，作为岗位员工的重要履职内容。

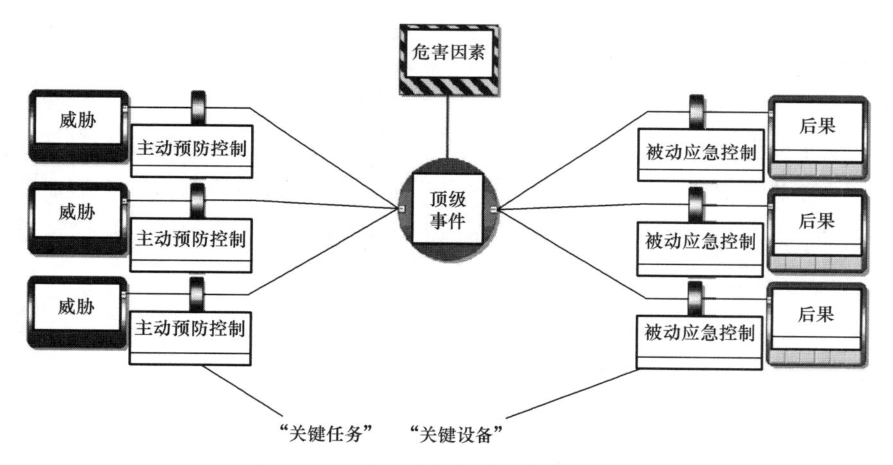

图 1-4-5　重大风险防控的蝴蝶结模型

4）改进后 HSE 作业指导书模板的优点

首先，分岗位开发编制的岗位指导书，不仅提升了对本岗位工作的针对性，同时也大幅缩减了内容篇幅，一定程度上克服了岗位员工的畏难情绪。

其次，改进后的岗位指导书，克服了第一版中的 HSE 风险管理与现行管理实践中制度、规程等的割裂问题，把 HSE 风险管理融入制度、规程等，在一定程度上解决了以前那种只学制度、规程而不学指导书的问题。

改进后的 HSE 作业指导书，其主要内容是包括岗位员工风险管理全部的应知应会的知识，通过学习培训岗位指导书，即可达到提升员工业务素质，规范操作行为，有效防控风险的目的。

2. HSE 作业计划书改进

1）HSE 作业计划书应用现状

相对于指导书编而不用的“两层皮”问题，计划书在应用过程中出现的主要问题是由于工期紧张来不及编制而造成照搬照抄，甚至整体挪用的问题。

从指导书与计划书的区别可知，指导书主要是针对与专业、行业相关的，相对固定的常规风险的管理，而计划书则是针对本项目（活动）具有的，指导书不包括的非常规风险的管理。指导书编制完成后可以相对固定，在较长时期内供岗位员工培训学习。而通过计划书对一个项目（活动）中的非常规风险进行管理，必须针对该项目的实际情况进行分析，按照计划书编制程序编写。但由于很多项目前期准备时间很短，在这种情况下，要完成计划书的编制，时间紧迫就成了重要问题。

虽然相对于 HSE Case，计划书内容已大为简化，应该能够在项目开始前完成编制，并进行宣贯交底，但企业基层组织的生产经营任务通常十分繁重，大多数项目工期比较紧张，开工前期的准备时间就更短，因此，不少项目很难完成对计划书的编制和宣贯。为应付检查，一些基层组织就照猫画虎，照搬照抄以前编制的计划书，更有甚者干脆把以前的计划书挪用，代替现在项目的计划书。在检查工作中，曾发现某个基层组织之前在一处毗邻铁路的工地施工作业，由于大多数人对于铁路交通可能具有的风险情况一般都比较陌生，因此，在策划编制该项目计划书时，就识别了铁路交通风险，并对此制订了诸多风险防控措施。该项目计划书就遵循了计划书的编制原则，把那些本项目具有的，指导书不包含的危害因素——铁路交通风险进行了辨识，并制订了相应的防控措施进行控制，是一本满足要求的合格的项目计划书。但在之后的某个项目中，由于项目工期紧张等原因，就把这份计划书改了个名字挪用了，而新的项目并不在铁路旁，因此，其中许多有关铁路交通危害因素辨识与控制的内容，在这个项目中就失去了意义，这样的计划书就显得极为荒唐！

计划书之所以按照项目编制，就是因为每个项目可能出现的非常规风险各不相同，挪用其他项目的计划书，就失去了对现在项目风险进行针对性防范的意义，这是十分荒谬的，也是绝对不允许的。

在目前的宏观环境之下，短期内要解决工期问题并不现实，因此，要解决计划书的挪用问题，只能通过计划书的进一步简化来实现。

2）HSE 作业计划书的改进

（1）计划书的改进原则。

为减少计划书编制时间，应尽可能简化计划书的内容。只有那些必需的内容，才纳入计划书管理，其余不需纳入计划书的内容，原则上不再放入计划书之中。

（2）计划书的改进。

与 HSE Case 相比，虽然计划书大幅缩减了内容，但在第一版计划书模板中，主要内容包括针对一个项目的领导和承诺、方针和战略目标、组织结构、职责、资源和文件、策划、实施和运行、检查、管理评审等 HSE 管理体系的所有要素的内容。

同时，项目中所有非常规风险，无论它们能否采用诸如作业许可、变更管理等现有的管理工具进行管控，都将纳入该项目计划书统一管理。相对于十分紧张的项目开工前准备阶段，此版计划书的内容显得很多。

要在项目前期准备这段时间里，完成内容较多的计划书编制比较困难，且在短期内解决工期紧张的问题并不现实。基于上述原因，为达到通过计划书管控项目新增风险的目的，除了领导重视，各方配合积极做好编制前的准备工作之外，还必须在计划书的编排上，对内容进一步地削减，将有关项目 HSE 管理的普遍适用性内容，从计划书中删去，放入其他相对固定的基层组织文件中，只有针对该项目的 HSE 管理方面必不可少的内容，才能纳入该项目计划书中。另外，采用作业许可、变更管理等现成的管理工具进行管控非常规风险，原则上不再纳入计划书进行统一管理。由于重大风险会造成严重后果，处理不当还可能发生次生灾难，因此，计划书在强调对新增风险进行系统管理的同时，还必须重视对项目中可能存在的重大风险（或主要风险）的强化管理，即使该类风险大多属于常规风险，已纳入指导书中进行管理，也必须通过计划书再次提示，以引起人们的重视，并采取相应措施，强化对其管理，严防重大风险的失控。

3）HSE 作业计划书的内容

（1）项目概况、作业现场及周边情况。

（2）人员能力及设备情况。

（3）新增危害因素辨识及主要风险提示。

（4）风险防控削减与控制。

（5）应急预案。

其中，“项目概况、作业现场及周边情况”“人员能力及设备情况”两部分主要是为了辨识危害因素而设置的栏目，作为移动作业项目，项目自身及周边环境、人员及设备设施等方面可能发生的变化最大，因此，计划书应从这几个方面重点提示，便于做好对危害因素的全面辨识。另外，既然是为危害因素辨识而设置的栏目，“人员能力及设备情况”主要是通过分析项目人员（尤其是关键岗位人员）的变化情况（低岗顶替高岗、换岗等），辨识可能出现的风险，并采取相应措施加以避免。设备设施情况则主要应考虑由于移动项目频繁地搬迁、安装，可能导致安全附件遗失、损毁等情况带来的风险。

“新增危害因素辨识及主要风险提示”“风险防控削减与控制”两部分内容为计划书的重点。计划书编制时，首先通过对“项目概况、作业现场及周边情况”以及“人员能力及设备情况”调查分析，辨识危害因素。在此基础上参考指导书，确定项目的新增危害因素（即本项目具有的、指导书不包括的危害因素），并通过风险评估查找出需要防控的危害因素以及项目的主要风险。

结合项目具体情况，研究制订新增危害因素的风险防控措施。主要风险大多为与专业相关的常规作业风险，其风险防控措施已经纳入了岗位作业指导书的管理，没有必要在计划书中制订新的风险防控措施。当然，如果该项目的主要风险为非常规风险，则必须把对该风险的控制纳入计划书管理。

“应急预案”不是计划书的主体内容，而是作为计划书的附件，确保在宣贯计划书时能够获得并进行宣贯。因为根据应急管理工作现状，目前每个基层组织都会结合本专业特点，开发编制各种可能的应急事件处置预案，在编制计划书时没有必要重复编制，可直接纳入计划书中学习培训。

为了进一步简化小项目或活动的计划书编制内容，同时，也为了提升长周期项目风险管理的动态性，在第二版计划书模板中，增加了“风险管理单”内容。基层组织在 HSE“两书一表”使用过程中，可根据以下四种情况，采用“风险管理单”（表 1-4-2）进行风险管理。

表 1-4-2　风险管理单（样表）

<table>
<tr><td>编码</td><td colspan="2"></td><td>编号</td><td colspan="2"></td></tr>
<tr><td colspan="3">作业地点（包括井号、工号等）</td><td colspan="3"></td></tr>
<tr><td colspan="3">本表对应的作业计划书名称</td><td colspan="3"></td></tr>
<tr><td>1</td><td colspan="5">新增主要危害因素辨识（包括对人员、环境、工艺、技术、设备设施变化的描述）</td></tr>
<tr><td>2</td><td colspan="5">主要风险提示（包括指导书中提到的主要风险）</td></tr>
<tr><td>3</td><td colspan="5">风险削减和控制措施</td></tr>
<tr><td>4</td><td colspan="5">应急处置</td></tr>
<tr><td>编写人</td><td colspan="2">年　月　日</td><td>项目监督</td><td colspan="2">年　月　日</td></tr>
<tr><td>审核人</td><td colspan="2">年　月　日</td><td>项目经理</td><td colspan="2">年　月　日</td></tr>
<tr><td colspan="6">相关人员告知记录</td></tr>
<tr><td>序号</td><td>姓名</td><td colspan="2">工作岗位（职务）</td><td>签字</td><td>日期</td></tr>
<tr><td></td><td></td><td colspan="2"></td><td></td><td>年　月　日</td></tr>
<tr><td></td><td></td><td colspan="2"></td><td></td><td>年　月　日</td></tr>
<tr><td></td><td></td><td colspan="2"></td><td></td><td>年　月　日</td></tr>
<tr><td colspan="3">完成时间　　年　月　日</td><td>验收人</td><td colspan="2">年　月　日</td></tr>
<tr><td colspan="6">备注：1. 本表是计划书的附件。2. 本表的内容按照计划书的使用要求填写。3. 本表的内容不限于在一张表格上，可以视情况增加附页</td></tr>
</table>

第一种情况：作业周期长、作业场所相对固定的作业项目（如钻井的探井、重点井，井下的大修、试油，以及炼化装置停工检修等），在施工前编制项目计划书，在计划书中增加“风险管理单”。在施工过程中，应定期组织危害识别活动，对随着时间变化而可能带来的新增危害因素进行辨识，在原计划书的基础上，制订相应的风险削减及控制措施，填写“风险管理单”，作为对计划书的补充。

第二种情况：作业周期长、作业场所移动的作业项目（如物探作业、管道建设施工等），应在施工前编制项目计划书，在计划书中增加“风险管理单”。在施工过程中，对随着时间、环境变化而带来的新增危害因素及时辨识，在原计划书的基础上，制订相应的风险削减及控制措施，填写“风险管理单”，作为对计划书的补充。

第三种情况：作业周期短、作业场所移动且在同一区块内作业的项目（如钻井开发井，井下小修、压裂，以及测井、录井、固井等在同一区块作业），应在施工前编制区块计划书，在计划书中增加“风险管理单”。在同一区块单井施工前，对随着时间、环境变化而带来的新增危害因素进行辨识，在原区块计划书的基础上，制订相应的风险削减及控制措施，填写单井“风险管理单”。

第四种情况：作业周期短、作业场所相对固定的作业活动（如生产辅助性作业、炼化装置临时检维修等），作业前必须开展危害识别活动，填写“风险管理单”，也可将风险削减及控制措施纳入“作业许可”“施工方案”或“工作单”等相关文件中。

4）HSE 作业计划书模板的优点

改进后的计划书模板，其特点一是简明扼要，新版计划书大幅度压缩了原版计划书编制内容，使计划书更加易于编制，解决了因时间紧迫而来不及编制的问题；二是对项目主要风险的强化管理，主要风险是风险管理的重点防控对象，虽然大多数主要风险可能是常规作业风险，属于指导书管理的范畴，但由于其或发生概率高或后果严重或二者兼而有之，必须再通过计划书对项目主要风险进行强化管理。

计划书对主要风险防控的途径，一是在计划书中对主要风险进行提示，引起项目参与者思想上的重视，并在项目开始前计划书宣贯时，学习指导书（因为主要风险基本上都是常规风险，而常规作业风险的防控内容已列入指导书之中）中针对该主要风险的防控内容，以强化对其防控，做到关口前移；二是把对项目的主要风险防控的应急预案纳入计划书管理，在满足应急管理要求的基础上，在项目开始前培训宣贯计划书，对主要风险防控的应急预案一并学习并组织演练，一旦主要风险防控失败，能够迅速启动应急预案，将事故损失降至最低。

3. 岗位 HSE 现场检查表的改进

就检查表而言，其从形式到内容都十分简单，检查表的编制方面不存在大的问题，重点是要对其应用情况进行有效管理，只要做好了对检查表应用情况的管理工作，就能够使其在对物的不安全状态检查中发挥积极有效的作用。一些在检查表方面出现问题的基层组织，都是因为疏于对检查表应用情况的管理，使其流于形式，没有起到应有作用。

三、HSE“两书一表”的实践探索

为了使“两书一表”发挥应有的作用，很多企业在强化HSE“两书一表”管理方面做了大量有益的探索，取得了良好的效果。

川庆钻探公司长庆指挥部等一些单位，针对挪用计划书的情况，在计划书的应用上与生产实际密切结合。如运输车队，把交通运输的计划书与运费票证、报销单印刷在一页纸上，一面是运费票证、报销单，另一面是本次出车活动的计划书。这样，每次出车之前，司机都会针对本次任务可能涉及的风险进行分析，并将防控措施填入计划书中。重要项目或重大风险，车队会组织大家一起开展风险管理活动，并把要求填入计划书。任务完成后，在进行报销的时候，计划书会被作为财务单据凭证回收，避免了计划书的挪用。当然，如果出车过程中发生了事故，要针对该次事故经过，结合计划书进行分析，查找问题原因。

长城钻探公司等一些单位，在HSE“两书一表”的应用过程中发现，员工对岗位现场检查表使用不当，他们在日常工作中并没有按照检查表的使用要求，对照检查自己使用和管理的设备设施，而是为了完成任务，在值班室信手填涂，根本没有对设备进行检查，检查表上的记录是自己的主观臆断，与设备设施的真实安全状态无关。

针对这种情况，长城钻探公司强化了对检查表应用情况的监督管理。首先，要求岗位员工一定要按照检查表的使用要求，对照检查并如实记录；其次，要求安全员、班组长要对本班组员工设备设施的检查情况进行复查，一旦发现问题，将对该岗位员工进行严肃处理；同时，上级组织、领导还要对安全员、班组长的复查情况进行核查，一旦发现问题，既要问责员工，更要问责相应的管理人员。此外，公司领导还要对设备设施的安全状态进行定期抽查。长城钻探公司在岗位现场检查表使用上，实行监督管理，做到层层检查、多重覆盖，目前，检查表已成为查找事故隐患、确保物的状态安全的利器。

宝鸡钢管厂等企业针对指导书内容繁多、员工存在畏难情绪等问题，首先简化岗位作业指导书的编写内容，把各岗位最为关键且不易被员工掌握的内容纳入指导书管理，其他一些应知应会的知识暂不编入，以便最大限度地减少指导书的篇幅，使之变成简单明了的“口袋书”，减轻员工的心理压力；其次，强化对指导书的培训学习管理，把对指导书的学习作为员工日常学习培训的最主要内容，讲指导书，学指导书，用指导书，有效解决指导书“编而不用”的问题，取得了较好的效果。

另外，很多企业根据集团公司要求，把指导书与岗位培训矩阵密切结合在一起，通过培训矩阵培训指导书，使员工业务素质有效提升，发挥指导书的应有作用。

当然，还有很多单位结合自身实际，探索出了很多好的“两书一表”实践方式，鉴于篇幅所限，恕不一一列举。

第四节　构建基于HSE“两书一表”的风险管理模式

风险管理工具、方法是在风险管理活动中为达到某一特定目的所使用的工作方法，其应用范围较窄，功能比较单一，如变更管理只是用于变更所产生风险的管理，作业许可只能对非常规作业活动的风险进行管理……其他情况下的风险管理不适于采用此类专用的方法、工具。

作为一种风险管理模式，应不同于专项工具、方法，应具有广泛的适用性，能够满足各种情况下的风险管理，不仅能够规范人的作业行为，也必须能够检查物的运行状态；不仅能够移动项目的风险防控，也必须能够固定场所的安全管理；不仅能够用于正常情况的安全管理也必须能够用于紧急状态下的事故应急。

HSE“两书一表”就是这样一种管理模式，它与一些专项工具、方法结合在一起，就能够满足“全天候”风险管理的需要。因此，HSE“两书一表”不同于一般的方法、工具，是一种基层组织的风险管理模式。

HSE“两书一表”作为HSE管理体系在基层组织运行的一种模式，主要适用于生产经营企业的基层组织（基层队、项目部等），应用对象是基层组织岗位员工。

一、HSE“两书一表”风险管理模式

为论证HSE“两书一表”作为基层组织风险管理模式的充分性和必要性，首先分析基层组织日常生产经营活动中的风险分布情况，在此基础上，探讨如何运用HSE“两书一表”对这些风险进行相应的管理。

1. 日常生产经营活动中风险分布的范围

事故的发生无外乎是因为人的不安全行为或物的不安全状态，因此在基层组织日常生产经营活动中，与之对应的风险也主要有两类：一类是与人的行为相关的风险，其中又分为常规（作业）风险与非常规（作业）风险；另一类是与物的状态相关的风险，即装置、设备设施以及工器具等物的状态方面存在的风险。如果我们能够从这几个方面着手进行风险辨识与防控，就能够有效防范各类事故的发生。

当然，如果面对的工作具有较复杂的工艺流程，如炼化生产活动，则还具有工艺方面的风险，工艺安全管理除上述风险管理工作外，主要包括工艺危害分析、工艺安全信息等，这些都属于专项业务管理范畴，至于一线员工层面应对的风险，基本上还都能够分解为上述内容。

1）常规风险

所谓常规作业活动，是指作业活动内容、方式方法等基本上不发生变化，能够按一定流程、模式固化下来的作业活动，如装置设备的操作等。由于此类作业活动相对固定，不发生什么变化，能够按照一定的规则“循规蹈矩”进行作业，因此，针对常规作业活动一般都开发有相应的操作规程、作业程序等，以规范此类作业按固定模式进行，防止因“自选动作”而导

致防护屏障被穿透而造成事故的发生。

2）非常规风险

（1）非常规作业活动风险：

与常规作业活动相反，非常规作业活动是指由于作业内容或作业环境等变化较大，而无法按一定模式固化下来的作业活动。由于此类作业活动在不同环境下作业，有时作业内容也发生变化，故不能像常规作业那样按照一定之规而循规蹈矩地进行作业，必须根据各种变化进行相应调整。

要防控非常规作业活动的风险，必须针对非常规作业活动的特点，在非常规作业活动开始之前，对其开展风险管理“三步曲（辨识、评估与控制）”活动，查找出其中存在的风险，并对需要防控的风险制定相应的防控措施，达到风险防控的目的。针对非常规作业活动的特点，还必须对其具体问题具体分析，实行“一事一议”，进行针对性管理。

（2）各种变化变更产生的风险：

除了常规、非常规作业活动的风险之外，还可能因为人、机、料、法、环等各种变化、变更而产生新的风险。一般而言，变更管理就是针对人员、设备或工艺方面等方面的变化、变更产生的风险进行的风险管理活动，它包括对变化、变更产生的风险辨识、评估与控制，变更管理具有严格的审批流程。

由于变更管理一般仅限于人员、设备或工艺方面的变更，且只有在这方面发生较大的变更，或预计可能带来的风险较大的情况下，才会启动变更管理。如果人员、设备或工艺方面的变更并不大或预期风险不大，或者不属于上述几个方面的变更，如环境变化，一般不会实施变更管理。

变化、变更产生的风险是事故的高发区，可能会由于不够重视，没有进行变更管理，或因管理缺陷没有纳入变更管理，也有可能因为变更管理没有做到位，如没有辨识出因此项变更而带来的风险，自然就缺乏相应的防控措施。当然，也有可能是防控措施不可操作，或当事人没有正确履职等造成失控，导致事故的发生。

3）设备、设施及工器具等方面的风险

事故发生的原因不外乎人的不安全行为或物的不安全状态，上述常规与非常规风险都是有关人的不安全行为，对于设备、设施等物的不安全状态的管理，是事故防范的另一个重要方面。

大型装置、设备设施等发生故障，可能会直接导致能量或有害物质泄漏，造成事故的发生，如有毒有害气体高压容器的泄漏等。工器具、安全附件等出现问题，也会使能量或有害物质的意外释放，导致事故的发生，如机械转动部位防护罩的破损或缺失，就可能造成机械伤害。总之，物的不安全状态是人的不安全行为之外的另一个事故致因方面，应通过科学合理的安全检维修活动等，做好对物的状态的检查和维护，确保其始终处于良好的安全状态。

当然，作为 HSE 风险管理模式，不仅能够进行正常情况下的事故防控，还必须能够进行紧急状态下的应急管理。上述几方面内容，都是正常情况下的风险防控，遇到突发情况或防控失当而造成失控发生时，应如何进行紧急状态下的应急处置，也是作为基层组织风险管理模式必须具备的。

2. HSE“两书一表”对日常生产经营活动的风险管理

在HSE“两书一表”管理模式中，指导书能够用于防控常规作业风险；计划书能够用于防控非常规作业风险；“两书”可以规范人的作业行为，“一表”能够用于检查物的运行状态。“两书一表”可用于移动项目的风险防控，“一书一表”可用作固定场所的安全管理。另外，“两书一表”既可用于正常情况的安全管理也可以用于紧急状态下的事故应急。因此，HSE“两书一表”能够作为一种HSE风险防控模式，应用于基层组织日常生产经营活动中的HSE风险管理。下面就上述情况分别介绍如下。

1）指导书用于常规作业风险管理

常规风险，也即常规作业具有的风险。鉴于常规作业的内容与环境等相对固定，因此，对于常规作业风险的管理，通常采用事先制定的、相对固定的操作规程和工艺技术规程等进行风险防控。而要使已制订出来的操作规程等起到防控常规作业风险的作用，必须使其为员工所掌握，也只有这样才能起到通过操作规程规范员工操作行为，从而防控常规作业风险的作用。否则，操作规程就成了摆设，就失去了其存在的意义。为使员工能够掌握本岗位操作规程，我们对其进行了梳理整合，将其作为指导书的一部分，纳入指导书管理。员工通过对指导书的培训，学习掌握包括操作规程在内的岗位员工应知应会知识，规范自己的操作动作，有效防控常规作业风险的发生。

目前，虽然很多企业都十分注重员工培训工作，但由于培训缺失章法，内容杂乱无章、五花八门，抓不住重点、要害，没有连续性，导致培训效果很差，虽然花了大量的人财物力，并没有达到应有的目的。

指导书的开发编制解决了岗位员工培训内容的问题，因为指导书的主要内容，就是包括岗位操作规程及应急处置程序在内的岗位员工应知应会知识，是对真正需要岗位员工掌握的东西进行归纳整合，解决了培训内容的问题，然后再通过持续不断地对指导书的学习培训，就能够使员工真正掌握本岗位应知应会知识，从而达到提升其技能素质、防控岗位风险的目的。

2）计划书用于非常规作业风险管理

项目HSE作业计划书是在项目开始之前，针对本项目开发编制的本项目特有的、指导书不包含的非常规风险的防控文件。非常规风险既包括由于各种非常规作业活动产生的风险，也包括由于各种变化、变更产生的风险。

对于非常规作业产生风险的管理，像动土、动火、高处作业、临时用电或进入受限空间等一些非常规活动，一般可通过作业许可对所产生的风险进行管理。非常规风险，就是由于各种变化、变更产生的风险，像工艺、设备或人员等方面的变更，一般可通过变更管理进行控制。当然，还有一些非常规风险，不能采用诸如作业许可或变更管理等风险管理工具进行管控，如自然或社会环境的变化产生的风险等，总之，凡是尚未进行管理的非常规风险，都将纳入计划书一并进行管理。

总之，通过项目 HSE 作业计划书与作业许可、变更管理结合在一起，基本上就能够完成对本项目具有的、指导书不包含的非常规风险的管理。另外，由于指导书是对常规风险的管理，因此，把指导书与计划书结合在一起，就能够实现对所有辨识出来需要管控的风险的管理。

3）HSE 岗位现场检查表用于对设备设施等物的状态的管理

"两书一表"中的"一表"，即岗位员工现场检查表。

员工通过使用现场检查表，能够有的放矢地对关键部位、易出问题的部件等进行重点检查，以提高设备设施的隐患发现效率。每个岗位都有本岗位相应的检查表，所有岗位的检查表结合在一起，能够做到对现场所有硬件设备、设施、工器具等的全面检查，既能够全覆盖、无遗漏，也不会重叠。

每个岗位根据各自岗位的工作性质，可以视情况在接、交班前或工作期间，对本岗位使用或管理的硬件检查，确保硬件设施处于安全状态。每个岗位的检查表既不重叠，又全面覆盖，设计得科学、合理，既能够确保现场物的不安全状态得到全面检查和有效管理，同时也提高了安全检查的工作效率。

4）"两书一表"适用于移动项目，"一书一表"适用于固定场所

HSE"两书一表"是在项目 HSE Case 的基础上发展而来的，由项目 HSE Case 一分为二形成了"两书"，在"两书"基础上又增加了"一表"，形成了 HSE"两书一表"风险管理模式。因此，HSE"两书一表"像项目 HSE Case 一样可以用于移动作业项目的风险管理。

对于固定工作场所，日常工作变化不大，主要是针对常规风险的管理，因此，一般情况下无需开发编制针对项目新增风险管理的 HSE 作业计划书。当然，如果在日常工作中出现非常规作业活动，可以借助 JSA 或专项变更管理等相应的风险管理工具实施有效的风险管理，而不必再开发编制计划书。当然，由于常规作业风险依然存在，所以必须通过 HSE 作业指导书，对固定场所常规作业的风险进行管理，只要进行工作就离不开机器、设备及工器具等，可以通过"两书一表"中的检查表对其进行检查，对于固定作业场所，可以通过实施"两书一表"模式中的特殊形式——"一书（指导书）一表"进行风险管理。

5）"两书一表"既可用于正常情况，也可用作紧急状态

"两书一表"既可用于正常情况下的风险管理，也可用作紧急状态下的应急管理。"两书一表"用于正常情况下风险管理，已作了全面阐释，不做赘述。紧急状态下的应急处置程序（应急处置卡：是指导书中应急处置程序在基层组织岗位现场的卡片化，便于岗位员工随时查阅和应急处置）和正常情况下的操作规程同样重要，因为只有岗位员工熟练掌握了应急处置程序，才能够在第一时间果断处置紧急状态，才能够化险为夷、小事化了，而应急处置程序也像操作规程一样是相对固定的，因此，可以把相对固定的应急处置程序像操作规程一样编入指导书，发放到岗位员工手中。

指导书的内容都是相对固定的，编制完成后可以长期使用，大家通过对指导书的学习，把应急处置程序记在心中，从而提升员工的应急处置技能。一旦事故发生，员工能够把其转化为自觉的行动，能够按照应急处置程序中的"规定动作"，迅速而有效地把事故控制住，把

其消灭在萌芽状态。

另外，由于应急处置预案像计划书那样是随项目的改变而改变的，因此，我们就把应急处置预案放置在计划书中，或作为计划书的附件，针对项目的具体情况进行编制或修改完善，项目开始之前与计划书一起进行宣贯，并进行必要的演练。一旦事故发生且濒于失控，就能够迅速启动应急预案，借助外部资源，果断而有效地进行事态控制，把事故造成的损失减至最低，达到"大事化小"的目的。

作为HSE风险管理模式，不仅能够进行正常情况下的事故防控，还必须能够进行紧急状态下的应急管理，HSE"两书一表"就具备这些功能（图1-4-6）。

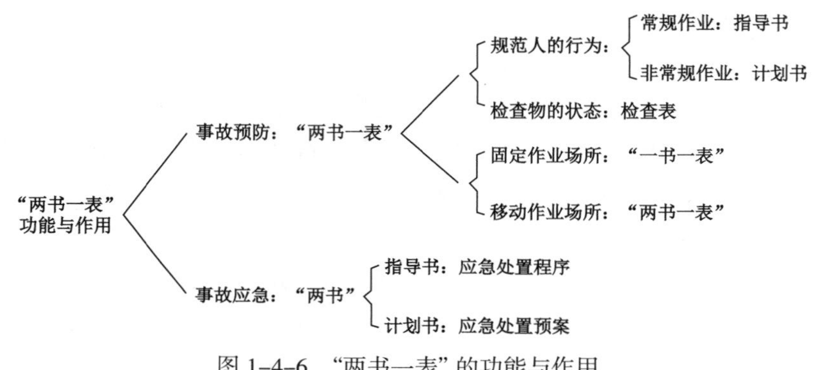

图1-4-6 "两书一表"的功能与作用

总之，HSE"两书一表"与作业许可、变更管理等风险管理工具结合在一起，就能够使基层组织应对日常生产经营活动中的各类风险的管控，因此，HSE"两书一表"能够满足作为基层组织HSE风险管理基本模式的要求。

二、HSE"两书一表"与现行风险管理制度的关系

HSE"两书一表"作为一种基层组织的HSE风险管理模式，必须处理好与传统的制度规程以及现行风险管理工具、方法的关系，以形成以"两书一表"为主线的基层组织的HSE风险管理模式，既便于减轻基层组织负担，更利于各项措施的落实。

1. "两书一表"与规程制度之间的关系

文件化管理是HSE管理体系的特色之一。HSE管理体系中的文件化管理，就是把组织的各类文件分门别类设计成管理手册、程序文件、作业文件等几个层级（图1-4-7），既做到了全覆盖、不重叠，又能够明确使用对象，提高文件管理的效率。

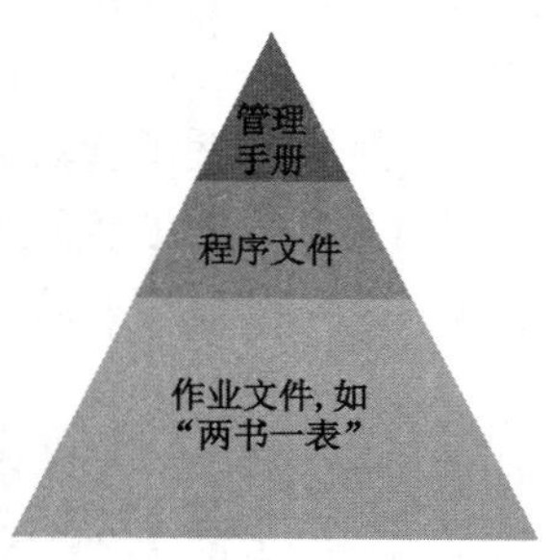

图1-4-7 文件化结构

"两书一表"就是把一个组织中有关岗位员工方面的内容，如对岗位员工的要求（岗位职责、任职条件等），岗位员工应知应会知识（操作规程、应急处置程序）等，都梳理出来，汇编、集成在一起，作为员工应知应会知识，解决了传统管理中需要通过翻阅大量文件、资料查找有关岗位员工相关制度、规定等效率低下的

问题。

同时，像包括操作规程、应急处置程序在内的规程、规定等，作为“两书一表”的作业指导书的主要内容，编制完成后发给每一位员工，供员工学习、参考使用，通过对“两书一表”的宣贯、培训，真正使应知应会知识都能够学习、掌握，并用于日常生产经营活动中，从而达到关口前移、事前预防的事故防控目的。

目前，针对指导书内容繁多、员工存在畏难情绪等问题，应简化岗位作业指导书的编写内容，把各岗位最为关键、要害且不易为员工掌握的内容纳入指导书管理。将来随着企业管理水平的提升，应把岗位员工应知应会知识尽可能纳入其指导书中，然后采取诸如培训矩阵的科学方法去培训，达到有效提升员工素质的目的。

2. HSE“两书一表”与工作前安全分析（JSA）、作业许可之间的关系

HSE“两书一表”作为HSE管理体系文件中的作业文件，主要供基层组织岗位员工学习、使用。其中，检查表是用于检查本岗位员工所使用或管理的各种硬件设备、设施的运行状态，指导书是对与专业相关的常规作业风险的管理，而计划书则是针对具体施工作业项目中因各种变化、变更产生的新增风险的系统管理。至于施工作业项目中出现的非常规作业，则应视情况采取工作前安全分析（JSA）或作业许可等进行控制。

一个具体施工作业项目开始前，应编制并宣贯作业计划书，使参与项目施工作业的每名员工都能够清楚明白该项目中，除了常规风险之外，还有哪些因变化、变更产生的新增风险及其防控措施，使这些风险得到有效防控。

在项目施工作业过程中，凡是常规作业都应遵循操作规程，按照“规定动作”执行。如果遇到了没有操作规程的非常规作业，如动土、动火、高处作业、临时用电或进入受限空间等，就应该根据作业许可管理规定，通过办理作业许可票，作业许可票审核、签发，以及后续作业过程的监管等程序，严格非常规作业的监督管理。此外，一些风险不高的非常规作业，可在作业前进行工作安全分析（JSA）。

另外，工作安全分析（JSA）作为风险辨识分析方法，可用于计划书编制时项目风险的辨识。在作业指导书操作规程修改完善时，可用于操作步骤风险的辨识。

3. HSE“两书一表”与基层岗位培训矩阵的关系

培训矩阵是国际通用的有效提升培训效果的一种科学培训模式，基层岗位培训矩阵是针对基层岗位员工所开发的该岗位应知应会知识的培训管理模式，是有效提升员工培训效果的管理工具，其与HSE“两书一表”中的岗位作业指导书是相辅相成的关系。

首先，HSE“两书一表”中的岗位作业指导书，其主要内容就是包括岗位职责、操作规程、应急处置程序在内的岗位员工应知应会知识的载体，发放到员工手中供大家培训、学习，从而有效提升岗位员工业务技能素质，达到有效防控常规作业风险的目的。

而基层岗位培训矩阵就是对包括岗位职责、操作规程、应急处置程序在内的岗位员工应知应会知识进行培训的一种模式。通过培训矩阵模式进行培训能够显著提升培训效果，

达到应有的培训目的。另外，由于HSE“两书一表”的岗位作业指导书内容十分丰富，如果缺乏有效的培训方式方法，很难对其进行有效培训，其作用效果自然就会降低，因此，要使HSE“两书一表”有效发挥作用，要提升岗位员工业务技能素质，对作业指导书的学习培训必须采取科学合理的培训方式，而培训矩阵模式正是这样一种有效提升培训效果的培训模式。因此，岗位作业指导书需要借助培训矩阵进行有效培训，通过基层岗位培训矩阵达到有效培训之目的。

另外，基层岗位培训矩阵应是HSE“两书一表”修订完善的重要依据，培训矩阵中增加的项目，应考虑是否纳入HSE“两书一表”中。通过HSE“两书一表”有效落实基层岗位培训矩阵的实施，通过基层岗位培训矩阵不断充实完善和更新HSE“两书一表”。

4. HSE“两书一表”与变更管理的关系

一般而言，变更管理主要是针对人员、设备、工艺等方面的变更所产生风险的管理。通过对变化、变更所产生的风险辨识、评估，决定是否进行变更，对所准许的变更，根据变更管理流程进行严格管理。变更管理主要针对人员、设备、工艺等方面的变更，同时，相关的主管部门，一般只有在评估该项变更的风险比较大的情况下，才实施变更管理，而对于人员、设备、工艺等其他变更，如移动作业项目，因周边地理环境、社会环境等发生的变化，就不属于变更管理的范畴；再如，项目施工作业期间，随时间的推延，在时空方面所发生的一些变化产生的风险等，都没有相应的变更管理去应对。

基于上述分析，对于固定作业场所，其面对的是常规工作、固定作业环境，变化的事情较少，出现人员、设备、工艺等方面的变更，可采用变更管理进行风险管控，不必编制作业计划书。

对于移动作业项目，可通过HSE作业计划书对各种变化产生的新增风险进行系统风险管理。在项目开始之前，通过分析作业项目周边环境情况、岗位人员和主要设施设备等变化情况，辨识因这些变化所产生的风险，并进行评估。对需要管控的较高的风险，制定相应的防控措施，这一过程的记录就是项目的作业计划书。对于移动作业项目施工作业期间产生的新增风险，可通过作业计划书中的《风险管理单》进行管理。在项目实施过程中产生设备工艺变更时，应按照变更流程控制。

5. HSE“两书一表”与属地管理的关系

HSE“两书一表”中属地管理的表现形式是“一表”，即岗位现场检查表。属地管理要求每个员工对自己岗位涉及的生产作业区域的安全负责，包括区域内的设备设施、工作人员和施工作业活动，做到“谁的领域谁负责、谁的区域谁负责、谁的属地谁负责”。

岗位现场检查表的编制依据就是根据属地管理原则，对每个岗位员工使用或管理的机具、设备以及工作面等属于该员工属地范围内的硬件设施所进行的检查。因此，岗位现场检查表是落实属地管理原则的一种具体表现形式，岗位员工通过现场检查表有效实施对其属地的管理，以确保自己使用或管理的硬件设备、设施始终处于安全状态。

总之，通过这些工具方法的应用，做到既能够全面有效管控风险，又避免重复、重叠，以免加重基层负担。

第五节　HSE“两书一表”管理实践的启示

HSE“两书一表”是HSE管理体系在基层组织的表现形式，HSE“两书一表”在基层组织的编制应用情况，在一定程度上就是HSE管理体系运行情况的一个缩影。

一、HSE“两书一表”相关评价与应用情况分析

HSE“两书一表”风险管理模式具有科学的理论基础，是基层HSE体系运行的基础性内容，是基层风险管理的核心要求。同时，HSE“两书一表”这种基于实践的风险管理模式，已在中国石油基层组织运行十多年，规范了基层安全管理，提升了基层风险防控水平，经过了实践的检验，简单易行、行之有效。

在国内，国务院应急办、国家安监总局（国家应急指挥中心）领导、专家对中国石油“两书一表”风险管理模式曾予以高度评价，认为“两书一表”既可用于事前防范又能够兼顾事故应急，是一种不可多得的安全生产管理方式、方法。HSE“两书一表”风险管理模式受到我国高校安全管理领域专家、学者的充分肯定，并把HSE“两书一表”作为HSE风险管理的最佳实践，写入高校HSE风险管理教材之中。目前，HSE“两书一表”风险管理模式不仅在中国石油企业的基层组织生根开花结果，而且中国石化等一些企业也在其基层组织推广。2002年“中国石油HSE管理体系”项目获国家安全生产监督管理局科技成果一等奖，其中，HSE“两书一表”作为基层组织HSE管理体系的实施模式。目前，HSE“两书一表”已成为中国石油基层组织实施HSE体系管理的标志和品牌。

在国际上，截至目前，作者已在中外学术期刊发表有关“两书一表”论文多篇，并曾先后于2006年IADC（International Association of Drilling Contractors）在荷兰阿姆斯特丹举办的国际HSE论坛、2010年在北京举办的第三届WCOGI（World Conference on Safety of Oil and Gas Industry）论坛以及2013年API（American Petroleum Institute）亚太年会上，分别宣读了“两书一表”不同专题的论文，都受到了来自国内外专家同行的关注和认可，一些国外同行来函邀请进一步探讨或咨询有关“两书一表”的详细内容。壳牌公司专家更是对“两书一表”赞赏有加，称赞“两书一表”比壳牌的HSE Case更科学、更合理，认为“两书一表”模式把变与不变的风险进行分册管理，分别编制成“两书”，无论编制还是使用都更为科学，而且还在HSE Case基础上增加“一表”，这样通过“两书”规范人的行为，借助“一表”检查物的状态，实现了对风险的全面防控，从风险控制理论上更趋合理。杜邦公司安全咨询专家也对“两书一表”赞赏有加，认为“两书一表”简单明了、通俗易懂，是一种非常科学的风险管理工具，具有很好的实用价值。目前，HSE“两书一表”风险管理模式已引起国际HSE风险管理领域的关注，鉴于HSE“两书一表”的国际影响，德国兰伯特学术出版社（Lambert Academic

Publishing）向我们发出邀约，免费出版“两书一表”学术专著。

从上述情况介绍可知，HSE“两书一表”理论上科学合理，受到国内外业界专家、学者的一致好评，在学术上取得了丰硕的成果，但是，相对于其学术上的认可程度，HSE“两书一表”的实际应用情况却差强人意。虽然很多企业通过真信、真学、真用HSE“两书一表”，提升基层风险防控水平，取得了很好的事故防控效果。但确有一些企业HSE“两书一表”编制与应用情况还很不理想，究其原因，主要是由于领导的不重视，这些企业要么照猫画虎，编制不好，更勿论应用；要么编而不用，形成“两层皮”，而使“两书一表”流于形式，徒增基层组织负担而没有起到应有的作用。

二、HSE“两书一表”管理实践引发的思考

为什么理论上科学合理、实际中简单易行的“两书一表”管理模式在一些企业并不能有效发挥作用？在这里人们的思想意识、观念理念起着不可忽视的作用。

在大千世界里，人是唯一具有主观能动性的高等动物，如果人的主观能动性得以充分发挥，其将爆发的能量是惊人的。反之，如果思想上想不通，消极怠工所造成的阻力也是不可小觑的。遥想当年，以铁人王进喜为代表的大庆石油工人，以为国分忧的主人翁精神，“宁可少活二十年，也要拿下大油田”，充分发挥人的主观能动性，用自己的满腔热血，实践了“有条件要上，没有条件创造条件也要上”的雄心壮志，做出了惊天地、泣鬼神的壮举。

相反，如果人们在思想上转不过弯来，即便是轻而易举之事，也未必能够很好地完成。通过HSE“两书一表”管理实践活动，我们真切地感受到人的思想认识在安全管理方面发挥的作用。

HSE“两书一表”不仅理论上科学合理，为中外学术界所称道，而且简单易行、行之有效，已经为无数实践活动所验证。但时至今日仍有个别企业的领导干部，因为安全理念落后、安全意识不强，固执地认为安全生产工作就应该由安全管理人员去做，对安全生产工作不重视，从而使得HSE“两书一表”要么编制不好，要么用不起来，无法发挥其应有的作用，本来很好的一种工具、方法，就是因为一些人主观上不接受而无法发挥应有的效用。

事实上，诸如此类的事例并不少见。路口的红绿灯在中西方所发挥的作用，就是这方面的一个典型案例。在西方国家红绿灯在交通管理方面发挥着十分重要的作用，况且采用“红绿灯”管理路口交通，不仅“红灯停、绿灯行”的规则通俗易懂，小学、幼儿园孩子都能烂熟于心，而且只要按“红灯停、绿灯行”规则通过路口，就能确保行人过马路的安全，但在我国很多地方，交通红绿灯成为“摆设”，因为大家过马路不看红绿灯，这种情况已经成为一种独特现象——“中国人过马路”现象（图1-4-8）。

这是红绿灯的问题？交通规则有问题？还是人们的安全意识出了问题？

正反两个方面的经验和教训告诉我们，要做好风险管理工作，不仅要打造行之有效的利器，还要注意解决人们的思想认识问题。思想解放了，意识提高了，人的主观能动性就能够得以充分发挥，从而迸发出惊人的能量，不要说条件不好，即使没有条件，创造条件也能够把事情做成、做好。

图 1-4-8　“中国人过马路”现象

相反,如果人们在思想上没有想通,人们的观念、理念没有转变,这时人的主观能动性不仅不会促进事情的发展,反而会起到相反的作用,会阻碍事情的发生、发展,而且其造成的障碍、阻力有时也会是相当惊人的。因此,即使客观条件万事俱备,如果没有人的思想认识上的“东风”,事情照样会做不好,甚至是一事无成。

HSE 风险管理工作何尝不是这样?要做好 HSE 风险管理工作,就要使 HSE 管理体系得以有效运行;而要使 HSE 管理体系有效运行,人们的理念、意识发挥着巨大的作用。因此,要使 HSE 管理体系有效运行,不仅仅要求管理体系要结合实际,建立得切实可行、行之有效,还必须在转变人们的观念、理念,提升人们的思想认识方面花真功夫、下大力气,否则,即使方式方法、管理模式再科学、再先进,但因为人们的思想认识问题而弃之不用,照样发挥不了任何作用。这就是 HSE “两书一表” 管理实践给我们带来的启示。

第五章　事故防控宏观模型

一代名医扁鹊曾经被魏文王问到这样一个问题：你家兄弟三人都精于医术，谁是医术最好的呢？扁鹊答道：长兄最好，二兄次之，我是三人中最差的一个。他接着解释道：长兄治病于其未发之时，虽然通过适当调理铲除了病根，但患者并不太认可，所以没有名气；二兄治病恙于初起之时，病人尚未感觉特别痛苦，他就药到病除，使人们认为其治的都是小病，所以名气也不大；我治的病人病情都十分严重，病人痛苦万分，家人也心急如焚，通过我的医治，使病人病情得以缓解或痊愈。

HSE 风险管理就像扁鹊长兄治病，虽是事前预防的高明之举，但鉴于事故尚未发生，且进行 HSE 风险管理需要投入一定的人财物力，致使 HSE 风险管理工作并不被人重视，所谓“有钱买棺材没钱买药吃”反映的正是这种现象。因此，要使风险管理真正发挥作用并非易事，必须借助于 HSE 管理体系，通过 HSE 管理体系的有效运行，为实施风险管理铺平道路。而要使 HSE 管理体系的有效运行，就必须打造与之相适应的氛围、环境，它们之间相辅相成。本章基于我们在 HSE 风险管理、HSE 管理体系等方面存在的问题，对风险管理与 HSE 管理体系、HSE 管理体系与安全文化之间的相互关系进行梳理、研讨和分析，探索促进管理体系有效运行的方法、途径，构建事故防控宏观模型以期通过管理体系的有效运行促进风险管理工作，进而实现对事故的有效防控。

第一节　HSE 管理体系与 HSE 风险管理的关系

风险管理出现于 20 世纪 30 年代，而 HSE 管理体系则形成于 20 世纪的 90 年代，二者相距 60 年之遥。那么，为什么要通过 HSE 管理体系进行 HSE 风险管理？ HSE 风险管理是否一定要依附于 HSE 管理体系？ HSE 管理体系与 HSE 风险管理之间究竟存在什么关系？诸如此类的问题，众说纷纭、莫衷一是，一直以来都是一个比较困惑、纠结的问题。

一、HSE 管理体系与 HSE 风险管理的区别与联系

实际上，HSE 管理体系与 HSE 风险管理既有着本质的区别，也有着必然的内在联系。一方面，HSE 管理体系所涉及的都是管理模式、管理的方式方法等管理层面的问题，比如如何通过监测、审核、管理评审等，做到 PDCA 闭环管理以持续改进等。而单纯的 HSE 风险管理（而非风险管理体系）主要是关于方式方法、技术手段等技术层面的问题，如危害因素辨识技术、技巧，如何做到全面、系统的危害因素辨识；风险评估方面的技术、技巧，如何公平、科学地评估危害因素的风险等级；措施制定方面的技术、技巧，如何提高措施的可操作性

等。另一方面，广义的管理体系与风险管理没有直接关系，如质量管理体系并不包括风险管理，但风险管理的确需要相应的管理模式来支持。就 HSE 管理体系而言，它是由包括风险管理等要素在内的诸多要素所组成的一种管理模式（图 1–5–1），HSE 风险管理不仅是 HSE 管理体系的一部分，而且是 HSE 管理体系的核心组成部分。

1. HSE 管理体系由包括风险管理在内的诸要素构成

在第二章“HSE 管理体系简介”之“HSE 管理体系的起源”中谈到，在 1988 年英国北海油田的帕玻尔·阿尔法平台的火灾爆炸事故发生后，英国政府强化了对石油勘探开发行业的管理力度，在这种情况下，壳牌公司借鉴质量管理体系做法，建立安全管理体系，实施体系化管理。

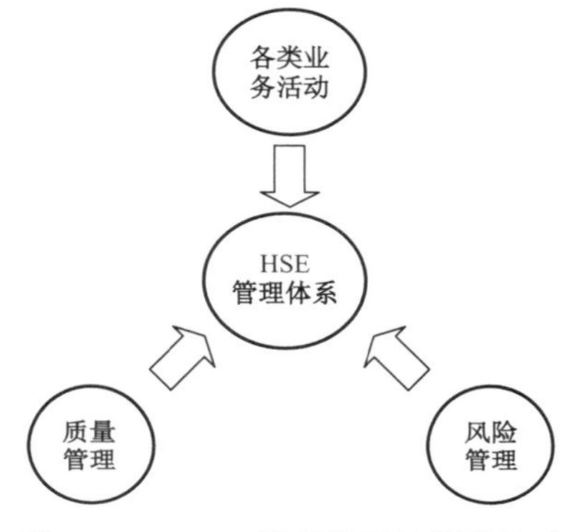

图 1–5–1　HSE 管理体系的要素构成

壳牌公司结合本公司实际建立实施的质量管理体系及 ESM 取得的成效，认为要进一步做好安全管理工作，应借鉴质量管理体系的做法，提高领导力在安全管理中的作用，增强员工参与意识，实行更加严格、更为系统的体系化管理。为此，壳牌公司有关专家就尝试着把“质量管理原则”“风险管理”与“日常业务活动”结合在一起，形成了安全管理体系（Safety Management System），后来又把对健康、环境的风险管理融入进去，形成了三位一体的 HSE 管理体系（图 1–5–1）。HSE 管理体系实质上就是建立在质量管理体系框架上的 HSE 风险管理，它把诸如 PDCA 循环、领导作用以及全员参与等质量管理体系中的核心内容，都用于 HSE 管理体系的框架中。

2. HSE 管理体系的核心是风险管理

HSE 管理体系的核心究竟是风险管理还是“领导和承诺”？这一问题一度成为了争论的焦点。由于 HSE 管理体系是来自西方的舶来品，大家对此各抒己见、莫衷一是。事实上，风险管理与“领导和承诺”对于 HSE 管理体系而言都至关重要，二者既有很大的区别，又有必然的联系。

“领导和承诺”是体系建立的前提和基础，是驱动体系有效运行的原动力，是 HSE 管理体系最重要的要素之一。构建体系框架图时，把其置入中心位置，故称之为“核心要素”。风险管理是事故防控的必由之路，HSE 管理体系的建立和运行，就是为了做好 HSE 风险管理工作，因为只有通过 HSE 风险管理，才能预防各类 HSE 事故、事件的发生。因此，HSE 风险管理是建立和运行 HSE 管理体系的最终目的，是 HSE 管理体系的核心。

事实上，HSE 管理体系起源于对重特大安全、环保事故的防控，由于传统的安全、环保管理模式不再适用于现代化高风险行业的安全环保管理，迫于严峻的现实需求，产生了先进、科学的 HSE 管理体系模式。因为过往的经验、教训也已表明，像 HSE 风险管理这种单纯的科学方式、方法，如果缺乏必要的实施环境，不满足一定的客观条件，并不能够发挥其应有作用。HSE 管理体系就是为了有效实施 HSE 风险管理而构建的风险管理框架、平台，风险管理理所当然就是这个框架——HSE 管理体系的核心，HSE 管理体系的一切工作都围绕并服务于这个核心。

在 HSE 管理体系中，“领导和承诺”是核心要素，是驱动 HSE 管理体系有效运行的原动力，当然也就是做好 HSE 风险管理工作的驱动力；“健康、安全与环境方针”规定了 HSE 管理体系运行方向，它体现了组织对 HSE 风险管理工作的意愿与追求；“组织结构、职责、资源和文件”是 HSE 管理体系建立和运行的物质基础，当然也是 HSE 风险管理的物质基础和支持条件。

HSE 管理体系中的另外四个要素则构成 HSE 管理体系运行的 PDCA 循环链，也就是 HSE 风险管理的全过程，HSE 管理体系的运行实质上就是在“领导和承诺”驱动下的 PDCA（其他叶片上的要素构成了 PDCA 循环）循环，而这个 PDCA 循环过程的本身就是 HSE 风险管理。

在这个 PDCA 循环中，“策划”本身就是对危害因素辨识、风险评估以及风险防控措施的策划，就是风险管理“三步曲”主要内容；而“实施与运行”则是对策划的 HSE 风险管理方案（措施或规程等）所付诸的实际行动，是对包括风险防控措施在内的策划方案的落实；“检查和纠正措施”是指对策划 HSE 风险管理方案、措施执行情况的监测、检查和监督，以及必要时如何采取纠正和预防措施等；“管理评审”是对 HSE 管理体系运行效果——HSE 风险管理情况的定期评价，以确保它的适宜性、充分性和有效性，对审核的结果进行处理，总结成功的经验和失败的教训，以便为今后 HSE 风险管理工作提供有益借鉴，做到持续改进。

由此可见，管理体系的所有要素都是围绕着 HSE 风险管理这个核心运行，并服务于风险管理这个核心。因为建立并运行 HSE 管理体系的最终目的只有一个，即通过 HSE 管理体系的有效运行，更好地做好 HSE 风险管理工作，从而做到关口前移、事前预防，实现安全环保与健康工作的长治久安。

二、单纯的风险管理难以发挥应有作用

事实上，要通过风险管理防范事故的发生，不光是一项具有挑战性的技术工作，而且也是一项复杂、艰巨的管理工作。如果缺少必要的框架、平台或环境条件，不仅风险管理活动不易开展，而且即使勉强进行下去，也会因其效果不理想而失去意义。

1. 没有适宜的环境、一定的条件，孤立的 HSE 风险管理活动难以开展

风险管理原则第 2 条明确指出，风险管理是组织各种活动的有机组成部分。《风险管理 原则与实施指南》（GB/T 24353）标准明确要求，要进行风险管理，应构建风险管理体系。《风险管理原则与指南》（ISO 31010）标准虽然不要求建立独立的风险管理体系，但认为必须把风险管理融入组织的业务活动的管理体系中，以有效实施风险管理。

总之，要进行风险管理，应按照风险管理原则，要么构建风险管理体系，要么把风险管理融入相应的管理体系中，通过管理体系的有效运行，实施风险管理。那么，为什么实施风险管理需要依靠管理体系？这是因为风险管理活动的本身并不是一件轻而易举的小事，要开展风险管理活动，不仅涉及人财物力等诸多方面的投入，还涉及观念的变化、思想的转变等。

因此，如果没有适宜的环境、必需的条件，不仅风险管理效果可能会大打折扣，而且风险管理活动的本身也将举步维艰、难以推行。通过管理体系的建立和运行，不仅为风险管理提供了人财物力等相关资源的支持，而且还建立了相应的环境，营造适于风险管理的文化氛围，为风险管理工作的开展，提供适宜的方式、方法和管理工具。譬如，在风险管理的“三步曲”中，单就危害因素辨识而言，如果没有适宜的风险管理运行环境，就无法动员全员参与风险管理；而如果没有全员的参与，危害因素就得不到全面、系统、彻底的辨识，而如果危害因素辨识不到位，就相当于可能发生的事故原因没有找到，事故预防就无从谈起，风险管理工作也就失去了意义。

2. 没有适宜的环境、机制，风险防控措施难以得到有效落实

风险管理是指根据风险评估的结果，针对风险及其相关措施实施所做的决策过程。风险管理与风险评估的区别就在于，风险管理更注重对风险做出的决策、管理，对风险控制措施的落实。企业领导干部作为企业风险管理的决策者，如果安全意识不强，对安全工作不够重视，再加上缺乏相应的约束机制，即使勉强开展了风险管理活动，风险防控措施也很难得以有效落实。

日常工作中我们常见的项目安全预评价、在役装置安全评价等，采用的就是风险管理原理。如项目的安全预评价，就是在项目可研阶段，通过危害因素辨识找出该项目可能存在的危害因素，然后通过风险评估，筛选出高风险的危害因素，并在现实条件下，通过风险的削减与控制措施的实施，研判该项目的剩余安全风险上是否能够接受，从而决定项目的取舍；而在役装置的安全评价则是通过风险管理“三步曲”，发现其中的风险，制定防控措施实施防控，达到防范事故发生的目的。它们就是风险管理理论在日常工作中的应用，手段先进，方法科学，但其结果的应用情况却令人沮丧。

由于人们安全意识薄弱、缺乏制约机制，目前一些项目的安全评价为了通过评审，弄虚作假、随心所欲，达不到为项目进行安全把关的目的，发生天津港“8·12”特大爆炸事故的危化品仓库，其选址的安全评价就是一典型案例。现实工作中诸如此类的事例不胜枚举，一些安评、环评报告，到头来大多都成了决策者案头的一叠废纸，为什么？因为要按在役装置的安全评价报告、HAZOP 分析报告的建议去落实，需要的是投入大量人财物力投入，而由于事故的发生是小概率事件，不投入进行整改也未必会出事，那么，在一些人看来，这种投入就好似“打了水漂”，面对这种情况，人们自然就会产生侥幸心理（图 1–5–2），因此，在没有适宜的环境、机制等情况下，一些本可以发挥作用的风险防控措施，也就这样无果而终，达不到应有的风险防控目的。

总之，如果领导对安全生产工作不重视，缺乏与风险管理相适宜的环境、氛围和与之配套的体制、机制，就风险管理而风险管理，不仅风险管理活动难以有效开展，而且即使勉强开展，之后的风险防控措施也可能得不到落实，到头来只能是纸上谈兵，没有实际意义。

能否有效实施风险管理，企业决策者起的作用至关重要，建立相应的环境、机制更是十分关键。要做好 HSE 风险管理工作，就要求提升领导干部的安全意识，建立与风险管理相适应的内外部环境和与之配套的体制、机制。而为实施 HSE 风险管理打造的内外部环境就

是 HSE 管理体系，因为 HSE 管理体系构建的目的就是为了做好 HSE 风险管理工作，HSE 管理体系的有效运行就能够满足做好 HSE 风险管理的条件要求。

图 1-5-2 对安全生产的侥幸心理

三、HSE 风险管理工作需要 HSE 管理体系的全面支持

HSE 风险管理之所以借助于 HSE 管理体系，就是因为 HSE 管理体系不仅能够为风险管理的有效实施提供所需的工具、方法、管理模式，而且能够营造适宜的氛围、环境，提供驱动力以及人财物等资源保障和支持。事实上，HSE 风险管理的每一步，无论是危害因素辨识、风险评估，还是风险的削减与控制制定与实施等，都需要 HSE 管理体系的协助和支持。

首先，HSE 管理体系为风险管理提供驱动力。HSE 管理体系的运行需要驱动力，同时，HSE 管理也缺乏自我纠偏的动力。通过 HSE 管理体系框架模型可以看出，HSE 管理体系把"领导和承诺"设置为核心要素，要求其为管理体系的有效运行与纠偏提供驱动力，实际上也是为风险管理提供了动力。HSE 管理工作抓住了领导干部尤其是"一把手"，就抓住了 HSE 风险管理中的要害、重点和关键。通过"有感的领导、可见的承诺"，用领导干部自己的信誉约束其真正践行承诺，通过自己的亲力亲为为广大员工参与 HSE 风险管理发挥模范带头作用。

在体系运行过程中，通过 HSE 管理体系的内审、外审、专项审核等一系列审核活动，既检查了体系的运行情况，也在一定程度上对领导的作用发挥起到了督促作用，防止领导在 HSE 管理方面的懈怠，促使各项资源的有效落实。通过管理评审等项活动，为领导参与 HSE 风险管理搭建平台，使领导干部能够亲力亲为，参与体系管理，能够有机会全面了解体系运行情况，了解各项资源的配置。总之，通过 HSE 管理体系的框架设计，为做好 HSE 风险管理工作提供驱动力。

其次，HSE 管理体系为风险管理的有效实施营造了适宜的工作环境。

第一，体系管理也即系统管理，系统管理是管理体系的精髓，通过系统管理，推行安全管理责任归位，做到谁主管、谁负责，管工作、管安全。HSE 风险管理工作是一项系统工程，但在传统安全管理工作中，安全部门"单打一"，只有安全人员在管理安全，不但领导对安全工作不重视，各级组织、各个职能部门以及岗位员工对安全工作也概不参与，但由于安全管理工作的性质和安全人员的定位，单靠安全人员肯定既管不了更管不好安全。通过体系管理，落实直线责任，促进责任归位，做到综合治理、齐抓共管，从而为 HSE 风险管理的有效实施打造适宜的环境。

第二，HSE 管理体系把全员参与作为方针，通过先进安全理念的宣贯，领导干部（尤其是"一把手"）通过"有感的领导、可见的承诺"，做"有感领导"，率先垂范，各级组织、各职能部门的责任归位，影响、感染进而带动广大员工的广泛参与，为风险管理的实施打造良好的氛围环境。由于 HSE 工作遍及生产经营活动的方方面面、各个环节，掌握在每一位员工的手中，因此，要真正做好 HSE 管理工作，不仅要求各级组织、各个部门齐抓共管、综合治理，更要求全体员工的有效参与。

第三，HSE 管理体系为风险管理有效实施提供可靠的资源保障，通过 HSE 管理体系的实施，能够确保 HSE 风险管理所需各类资源有效供给。在风险管理工作中，无论是危害因素辨识、风险评估，还是风险的削减与控制，要做好其中任何一项工作，不仅需要遵循科学、合理的方式、方法，还需要大量的人财物力。譬如，用于风险防控的一些安全设施的购置、在役设备设施隐患的整改，以及在传统安全管理模式下，无法完成的一些安全投入等。在管理体系模式下，设置了"组织结构、职责、资源和文件"要素，可见对资源配置的重视，加之审核工作的推动等，就能够保证安全投入。另外，通过"管理评审"等活动，不仅能够使领导干部有效参与 HSE 风险管理活动，而且还使其了解、掌握各类资源的投入、分配与使用情况，不仅保证了人财物力的投入，而且还保障各类资源的优化、合理配置，使人财物力得以充分利用，发挥最大效益，确保风险管理的有效实施。

第四，HSE 管理体系为风险管理提供有效的管理方法、运行模式。HSE 管理体系不仅突出领导作用，提出了系统管理，强化了全员参与等一些先进、科学的管理理念，而且推出了诸如 PDCA 循环、文件化管理等一些科学合理的管理方法、模式。PDCA 循环是质量管理体系中的一件利器，是一种卓越的管理模式。HSE 管理体系借鉴质量管理体系的管理模式，实行 PDCA 闭环管理。按照 PDCA 闭环管理模式，事前有计划，事中有监测，事后有总结，如此往复循环下去，总结经验、汲取教训，不单是凭借 HSE 管理体系进行的风险管理，任何一项管理工作只要按照 PDCA 闭环管理模式去做，都将会越做越好，直至卓越。当然，HSE 管理体系不仅仅是 PDCA 闭环管理模式，还有诸如体系审核、文件化管理等科学、有效的管理模式。文件化管理不仅是有效提升管理效率的一件得力工具，而且通过"写应做的、做所写的、记所做的"，为通过 PDCA 闭环管理进行持续改进提供证据支持。总之，HSE 管理体系为风险管理的实施，提供了科学的管理方式方法和模式。

总之，HSE 管理体系框架设计，就是要通过管理体系的有效运行，不仅为风险管理活动的开展提供驱动力，还为风险管理活动的开展提供资源保障和方法模式（图 1–5–3）。

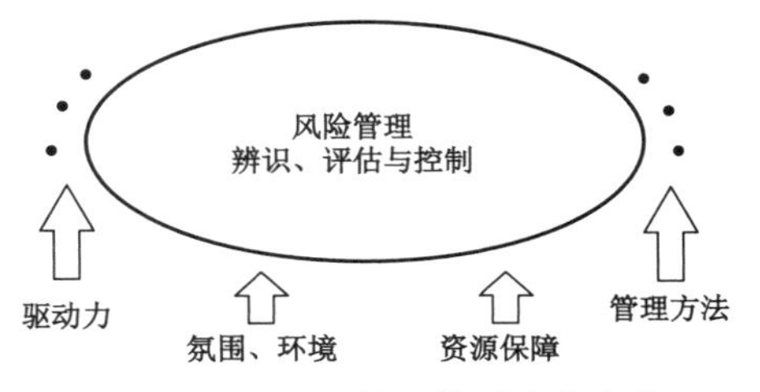

图 1–5–3　HSE 管理体系全力支持 HSE 风险管理工作

第二节　HSE 管理体系与企业安全文化的关系

一、HSE 管理体系运行存在的问题

通过对HSE管理体系的介绍可以看出，HSE管理体系是一种非常科学的风险管理模式，它不仅为HSE风险管理提供了运行平台、支持框架，还切中了传统安全生产管理工作中的要害，如高度重视领导力在HSE风险管理中的作用，要求全员参与，倡导直线责任、系统管理等，企图解决思想认识、氛围环境等方方面面的问题。因此，HSE管理体系较之一般的风险管理体系有过之而无不及，是一种十分优良的风险管理体系。通过HSE管理体系的有效运行，为实施HSE风险管理提供了必要的资源，营造了适宜的环境，提供驱动与纠偏的动力等。总之，HSE风险管理与HSE管理体系相辅相成、相得益彰，使HSE风险管理在HSE管理体系的框架下酣畅淋漓地发挥其效用。

但令人遗憾的是，现实的情况远非理论上设计的那样完美。HSE管理体系在实际应用过程中，存在着这样那样的问题，严重影响了其作用的发挥。自20世纪90年代末HSE管理体系问世以来，HSE管理体系在一些企业，尤其是西方国家的一些公司（企业）发挥了较好的作用，但其作用效果远非设计管理体系时预料的那样辉煌，尤其是在我国的一些企业更是如此。

由于HSE管理体系标准是由西方石油公司研发，国际标准化组织（ISO）以英文发布，当时的中国石油天然气总公司引入并组织对该标准进行了翻译转化。但鉴于HSE管理体系是一种由西方社会引入的新事物，翻译转化人员对其认识有局限，加之语言翻译是两种文化间的碰撞，即使专业人士也很难精准表达其原意，最终使得中文化了的HSE管理体系蒙上了一层朦胧的面纱。中文版HSE管理体系标准的晦涩难懂，当时只有一些文化素质相对较高的安全管理人员，根据自己的经验、阅历和文字功底，字斟句酌，揣测其字面含义，尝试理解其功能、意义，这样自然就会存在很多理解上的偏差，妨碍了HSE管理体系作用的发挥。

如果说对HSE管理体系标准的理解有偏差、不到位，就是因为虽然对管理体系的建立和运行有着一定的影响，但其只是诸多影响的原因之一，而不是决定性因素，最终的决定性因素是人们对HSE管理工作的认识问题，安全理念、观念的落后，其与这种先进管理模式不合拍，是导致HSE管理体系不能够有效运行的症结，具体原因将在接下来的第二部分“问题的症结——安全文化”中做深入分析。

自HSE管理体系研发之日起，就把其定义为一种自我约束、自我完善、自我激励的管理机制，是建立在自觉、自愿、自律的基础之上的。因此，要求实施HSE管理体系的组织必须是自觉、自愿，没有人强求。但遗憾的是，我们一些企业建立、运行HSE管理体系，是上级组织的要求，并不是建立在自愿、自律基础之上的，仍然像以往那样把它作为一种变了花样的管理方式，归根结底，我们没有为实施HSE管理体系做好充分准备，尤其是思想认识上的准备。

通过建立、运行管理体系固然能够对提升人们的理念、意识起到一定的推动作用，如通过前期的宣贯、培训，通过体系审核的促进等，但要想通过建立与运行 HSE 管理体系，使人们的思想意识有一个质的飞跃，使之与管理体系相适应，也是一件不现实的事情。

总之，HSE 管理体系是一种崭新的管理模式，要求实施管理体系的企业，须具有与之相适应的先进管理理念、安全意识，而现实情况则是，很多企业虽然实施了 HSE 管理体系，但仍然以原来的老脑筋、老眼光去看待、处理管理体系带来的新情况、新问题，远未做到真信、真学、真用。例如，一些企业只是鉴于 HSE 管理体系自身晦涩难懂，就召集一些文化素质较高的安全管理人员去研究，领导干部依然我行我素，对安全工作并不真正重视。因为领导观念、理念没有改变，自然就不可能按管理体系要求去做。而领导不支持，但靠这些“秀才”们自然也就无能为力，他们只能发挥自己的专长——编写文件，而且 HSE 管理体系的一个特点就是文件化管理，这样实施 HSE 管理体系的企业，就按照体系标准的要求，开发出了一系列体系文件，以满足管理体系标准的要求。由于 HSE 管理体系是舶来品，由此衍生出来的文件既不易理解更不接地气，加之领导支持不力，文件的内容要求也就难以得到执行。另一方面，最初的一些体系审核活动，也基本上是按照体系标准审文件数量，这样文件越审越多，越多越无法使用，陷于了一种恶性循环，造成的结果就是：实施 HSE 管理体系就是编制一大堆华而不实、编而不用的体系文件，这就是最初 HSE 管理体系在绝大多数人们心目中的印象。

二、问题的症结——安全文化

1. 安全文化概念

HSE 管理体系的方针是领导承诺、预防为主、全员参与、持续改进，实施 HSE 管理体系要求领导要做有感的领导，兑现其做出的承诺，要在 HSE 管理方面做出表率，起带头作用；要求 HSE 管理工作落实直线责任、各负其责；要求全体员工都要参与到 HSE 管理工作中等。因为只有这样才能使 HSE 管理体系能够有效运行，发挥其应有作用。总之，要使 HSE 管理体系得以有效运行，从高层领导到一线员工都必须在其中主动作为，发挥其应有作用。

在现实工作中，我们一直采用传统的安全管理模式，安全意识不强，安全理念落后，表现为从领导到员工，对安全管理工作不够重视，存在侥幸心理，领导干部不能做出表率，不能践行其承诺，广大员工也没有参与安全管理的积极性。在这种情况下，按照自愿、自律原则构建的 HSE 管理体系，自然就无法得以运行，至少不能有效运行，从而影响管理体系作用的发挥。这就是制约 HSE 管理体系发挥作用的症结。

而这种意识的提高、观念的转变，需要解决的是人们内心深处的思想认识问题，不可能通过高压、惩罚等一些传统安全管理中的极端、粗暴方式在短期内得以解决，而是要通过和风细雨式的教育、说服工作，使大家耳濡目染、潜移默化。因为只有这样才能真正解决人们的思想认识方面的问题，才能真正使人心服口服、内化于心。这就要通过良好安全文化的熏陶，逐渐提升全员安全意识，促使 HSE 管理体系得以有效运行。

说起安全文化，其实它并不是什么新生事物，因为不管人们对其关注与否，它都始终伴随着人类的活动而存在，只是在1986年国际核安全咨询小组（INSAG）对其做出了正式定义（安全文化：存在于组织和个人中的种种素质和态度的总和）之后，才引起了人们的广泛关注而已。实际上，安全文化最基本的含义就是一个组织影响安全的文化，即安全价值观，比如，是把安全真正作为其核心价值，还是将生产、效益等凌驾于安全之上？前者是积极或良好的安全文化，后者则属于消极或不良的安全文化。

单就“安全文化”一词而言，它如同行为、习惯等一样，是一个中性词汇，没有好坏优劣之分，但人们习惯以安全文化代指良好（积极）的安全文化。一般地，对组织而言，安全文化往往表现为一种安全氛围、气候与环境，是在组织内部形成的一种气氛、人文环境；就个人而言，安全文化就是由其自身安全价值观表现出来的安全修养（素质）、安全态度等。

后来，人们在事故原因分析时发现，不单单是发生在1986年的苏联“切尔诺贝利”核电站爆炸事故与不良的安全文化有关，2003年的美国“哥伦比亚号”航天飞机爆炸事故，2005年的美国BP德克萨斯炼油厂爆炸事故等，都与不良安全文化有着密切的联系。事实上，几乎所有事故的发生都与不良的安全文化有关，因为安全文化不良是导致事故发生的深层次原因。

2. 安全文化与管理体系的不适应是制约其有效运行的症结

包括壳牌公司在内的一些西方公司在总结管理体系运行的经验教训时认为，企业文化是否与管理体系相适应，是决定管理体系能否发挥作用的关键。正反两个方面的实践都已经印证了这一论断。下面再从理论上做进一步佐证分析。

从理论上讲，安全文化一般分为三个层次（图1–5–4），一是可见之于形、闻之于声的表层文化，或称安全物质文化层次，如企业的安全生产环境与秩序等；二是企业安全管理体制的中层文化，或称安全管理文化层次，它包括安全生产法规与制度、安全管理模式（如采用先进、科学的HSE安全管理体系还是传统安全管理模式）、安全管理技术等；三是沉淀于组织及员工心灵深处的安全意识形态的深层文化，故又称安全精神文化层次，如安全思想意识、安全价值观、安全思维方式等。实质上，我们一般意义上所指的安全文化就是深层文化，这种安全文化支配着员工的行为趋向，影响着表层、中层文化，当然，表层、中层文化的状况也会反作用于企业的深层安全文化。需要注意的是，由于表层、中层文化相对活跃，而深层文化比较稳定，如果表层、中层文化在短期内发生了较大的变化，深层文化就可能跟不上这种变化。在这种情况下，深层文化不仅不会促进反而会阻碍这种变化的发生、发展，或者说对其变化会产生不利的影响。目前，人们的思想意识不能够适应先进科学的HSE管理体系模式

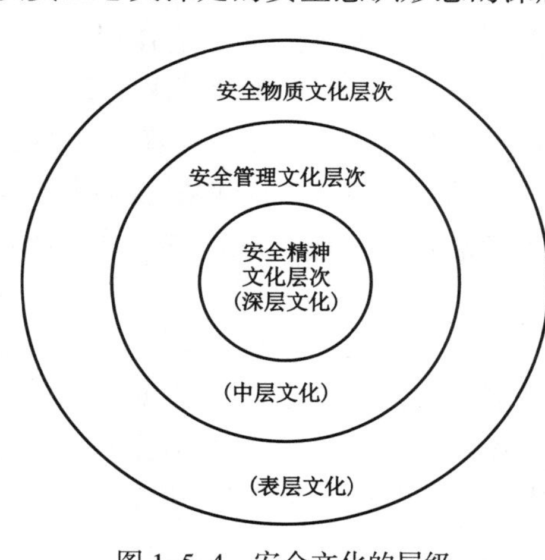

图1–5–4　安全文化的层级

就属于这种情况。

HSE 管理体系较之传统安全管理模式，是一种先进、科学的 HSE 管理模式，从上述安全文化的层次分类可知，它属于安全文化中的中层文化（管理文化层次）范畴，易于发生变化，如新的管理模式的引入。相反，深层次的安全文化则是日久天长逐渐形成的，相对稳定，不易改变。由于传统安全管理模式已经存在了很长时间，所以它作用于我们思想意识，逐渐形成了与之相应的传统安全意识、理念，如安全部门管理安全等，这就是所谓的深层次安全文化，况且这种意识、理念一旦形成，根深蒂固，不易改变。

现在突然引入一种新的管理模式——HSE 管理体系，即安全文化中的中层文化突发变化，相对稳定的深层次安全文化（安全精神文化层次）就不能适应这种变化。如所谓管理体系就是管理系统，因此要求 HSE 工作要系统管理，要把 HSE 管理融入日常各种生产经营活动中去，实行直线组织负责制，管工作就要管该项工作的 HSE，要求齐抓共管、全员参与。所有这些都与人们固有的思想认识有很大的偏差，短时间内人们在思想认识上转不过弯来。因为在人们固有的观念理念（深层安全文化）中，安全管理应该由安全管理部门、安全管理人员管理，其他部门、其余人员都有各自分内的工作，理所当然不应参与安全管理工作等。

由于思想理念上跟不上，认识上就有出入，工作上自然就没有积极性。因此，这种落后的思想意识必定会对新的管理模式的运转产生很大的阻力。换而言之，HSE 管理体系代表的是一种先进的生产力，要使这种先进生产力发挥作用，必须由与之相适应的先进的生产关系配套，否则，落后的生产关系不仅不能促进反而会羁绊先进生产力发挥作用，这是众所周知的道理。

目前，先进科学的 HSE 管理体系与人们落后的安全意识之间的问题，就是先进生产力与落后生产关系之间的矛盾。那么，如何解决这种深层文化与中层文化的不适应问题呢？由于中层文化是一种先进科学的管理模式，代表了先进生产力发展的方向，更何况我们已探索了十多年，不可能因噎废食，退回原来弊端重重的传统安全管理模式，因此，要解决主观矛盾，需要改变的不应该是先进的“生产力”，而是落后了的“生产关系”。

人们心灵深处的落后安全意识、理念需要更新、转变，使之不仅不阻碍这种先进的管理模式运行，而且还要引领这种先进管理模式更好地发挥作用（图 1–5–5）。就安全文化而言，就是要使落后了的深层文化尽快适应并进而引导已经发生变化了的中层文化，这种深层文化也是人们一般意义上所说的安全文化，而这种中层文化就是目前的安全管理模式——HSE 管理体系。

因此，要解决目前 HSE 管理体系无法有效运行的问题，就要通过良好安全文化的培育，促使人们转变落后的安全理念、提升大家的安全意识，这是促使 HSE 管理体系有效运行的必由之路，也是实现安全生产长治久安的治本之策。

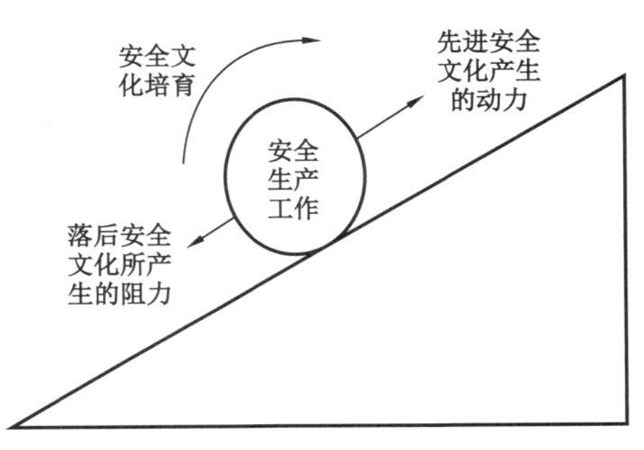

图 1–5–5　安全文化转化为驱动前进的动力

目前，安全文化建设是个热门话题。之所以热门就是因为人们或已尝到了它的甜头或看到了它的前景，意在通过先进安全文化的引领，达到构建安全生产长效机制的目的。对于已经实施管理体系的企业，意义还不限于此。因为落后的安全文化已经成为了制约先进的管理模式——HSE 体系管理发挥作用的大敌，因此，通过培育先进的安全文化，能够使现行的管理体系有效运行，充分发挥其应有作用，进而构建安全生产长效机制，达到安全生产长治久安的目的。

3. 安全文化的演进

安全文化伴随着人类的生存发展而产生和发展，是人类文化的一个重要组成部分。一般认为，安全文化的发展大体上经历了从宿命论到重视安全技术，再到体系化管理，直至最后演进到重视培育良好安全文化的几个大的阶段。

在 17 世纪之前漫长的狩猎、游牧、农耕以及后来的手工业社会里，由于生产力水平低下，生产经营方式方法简单，生产经营活动几乎不会发生有太大影响的安全事故、事件，一些安全方面的重大威胁主要表现为雷电、山洪、地震、风暴潮等一些自然灾害。在这个阶段，由于认识的局限，人们对自然灾害等安全事故，充满敬畏或怨天尤人，面对事故、事件的发生无能为力。因为人们相信所有这一切都是上天造化、命运的安排，在保护自身安全方面，一方面靠自己下意识的自然本能反应，另一方面是乞求上帝的保佑。这也就是杜邦安全文化所说的“自然本能”阶段。

17 世纪末，尤其是进入 18 世纪中叶，蒸汽机的发明使人类从繁重的手工劳动中解脱出来，逐渐进入了工业化时代，劳动生产率得到了空前提高。这些机器设备在提高劳动生产率的同时，也使得劳动者致死、致伤、致残的事故显著增多。在这种情况下，迫使人们开始重视安全生产工作。在这个时期，主要是通过制定并实施标准，通过提高技术、改进工艺等手段，规范劳动者作业行为，提升劳动者使用的劳动工具、机器设备等的本质安全水平，减少事故、事件的发生，达到对劳动者保护的目的。因此，这个阶段主要特征为技术、标准支持阶段。该阶段的前期，即资本积累时期，仍属于杜邦安全文化中所指的“自然本能”阶段，中后期过渡到“严格监督”阶段。

到了 20 世纪 50—60 年代，尤其是 80 年代以来，科学技术飞速发展，随着生产的高度机械化、电气化和自动化，在一些行业尤其是石油石化等高风险行业，不断发生一些重特大事故，使人们生命和财产遭到巨大损失，如 1988 年发生在英国北海的帕波尔·阿尔法采油平台爆炸事故，造成 167 人死亡。发生在高风险行业的重特大事故使人们认识到，要防范事故的发生不能再就事论事，必须在安全领导力的引领、推动下，动员全员参与，本着“管业务、管安全”的原则，全方位、多方面着手对安全生产工作进行系统管理，最终达到防控事故发生的目的。这就是 HSE 管理体系，这个阶段称作体系管理阶段。该阶段属于杜邦安全文化中所指的“严格监督”向“自主管理”的过渡阶段。

如前所述，在社会发展的每个阶段，不管你是否关注，安全文化都始终伴随左右，只是在 1986 年切尔诺贝利核电事故发生后，人们才开始关注而已。国际核安全咨询组在对这起事故调查后确认：由于核电站管理上的严重缺陷，导致了日常运行决策中对安全生产不够重视的环境，并在 INSAG-4 报告首次给出了安全文化的定义。

从此，人们进一步认识到了良好的安全文化对于实现安全生产的重要意义。因为虽有健全的制度、规程，但如果人们安全意识淡薄，只会找窍门、走捷径而不执行相关规定，同样会导致事故的发生。这里需要指出的是，国内外实施管理体系的企业也都遇到了类似的问题。虽然 HSE 管理体系是一种先进、科学的健康、安全与环境管理模式，通过 HSE 管理体系的科学建立和有效运行，能够有效防控事故的发生，但如果企业安全文化不良，大家安全意识不强，认识不到位，就会使得 HSE 管理体系的建立流于形式，HSE 管理体系无法得以有效运行，从而失去其意义。

在西方一些国家，虽然所建立的 HSE 管理体系能够发挥作用，但也都普遍认为要使员工从内心"相信""信服"，而自觉、自愿、主动去做，要比慑于法规、制度的压力而"被迫"遵守，能够发挥更大的作用。因此，以壳牌公司为代表的西方企业在运行管理体系不久，也开始关注安全文化建设，如壳牌公司开展的"心与意"就是在开展安全文化建设中的典型案例。

总之，随着科技的进步，管理水平的提高，人们认知能力的提升，安全生产管理工作先后经历了对事故发生束手无策的阶段，重视硬件技术标准的基础性管理阶段，体系化管理阶段以及安全文化阶段等几个典型的发展阶段，图 1-5-6 为典型的安全文化演进示意图。

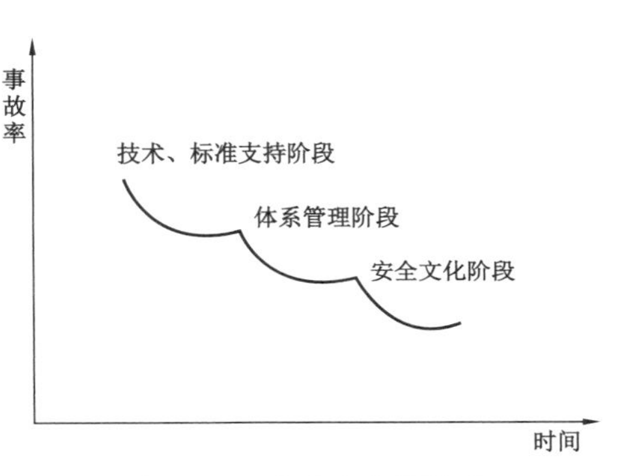

图 1-5-6　安全文化的演进

第三节　事故防控的宏观模型

要做到事故预防，就要通过风险管理工作，要做好 HSE 风险管理工作，就要依靠 HSE 管理体系的有效运行，而要使 HSE 管理体系能够有效运行，就必须培育良好安全文化。通过良好安全文化的熏陶，才能使人们的思想意识逐渐提升，并与这种先进、科学的管理模式相适应，促使 HSE 管理体系有效运行，并最终达到通过风险管理进行事故防控的目的。

一、事故防控宏观模型的构建

要做到关口前移，有效防范事故的发生，必须通过风险管理这一科学管理方式，因为只有通过风险管理"三步曲"（辨识、评估和控制），才能在事前发现导致事故发生的原因，制定并采取相应措施予以防控，从而做到事前预防，因此，风险管理是实现事故防控的必由之路。

要做好风险管理工作，必须使其融入相应的管理体系，为风险管理搭建发挥作用的平台、框架，从而使风险管理与具体业务活动相结合，做到系统管理，使各直线组织、职能部门各负其责，这是做好风险管理的基本要求。同时，管理体系还为做好风险管理工作提供很多行之有效的方式方法、管理模式。如通过 PDCA 闭环管理，不断总结经验、汲取教训，做到持续改进等，只有这样，才能事半功倍，有效做好风险管理工作；实行文件化管理，写应做的，做所写的，记所做的，既提高了文件管理效率，同时也为实施 PDCA 闭环管理创造条件等，所有这些都为通过风险管理进行事故防控工作奠定了基础。

另外，HSE 管理体系通过构建科学合理的体系管理框架，企图解决安全生产管理的动力、环境与氛围等方面的问题。如 HSE 管理体系把“领导和承诺”作为管理体系的核心要素，使其成为管理体系运行的驱动力；把“全员参与”作为方针，促成全员参与安全生产工作等，其目的就是欲通过管理体系的建立与运行，提升领导干部的安全意识，使其主动作为，唤起全体员工的安全觉悟，参与安全生产活动，主动遵章守纪等，以促使管理体系有效运行，达到风险管理的目的。总之，风险管理是实现事故防控的必由之路，而 HSE 管理体系则是风险管理赖以发挥作用的平台、依托，要做好风险管理工作，必须依靠 HSE 管理体系的有效运行。

但令人遗憾的是，目前，我们很多实施 HSE 管理体系的企业，并不能使 HSE 管理体系有效运行而发挥其应有作用。究其原因，就是因为上至企业领导下至一线员工，普遍存在着与 HSE 管理体系不相适应的传统观念、理念，这种落后的观念、理念制约了管理体系发挥作用，因为人们安全意识淡薄、安全理念落后，领导干部的安全领导力没有得到发挥，如一些领导干部非但没有做到有感领导，起到模范带头作用，而且在人财物的投入方面“能减则减”，致使管理体系运行缺乏必要的条件，各级管理人员也由于传统观念的束缚，并没有按照管理体系的要求进行齐抓共管、系统管理，广大员工更是因为安全意识淡薄，缺乏主动参与安全生产工作的自觉性。相反，一些建立 HSE 管理体系并取得明显成效的企业，尤其是一些西方企业，其取得成功的关键就在于安全理念先进、安全意识强，领导重视、全员参与，满足了 HSE 管理体系的要求，使 HSE 管理体系有效运行。

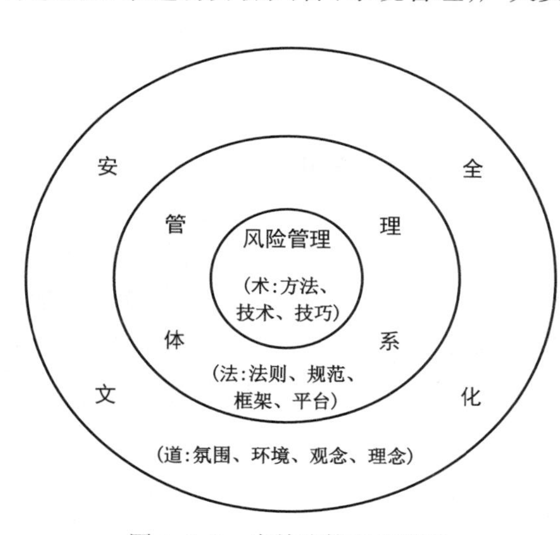

图 1-5-7　事故防控宏观模型

综上所述，要做好风险管理工作，必须借助管理体系这个平台，而要使管理体系发挥作用，必须有与之相适应的安全文化氛围环境。安全文化、管理体系与风险管理三者环环相扣，相互影响，和则相辅相成、相互促进，否则，彼此阻碍、相互制约，一起构成了事故防控的宏观模型(图 1-5-7)。

实质上，安全文化、管理体系与风险管理三者之间就好似“道、法、术”之间的关系，如果把安全文化喻作“道”，那么，管理体系就是“法”，而风险管理则是“术”。

首先，安全文化是“道、法、术”之“道”，是“法、术”之冠，是“道、法、术”之上乘，属于氛围、环境，观念、理念等精神范畴。“道”作用于“法”，“道”与“法”相宜，“道”就能够很好地促进"法"运行，因此，通过建立良好的安全文化氛围与环境，使整个组织都能够沉浸在良好的安全文化氛围之中，耳濡目染、潜移默化。各级领导干部、管理人员以及广大员工，在这样的环境氛围熏陶之下，能够逐渐转变既往的陈旧观念，提升安全意识，各负其责，主动作为，能够使管理体系有效运转，反之，"道"与"法"相悖，"道"就会阻碍"法"发挥作用，就像当今很多实施体系管理的企业，由于安全文化不良，妨碍管理体系有效运行，使管理体系空转。

如果把安全文化喻作"道、法、术"之"道"，那么，管理体系就是"道、法、术"之"法"，它是"道、法、术"之中乘，是联系"道"与"术"的纽带。一方面，它上承接于"道"，如果安全文化不良，或管理体系与安全文化相悖时，安全文化将会阻碍管理体系运行，反之，通过培育良好的安全文化，使"道"与"法"相宜，能够使管理体系得以有效运行；另一方面，它还下连接于"术（风险管理）"，是风险管理赖以运行的法则、规范、框架、平台，风险管理在管理体系的框架、平台上，通过管理体系有效运行，促进风险管理各项工作的顺利开展。

如果把安全文化与管理体系分别喻作"道"与"法"，那么，风险管理就是"术"。一方面，（它）相当于"道"与"法"而言，它是"道、法、术"之下乘，属技巧、技艺等末端范畴，"术"作用的发挥受制于"法"，并在"法"框架内、平台上、规范下进行。另一方面，"术"虽是"道、法、术"下乘、末端，绝非意味着它不重要，相反，之所以培育良好的安全文化，就是为了促使管理体系有效运行，而有效运行管理体系的唯一目的，就是为了更好地做好风险管理工作，因为风险管理作为事故防控的技术、技巧、方法或战术，直接与事故防控相关，是实现关口前移、事前防范的必由之路，只有通过风险管理工作，才能达到事前防范的最终目的，即，要做好事故的防控工作，必须借助风险管理之"术"。

总之，要做到事故防控，必须实施风险管理；只有通过风险管理才能做到未雨绸缪、防患于未然；而要做好风险管理工作，必须借助 HSE 管理体系，通过 HSE 管理体系的有效运行，不仅为风险管理提供动力，也为其提供运行平台、框架与模式等；但要使 HSE 管理体系得以有效运行，必须具有与之相适应的良好安全文化，使人们的安全理念、意识与先进管理模式相适应，从而推动 HSE 管理体系的有效运行，三者环环相扣，相辅相成，缺一不可，一起构成了事故防控的宏观模型。

二、事故防控宏观模型释义

1. 风险管理、管理体系与安全文化的关系

1）风险管理和管理体系的关系

一些只是通过 HSE 管理体系才接触到风险管理的读者，可能会有这样的疑问:HSE 管理体系与风险管理本来就是一体，为何要把二者进行分离？事实上，管理体系与风险管理的确是完全不同的两回事。

事实上，在我国安全管理学科教学中，设置了一门叫做《系统安全工程》课程，其内容就是危害因素辨识、风险评估与控制，因此，《系统安全工程》教授的就是安全风险管理内容。

把其应用到实际工作中，就有了日常工作中我们常见的项目安全预评价、项目安全现状评价、在役装置安全评价等，它们采用的就是《系统安全工程》讲授的风险管理原理。但现实情况却是，虽然采取了风险管理的理论方法，但由于人们的安全理念落后，安全意识淡薄，按照风险管理方法所进行的一些安全评价、环境评价，很多都成了应付政府审批的挡箭牌，失去了风险管理的本来价值。

那么，风险管理能否可以直接与安全文化相结合而不经过管理体系？英国风险管理专家约翰·强尼（J.E.Channing）认为，对于一个小型组织，一项具体的工作，也可以直接实施风险管理。另外，退一步讲，对于未建立管理体系的组织，也可以针对具体个案，实施一时一事的风险管理。如对某项具体作业活动，通过开展风险管理“三步曲”，能够辨识出风险，制定措施并进行落实，就可以达到事故预防的目的。但由于管理体系不仅为风险管理设置运行平台、构建运行框架，还为风险管理提供诸如 PDCA 循环、文件化管理以及体系审核等良好管理模式。因此，离开了管理体系而直接与安全文化相衔接的风险管理，虽然解决了风险管理氛围、环境方面的问题，但由于缺乏必要的框架、平台与科学的管理模式，能够暂用一时、处理一事，若长此以往会因缺乏“一定之规”而欲速则不达，甚至好心办坏事，这个“一定之规”就是管理体系。

另一方面，HSE 管理体系更不能离开风险管理，因为 HSE 管理体系就是为做好 HSE 风险管理工作而量身定做的，如果离开了风险管理，管理体系就成了无本之木，就成了失去魂灵的空壳体，当然也就失去了其存在的意义。事实上，HSE 管理体系正是基于事故防控需要而产生的，管理体系的建立旨在使风险管理发挥其应有作用，具体情况见本卷第二章“HSE 管理体系产生的背景”相关内容。

总之，要防控事故的发生，就必须通过风险管理，但如果没有管理体系提供资源、平台、框架与模式，风险管理将会因无法发挥有效作用而失去意义。而管理体系的建立，为的就是使风险管理能够发挥有效作用，从而达到事故防控的目的。

2）管理体系与安全文化的关系

HSE 管理体系虽然先进科学，但如果不能有效运行，同样发挥不了应有的作用。在 HSE 管理体系建立之后，只有通过其有效运行，才能够为做好风险管理工作，提供适宜框架平台、方法模式，促使风险管理工作做细、做实、做到位，否则，如果建而不用，徒劳无益，也就失去了其应有价值。

要使 HSE 管理体系有效运行，人们的安全意识、理念必须与这种先进的管理模式相适应。为提升人们的安全意识，转变落后的安全理念，必须培育良好的安全文化，必须有良好的安全文化与之相适应。如 HSE 管理体系高度重视安全领导力的作用，通过强有力的安全领导力，不仅能够为管理体系运行提供必需的资源保障，而且还能够克服传统安全管理中遇到的重重阻力，驱动管理体系有效运行，但如果领导干部不能够提高认识，对安全生产仍抱有侥幸心理，就不可能具有强有力的安全领导力。同样，体系管理就是系统管理，要求全员参与，如果人们的意识、理念跟不上，人们不愿参与安全管理，就像目前一些建立管理体系的企业，由于安全文化不良制约了管理体系的运行，使其不能够有效运行，影响其作用的发挥，如果这样，即使再先进科学的管理体系，不能发挥作用，也就形同虚设，失去了存在的价值，因此，一定要通过培育良好的安全文化，使安全文化与管理体系相适应，为 HSE 管理体系打造适宜的运行氛围、环境，促进而不是阻碍管理体系的有效运行。

另一方面，虽然良好的安全文化对于实现安全生产十分重要，但也应与其相应的管理模式相适应，才能发挥其最大效用，否则，其价值、意义将会大打折扣。这是因为通过培育良好安全文化，提升全员安全意识、理念，固然十分重要，但如果良好的安全文化离开了先进科学的方法、模式，照样也做不到能安全、会安全，影响安全管理工作的效率，甚至可能会出现"好心办坏事"的情况，同样也做不好安全生产工作。这种现象正是目前大力倡导安全文化建设的一些企业所遇到的问题，这些企业尚未建立管理体系，缺乏先进、科学的安全管理方式方法，虽然在安全文化建设方面花了不少力气，从领导到员工安全意识的确也有了一定程度的提高，发自内心想做好安全生产工作，但由于安全管理的方式方法不科学、不合理，在安全管理方面往往顾此失彼，导致事故此起彼伏，各式各样的事故照样还会发生，并没有达到预期的效果。

有关安全文化与管理体系之间的关系，理论上也能够找到相应的依据。由中国矿业大学傅贵教授带领的研究团队开展的"国家自然科学基金资助项目（51074167）""教育部博士点基金资助项目（20100023110005）"及"高等学校特色专业建设点项目（TS1063）"等研究项目，在对安全文化与管理体系的关系进行深入研究后，认为"安全文化通过影响组织的管理体系来影响组织成员的习惯性行为，最终影响其操作动作和物态，起到事故预防的作用"。另外，他们还构建了行为安全"2-4 模型"（图 1-5-8），该模型从引发事故的负面角度，说明了安全文化与管理体系之间的密切联系。

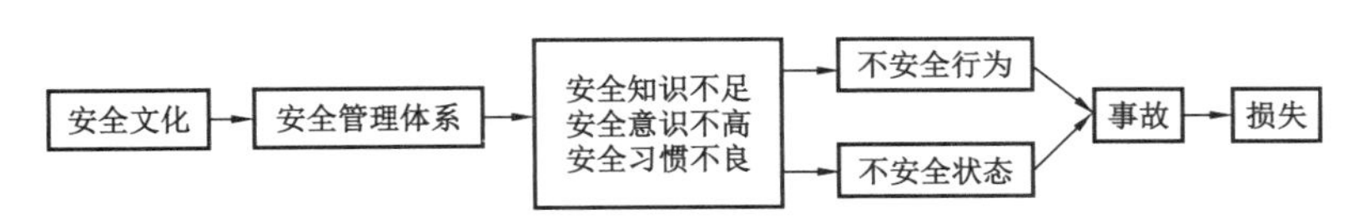

图 1-5-8　行为安全"2-4 模型"

西方研究学者同样认为，要打造"世界级安全业绩"，需由"管理体系（管理系统）"和"安全文化（人的信念和价值观）"来共同完成。他们把卓越的安全管理——"世界级安全业绩"喻作一座桥梁，那么"管理体系"和"安全文化"就是支撑该桥梁的两个桥墩，二者缺一不可。管理系统或者管理体系就是科学的安全管理模式、机制、标准和方法等，而安全文化则是人们的安全信念和价值观念的综合体现，良好的安全文化能够驱使人们更好地遵守管理模式、机制、标准和方法等，使其有效发挥作用（图 1-5-9）。

2. 风险管理、管理体系与安全文化三者之间的关系

首先，要做到事前预防，有效防控事故的发生，就必须要在事故尚未发生之前，把可能发生事故的原因找出来。而要有效防范、精准应对，还必须对所辨识出的这些危害因素进行分析、评判，筛选出需要防控的危害因素。在此基础上，针对不同类型、性质特点的风险，制定并落实相应的措施，达到有效防控事故发生之目的，上述内容即风险管理"三步曲"。实质上，

危害因素辨识、风险评估以及风险的削减与控制就是风险管理的核心内容，是实现事前预防、关口前移的必由之路。

图 1-5-9　世界级安全业绩模型

其次，要做好风险管理工作，如要通过危害因素辨识，辨识出可能导致事故发生的危害因素，必须对工作对象进行全面、系统、彻底的危害因素辨识。而要做到这一点，不仅仅需要选择适宜的辨识方法等技术手段，更要动员有关人员乃至全体员工共同参与对危害因素的辨识。同样，就风险防控措施而言，不仅仅是要通过技术手段制定出行之有效的防控措施，而且还必须能够付诸实施。为此，不仅需要投入相应的财力、物力，还必须使员工在日常工作中，能够把这些措施真正落到实处。因此，要做好风险管理工作，前期还需要做好交流、协商与沟通，建立适宜环境，期间需要对实施过程进行检查、检测与监控，还要进行评审、总结等。所有这些工作都超出了单纯的风险管理业务范畴，要求有相应的平台、框架予以支持。因此，要有效实施风险管理，必须建立与之相适应的管理体系，为风险管理搭建平台、提供框架，从而确保风险管理的有效实施，达到风险管理的应有目的。

HSE 管理体系就是这样一种管理模式，它不仅为风险管理搭建了平台、提供了框架，还能够解决阻碍安全生产管理的一系列障碍、问题，如通过“领导和承诺”强化安全领导力，通过系统管理 HSE 风险管理与生产经营活动融为一体等。总之，通过 HSE 管理体系的有效运行，为有效实施风险管理提供了一切所需。

最后，HSE 管理体系是一种先进、科学的管理模式，是一种具有高度自我约束、自我完善、自我激励一种管理机制。因此，要使管理体系有效运行，发挥其应有作用，必须要建立在自愿、自觉、自律的基础之上，只有这样，科学的管理体系才能够发挥其最大效用。目前，一些建立与运行管理体系的企业，并没有真正把安全作为其核心价值观，对安全工作重要性的认识还不到位，安全工作尚未进入这些企业领导干部们的灵魂深处，绝大多数企业领导人还不能把安全视作企业生存与发展的必需，而是视安全工作为应时应景之事。因此，要使 HSE 管理体系有效运行，最关键的问题是要解决人们的思想认识问题，使管理体系与各级管理者及广大员工的思想认识相匹配，否则，就不能保证管理体系的有效运行。

而要转变人们的落后观念、提升人们的落后意识，解决人们的思想、认识问题，就要通过安全文化建设与培育。因为安全文化是解决人们思想认识问题的利器。事实上，一般意义上所指的安全文化就是沉淀于组织及员工心灵深处的安全意识形态，如安全思想意识、安全价值观、安全思维方式等。因此，通过良好安全文化培育，营造良好安全生产的环境与氛围，使置身其中的人们在日常工作生活中受到潜移默化的教养和熏陶，提升安全意识，克服侥幸心理，创造适宜的氛围环境，促使 HSE 管理体系有效运行，而通过以风险管理为核心的 HSE 管理体系的有效运行，不仅能够使员工形成良好安全习惯，同时也能够使物的不安全状态有的放矢地得到根治，从而就能够达到安全生产长治久安的局面。

如果把安全生产长治久安作为一棵大树结出的累累硕果，那么，安全文化就是为这棵大树提供营养的沃土，而管理体系就是这棵大树的躯干，风险管理则是其上的支脉、绿叶（图 1-5-10）。要收获安全生产的累累硕果，作为与其最近的支脉、绿叶的风险管理固然十分重要，但还必须依赖管理体系这棵大树的躯干予以支撑，并提供养分通道，当然，能否提供适宜、充足的养分，最终还要看所生长的土壤——安全文化。

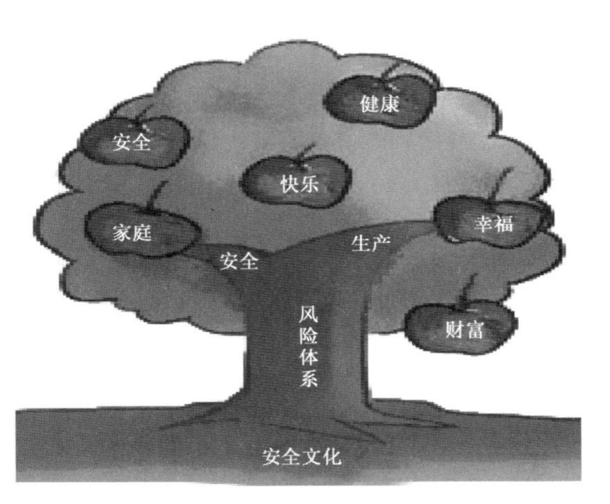

图 1-5-10　安全文化建设工作的意义

安全文化、管理体系与风险管理三者相互关联，相辅相成，缺一不可，它们实质上就是道、法、术之间的关系。

首先，安全文化是“道”，它是模型的外环，主要功能是营造氛围、提供环境，培育人们良好的安全观念、理念，从而能够促使管理体系有效运行；其次，管理体系是“法”，是模型的中环，是联系安全文化与风险管理的纽带，一方面，“道”作用于“法”，良好的安全文化能够促进管理体系有效运行，另一方面，“法”作用于“术”，通过管理体系的有效运行，为风险管理工作提供法则、规范、框架、平台；最后，风险管理是“术”，是做好事故防控的技术、方法、技巧，“术”在“法”的作用下，借助风险管理的方法、技巧，把危害因素尽可能都辨识出来，然后通过客观、公正的风险评价，筛选出需要防控的危害因素，最后制定出切实可行、行之有效的措施并付诸实施，达到对事故防控的最终目的。

三、事故防控宏观模型的意义

事故防控的宏观模型，主要是解决事故防控管理模式、发展方向等宏观战略问题。通过该模型可以看出，安全文化、管理体系与风险管理三者相互依托、相辅相成。

1. 明确了安全管理的发展方向

发展方向性问题是事关全局的战略性大问题，应该保持相对稳定，不能朝令夕改，以免给人们带来困惑、不解，从而失去应有的号召力。事故防控宏观模型把安全文化与管理体系有机结合在一起，不仅指出了安全管理的发展方向，同时也避免了因安全文化与管理体系之间的割裂可能产生的问题。

纵观以往倡导的安全文化建设，都是就安全文化而谈安全文化，与目前现行的管理模式没有什么联系，这样就会使人们对当下的管理模式心生疑惑，造成一些不必要的误解，尤其是对那些已实施管理体系的企业。目前在实施管理体系的同时，如果不理清管理体系与安全文化间的关系，一味强调安全文化建设，不免会给大家带来困惑：为什么又要改弦更张？是否当前所推行的管理体系是个错误？那么，随之而来的问题就是，倡导安全文化建设就一定正确吗？是不是过一段时间还会再变？诸如此类的困惑不仅会影响人们对管理体系的信心，也会直接影响到安全文化建设工作，可能使得大家对今后的发展方向产生迷惑，而不愿跟随，至少缺乏足够的热情和积极性。

通过事故防控的宏观模型，可以使人们清楚明白，开展安全文化建设不是改弦更张，不是改变安全管理的大方向，而是在查缺补漏、补短板，把不适应管理体系发挥作用的短板——安全文化进行强化，使其跟上管理体系的步伐，使管理体系更好地发挥作用。在安全文化演进中，列举了三个发展阶段，但每一个发展阶段不是对前一个发展阶段的否定或抛弃，而是在其基础之上的发展。如在体系化管理阶段并不是全面抛弃了以往的标准与技术，而是基于现有标准、技术构建与之相适应的管理体系。同样，在安全文化阶段，绝不是抛弃了 HSE 管理体系而致力于安全文化建设，相反，安全文化建设的目的，就是为适应 HSE 管理体系这一先进科学的管理模式而提升人们的理念、意识，达到促使 HSE 管理体系有效运行的目的。因此，在安全文化阶段，并不是厚此薄彼，不是强化文化建设而弱化体系管理，而是在重视技术、标准与设计等基础性工作的基础之上，补足安全文化短板，使安全文化适应变化了的管理模式，二者相互配合、齐头并进(图 1–5–11)。

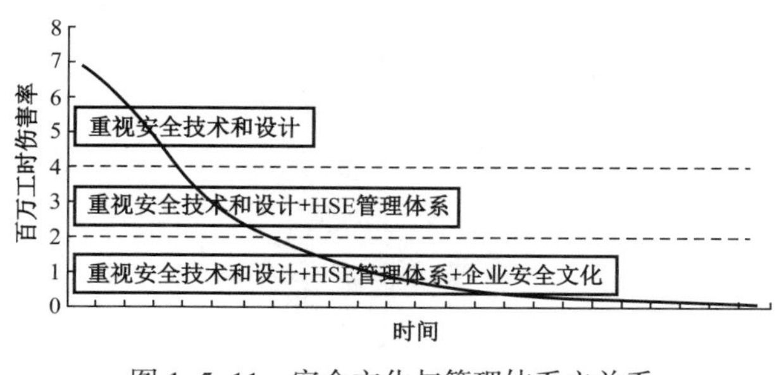

图 1–5–11　安全文化与管理体系之关系

2. 高度重视安全文化的培育

对于已建立管理体系的企业，应着力培育良好安全文化，提升人们的安全意识，使人们的思想认识与先进科学的管理模式相适应，从而使管理体系真正发挥其应有作用。从广义安全文化角度而言，包括管理体系在内的安全管理模式都属于安全文化中的中层文化，或称安全管理文化层次。而我们常说的狭义安全文化属于安全文化中的深层文化，或称精神文化层次。只有当深层文化适应中层文化，才能够促进中层文化的发展。反之，对其发展不仅起不到促进作用，还会起到阻碍作用。对于目前已经建立了管理体系的企业，从领导到员工的安全意识、理念落后，不能够与先进的管理体系相适应，严重制约了管理体系的有效运行。因此，要使管理体系有效运行，必须寻求与管理体系相适应的意识形态的东西，那就是要改变落后的安全文化，培育良好的安全文化。通过良好安全文化的建设与培育，提升人们的安全意识，转变人们的安全理念，充分发挥人们的内在动力，使管理体系得以有效运行。同理，一些安全文化抓得好的单位，却因不具有科学的管理模式，也陷入了“有劲无处使”的尴尬境地。因此，要使安全文化发挥应有作用，也需科学的管理模式作为抓手，否则，将会造成心有余而力不足。

曾记得改革开放初期，某新闻媒体曾报道过这样一个案例：某国有林场作为改革的试点单位尝试机构精简，分片包干、按劳计酬。一些因机构精简而从机关下放到一线的员工，虽握有现代化伐木工具，但由于碍于情面，思想上想不开，整天唉声叹气、消极怠工，基本上不去干活，所以，虽然工具得力，却因自己不作为没能挣到钱。同时，该林场还有一些刚从农村出来不久的临时工，由于家庭急需用钱，所以他们整天干劲冲天，但苦于没有“关系”，无法租借到现代化的伐木工具，只能使用像人工锯、斧头等非常原始的伐木工具，终因工具的效率太低也没挣到什么钱。后来一些临时工找到那些下放的机关干部们，对其动之以情、晓之以理，终于做通了这些“机关干部”们的思想工作，他们通力配合，临时工冲锋在前，使用高效率的现代化工具玩命干活，“机关干部们”则尽力协助做好其他辅助工作，使得他们伐木效率大增，并最终成为该林场的第一批“万元户”。HSE管理体系与安全文化恰似上述二者的关系：科学的管理体系就好似“现代化的伐木工具”，能够为做好本职工作提供先进、科学的方式方法，能够提高效率、事半功倍，但要使其发挥作用，必须真信、真学、真用。良好的安全文化则好似那些临时工们的“火热工作激情”，为做好本职工作提供适宜的氛围环境。但如果把二者割裂开来，一方面，即使工具再先进，但如果只是抱着高级、先进的“工具”睡大觉，并不用它去做事，就不可能达到目的；另一方面，即使大家热情再高、干劲再大，如果没有先进的工具，或者方式方法不科学、没效率，同样会事倍功半，达不到应有目的。

这实际上恰似我们一些企业的现状：一些企业建立了HSE管理体系，虽然管理体系先进科学、行之有效，但安全文化没有跟上，只是拥有它，并不使用它，不用它去管理健康、安全与环保工作，使其空转，照样发挥不了任何作用。同样，一些安全文化搞得较好的企业，因没有建立类似HSE管理体系这样科学的管理模式，没有找到先进科学的方式方法，虽想真心实意想做好安全工作，却因方式方法不科学，也同样达不到应有目的。相反，若把二者结合在一起，已建立了HSE管理体系的企业补上安全文化这个短板，而安全文化搞得较好的企业再建立相应管理体系，其效果就将会像上面的案例一样，优势互补，迸发无限活力，达到风险防控的应有目的。

3. 坚持管理体系与安全文化建设两手一起抓

鉴于管理体系与安全文化间密不可分的关系,对于尚未建立管理体系的企业,要做好安全生产管理工作,应坚持“两手抓”,一手抓管理体系建设,一手抓安全文化的培育。一方面,管理体系的确是实现安全生产的利器,通过管理体系的有效运行,既能够有效解决传统安全管理中所遇到的诸多难题,还能够凭借其先进科学的管理模式,做到事前预防、关口前移,其所发挥的威力已为很多企业的实用效果所证实。另一方面,要使管理体系发挥作用,必须有良好的安全文化与之相适应,二者相辅相成、缺一不可。

实际上,管理体系(包括风险管理)与安全文化就类似于内因与外因之间的关系:安全文化是外因,管理体系是内因。积极、良好的安全文化,就像一种适宜的气候、一块肥沃的土壤;管理体系就像在之上种植的秧苗,适宜的气候、土壤肥沃能够确保所种植秧苗的茁壮成长。但秧苗是否能够成长为参天大树,不仅要看气候、土壤,还要看播下的种子,如果种下的是小草,无论如何都不可能成长为参天大树。

但另一方面,如果缺乏阳光雨露或土地贫瘠,种下的不管是小草还是树苗,其能否成活尚是问题,更不用奢谈茁壮成长。因此,要培植出参天大树,秧苗品种与气候、土壤都很重要,既要选对秧苗,也要有与之适宜气候、土壤,只有这样,才能确保其成长为参天大树。同理,HSE 管理体系是做好 HSE 风险管理工作的利器,但 HSE 管理体系能否科学建立并有效运行,必须打造与之相适应的氛围环境,否则,即使再先进、科学的管理工具、方法或模式、手段,如果领导决策不予采用,或者员工在实际工作中不执行,或在执行过程中打折扣,都无法使其发挥应有作用,达不到预期的目的。

下篇　技术方法篇

导读

本篇为微观层面的技术方法篇，在上篇对风险管理知识系统认识的基础上，对风险管理的关键环节——危害因素辨识、风险评估、风险的削减与控制及其相关内容，进行了专题分析。尤其是针对当前风险管理工作中存在的突出问题，对危害因素辨识、风险的削减与控制等进行重点剖析，并提出相应的对策、建议。

危害因素辨识不仅是HSE风险管理的前提和基础，也是HSE风险管理工作的重点、难点和薄弱环节，因此本书在危害因素辨识环节重点着墨。首先，通过对与危害因素相关的概念进行梳理整合，解决了因其相关概念多、杂、乱而影响危害因素辨识的问题。基于上篇由“能量意外释放论＋奶酪模型”构造的事故模型，把危害因素重新命名为源头类危害因素（引发事故的根源）与衍生类危害因素（防控能量失控所设屏障上的漏洞），弥补了因对衍生类危害因素认识不足而导致的危害因素辨识方面的重大缺陷，为做好危害因素辨识奠定了扎实基础。此外，本篇还用大量篇幅介绍了危害因素辨识的常用方法及其策略技巧等相关内容。

在风险的削减与控制环节，除了对当前措施制定方面普遍存在的问题进行剖析并提出对策建议外，还系统介绍了蝴蝶结模型——一种非常实用的风险防控方法和工具，它不仅简单明了，行之有效，能有效解决当前措施制定方面可能出现的种种问题，而且还兼顾风险防范与事故应急的双重功能，是一种值得推荐的风险防控工具，壳牌公司几十年的应用成效就是明证。

在篇章逻辑结构上，本篇与上篇类似，首先是对风险管理理论的阐述，如危害因素辨识、风险评估以及风险削减与控制；然后，针对理论与实践结合过程中出现的突出问题，引入了一种科学的风险防控方法——蝴蝶结模型；最后，以能量意外释放理论为主线，通过对蝴蝶结模型风险防控机理的分析，以及对三类危险源（危害因素）的重新划分，确立了三类危害因素与三重屏障之间的相互关系，并在此基础上，构建了事故防控的微观模型。

第一章 危害因素辨识

下面是前些年发生的两起真实的事故案例：

案例 1：某企业早前兴建了一个储罐，储罐投用前一领导带两名员工要进罐检查，一员工进去后就没有了动静，另一位急忙下去查看，结果也昏倒在里面，这位领导见状自己又冲了进去……结果三个当事人都因窒息而死。

案例 2：多年前，某炼化车间发生了这样一起泄漏事故，所加工的物料含硫化氢，领导安排两名员工进去抢修，因为预判可能会有硫化氢泄漏，就让两人都携带了正压呼吸器。其时正值除夕，人们翘首以盼的央视春晚马上就要开始，另外，由于两人对正压呼吸器不熟悉，且其穿戴与脱卸都很费时，因此两人就把正压呼吸器放在车间门口，用湿手绢遮掩着鼻子就冲了进去，最终两名员工因硫化氢中毒而死。

通过分析，我们不难发现，上述两起事故皆因危害因素辨识不到位所致。案例 1 是源头类危害因素（概念解释见本章内容）——密闭空间缺氧，没有辨识出来，使得基本的风险防控屏障缺失，导致事故的发生。案例 2 虽然辨识出了源头类危害因素——硫化氢，也设置了防控屏障（措施）——要求当事人佩戴正压呼吸器，但由于没有辨识出防控屏障上的漏洞（即衍生类危害因素，概念解释见本章内容）——员工对“管理控制措施”执行不力，也就没有对这一衍生类危害因素采取相应的应对手段，如加强现场监督等，造成对员工监管缺位，从而致使两名员工命丧除夕之夜。由此可见，危害因素辨识是何等的重要，要有效防范事故的发生，必须做好危害因素的辨识。

危害因素辨识是风险管理的第一步，是风险管理的前提和基础，是有效实施风险管理至关重要的一环。要有效实施风险管理，必须做到全面、系统地开展危害因素辨识。

第一节 危害因素相关概念及其类型划分

本节首先就危害因素有关概念进行解释、梳理和整合，在此基础上，对其类型进行划分，为工作中做好危害因素辨识打好基础。

一、危害因素相关概念

危害因素是指可能导致人员伤害或疾病、财产损失、工作环境破坏、有害的环境影响或这些情况组合的要素，包括根源与状态。危害因素这个概念十分重要，它是风险管理中最重要的名词之一，也是一个易于与“风险”相混淆的名词，在上篇第三章第二节 HSE 风险管理简介中，已对两者的区别与联系做了详细的解释。

除危害因素外，在日常安全生产管理工作中，还常常遇到像危险因素、有害因素、危险源、不安全因素以及（事故）隐患等诸多名词。危险因素是指能对人造成伤亡或对物造成突发性损害的因素；有害因素是指能影响人的身体健康，导致疾病，或对物造成慢性损害的因素，它与危险因素有致害的快慢速度之分，故有时把两者合并称为危险和有害因素或危险、有害因素。危险源是指可能造成人员伤害或疾病、财产损失、环境破坏或这些情况组合的根源或状态。隐患是指可导致事故发生的物的不安全状态、人的不安全行为及管理上的缺陷等。另外，不安全因素则是泛指与安全相对的各种不安全情形，既包括人的不安全行为，也包括物的不安全状态等。

这些名词或出自政府主管部门文件、行业标准规范，或是日常工作中的约定俗成，或是来自西方文献汉语翻译等。由于出处不同，造成内容相近的名词术语，很多、很杂、很乱，给安全管理工作带来了诸多不便，严重影响着对危害因素辨识工作。实际上，“危险源”与“危害因素”一样，都来自对“Hazard”一词的汉译，外延比较宽泛，包括不安全的根源与状态，但从汉语字面意思来说，危险源一词更倾向于被理解为不安全的源头或根源性物质。另外，危险、有害因素一般被认为是指不安全的根源性物质，隐患则被认为是指不安全状态情况……总之，诸如此类的概念、术语，一线员工及绝大多数非专业人士要弄清它们之间的区别与联系，一则不太容易，二则也无太大实际意义，而引入这些概念的目的，就是为了把它们辨识出来，并视情况加以防控，最终达到防控事故的目的。因此，有必要对这些纷乱复杂的名词术语进行分析、梳理和整合。

事实上，众多交叉重叠、杂乱无章的名词概念，不仅对一线员工、安全管理人员带来诸多困难，安全生产管理领域的专家、学者们也不胜其扰。为有效解决这一问题，多年来，很多专家、学者都尝试对它们进行归纳、分类或整合，如东北大学的陈宝智教授就把它们划分为两类危险源；西安科技大学的田水承教授还在两类危险源基础上，进行了进一步划分（具体内容将在第五章第一节“三类危险因素的重新划分”中做进一步解释）；天津理工大学的陈全教授，则把能量划归为“危险源”，把人的不安全行为、物的不安全状态划归为“危险因素”；还有何学秋、张跃兵、樊运晓等专家、学者都为此做了相应的分析研究工作。

根据“能量意外释放论＋奶酪模型理论”事故致因模型，事故的发生是由于能量失控而造成，无论它们是危险因素、有害因素、危险源、（事故）隐患还是不安全因素等，不管其称谓如何，相互之间有什么区别，它们所具有的共性就是，都是可能导致事故发生的负面、不良因素，不管它们是不安全的根源还是状态，要防止事故的发生，首要的是把它们辨识出来，只有这样，才能视情况决定是否防控以及如何防控。另外，通过把危险因素、有害因素、危险源、隐患、不安全因素以及危害因素等诸多概念比对分析，可以看出，在这些概念中，“危害因素”或“危险源”含义相同，且外延较大，既包括根源也包括状态，即“危害因素”或“危险源”完全能够把其余概念、术语的含义囊括进去。因此，可以用“危害因素”或“危险源”取代上述诸多名词，但鉴于“危险源”一词更倾向于被理解为不安全的根源性物质，而“危害因素”则是中性词语，同时，危害因素还可以理解为危险有害因素的简称，因此笔者认为用“危害因素”一词更为合适，故本书把上述诸多称谓都统一合并称为“危害因素”（图 2-1-1），把对它们的查找、排查与识别，统称为“危害因素辨识”。

把危险因素、有害因素、危险源、(事故)隐患以及不安全因素等合并称为“危害因素”，就解决了众多容易混淆的概念、名词问题，为危害因素辨识扫清了障碍。在此基础上，就能动员全员去辨识生产经营活动中可能存在的各种类型的危害因素，然后由相关人员进行分析评判，并视评判结果决定是否需要防控及如何防控等，从而达到关口前移、事前预防的目的。

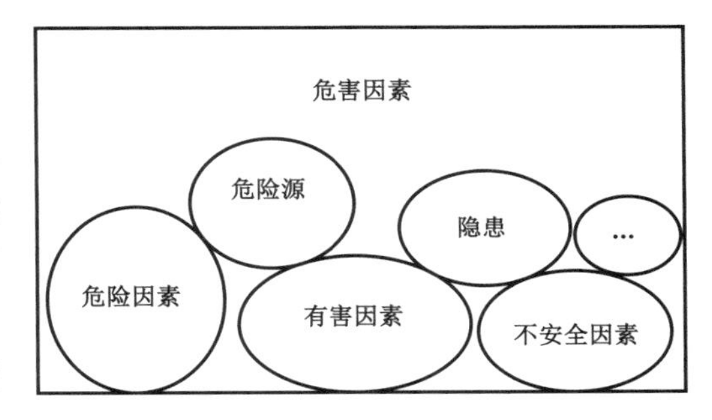

图 2-1-1　危害因素概念示意图

二、危害因素类型

把许多不同类型的危害因素归为一体，优势是简化处理，便于做好危害因素辨识。但需要注意的是，出现诸多不同概念的另一个原因，就是因为它们虽然统称为危害因素，但不同类型的危害因素，在事故致因中的地位、作用都有着很大的差异，这些差异虽然对于包括一线员工在内的广大非专业人士可能意义不大，但专业管理人员及专家、学者，有必要进一步弄清它们的区别与联系。

1. 现实型危害因素与潜在型危害因素

按照危害因素的存在状态，可把危害因素分为“现实型”与“潜在型”两种类型。如在一项活动、项目开始前，进行危害因素辨识，所辨识出的危害因素可能会出现在将要开始的活动、项目中，属于可能会出现的“潜在型”危害因素。对作业活动、项目进行风险管理的目的，就是通过辨识这些“潜在型”危害因素，并进行风险评估，视情况采取相应的预防措施，防止因其出现而导致事故发生。这就是活动、项目的风险管理。与之相反，在已开始的活动、项目中，进行安全检查或隐患排查时发现的安全隐患，如螺栓的松动(脱落)、转动部件防护罩缺失等，就属于已经客观存在的“现实型”危害因素，它们是“潜在型”危害因素没有得到有效控制的结果，是已经客观存在的物的不安全状态，当然“现实型”危害因素也可以是人的不安全行为。由于“现实型”危害因素是“潜在型”危害因素失控的结果，其较之“潜在型”危害因素，距离引发事故就更近一步。因此，对“现实型”危害因素的控制——隐患整改，要比对一般“潜在型”危害因素防范显得更为迫切。

实际上，在上篇第一章“屏障模型”中，已经对现实型危害因素与潜在型危害因素做过介绍。由于屏障(措施)自身本质特征缺陷或其质量问题，或因工作环境、工作状况及监管问题等因素影响，可能会使屏障(措施)失去防控能力。这种大概率导致屏障(措施)失效的因素称为潜在型危害因素(the Potential Hazard)，而现实型危害因素(the Actual Hazard; Hazardous State)则是潜在型危害因素失控而形成的、致使屏障失去作用的衍生类危害因素。它们是一种客观存在。如采用螺栓固定物件，螺母就可能会松动、脱落，导致固定失效，但如果检查、维护科学合理，就能够避免出现这种情况，从而避免事故的发生，这也正是事前防控工作的目的。从这个意义上讲，如果系统内危害因素都处于潜在状态，说明预防工作得力，该系统就应是安全的；反之，如果大多数“潜在型”危害因素没有得到有效控制而让其转化为“现实型”的危害因素——隐患，则表明该系统风险程度大大增加，或已濒于将要发生事故的危险阶段。当前，应急管理部关于“把安全风险（危害因素）管控挺在隐患前面，把隐患排查治理挺在事故前面”的要求，也正是体现了风险管理的思路。拓展后的事故金字塔模型就反映出了“现实型”“潜在型”危害因素及其引发事故之间的关系（图 2–1–2）。

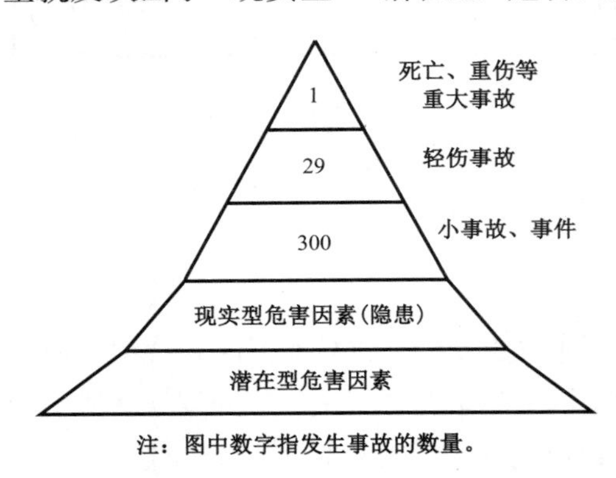

图 2–1–2　拓展后的事故金字塔模型

其实，另一类危害因素［Hazard Source：源头类危害因素（参下）］按其存在状态也可划分为“潜在型”与“现实型”危害因素。如，客观存在的能量或有害物质，如果它们被管理得很好，处于被约束或受控状态，此种状态下的危害因素就是“潜在型”危害因素。相反，如果当其所有防控措施（屏障）都失效，从而使得源头类危害因素处于失控状态，且在尚未波及到敏感“受体”而引发事故之前的这种状态（Hazardous State），就是源头类危害因素的“现实型”危害因素。

另外，如按照危害因素在事故致因中的不同作用，又可把危害因素划分为源头类危害因素与衍生类危害因素两种（图 2–1–3），下面将根据两者的区别、联系与划分等，做进一步分析。

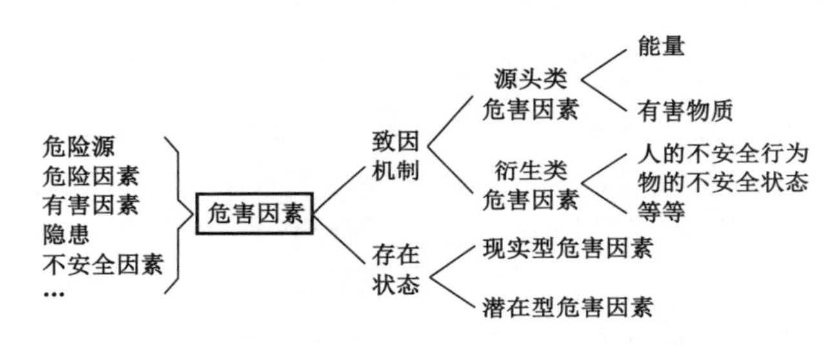

图 2–1–3　危害因素的整合与分解

2. 源头类危害因素与衍生类危害因素

根据“能量意外释放论 + 奶酪模型理论”事故致因模型，危害因素之所以会导致事故的发生，其根源就在于能量或有害物质的存在，能量或有害物质的失控是导致事故发生的根本原因，这就是能量意外释放理论的主要内容。至于能量或有害物质为什么会失控，奶酪模型理论给出了科学合理的解释，能量或有害物质之所以失控，是因为所有的事故防控措施（屏障）都存在着各种各样的漏洞（缺陷），也正因这些漏洞（缺陷）的存在，使得防控屏障可能会失去屏蔽作用，从而造成能量或有害物质失控，导致事故的发生。

东北大学的陈宝智教授根据危害因素的性质特点，分别把它们命名为第一类危险源与第二类危险源，陈教授所指的第一类危险源，是各种能量或有害物质，第二类危险源则是指导致约束、限制能量措施（屏障）失效或破坏的各种不安全因素，也即为防控能量或有害物质意外释放所设置的防控屏障（措施）上的缺陷或漏洞。

第一类危险源是指日常生产经营活动中的所需或所用的一些能量以及伴随发生的有害物质等，如马路上高速行驶的车辆，地层深处的高压流体等，就属于能量范畴；而像水泥厂、面粉车间、选煤车间里的粉尘，机械厂里的噪声，以及化工厂的一些有毒有害物品等，则属于有害物质范畴。

一般地，能量或是维持生产经营活动的必需，如作为动力源的电能，或是生产经营活动中所加工、处理的工作对象，如发电厂产出的电能，都是不能消除的，否则，要么生产经营活动无法进行，要么生产经营活动失去了意义。而有害物质则是指伴随生产经营活动而产生的物质，它们无法消除，至少无法彻底根除，只要活动进行，此类有害物质就随之产生，如一些工厂车间生产过程中所产生的粉尘、噪声，化工厂生产时伴随产生的一些毒副产品等。由于能量或有害物质是客观存在的，不以人的主观意志为转移，要么不能消除，要么无法彻底消除，因此，管控此类危害因素的办法就是，在将其辨识出来的基础上，设置相应的防护屏障，加以屏蔽，防止其意外失控，从而避免事故的发生。由于这类危害因素是事故发生的源头性的危害因素，也即它们是事故发生的根源、源泉或源头，因此，把此类危害因素称为源头类危害因素更为贴切。

第二类危险源是指导致约束、限制能量的措施失效或破坏的各种不安全因素，也即为防止源头类危害因素（第一类危险源）失控所施加的防护屏障上的各种漏洞或缺陷，它既包括人的不安全行为，也包括物的不安全状态，以及监督不到位、管理缺陷等。

与源头类危害因素相反，此类危害因素并不是客观存在的，而是由于人为因素造成，无论是人的不安全行为、物的不安全状态还是环境不良、管理缺陷等，都可以归结为人为因素，归根结底都是由于管理上的原因所造成的，如人的不安全行为的出现，要么是由于培训不到位，不知如何正确去做，要么安全意识淡薄，想偷懒走捷径、明知故犯。而所有这些问题，都是可以通过强化理念和技能培训或通过加强监督和管理加以解决的。因此，影响防护屏障正常发挥作用的漏洞或缺陷，都是主观、人为因素所致，是可以通过强化安全监督管理加以弥补和改进的。

由于这类因素的存在，影响了防护屏障正常发挥作用，从而导致事故的发生。这些影响防护屏障功能正常发挥的危害因素，不论是人的不安全行为、物的不安全状态、管理上的缺陷，还是环境不良等，都是在对源头类危害因素防控过程中产生的衍生品，它们并不是危险源头。因此，把它们称作“（第二类）危险源”显然并不合适，称作衍生类危害因素更为合理。

将危害因素细分为源头类危害因素与衍生类危害因素两类（图 2–1–4）。

三、源头类危害因素

源头类危害因素，也即通常所说的危险源，它是事故发生的源头和内因，是包括能量（或有害物质）在内的不以人的意志为转移的客观存在（图 2–1–5）。所谓危险源是指可能导致死亡、伤害、职业病、财产损失、工作环境破坏或这些情况组合的根源或状态。危险源可以是存在危险的一件设备、一处设施或一个系统，也可能是一件设备、一处设施或一个系统中存在危险的一部分。如煤气罐中的煤气泄漏，遇火就可能发生爆炸，我们说煤气罐是危险的，

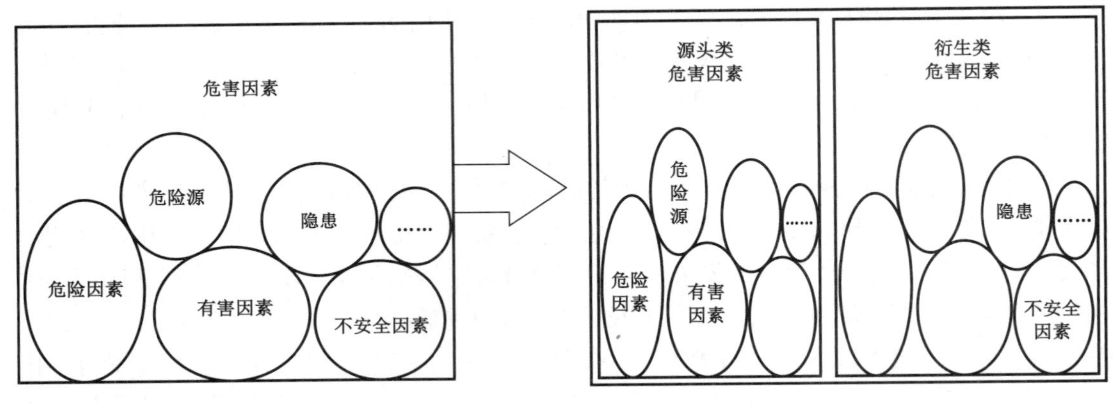

图 2–1–4　危害因素的分类

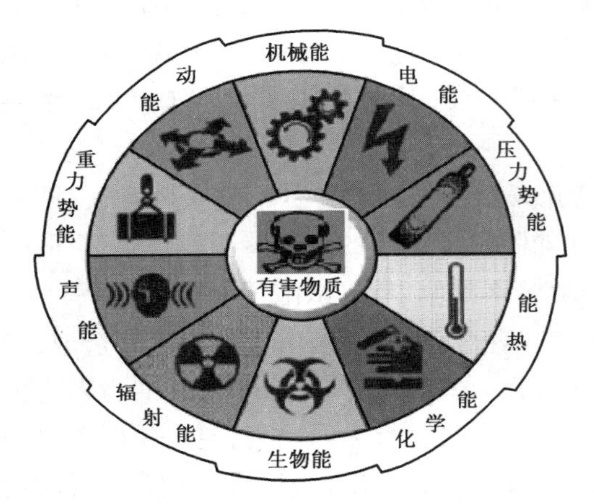

图 2–1–5　源头类危害因素：能量、有害物质

它是煤气泄漏、爆炸的源头，因此，煤气罐就是一个危险源。

国家标准中把重大危险源定义为长期或者临时生产、搬运、使用以及贮存危险物质，且危险物质的数量超过或等于临界量的单元。临界量是指对于某类危险物质规定的数量，若单元中的物质数量超过或等于该数量，则该单元可定义为重大危险源。单元是指一个（套）生产装置、设施或场所，或同属一个工厂的且边缘距离小于 500m 的几个（套）生产装置、设施或场所。

前面已经提到，一个煤气罐是一个危险源，那么，一个存放大量煤气罐的煤气罐储存站点可能就是一个重大危险源。一个危险源是否构成重大危险源，可以通过国家或行业出台的重大危险源判定标准进行具体判断，发布相应的判别标准，就是为了强化对重大危险源的管理，因为重大危险源一旦失控，其后果极其严重，必须高度重视、严防死守，并做好应急管理。

源头类危害因素，包括传统意义上的危险源、重大危险源等，泛指可能引发各类事故的源头类因素，也就是能量意外释放理论里所说的能量或有害物质。下面分别对各种能量及有害物质进行具体介绍。

1. 能量

能量可理解为物体做功的本领，能量越大，做功的本领就越强，反之亦然。同时，能量越大，一旦失控，可能造成的后果就越严重，这就是国家要求对重大危险源进行强化管理的原因。根据源头类危害因素的定义，煤气罐中的碳氢化合物就是能量或有害物质，属于源头类危害因素，而储存它的罐体及其附件存在的问题、缺陷就属于衍生类危害因素。表 2–1–1 为部分能量及其伤害影响类型。

表 2-1-1　部分能量及其伤害影响类型

序号	能量	案例	影响后果
1	动能	飞行子弹、高速行驶车辆等	穿透人体、撞击伤亡等
2	势能	高处物体、压缩气体等	造成坠落、物理性爆炸等
3	光能	激光、建筑物玻璃幕墙等	光污染、伤害
4	电能	裸露电线、带电体等	导致火灾、触电等
5	热能	烈焰、高温天气等	导致灼烧伤、中暑等
6	化学能	各种失控的化学反应等	导致火灾、爆炸等
7	辐射能	医院、工业检测射线等	造成人体细胞损伤等
8	生物能	生物制剂、毒物、致癌物、有毒物质等	造成人体染病等

2. 有害物质

有害物质一般是指可能损伤人体正常的生理、代谢机能，或破坏设备、设施、物品效能的物质。当它们直接、长期、或大量与人体、物品发生接触时，可能会导致人体健康损伤，或物品受损、破坏等。与能量一样，这类物质在性能一定的情况下，数量越多，危害性就越高，干扰、破坏性就越严重，反之亦然。与能量相比，有害物质一般不为生产经营活动提供动力，也不一定是生产经营活动的对象，但它们一般伴随生产经营活动产生，一般无法完全彻底消除，如水泥厂、面粉厂、（机械加工）抛光车间、煤矿等作业场所的粉尘；飞机场、机械加工厂等产生的高分贝噪声；化工厂、实验室所产生的有毒、有害伴生物，以及所使用的有毒、有害添加剂、催化剂等。

四、衍生类危害因素

衍生类危害因素是导致事故发生的外在必要条件，是事故发生的外因，一般是指人的不安全行为或物的不安全状态，即为防控能量或有害物质所设置的屏障上的缺陷、漏洞（图 2-1-6）。由于源头类危害因素是维持很多生产经营活动的必需品，而要使能量或有害物质能够正常流转，发挥应有作用，必须设置相应的屏障以防其发生失控。只要所设置防护屏障正常发挥作用，也就意味着消除了可能导致事故发生的外部条件，事故就不会发生。但是，所有事故控制措施、防范手段并非绝对可靠，都会有一些漏洞、缺陷，使得防护屏障失去了对能量或有害物质的正常屏蔽作用，造成能量或有害物质意外释放，即失控，从而导致事故的发生。造成屏障失效的衍生类危害因素，一般有如下几种类型：

（1）人的不安全行为。

（2）物的不安全状态。

（3）环境不良。

（4）管理上的缺陷等。

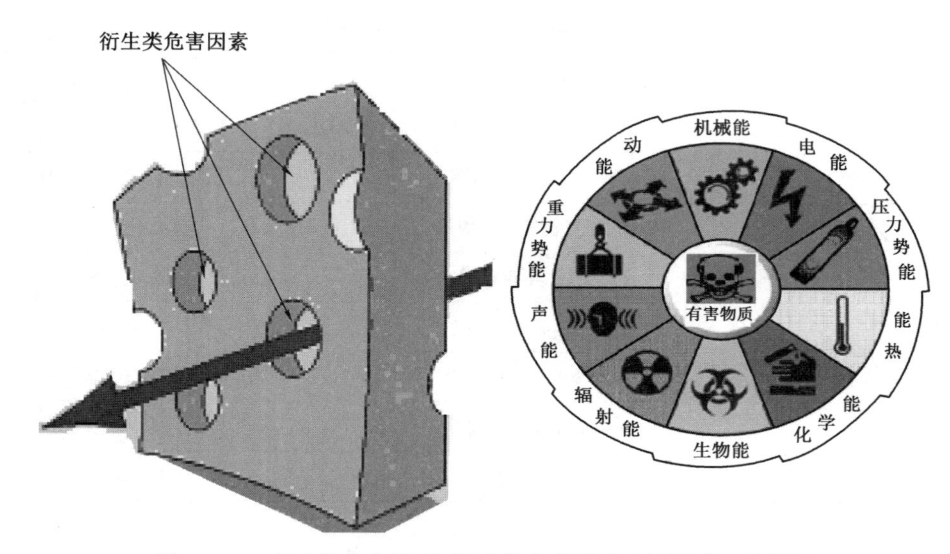

图 2-1-6　衍生类危害因素：源头类危害因素防护屏障上的漏洞

1. 人的不安全行为

人的不安全行为，即由人做出的可能会导致事故发生的不安全举动、行为，泛指人员在作业过程中，违反劳动纪律、操作程序和方法等具有危险性的做法，既包括人们偶然或无意识的失误，也包括故意的违章操作等。偶然失误所造成的误操作，如司机刹车时误把油门当作刹车，设备检维修期间误开了设备的动力源等；具有主观故意行为的违章操作，如司机超速行驶、行人闯红灯等。无意识的失误一般与自身素质、技能熟练程度、即时背景等因素有关，而主观故意则要归咎于行为人安全意识淡薄、组织对行为人的监管不力以及行为人的自身素质偏低等。人的这两类不安全行为，不管存在主观故意与否，其结果是造成能量或有害物质的意外释放，导致事故或未遂事故的发生。

人的不安全行为是导致各类事故发生的主要原因，占全部事故起因的 80%～90%，甚至更高。人的不安全行为，无论何种类型，都是可以通过强化培训教育、加强监督管理等手段加以改善的，如加强员工安全技能、业务素质培训，使其“能安全、会安全”；强化安全意识教育，加强劳动纪律、安全监督等，使其“想安全、要安全”，这些都是降低人的不安全行为的有效手段。

在对员工强化技能培训的同时，加强理念教育，强化安全生产的监督、管理等，以防范人的不安全行为所导致的事故发生，一直是安全生产管理的重心所在。在《生产过程危险和有害因素分类与代码》（GB/T 13861—2022）中，把人的危害因素分为心理、生理性危害因素与行为性危害因素两大类，其中，心理、生理性危害因素又分为负荷超限、健康状况异常、从事违禁作业、心理异常、辨识功能缺陷及其他六种；行为性危害因素分为指挥错误、操作错误、监护失误及其他行为性危害因素四种。在上述十种类型的危害因素中，负荷超限、心理异常、辨识功能缺陷等又可进一步细分，如负荷超限可进一步细分为体力、听力、视力及其他负荷超限四种情况。

2. 物的不安全状态

物的不安全状态也称故障（或缺陷、隐患），它是指系统、设施、元件等在运行过程中由于性能（含安全性能）低下而不能实现预定功能（包括安全功能）的现象。如设备、设施存在缺陷而出现跑冒滴漏现象，最终导致事故的发生；防护装置没有或不全，在施工作业过程中发生伤人事故等。因此，提高设备本质安全水平及设备完整性等，是提升物的安全状态、有效防范事故发生的重要途径。故障发生的规律是可知的，通过定期检查、维修保养和分析总结等，及时发现并处理设备设施出现的隐患（危害因素），都可使多数故障在预定期间内得到控制（避免或减少）。另外，设备、设施的超期服役，也是事故高发的原因之一，因此，强化对关键设备、设施监管，迫使其关停“下岗”，是防范此类事故发生的有效手段。

通过强化硬件设施的隐患排查（危害因素辨识），强化设备、设施的安全检查等，可以有效降低物的不安全状态所引发的事故发生率。另外，掌握各类故障发生规律和故障率是预防事故发生的重要手段，这需要应用大量统计数据和概率统计的方法进行分析、研究。在《生产过程危险和有害因素分类与代码》（GB/T 13861—2022）中，物的危害因素分为物理性危害因素、化学性危害因素及生物性危害因素三大类，具体分类方法如下：

（1）物理性危害因素进一步分为设备设施工具附件缺陷、防护缺陷、电伤害、噪声、振动危害、电离辐射、运动物伤害、明火、高温物体、低温物体、信号缺陷、标志缺陷、有害光照及其他等十四个种类，其中，设备设施工具附件缺陷、防护缺陷、电伤害、噪声、振动危害、运动物伤害、高温物体、低温物体、信号缺陷、标志缺陷等还可进一步细分，如电伤害进一步细分为带电部位裸露、漏电、静电及杂散电流、电火花及其他五种情况。

（2）化学性危害因素分为爆炸品、易燃液体等十个种类。

（3）生物性危害因素分为致病微生物、传染病媒介物、致害动植物等五个种类。

需要说明的是，在该标准所述的物的危害因素中，除个别缺陷类物的危害因素属于衍生类危害因素外，绝大多数物的危害因素都属于源头类危害因素。

3. 环境不良

环境不良按大类可列入物的不安全状态之中。环境不良即工作环境恶劣，不能保证安全生产，如强烈的噪声分散人的注意力，由于夜间施工光线不良导致视觉出差错等。在《生产过程危险和有害因素分类与代码》（GB/T 13861—2022）中，环境不良分为四大类：室内作业场所环境不良、室外作业场所环境不良、地下（含水下）作业环境不良及其他。标准中对这四大类因素都作了进一步细分，如地下（含水下）作业环境不良分为隧道 / 矿井顶面缺陷、隧道 / 矿井正面或侧壁缺陷、隧道 / 矿井地面缺陷、地下作业面空气不良、地下火、冲击地压、地下水、水下作业供氧不当及其他。

与上述物的危害因素相同，在环境危害因素中，既有属于能量或有害物质的源头类危害因素，如地下火、冲击地压、地下水等，也有属于物的不安全状态的衍生类危害因素，如夜间施工光线不良等。

4. 管理方面的缺陷

管理方面的缺陷包括人员安排不当、施工组织不合理、人员培训不到位、操作规程不健全或有缺陷等。在人员安排方面，如安排组织能力不强，不善于沟通、交流人员行使作业活动的组织领导职责；在施工组织方面，如为抢工期，把不宜夜间施工的活动安排到夜间进行而导致事故的发生；在人员培训方面，员工入厂没有进行“三级安全教育”，或应持证者没有培训持证就上岗工作；在制度、规程方面，应该建立的基本制度不健全，常规作业没有相应的操作规程，员工在“干中学”“学中干”时，操作失误导致事故发生等，都属于管理方面的原因，因此，管理方面的缺陷可以通过教育培训，提升领导和管理人员安全意识和素质，通过强化管理、科学管理等方式、方法进行改进完善。

在《生产过程危险和有害因素分类与代码》（GB/T 13861—2022）中，管理方面的危害因素分了六大类，组织不健全、责任制未落实、规章制度不完善、投入不足、管理不完善及其他管理因素。其中，规章制度不完善可细分为“三同时”制度不落实、操作规程不规范、应急预案及响应缺陷、培训制度不完善及其他。

需要指出的是，包括人的不安全行为、物的不安全状态、环境不良以及管理上的缺陷在内的衍生类危害因素，还可细分为两种类型，其一为人的不安全行为、物的不安全状态；其二是环境不良，被纳入物的不安全状态之中。人的不安全行为、物的不安全状态为导致约束和限制能量措施失效或破坏的不安全因素，也即防控屏障上的漏洞和缺陷。管理上的缺陷则是防控屏障上的漏洞和缺陷产生的原因，具体分析内容详见下篇第六章第一节“三类危险因素的重新划分”中的相关内容。

5. 衍生类危害因素与隐患之关系

实质上，隐患属于衍生类危害因素范畴，进一步而言，隐患类似衍生类危害因素中的“现实型”危害因素。

首先，隐患属于衍生类危害因素范畴。隐患定义之一：“生产经营单位违反安全生产法律、法规、规章、标准、规程和安全生产管理制度的规定”，该定义所指的就是衍生类危害因素，因为源头类是危害因素是客观存在的各种能量或有害物质，它们本身不会违反任何规定，而只有对它们的不当管理，以及由此导致的人的不安全行为或物的不安全状态，才可能会违反相关法规、标准、制度或规定等，因此，隐患是在防控源头类危害因素过程中出现的问题，属于衍生类危害因素范畴。隐患定义之二：“生产经营活动中存在可能导致事故发生的物的危险状态、人的不安全行为和管理上的缺陷”。由危害因素的定义可知，危害因素既包括能量或有害物质之类的源头类危害因素，也包括人的不安全行为或物的不安全状态等衍生类危害因素，人的不安全行为或物的不安全状态等衍生类危害因素，恰与隐患的这一定义相吻合，因此，隐患属于危害因素中的衍生类危害因素。至于其中“管理上的缺陷”，则正是导致人的不安全行为或物的不安全状态产生的原因。总之，危害因素包括隐患，隐患是危害因素中的一种类型，表现为防止能量或有害物质失控的屏障（措施）上的缺陷或漏洞，它们是诱发能量或有害物质失控的外部因素，也即事故的外因。

其次，隐患类似衍生类危害因素中的“现实型危害因素”。衍生类危害因素可理解为防控屏障(措施)上的缺陷、漏洞,按照其存在状态,可分为“潜在型危害因素(the Potential Hazard)”与“现实型危害因素(the Actual Hazard;the Hazardous State)”两种类型。所谓潜在型(衍生类)危害因素,是指由于屏障(措施)自身本质特征缺陷或其质量问题,或因工作环境、工作状况及监管问题等因素影响,大概率导致屏障(措施)失效的因素。如,金属会腐蚀、玻璃易破碎、橡胶易老化等,再如,螺栓固定组件螺母可能会松动甚至脱落,等等,这些都是致使其相应屏障失效的潜在型危害因素。对“潜在型”危害因素不预防或预防不力等,就会失控形成“现实型”危害因素。“现实型”危害因素致使屏障(措施)失效,如螺栓固定的组件已出现螺母松动(脱落)等,就使得其失去了相应的紧固(连接)功能。在风险管理工作中,辨识屏障(措施)上尚未出现的潜在型(衍生类)危害因素,就是为了制定并采取相应预防措施,使其始终处于潜在状态,确保屏障(措施)作用的发挥,从而达到防控能量或有害物质失控的目的。相反,如果潜在型危害因素没有得以辨识而缺乏必要的预防措施,潜在型危害因素就会失控而转变为现实型危害因素,现实型危害因素就类似我们所谓的“隐患”。“隐患”的存在会使屏障(措施)失去作用,至少影响作用的发挥,从而导致源头类危害因素失控,造成事故发生。当然“潜在型”“现实型”危害因素也可以是人的不安全行为或管理上的缺陷(图 2-1-7)。

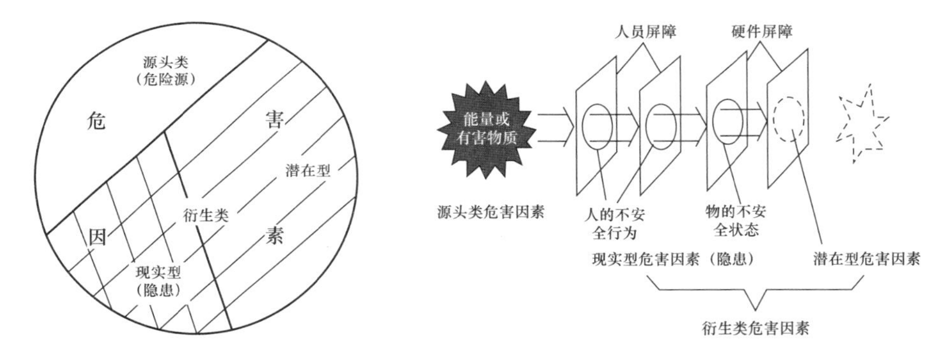

图 2-1-7　各类危害因素间的包含关系与逻辑关系

源头类危害因素在人员屏障与(或)硬件屏障约束之下,如果屏障上出现“现实型”危害因素(隐患),将会致使屏障失去防控作用,但只要还存在具有“潜在型”危害因素的屏障,这时的源头类危害因素就会受控,这时的源头类危害因素就是“潜在型”源头类危害因素,否则,一旦所有屏障都出现“现实型”危害因素(隐患)而失去作用,这时的源头类危害因素就会失去控制而成为“现实型”源头类危害因素(图 2-1-7),从而进可能造成事故发生。

需要指出的是,隐患虽然类似现实型危害因素,但它并不完全等同于现实型危害因素,因为二者的外延不同。现实型危害因素具有严格学术定义,相反,隐患则是一种管理要求,内容比较宽泛,再加上人们对隐患的理解、判断会有这样或那样的偏差等原因,因此,隐患的范围要远大于现实型危害因素。

五、两类危害因素的关系

通过运用能量意外释放理论对事故原因的分析可以看出,事故发生的内在原因是有能量或有害物质的存在,虽然能量或有害物质都存在着各自的防护屏障,但由于能量或有害物质的防范屏障像奶酪而不像铁板，都存在种种漏洞或缺陷，使得当一种能量或有害物质的所有防范屏障同时失去效用时，这种能量或有害物质就会被意外释放，从而导致事故的发生。

能量或有害物质是事故发生的源头和动力，是事故发生的内因，防范屏障存在与否以及其自身所存在的隐患（缺陷或漏洞）是导致事故发生的外部原因，即外因。唯物辩证法认为，内因是变化的根据，外因是变化的条件，内因通过外因而起作用。能量或有害物质这个内因，通过防护屏障漏洞这个外因导致事故的发生。

如果能量或有害物质不存在，就不需要防护屏障的存在，其上的隐患也就无从谈起，这种情况下，因为事故发生的源头因素即内因不存在，就没有发生事故的可能。反之，只要能量或有害物质存在，就有发生事故的可能，但是否会发生事故还要看其防范屏障的存在与否及其质量和数量情况，即事故外因的情况。

即使在存在能量或有害物质的情况下，如果其相应的防范屏障能有效发挥作用，就能有效防范事故的发生，反之，如果内因在外因的作用下，导致能量或有害物质意外失控，就会引起事故的发生（图 2–1–8）。因此，要做好风险管理的工作，首先要辨识出能量或有害物质，并据此为需要防控的能量或有害物质设置防范屏障，同时还要辨识出屏障上的隐患（漏洞），进而消除这些缺陷或堵塞这些漏洞，以确保防范屏障发挥作用，唯其如此，才能有效避免事故的发生。

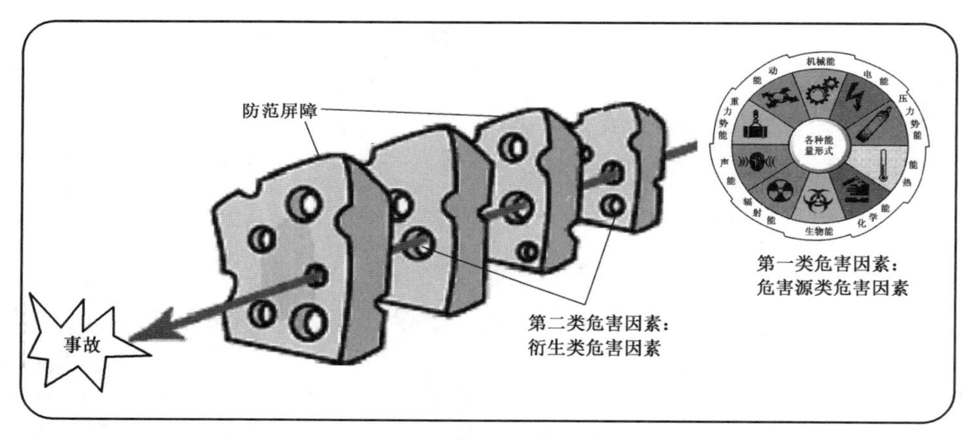

图 2–1–8　两类危害因素及其相互关系

事实上，屏障的有效性是能够保证的，因为这些防护屏障上的所有缺陷或漏洞，都属于衍生类危害因素，是人为因素所致，因此，只要运用的方法科学合理，通过强化安全生产的监督和管理，防护屏障上的衍生类危害因素都是可以消除的，防范屏障就能有效发挥作用，事故就不会发生，“所有事故都是可以避免的”的道理就源自于此。

由于源头类危害因素的能量大小决定着事故后果的严重程度，能量越大，有害物质有害程度越高，事故后果就越严重。因此，一定要重视对高能量及高危害性物质的管理，既要做好事前防范，也要做好事后应急，以避免其失控可能造成的巨大损失，这就是为什么要对重大危险源进行强化管控的道理，同时，这也是为什么一些高危行业和领域重特大事故高发背后的客观原因。

衍生类危害因素则反映了屏障的“坚实、完好”程度，它决定了事故发生的可能性或概率，屏障越“坚实、完好”，事故发生的概率就越低，反之亦然。同时，在防范屏障质量一定的情况下，防范屏障数量设置的越多，事故发生的概率也就越低。因此，要有效防范事故的发生，可以考虑在提高屏障质量（完好性）的同时，适当增加防范屏障的数量，这也是有效降低事故发生率的方法之一，如核工业要求至少设置三道以上屏障进行安全防范，而医护行业一般只有一道防范屏障。屏障设置的数量多、质量高，就说明一个组织在安全管理方面不仅投入多、手段多，而且所采取的方式、方法也切实有效，体现了其对安全管理工作的重视，能有效防范事故的发生，这也是为什么同为高风险行业，由于对安全生产的重视程度、监管力度或采取的方式方法的不同，不同企业的安全生产绩效有着天壤之别的原因。

总之，源头类危害因素决定着事故后果的严重程度，是事故发生的前提。而防范屏障上的漏洞、隐患，即衍生类危害因素，则是事故发生的外部条件，决定着事故发生的可能性，二者的共同作用决定了一个组织（企业）所具有的风险程度的高低。

六、两类危害因素重新命名的意义

事实上，绝大多数事故原因都与危害因素辨识不到位有关。源头类危害因素辨识不到位，可能就意味着将来可能发生事故的原因没有找到，自然就不会为其施加相应的防护屏障，这样客观存在的能量或有害物质就会失控，从而导致事故的发生；更为普遍的是衍生类危害因素得不到辨识，即防控措施的缺陷或防控屏障的漏洞，没有被辨识出来并加以弥补，从而导致风险防控措施起不到应有的作用，造成能量或有害物质的失控，从而引发事故。

20 世纪 90 年代，东北大学陈宝智教授就提出了两类危险源划分理论，但由于“危险源”一词本身较为狭义，在汉语语境里就是指能量或有害物质之类导致事故的根源、源头，本身就是第一类范畴的东西，因此，就不能把它再分第一类与第二类了，而且第一类与第二类究竟指的是什么，并不明确，还需进一步解释。另外，这种划分方式也未与事故致因理论相联系，故两类危险源划分理论无论在事故致因解释还是事故防控方面的作用都受到了限制。

通过前述与 Hazard 相关名称、术语的梳理整合，把它们统称为“危害因素”，在此基础上，再进一步把能量或有害物质之类导致事故的根源、源头称为源头类危害因素，把另一类伴随防控措施而出现的、影响防控措施发挥作用的因素称为衍生类危害因素，这样的两类危害因素划分理论，明确了两类危害因素间的相互关系，对于事故致因解释、事故防控等都具有十分重要的意义。

第一，通过对两类危害因素的重新命名，指出了危害因素辨识中的重大缺陷，解决了风险防控中的关键问题。在以往的危害因素辨识中，我们所辨识的危害因素基本上只局限于源头类危害因素，认为只有能量或有害物质等导致事故发生的根源性物质才是危害因素。实际上，除了能量或有害物质，那些包括人的不安全行为、物的不安全状态及管理缺陷等在内的，导致约束和限制能量措施（屏障）失效或破坏的各种不安全因素，都是需要辨识的危害因素。因为它们都是防控屏障上的漏洞，如果这些漏洞得不到处置，防控屏障就会丧失防护作用，从而导致事故的发生，而要处置这些屏障上的漏洞，前提条件就是必须把它们辨识出来。

在以往风险管理工作中，只是针对辨识出的能量或有害物质等源头类危害因素，并敷衍几条防控措施，致使绝大多数事故的发生并非是缺乏防控措施（如制度、规程、安全注意事项等），而是源于防控措施的质量、可操作性及对其培训、监管不到位等，这些恰恰是防控屏障上的漏洞——衍生类危害因素。通过对两类危害因素的重新命名，既要查找出诸如能量或有害物质等源头类危害因素，以便设置相应屏障进行防控，同时，还要查找屏障上的漏洞等衍生类危害因素，把包括措施的质量、可操作性及培训、监管不到位等在内的原因都进行辨识，并采取相应措施，如通过进一步提升防控措施自身质量、可操作性等，使出台的防控措施有效可行；通过强化培训、加强实施过程的监督管理，确保所出台的防控措施能够得以贯彻、落实等。从而有针对性地防止由此而导致的事故的发生，有效提升风险管理在事故防控中的作用。

事实上，通过对这些年来所发生事故的原因分析可以看出，就管理规范的传统行业而言，目前很少有因为防护屏障的缺失而造成的事故。因为经过长期生产实践活动，基于人们的实践经验、各种事故事件的教训总结及管理水平的提升，对于源头类危害因素——能量或有害物质，基本上都能得以识别并有相应的控制措施，如在机器设备设计建造时已加装了各种安全附件，对常规作业制定了相应的操作规程，对于非常规作业制定了管理制度和规范，如作业许可等。总体而言，在管理规范的传统行业中，源头类危害因素基本上能得以辨识并施加了防控屏障，而绝大多数事故发生的原因，都是因为现有防护屏障存在的问题——衍生类危害因素，没有得到辨识，而导致现有防护屏障不能有效发挥事故防控作用。

通过对两类危害因素的重新命名，我们明确地把危害因素分为两类，一类是能量或有害物质这种导致事故发生的根源性物质，另一类是导致约束和限制能量措施（屏障）失效或破坏的各种不安全因素，即衍生类危害因素。进行危害因素辨识，既要辨识源头类危害因素，为防止其失控施加屏障，更要辨识衍生类危害因素，即辨识防控屏障上的漏洞，从而有的放矢地对其上的漏洞进行弥补，确保所施加屏障能有效发挥其防控作用，达到有效防控事故的目的。

由于危害因素辨识是风险管理的前提和基础，是风险管理的关键环节。对两类危害因素重新命名，不仅指出了危害因素辨识中的重大缺陷——危害因素（尤其是衍生类危害因素）辨识不到位，而且解决了风险防控中的关键问题——如何做好危害因素辨识，尤其是衍生类危害因素的辨识。

第二，对两类危害因素的重新命名，理清了两类危害因素间的相互关系，找到了对衍生类危害因素辨识的途径。危害因素辨识是风险管理工作的难点，而衍生类危害因素辨识的难度更大，但通过对两类危害因素的重新命名，有助于对衍生类危害因素的辨识，这是因为源头类危害因素与衍生类危害因素之间存在着相互对应的内在联系。

“源头类”与“衍生类”的提法明确了两类危害因素的相互关系，只要辨识出了源头类危害因素，就能顺藤摸瓜辨识出与之对应的衍生类危害因素。因为辨识出源头类危害因素后，一般都要制定措施（施加屏障）对其进行防控，通过对防控措施的评审（见上篇第三章第二节中的“HSE 风险管理流程”），查找其中存在的缺陷或漏洞，即在辨识相应的衍生类危害因素。因此，对两类危害因素重新命名后，只要辨识出了源头类危害因素，就能够进一步辨识出与之相应的衍生类危害因素，从而解决了衍生类危害因素的辨识问题，提高了危害因素辨识的系统性和事故防控的可靠性。

如在本章开篇的案例 2 中，某炼化车间发生泄漏，可能会有硫化氢逸出，辨识出抢修作业场所可能存在的硫化氢气体，并因此制定了应对措施——要求抢修人员佩戴正压呼吸器。在此基础上，如果再辨识衍生类危害因素（如正压呼吸器是否完好，员工能否佩戴，员工佩戴是否正确等），就不难发现其中的漏洞：当时是除夕傍晚，那些年甚为火爆的“央视春晚”即将开始，对人们具有极大的吸引、诱惑力，而由于当时人们对正压呼吸器不熟悉，将其佩戴、脱卸都需要较长的时间，加之员工的安全意识不强，员工可能因抢时间心存侥幸而违章不佩戴正压呼吸器，这就是衍生类危害因素。如果能够辨识出这样的漏洞，自然会基于此漏洞采取诸如“现场监督”之类的措施进行防范，可能就不会出现两人命丧除夕之夜的悲剧。

第三，通过对两类危害因素重新命名，确定了衍生类危害因素的辨识时机，明确了辨识对象和责任人员。

（1）明确了衍生类危害因素的辨识对象。由于衍生类危害因素就是与其相对应的源头类危害因素防控措施（屏障）的缺陷、漏洞，因此，衍生类危害因素辨识的对象就是为防控源头类危害因素所出台的各种风险防控措施，其既包括软件类的措施，也包括硬件类措施。对于软件类型的风险防控措施，应主要从措施有效性、可操作性及能否落地等方面进行辨识；对于硬件类型的风险防控措施，应主要从硬件设计方案的审查、建造施工阶段的检查及日常检维修工作等环节进行辨识。

（2）确定了衍生类危害因素的辨识时机。既然衍生类危害因素是与之对应的源头类危害因素防控屏障上的漏洞，因此，只有首先辨识出源头类危害因素，才能通过评估，对需要管控的源头类危害因素制定防控措施，措施出台后才能对措施进行评审，辨识其上的缺陷和漏洞，进而采取相应的“堵漏”措施，真正达到风险防控的目的。由此可见，辨识衍生类危害因素应在防控措施出台后、实施前进行辨识，有关衍生类危害因素的辨识时机，已在上篇第三章第二节中的“HSE 风险管理流程”做了明确阐述。

（3）明确了衍生类危害因素的辨识责任人员。根据直线责任原则（谁主管、谁负责，谁组织、谁负责），哪个部门出台的规定、措施，哪个部门就有责任对其评审，即辨识其中的漏洞、缺陷，以确保其质量、效果及可行性等。由于每一项工作都有相应的职能部门承担，因此，这些职能部门的管理人员，不仅有责任且最适宜开展相关方面的危害因素辨识。有关管理人员、技术人员在危害因素辨识中的作用，参见本章第六节中的“动员全体员工参与危害因素的辨识”内容。

实际上，正如奶酪模型理论所述，所有屏障都不同程度地存在着各种缺陷或漏洞，要么是防护措施自身质量缺陷，如防控效果差或可操作性不强，要么是员工没有得到有效培训，如员工素质低、对防控措施不掌握或不熟练，要么是现场的监管不到位、员工因安全意识差、偷懒耍滑不按规程操作等（表 2-1-2），这些都是需要被辨识出来并加以防控的衍生类危害因素。

表 2-1-2　衍生类危害因素示例

序号	衍生类危害因素	
1	控制措施是否符合法律法规、标准规范和规章制度的要求	
2	屏障（措施）的防护效果如何？能否起到有效防控作用？控制措施是否能够使风险降到可接受的程度	
3	控制措施是否具有合理性、充分性和可操作性？尤其是管理控制型措施（软件措施）的可操作性、工程控制类措施（硬件措施）的可行性等	
4	控制措施是否会产生新的风险？控制措施是否进行了优选？是否为最优方案	
5	工程控制型措施（硬件措施）的设计、建造可能出现的质量问题	管理控制型措施（软件措施）宣贯、培训效果等方面的问题
6	工程控制型措施（硬件措施）的日常检查、维护不到位可能出现的问题	管理控制型措施（软件措施）日常的监督、检查不到位可能出现的问题
…	……	……

总之，要有效防控事故的发生，在今后的危害因素辨识中，既要辨识源头类危害因素，以便设置相应的防控屏障防止其失控，更要把所设置防控屏障上的漏洞——衍生类危害因素辨识出来，从而使所设置的屏障有效发挥作用，只有这样，才能够达到事故防控的最终目的。

另外，需要说明的是，鉴于衍生类危害因素本身已经是屏障上的漏洞，针对衍生类危害因素定的措施，就是在堵塞漏洞，因此，一般情况下，对待衍生类危害因素，不再需要像对待源头类危害因素那样进一步追溯，查找堵塞漏洞措施上的漏洞，具体原因详见本篇第五章中的“关于两类危害因素的防控屏障问题探讨”内容。

第二节　危害因素辨识工作的意义

最近，美国埃克森美孚公司的安全专家，在统计分析了欧美国家近些年来的事故后，得出结论：事故发生的主要原因就是危害因素辨识不到位！已进行风险管理数十年的欧美国家尚且如此，我们的企业更是这样。危害因素辨识不仅是 HSE 风险管理的前提和基础，也是 HSE 风险管理的重点和难点，更是目前 HSE 风险管理的薄弱环节。

一、开展危害因素辨识的重要意义

危害因素辨识是风险管理的前提和基础。要进行风险管理，首先就要开展对危害因素的辨识，否则，风险管理就无从做起。危害因素辨识是风险管理“三步曲”的第一步，只有开展了危害因素辨识，并对所辨识出来的危害因素进行风险评估，从中发现需要进行管控的风险，进而制定并实施管控措施，从而防控可能发生的事故。因此，离开了危害因素辨识，风险防控就无从谈起，就是一句空话（图 2-1-9）。

危害因素辨识是 HSE 风险管理的重点。危害因素辨识之所以重要，是因为危害因素实质上就是可能要发生事故的原因(图 2-1-10),而事故发生的直接原因就是人的不安全行为或物的不安全,因此,危害因素辨识不到位,实质上就是没有找到可能要发生事故的原因,又怎能制定出行之有效的措施来防控它们的发生?危害因素辨识工作质量高低决定了风险管理的成败,危害因素辨识工作做好了,把可能引发事故的真正原因查找出来了,后续风险管理工作才有基础、有意义。反之,如果这项工作没有做好、走了形式,就意味着可能引发事故的原因没有查找出来,针对可能发生事故的防范措施就无从谈起,风险管理就不能起到应有的事故防范作用,事故预防自然也就成了一句空话。因此,危害因素辨识对于风险管理至关重要,要做好风险管理工作首先就要做好对危害因素的辨识。

图 2-1-9　危害因素没有辨识,风险防控措施就无从谈起

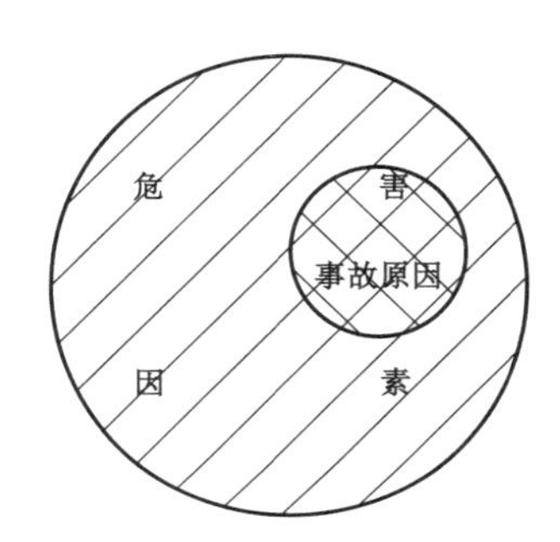

图 2-1-10　危害因素与事故原因之间的关系

危害因素辨识同时也是风险管理工作的难点。从技术层面上而言,危害因素辨识是风险管理各个环节中最难做好的一项工作,要做好危害因素辨识就要求把工作和活动中可能存在的危害因素尽可能都辨识出来,为此需根据所辨识的工作对象,结合使用者素质,选取适宜的辨识方法。由于辨识对象千差万别,辨识人员素质、背景各异,使得辨识的方式方法多种多样,有的还相当复杂,因此,要做好辨识工作的确是一件不易之事。

危害因素辨识是目前 HSE 风险管理的薄弱环节。虽然危害因素辨识工作非常重要,但在进行风险管理的初期,其重要性远未为大家所认识。同时,由于危害因素辨识工作难度很大,一些基层组织在进行危害因素辨识时,只是穷于应付、走走形式,并没有真正进行危害因素辨识,以至于可能导致事故发生的危害因素没有被辨识出来,没有达到危害因素辨识应有的目的。

针对当前安全管理工作的严峻现实,一些企业提出了诸如"安全生产工作谁去做都不越位,怎么做都不过分"之类的说法,针对当前风险管理工作中危害因素辨识的开展情况,可以演绎为:在当前风险管理工作中,危害因素辨识谁去做都不越位,怎么做都不过分!

危害因素辨识谁去做都不越位。危害因素客观存在,它遍布生产经营活动的方方面面、各个环节,不仅安全管理人员要进行危害因素辨识,技术、设备等各方面的管理人员要进行危害因素辨识,全体一线员工都应加入到危害因素辨识的队伍中去。只有全员参与,并采取适宜的方式方法,才能把客观存在的危害因素尽可能地都辨识出来,达到危害因素辨识的真正目的。因此,危害因素辨识工作需要全员参与,谁去做都不越位。

危害因素辨识怎么做都不过分。现阶段，危害因素辨识工作是风险管理各个环节中最薄弱的环节。在开展风险管理活动时，所辨识危害因素的数量严重不足，虽说不是挂一漏万，但远远没有达到通过危害因素辨识查找出可能要发生事故原因的目的，很多辨识活动都是在走形式。因此，要通过风险管理做好事故防控工作，必须下大力气做好危害因素的辨识。就目前风险管理工作的情况而言，由于在危害因素辨识方面差距甚大，远未达到风险管理的基本要求，因此，在今后相当长一段时间内怎么强化危害因素辨识都不过分。

二、源头类危害因素辨识的意义

像行驶中车辆的动能、核电厂的核能等这一类的危害因素就不能消除，因为它们是生产经营活动的主体和目标，是维持生产经营活动的必需品，消除了它们就无法完成相应的功能，就无法正常进行生产经营活动。像生产场所的粉尘、噪声等类型的危害因素，是伴随生产经营活动进行而产生的，它们也无法消除，至少无法彻底消除。总之，能量或有害物质是客观存在的，不以人的主观意志为转移，应对此类危害因素的办法就是：必须把它们辨识出来，并根据风险评估的结果，对风险程度较高、需要防控的能量或有害物质，设置相应的防护屏障，加以屏蔽，如机动车道的路口应设置红绿灯，高处作业需系安全带，高噪声环境下佩戴耳塞等。

防止能量或有害物质的失控，前提条件是把它们辨识出来，才能有的放矢地施加防护屏障加以防控，如果源头类危害因素未被识别，对其施加防护屏障就无从谈起，它就可能会因屏障缺失造成的“裸露”而失控，从而导致事故的发生。本章列举的案例1——进入受限空间窒息死亡的事故案例，正是因为没有辨识出“长期密闭储罐没有供人呼吸的氧气”这个源头类危害因素，而没有设置任何防控屏障所造成的典型事故案例。

一般而言，在管理规范的传统行业中，几乎所有源头类危害因素基本上都能得以辨识，且有相应的防护屏障加以屏蔽，如凡是带压的气、液体物质都采用耐压容器，凡是有毒、有害物质都进行密闭，凡是转动部件都加装防护罩等安全附件等。几乎所有可能导致事故发生的能量或有害物质，基本上都有相应的硬件防护屏障。另外，与硬件屏障相配合的还有一系列软性屏障，如日常的一些常规作业活动都有操作规程加以规范，一些非常规作业都有诸如作业许可之类的管理办法，这些操作规程、管理办法等就是为防范源头类危害因素所施加的软性屏障，它们或单独作用、或相互配合构成防护能量或有害物质失控的一道道防护屏障。

总之，就传统行业（业务类型）而言，源头类危害因素的辨识，重点应该放在那些新开拓的业务领域，或由于业务链延伸出现的新型业务，以及由于引进新工艺、新材料、新技术、新设备等“四新”而产生的新源头类危害因素等的辨识方面。因为随着新的业务类型或“四新”的出现，可能会出现一些未知的新的能量或有害物质，如果这些新的能量或有害物质未得到辨识而造成防护屏障缺失，可能会导致事故频发的严重后果。这就是为什么往往随着新的业务类型或“四新”的出现而造成事故高发的原因，类似的事故案例在现实生活中已有很多，应该引起我们足够的重视。

三、衍生类危害因素辨识的意义

根据奶酪模型理论，所有防范屏障都不是铁板一块，而是像瑞士奶酪那样，自身都不同程度地存在着各种漏洞或缺陷。防护屏障上的漏洞或缺陷就是衍生类危害因素，相对于源头类危害因素，衍生类危害因素的辨识更具复杂性和艰巨性。

由奶酪模型可知，虽然一个奶酪模型防控的只是一类源头类危害因素，但为有效防控该源头类危害因素，需要设置很多不同性质和类型的防控屏障，而衍生类危害因素就是这些不同性质和类型的防控屏障上存在的漏洞（缺陷），它们既有人的不安全行为问题，也有物的不安全状态问题，还有管理方面的缺陷等。由于所设置屏障的类型众多，由此产生的衍生类危害因素的类型与数量就非常多，要做到系统、全面辨识难度很大，对此必须有一个清醒的认识。

要进一步提高对衍生类危害因素辨识重要性的认识，强化衍生类危害因素辨识，通过科学评估，找到屏障上需要修补的真正“漏洞”，从而有的放矢地进行防控。例如，在石油钻井作业中，要防止井喷事故的发生，首先要辨识出钻井过程中可能的地层内高压流体（源头类危害因素）的存在，并设置防范地层流体涌出的防护屏障——钻井液液柱，以平衡地层流体压力。但由于种种原因，合理的钻井液液柱压力可能会被破坏，从而使得钻井液液柱的压力不足以平衡地层流体压力而造成失控，如起钻前钻井液循环时间严重不足，长时间停机检修后没有充分循环钻井液即行起钻操作，起钻过程中没有按规定灌注钻井液，起钻速度过快发生“抽吸”以及钻遇异常高压层等，都是可能导致钻井液液柱压力不足而造成井喷事故的原因，就是说它们构成了防控屏障上的漏洞。衍生类危害因素既包括人的不安全行为、物的不安全状态，还包括管理缺陷等，尤其是管理缺陷类的衍生类危害因素，人们对其还缺乏认识，对其重要性还认识不足。由于上述种种原因，相对于源头类危害因素，对衍生类危害因素的辨识与管理，显得更为艰巨和复杂，富有挑战性，同时，对于有效防止事故发生也更具意义。

总之，危害因素的辨识，尤其是对衍生类危害因素的辨识，对于有效开展风险管理工作至关重要。但遗憾的是，风险管理无法较好地用于事故防范的主要原因，就在于危害因素辨识这项工作没有做好，危害因素辨识工作走了形式，使得能量、有害物质或其防范屏障上的漏洞或缺陷没有得以辨识，即没有找到可能会发生的事故的原因，无法有的放矢地去制定措施加以防控，事故的发生也就在情理之中了。危害因素辨识出了问题，风险管理就失去意义，这就是为什么开展了风险管理而事故照样发生的最主要的原因之一。

第三节　危害因素辨识的原则

做好危害因素辨识工作十分重要，因为危害因素辨识工作做好了，就为风险管理的成功奠定了重要而坚实的基础，否则，风险管理工作不仅会失去其自身生存之基础，而且也将失去其存在的意义和价值。危害因素辨识对于风险管理而言，意义重大，为做好风险管理工作，做到关口前移，防范各类事故的发生，必须首先做好危害因素辨识工作。

做好危害因素辨识工作，必须遵循全面性、系统性、科学性和预测性原则，即在坚持科学性、预测性的前提下，全面、系统地开展危害因素辨识。

一、全面性原则

所谓危害因素辨识的"全面性"，是指在辨识危害因素的广度方面，辨识的范围要广，要面面俱到，做到人、机、料、法、环诸多方面全面覆盖。例如，要对一家工厂进行风险管理，在进行危害因素辨识时，就要从厂址、自然条件、总图运输、建构筑物、工艺过程、生产设备装置、特种设备、公用工程、设施、安全管理制度等各方面进行分析和识别。不仅要分析正常生产操作中存在的危害因素，还应分析和识别开车、停车、检修及装置受到破坏及操作失误情况下的危害因素，以及紧急情况或事故状态下的危害因素。

坚持危害因素辨识全面性的原则，是因为事故的发生具有普遍性。可能导致事故产生的能量或有害物质，存在于日常生产经营活动的方方面面，加之事故发生具有随机性，我们无法预测事故究竟会发生在什么地方。要有效防范事故的发生，必须全面动员、全员参与，进行全方位的危害因素辨识，从生产经营活动的方方面面开展危害因素辨识。在进行危害因素辨识时，不仅要注意到重要方面和关键环节，同时也要关注细枝末节，只有这样，才能把可能发生事故的危害因素都尽可能地辨识出来，进而通过风险评估，对需要防控的危害因素采取有效措施加以防控，从而防范事故的发生（图 2–1–11）。

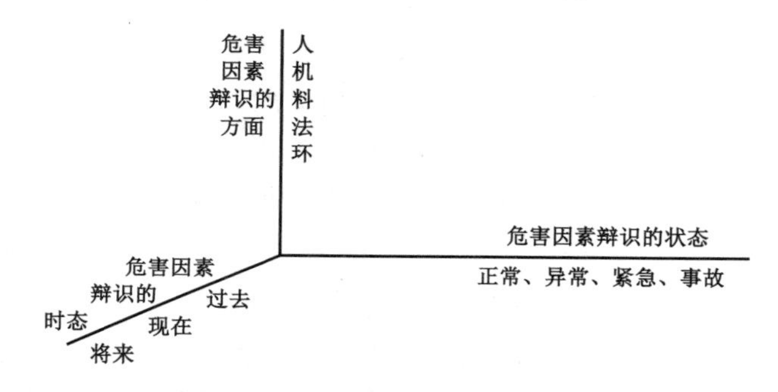

图 2–1–11　危害因素辨识的全面性

二、系统性原则

相对于"全面性"而言，危害因素辨识的"系统性"是指辨识危害因素的纵深程度，即在做到全面覆盖的基础上，对每个环节和节点，不能浅尝辄止，要向其纵深度发展，做到系统辨识。而要做到危害因素辨识的"系统性"，就需专业人员深入系统地分析每一个专业系统可能存在的危害因素。同时，还要注意研究系统和系统、系统与子系统以及子系统与子系统之间的相互关系，从而辨识出可能存在的危害因素。

系统辨识危害因素的意义在于，随着现代化工业大生产的发展，设备、设施愈发集成，技术、工艺愈发复杂。大型炼化装置仅控制回路就达到数百个，过程变量达到上万个，具有仪表、控制等多个系统。航空航天、核电科学技术的发展使得复杂巨型系统相继问世。这些复杂系统由数以十万、百万计的元件和部件组成，元件和部件之间以非常复杂的关系相连接。而这些元件和部件之间的复杂关系都是通过一个个系统而相互联系在一起的，如航天工程中所存在的点火系统、推进系统、控制系统以及紧急制动系统；石油钻机具有控制系统、动力系统、循环系统、提升系统、照明系统等。总之，由于科学技术的飞速发展，以及目前生产规模的大型化、复杂化，使得事故发生率和危害程度大大增加。要确保这样一些复杂系统的安全、可靠，必须由专业人员参与，并采取与辨识对象相适宜的科学方式、方法，对系统纵深处的危害因素进行辨识，惟其如此，才能真正把可能存在的危害因素都辨识出来，把危害因素辨识工作做到位，为后续的其他风险管理工作打下坚实基础。

三、科学性、预测性原则

危害因素辨识就是对未来可能发生事故的原因的一种预测，而不是一种事后总结、回顾。因此，它存在着不确定性，预测的质量越高，就意味着预测越准确，对风险管理所能够起到的作用可能就越大。

要做到准确预测，首先要选取适宜的方法，根据辨识对象的复杂程度、使用者的文化业务素质等，选择科学适宜的方法，它也是做好辨识工作、提升辨识质量的前提。

其次，要在坚持科学性的基础上，尽可能多地采集资料、信息，并认真思考、分析，才能较为准确地达到预测目的，如经验丰富的老员工要比刚刚入职没有实践经验的新员工，在危害因素辨识时能力强、贡献大，这是因为老员工经验丰富、阅历很广，经历过在本专业岗位所发生的许许多多大小事故。这就是为什么危害因素辨识一定要求具有丰富经验的老员工参与的道理。

为提高预测的质量，还需要扩大危害因素辨识的数量。

因此，要提高危害因素辨识的精准度，绝不能为强调预测准确性，而限制了参与人员的话语权，不让大家建言献策。相反，要鼓励大家积极参与，相互启发，开拓思路，多多辨识可能存在的危害因素，然后经过风险评估，达到去粗取精、去伪存真，进而提高预测精准度的目的。

四、“宁滥毋缺”原则

针对当前危害因素辨识特点，还应坚持“宁滥毋缺”原则。基于当前的客观现实，要做好危害因素辨识，还应坚持“宁滥毋缺”原则。由于当前危害因素辨识的数量严重不足，直接制约了危害因素辨识的精准度。因此，要解决这个问题，在当前危害因素辨识工作中，尽可能为参与辨识危害因素的人员创造和谐、宽松的环境，做到自由畅谈、延迟评判、禁止批评，使大家能够在自由、宽松的环境中不受拘束、畅所欲言，在坚持科学性的前提下，尽可能多地把危害因素辨识出来，做到“宁滥毋缺”。

所谓“宁滥毋缺”，是指在危害因素辨识过程中，把可能出现（存在）也可能不出现（存在），即没有把握预测其一定会出现（存在）的危害因素，要本着“宁滥毋缺”原则，把它也辨识出来，纳入危害因素辨识的“篮子”中去。即使把可能不存在的危害因素考虑进来，也不会为后续工作增加太大的麻烦，因为在接下来的风险评估环节，通过对其发生频率等方面的分析，可以把这些可能不存在的或出现概率极低的危害因素，通过风险评估剔除在外，不会给风险管理工作带来过多麻烦。反之，如果在辨识阶段就把可能存在的危害因素排除在外，之后就不会再有机会对其进行补救，而这种危害因素可能就是需要防范的危害因素，在这种情况下，会因此失去对此种危害因素的防控，而导致事故的发生。

因此，在进行危害因素辨识时，在尊重科学和负责任的前提下，应本着“宁滥毋缺”的原则，尽可能多地把可能存在的危害因素都辨识出来。也只有这样，才能通过风险评估，把可能引发事故的危害因素筛选出来，进而通过制定并执行相应措施，防控事故的发生，达到风险管理的目的。当然，这里所谓的“宁滥毋缺”是建立在科学辨识的原则之下的，绝不是不负责任地胡拼乱凑、滥竽充数，把风马牛不相及的一些危害因素都拉扯进来。

第四节　危害因素辨识常见问题与注意事项

危害因素辨识对于风险管理至关重要，决定着风险管理的成败，因此，必须重视和解决危害因素辨识中存在的问题。

一、常见问题

目前，实施风险管理的很多企业，在风险管理，尤其是危害因素辨识方面存在着许多值得注意的问题。其中，最为突出的问题表现为：要么对危害因素辨识工作不重视，辨识工作走形式；要么虽有良好意愿，但由于方式、方法不当，也不能做好危害因素的辨识。

1. 对危害因素辨识工作不够重视，辨识工作走形式

一些企业，尤其是企业的基层组织，由于日常工作繁忙，加之安全生产意识淡薄，本来就对安全管理抱有侥幸心理，对风险管理工作的重要性也认识不足，造成对风险管理尤其是对危害因素辨识工作的不重视。在进行危害因素辨识时，参与辨识的人员严重缺位，许多关键岗位人员并没有参与到危害因素辨识中去，如在编制一些风险管理方案时，不组织全体员工或有关人员参与危害因素辨识，往往是由执笔人（安全员或技术员）靠“拍脑子”行事。

即使组织有关人员开展危害因素辨识时，大家也往往会抱着无所谓的心理，在实际工作中，对于危害因素辨识不认真、走形式，加之缺乏必要的方式方法，只是凭经验、靠“拍脑子”，把表面上的几个危害因素辨识出来，或干脆照搬照抄现成的东西、应付了事。这样做的结果就是，由于可能引发事故的危害因素没能辨识出来，而可能导致风险管理工作全盘皆输，失去应有的价值和意义。

危害因素辨识与事故防范工作之间，不是比例关系，不是辨识出多少危害因素就能防范多大的风险，而是非此即彼的问题，即风险要么被防控要么失控。因为实际工作中可能发生的事故的类型并不多，不是每个危害因素都对应要发生的事故。之所以要全面辨识所有可

能存在的危害因素，是因为只有这样才能从中筛选出可能导致事故的危害因素，从而有的放矢地进行防控。如果绝大多数危害因素没有被辨识出来，可能导致事故的危害因素就不会被找出来，这样的危害因素辨识工作就失去了的意义。

另外，开展风险管理工作时，进行危害因素辨识，就像农民在播种时节适时播种一样重要，不是晚播种就少收获的比例关系，而是“人误地一时、地误人一年”的道理。如果在危害因素辨识阶段，辨识工作不到位，之后就失去了再辨识机会，就意味着可能要发生的事故原因没有找到，就谈不上事故的防范，风险管理工作就会因此失去意义！值得我们注意的是，目前一些企业在进行风险管理时，危害因素辨识的情况的确不容乐观。譬如，在对较为复杂的作业项目、活动进行危害因素辨识时，如果方法得当并认真加以辨识，至少应辨识出几十种乃至上百种以上的危害因素，但在其危害因素辨识记录清单上，所记录辨识出来的危害因素一般只有几种，较好的能够在十种左右。也就是说，辨识出的危害因素约占其客观存在的十分之一。

这样做的“好处”就是省去了风险评估阶段的工作，因为辨识出的危害因素数量很少，就直接把所有辨识出的危害因素，不去评估其风险大小，一律都制定了防控措施。但不幸的是，这种措施并不能够发挥作用，因为实际可能发生的事故并不多。因此，并不是说辨识出了十分之一危害因素，就能防止十分之一的事故，而是真正可能导致事故发生的危害因素，可能就在未辨识出的十分之九之中而被漏掉了！所以，这样制定的措施就是无的放矢，这样的风险管理不可能防控事故的发生。要有效防控事故的发生，必须提高危害因素辨识工作重要性的认识，才能调动一切积极因素，舍得下“真本钱”、花大力气，认真做好危害因素辨识工作（图 2–1–12），否则，走形式的危害因素辨识不仅徒劳无益，更是贻误了事故防控的时机，贻害无穷。

图 2–1–12　认真做好危害因素辨识

2. 危害因素辨识活动缺乏必要的方法、技巧

对危害因素辨识工作不重视而走形式固然做不好辨识工作，即使重视了辨识工作，在人员到位、工作认真负责的情况下，能否把事情做好还要看是否掌握了科学适宜的方式和方法。否则，即便在真心想把事情做好而不愿走形式的情况下，也可能会因辨识方式、方法等的不正确而事倍功半，乃至事与愿违。如让一线员工采用“头脑风暴法”去苦思冥想、发表见解，就可能会因方式方法欠妥而事倍功半，甚至达不到预期目的。因为一线员工知识能力所限，加之热情不高，就很难充分发挥自己的主观能动性，达到预定的辨识目的。相反，如果针对他们的特点选用简单易行的低起点辨识方法，如在辨识危害因素时，告诉他们从发生在本岗位上的小事故、未遂事故的原因分析去查找，或者把事先制作好的“安全检查表”（危害因素辨识清单）发到他们手里，让他们参照提示来辨识本次工作、活动可能存在的危害因素，

就能产生很好的效果。

值得注意的是，由于一些客观原因，危害因素辨识工作的确具有较高的难度。

首先，由于包括危害因素辨识在内的 HSE 风险管理理论源于西方，对企业领导和员工而言是个新东西，既没有传统管理中师傅的言传身教，也缺乏通俗易懂的参考资料，加之培训不到位等一系列原因，导致在危害因素辨识的实际工作中，缺乏必要的方式、方法和技巧。在这种情况下进行危害因素辨识，不仅效率低下、事倍功半，还会因辨识不到位找不到事故发生的真正原因，功亏一篑，导致风险管理工作失去应有的事故防范作用。

其次，危害因素辨识并不存在一个放之四海而皆准的通行方法，其方式、方法多种多样，对它们的选择，不仅要看方法本身的适用范围，还要考虑使用对象素质、能力，同时，还要兼顾辨识对象的性质、特点等。

所有这些都是由于危害因素辨识工作的复杂性所决定的。生产经营活动各式各样，专业性质、特点各不相同，生产经营活动中存在的能量或有害物质及其防护屏障上的隐患——危害因素，也千差万别、多种多样。危害因素的这些特点就决定了危害因素辨识绝非一种方法或一种模式，因此，要做好危害因素辨识工作，必须根据辨识对象的性质、特点，使用者的文化素质情况，辨识方法的适用范围等，选择适宜的危害因素辨识方法，有针对性地对具体问题进行具体分析，从而达到危害因素辨识的目的。

二、注意事项

要做好危害因素辨识，除了需解决好上述问题外，还应特别注意如下几个方面的问题。

（1）对于衍生类危害因素的辨识，不仅要辨识物的不安全状态，还要辨识人的不安全行为，更要注意对管理缺陷的辨识。衍生类危害因素包括人的不安全行为、物的不安全状态、环境不良及管理缺陷等。在衍生类危害因素辨识方面，对于物的不安全状态、环境不良等类型的衍生类危害因素的辨识，辨识方式与源头类危害因素大致相同，相对而言，比较容易做到，需注意的是对人的不安全行为的辨识。海因里希通过统计数据指出，80% 以上的事故起因源于人的不安全行为。为了做好风险管理工作，有效防控事故的发生，在进行物的不安全状态危害因素辨识的同时，必须重视对人的不安全行为的危害因素的辨识（图 2–1–13）。人因可靠性分析（HRA）是为数不多的人的不安全行为危害因素辨识方法，安全观察与沟通也是一种行之有效的辨识现场员工不安全行为的方式。

图 2–1–13　危害因素的辨识
注：不仅要辨识物的不安全状态，还要辨识人的不安全行为

值得注意的是，管理缺陷是辨识环节最薄弱的一环，管理缺陷也属于衍生类危害因素的一种，但人们对此类危害因素还缺乏了解，对其在风险管理中的重要作用也认识不足。如果说在进行危害因素辨识时，对于人的不安全行为之类

的衍生类危害因素辨识相对欠缺，那么，对管理缺陷类危害因素辨识还几乎属于盲区。如对员工监管不力导致风险防控措施得不到执行等情况，很多人甚至还不认为它们属于危害因素，就更谈不上对它们进行辨识，但此类危害因素对于事故防控意义重大，要有效防控事故的发生，必须转变观念、提升认识，在做好对源头类危害因素辨识的同时，一定要重视对包括管理缺陷在内的衍生类危害因素的辨识。

对管理缺陷类型的衍生类危害因素辨识，不仅仅局限于《生产过程危险和有害因素分类与代码》（GB/T 13861—2009）中有关组织不健全、责任制未落实、规章制度不完善、投入不足、管理不完善等管理缺陷类型的危害因素的辨识，还要从防护屏障漏洞、缺陷的角度，辨识出更多属于管理缺陷类型的危害因素。例如，对于“管理控制型”风险防控措施，应从措施的防控效果、可操作性的强弱，对员工交底、培训是否到位，员工是否掌握，对于措施执行情况的监管是否到位等多个方面进行辨识，其中暴露出来的问题多属于管理缺陷。

（2）危害因素辨识不仅需要操作层面岗位员工参与，管理人员也要辨识其业务范围内的危害因素。为做好危害因素辨识，必须全员参与，因为只有全员参与，才能基于各自工作岗位，达到全面、系统、彻底地辨识危害因素的目的。一般而言，一线岗位员工除参加日常要求的辨识活动外，由于其身在作业现场，凭借自己的感官，可以通过“望闻问切”等方式辨识身边随时可能出现的风险。而且他们的工作岗位就是可能发生事故的现场，因此，一线员工不仅可以通过视觉，观察、查看可能存在的事故隐患（危害因素）；也可以通过听觉探听异常声响，从而发现可能存在的危害因素；还可以通过嗅觉，嗅到异常气味，如有臭鸡蛋味的硫化氢溢出；还可以通过触觉，如通过皮肤（手）的触觉感受异常情况，如某处异常变凉或发热等，从而发现事故先兆。另外，在食品等行业，还可以通过味觉，即品尝的方式进行危害因素辨识，如通过品尝食品味道，检查食品的情况等。

在现场员工参与现场危害因素辨识的同时，机关部门管理人员也要结合自身业务，参与危害因素辨识工作。需要指出的是，机关部门管理人员辨识危害因素，绝不是辨识本人所在办公区域存在哪些源头类危害因素，如水、电、气等方面存在的问题，这些是办公场所普遍性问题，不是各职能部门管理人员辨识危害因素的重点所在，更不是全部。目前，很多管理人员对自身在企业安全生产方面的作用，仅限于办公室安全问题，这是极其片面的不正确认识。

各职能部门管理人员辨识危害因素的重点，在于本岗位管理业务范围内所涉及安全生产方面的危害因素，主要是对屏障上的漏洞——衍生类危害因素的辨识。管理人员更多的是要辨识与其业务相关的衍生类危害因素。衍生类危害因素是导致事故产生的重要因素，绝大多数事故的发生并不是因为源头类危害因素没有辨识而缺乏防控屏障，而是由于防控屏障缺陷严重或漏洞过多而失去作用。因此，要有效防控事故的发生，必须首先辨识出可能存在的衍生类危害因素，而职能部门管理人员正是辨识此类危害因素的合适人选。

事实上，所有衍生类危害因素之所以产生并得以长期存在，几乎都是由于有关职能部门管理工作不到位所致，如制度和措施的可操作性问题，就是由于出台制度和措施的部门管理人员没有很好地尽职尽责；因培训效果差而造成的员工素质低下，就是主管培训工作人员的失职；员工违章成风导致事故高发，就是其直线管理部门监管不到位（缺位）所致……。另外，由于管理方面的工作都是由相应职能部门承担，因此，这些职能部门管理人员最适宜开展对这个方面的危害因素的辨识。

（3）在进行危害因素辨识时，应注意把握先后顺序，一般应先辨识源头类危害因素，再辨识衍生类危害因素。这是因为衍生类危害因素就是与之对应的源头类危害因素防控屏障上的漏洞，只有首先辨识出源头类危害因素，才能通过评估对需要管控的源头类危害因素制定防控措施；而只有措施出台后才能够通过对措施的评审，辨识其上的缺陷、漏洞，即衍生类危害因素，进而采取相应的“堵漏”措施，从而真正达到风险防控之目的。对重大及以上风险的防控尤其应该如此，否则，可能会因屏障（措施）的漏洞，而造成失控。

如进入受限空间施工作业，首先要辨识出受限空间中可能存在的危害因素，是单纯的空气流通不畅导致氧气稀薄，还是存在其他有毒有害气体等，进而根据不同情况采取相应措施。如果存在不明来源的有毒有害气体，佩戴正压呼吸器就要比通风排气更为合理。衍生类危害因素辨识有时候就是与评审措施的有效性、可行性等结合在一起，无效、低效或不可行的措施就是衍生类危害因素，如当事方是否拥有可用的正压呼吸器，员工是否会正确穿戴，作业时员工能否穿戴等，根据评估判断，采取相应的漏洞弥补措施。

由于衍生类危害因素就是防护屏障上的漏洞，对衍生类危害因素辨识，应是在源头类危害因素辨识并且控制措施出台之后，对措施进行分析、评审，以辨识其中存在的问题，从而对需要堵塞的漏洞，制定相应的应对措施进行修补，或进一步完善防控措施。

对于硬件类型的“工程控制措施”漏洞和缺陷的识别，一方面应在设计之初通过对设计方案（图纸等）的审查，评审设计方案是否科学、合理，辨识其中的缺陷、漏洞；硬件的建造是否按照设计方案进行，建造质量如何，现场情况是否满足安装要求，安装的质量如何。另一方面应通过投用之后防护效果的验证，及时辨识其中的缺陷、漏洞，以采取相应的对策加以补救。

每次大小事故、事件、未遂事故等的原因分析，都是辨识衍生类危害因素的绝佳时机。因为所有事故、事件的发生都是外因（衍生类危害因素）通过内因（源头类危害因素）发生作用的结果，而由于源头类危害因素基本上都得到了辨识与防控，因此，几乎所有事故、事件的发生都是因为衍生类危害因素辨识不到位或处置不当的结果，也就是说，都能够找到管理方面的原因——管理缺陷。因此，应抓住这个绝佳时机，做好对衍生类危害因素的辨识，以做到持续改进。

（4）危害因素辨识要做到动态化、常态化。危害因素辨识是风险管理的基础和前提，做好危害因素的辨识对于有效防控事故的发生十分重要，同时还必须注意，由于危害因素辨识工作的复杂性和艰巨性，加之我们尚处于风险管理的初级阶段，鉴于我们的意识、技能等限制，对于危害因素的辨识虽说不是挂一漏万，但必须承认我们还远未达到危害因素的全面辨识。因此，要真正做好危害因素的辨识，在做好初期危害因素辨识的同时，还必须做好危害因素辨识后续工作的管理。

首先,危害因素辨识要动态化。世界上绝对静止、一成不变的东西是不存在的,一切事物都处在不断的发展变化之中。而伴随各种变化将会带来新的危害因素,如随时间的延续,设备设施的老化、运转部件的磨损等。因此,要做好危害因素的辨识,不仅要辨识客观存在的各类风险,还必须根据各种变化而随机应变,做到危害因素辨识的动态化。例如,一个野外油气钻探项目随时间的变化,风险也在发生变化,冬天要防滑防冻,夏天要防暑降温;同时,随着项目的进展,作业内容的变化,危害因素也在不断变化,如在前期准备阶段,设备的安装就有吊装作业的风险,在打开油气层作业时,就有井喷、硫化氢中毒等风险。另外,不仅各种变化产生的风险要及时辨识,一些设备设施、工艺技术等发生变更所产生的风险同样也需要及时辨识处理。设备设施、工艺技术、材料、人员等的变更,都会产生新的风险,需要及时辨识并加以处理,否则会因为新的危害因素得不到辨识而致使风险失控,导致事故的发生。

其次,危害因素辨识要常态化。在做到危害因素辨识动态化的基础上,逐步养成良好的工作习惯,做到危害因素辨识常态化。要做到危害因素辨识的常态化,不仅要针对各种变化、变更所产生的风险进行动态辨识与管控,还要使包括危害因素辨识在内的风险管理活动成为一项经常性的工作从而使危害因素辨识常态化。要树立风险意识,在进行任何一项工作、活动之前,都要先进行观察,进而思考、判断,对出现的变化情况、可能存在的问题,要有所觉察,需要停下来采取进一步对策、措施的,一定要停下目前的工作,采取相应的防控措施,这样做即使不需要采取额外防控措施,也会因自己的警觉而提升自身的风险防控意识,从而能够有效应对可能出现的问题。否则,在毫无防备的情况下,出现了意料不到的问题,就会因不知所措而处置失当,酿成事故。不仅要在每次工作前进行危害因素辨识,还应在每次工作完成后,对该项活动中风险管理情况进行总结、回顾,不仅要总结成功经验,更要注意汲取失败的教训,尤其是危害因素辨识方面不到位的情况,先前没有辨识出的危害因素要补充到辨识清单、台账之中。

当然,危害因素辨识常态化最重要的是树立风险意识,把包括危害因素辨识在内的风险管理工作作为一项常态化工作,时刻具有风险意识,通过辨识危害因素,评估其中的风险,从而采取相应措施,做到时时安全、处处安全、事事安全。

(5)应重视危害因素辨识结果的应用。危害因素辨识是风险管理工作的前提与基础,对做好风险管理工作至关重要,但在实际工作中,有个别企业风险管理工作走形式,不清楚危害因素辨识的目的意义,把辨识出的危害因素(如“危害因素辨识清单”)束之高阁,不再进行后续的评估与控制,失去了危害因素辨识的意义,自然也就达不到风险管理之目的。

在风险管理活动中,首先是通过危害因素辨识,查找出可能存在的危害因素,之后,再对已辨识的危害因素进行风险评估,从中筛选出不能容忍的、风险程度较高的高危害因素,最后对这些需要防控的危害因素,制定相应的防控措施,并付诸实施,从而达到风险防控之目的,这是风险管理的最基本流程。通常情况下,一个组织(企业或其二级单位)在本组织范围内所开展的全面危害因素辨识活动，一般都会形成“危害因素辨识清单”，这是风险管理工作的第一步，然后通过风险评估，把本组织不能接受的危害因素筛选出来，通过制定相应的措施进行防控，这些措施要么形成本组织的制度、标准、规程等，要么用于修改完善已存在的制度、标准、规程等，从而实现对本组织可能将要发生事故的有效防控，这是一个组织风险管理的基础性工作，该项工作的有无、质量的高低，直接反映了该组织风险管理工作的基础扎实程度，管理水平的高低。

对于一些专项风险管理活动所辨识出的危害因素，如对于某项常规作业活动，辨识出的危害因素，通过风险评估，制定出的防控措施可直接用于修改、完善该项常规作业的操作规程；对于一些非常规作业活动，辨识出的危害因素，通过风险评估，制定出的防控措施，可用于作业许可票的办理等。另外，防控措施的形式多种多样，绝不限于“管理控制”类型，因为除“管理控制”外，还有消除、替代、工程控制、PPE 等多种形式。即使“管理控制”类型的防控措施，也并不是都以“风险防控措施”形式出现，视情况可把“管理控制”类型的防控措施，用于修改完善规章制度、操作规程、安全检查表、应急处置程序或员工岗位职责、岗位任职条件等。

总之，通过危害因素辨识活动所辨识出的危害因素，可能就是将要发生的事故的原因，是一种非常宝贵的资源，一定要加以有效利用，决不能虎头蛇尾、无果而终，必须使来之不易的危害因素发挥其有效作用，否则，不仅劳民伤财，也失去了风险管理的作用。

第五节　危害因素的辨识方法

危害因素辨识方法，概括起来，一般分为经验法与系统安全分析法两类。

（1）经验法。

适用于有可供参考先例、有以往经验可以借鉴的危险、危害因素过程，如用于传统工艺、技术的生产作业活动等，但该类方法不能应用在没有可供参考先例的新技术、新工艺、新材料、新设备“四新”工作的危害因素辨识中。

① 对照法：

对照有关标准、法规、检查表或依靠分析人员的观察分析能力，借助于经验和判断能力直观地评价对象危险性和危害性的方法。对照经验法是辨识中常用的方法，其优点是简便、易行，其缺点是受辨识人员知识、经验和占有资料的限制，可能出现遗漏。为弥补个人判断的不足，常采取专家会议的方式来相互启发、交换意见、集思广益，使危害因素的辨识更加细致、具体。

对照事先编制的检查表辨识危害因素，可弥补知识、经验不足的缺陷，具有方便、实用、不易遗漏的优点。检查表是在大量实践经验基础上编制的，我国一些行业的安全检查表、事故隐患检查表也可作为参考。

② 类比法：

利用相同或相似系统、作业条件的经验和安全生产事故的统计资料来类推，辨识分析对象的危害因素。一般是基于大量数据、资料支持的“数据驱动法”，即定量辨识法，如在对传统工艺、技术的生产作业活动等开展危害因素辨识时，可利用小事故、未遂事故、事件等大量数据、资料支持，辨识具有相同或相似系统、作业条件中的危害因素。

（2）系统安全分析法。

系统安全分析法即应用系统安全工程评价方法进行危害因素辨识。该方法常用于复杂系统，如危险与可操作性分析（HAZOP）、没有事故、事件经历的新开发业务［如头脑风暴法（BS）等］。

一、危害因素辨识常用方法

通过对各类危害因素辨识方法的对比分析，并参考众多相关文献、资料，选取几种常用的、有代表性的危害因素辨识方法作以介绍，主要有以下几种：

（1）安全检查表法（SCL）。

（2）故障树分析（FTA）。

（3）事件树分析（ETA）。

（4）故障假设分析（WI）。

（5）失效模式与影响分析（FMEA）。

（6）预先危害分析（PHA）。

（7）工作安全分析 / 工作危害分析（JSA/JHA）。

（8）头脑风暴法（BS）。

（9）危害与可操作性分析（HAZOP）。

需要指出的是，在这些危害因素辨识方法中，有的只适用于单纯的危害因素辨识，如安全检查表法（SCL）、头脑风暴法（BS）、预先危害分析（PHA）等，它们的功能比较单一，只能用于单纯的危害因素辨识，不具备其他功能。而另一类的方式方法则是囊括了从辨识、评估到措施制定等环节的风险管理全过程，如工作安全分析（JSA）、危险与可操作性分析（HAZOP）、失效模式与影响分析（FMEA）等，是在危害因素辨识之后，把风险评估及措施制定等风险管理全过程囊括在一种方法中，即采用一种方法即可完成从辨识到评估以及措施制定等风险管理全过程的工作。应注意这两类方法的区别，对于集辨识、评估到措施制定于一体的方法，其应用之后即可制定出相应风险防控措施，只需执行即可。反之，对于单纯的危害因素辨识的方法，其结果只是所辨识出的危害因素，一定要注意辨识结果的应用，切忌半途而废。

1. 安全检查表法

1）安全检查表法概述

安全检查表（Safety Check List）是运用安全系统工程的方法所开发的用于发现系统以及设备、机器装置和操作管理、工艺、组织措施等方面的各种不安全因素的一种表格式检查工具。它原本是用于现场安全检查、隐患排查以及督促各项安全法规、制度、标准落实的一种实用检查工具。

目前，安全检查表不仅具有安全检查工具的功能，而且已演变为危害因素辨识的“索引”、指南。通过检查表对照查找可能存在的危害因素，使其成为危害因素辨识的方法和工具。所谓检查表法，就是把某项作业活动、某个工作系统、某种装置可能存在的危害因素，根据有关标准、规程、规范、规定、本行业国内外有关事故案例等，归纳、系统分析和总结，将研究的结果结合运行经历，按顺序编制成类似安全检查所使用的安全检查表。这样，员工在辨识危害因素时，可以对照事先编制的检查表，弥补知识、经验不足的缺陷或认识上的偏差，使其具有方便、实用、不易遗漏的优点。同时，结合现场实际情况，可以最大限度地把目前可能存在的危害因素都辨识出来。该法适用于产品、过程或系统的生命周期的任何阶段。

需要注意的是，危害因素辨识所使用的检查表，与安全检查时所使用的检查表并不完全一致，它们大致相同，但又各有侧重。因此，不宜直接使用安全检查时所用的检查表进行危害因素辨识，应在其基础上进行修改、补充，最好重新编制。

2）安全检查表的编制

（1）安全检查表的编制依据：

① 国家、地方的相关安全法规、规定、规程和规范标准，行业标准、企业标准、规章制度及企业安全生产操作规程。

② 国内外本行业事故统计案例、教训总结。结合本企业的实际情况，可能存在的危害因素。

③ 本企业安全生产事故教训，小事故、未遂事故统计分析资料。

④ 系统安全分析的结果，如为防止重大事故的发生而采用危害与可操作性分析、事故树等分析方法，对系统进行分析得出能导致引发事故的各种不安全因素的基本事件，作为防止事故控制点源列入检查表。

⑤ 研究成果、典型事故案例等，编制安全检查表应注意采用最新的知识和研究成果，包括新的方法、技术、法规和标准。

（2）安全检查表的编制方法：

在编制危害因素辨识的检查表时，首先要确定该检查表的业务覆盖范围，在此基础上，抽调相关人员组成检查表编写小组，小组成员既要有相关的专业人士，如业务技能、安全管理等方面的专家，又要包括该专业基层组织岗位员工。

开始编制时，可用以往在该业务领域所开展危害因素辨识活动时形成的危害因素辨识清单为蓝本，在此基础上，应从人、机、料、法、环等诸方面分别考虑，扩大危害因素辨识的范围。同时，还应注意，用于危害因素辨识的检查表的编制，不同于现场安全检查表的编制，不应局限于对现场物的不安全状态的检查，还应对可能出现的各种情况、问题进行预测，如用于钻井施工作业的危害因素辨识的检查表（表 2–1–3）中，在地质及工程设计方面，应提示检查本井是否有浅气层，本井是否有 H_2S、CO 等有毒有害气体，以及本井是否属于井控实施细则中规定的“三高”井等可能出现的问题。

表 2-1-3　应用安全检查表法编制的钻井作业危害因素辨识表单

序号	危害因素	备注
1. 地质及工程设计中主要提示风险		
1	本井是否有浅气层	（是□，否□）
2	本井是否有 H_2S、CO 等有毒有害气体	（是□，否□）
3	本井是否属于井控实施细则中规定的“三高”井	（是□，否□）
4	其他提示风险：	
2. 地理环境及社会环境带来的新增危害因素		
1	本井周围是否有注水（汽）井、采油（气）井	（是□，否□）
2	本井场地面以上是否有地上三线（高、低压电线、通讯线）	（是□，否□）
3	本井场地面以下是否有地下三线（油、气、水管线及地下电缆）	（是□，否□）
4	本井周围 500m 是否有居民住宅、学校、厂矿（包括开采地下资源的矿业单位）、国防设施	（是□，否□）
5	本井周围是否有河床、海滩、湖泊、盐田、水库、水产养殖区、水资源及动植物保护区等环境敏感地区	（是□，否□）
6	本井场是否有相关方生产设施［老井井口、油罐、加热炉（明火）、变压器、油田建设的联合站、集输站等］	（是□，否□）
7	横跨井场是否有公路，周围 500m 是否有高速公路、铁路	（是□，否□）
8	本井场是否为新垫井场，是否有井场塌陷、滑坡、基础下陷及泥浆池（污水池）（垮塌）风险	（是□，否□）
9	本井井场位于山头，是否有山体滑坡、泥石流风险	（是□，否□）
10	本井地区是否有地方病及传染病危险	（是□，否□）
11	本井地区是否有当地风俗禁忌、宗教信仰	（是□，否□）
12	本井周围治安环境是否良好	（是□，否□）
13	本井周围是否有地下隐蔽物、文物古迹	（是□，否□）
14	本井周围是否存在通信盲区	（是□，否□）
15	本井是否存在有暴雨、雷击、洪水淹没、飓风、风暴潮、沙尘暴等	（是□，否□）
16	当地是否存在有高温中暑、蔬菜等食物变质、糜烂	（是□，否□）
17	本井是否存在有冬季施工	（是□，否□）
18	本井是否存在有雨季施工	（是□，否□）
19	其他新增危害因素	

续表

序号	危害因素	备注
3. 人员、工艺技术、设备设施变更带来的新增危害因素		
1	本井是否存在新增人员或关键岗位调整人员，可能对设备操作不熟悉、缺少现场经验	（是□，否□）
2	本井是否利用了新工艺、新技术	（是□，否□）
3	本井变更的设备设施本身可能存在的故障、安全防护缺陷、没有技术操作规程或技术操作规程不完善等缺陷	（是□，否□）
4	本井设计是否存在变更	（是□，否□）
5	其他变更	

在编制危害因素辨识的检查表时，还应通过对发生在本行业的以往事故以及本企业、班组、岗位上发生的未遂事故、小事故等的原因分析，获得事故直接原因等相关因素，将其作为编制危害因素辨识检查表的主要输入。同时，还应密切结合行业特点、企业安全生产的薄弱环节等，因为这些因素就是可能引发事故的主要原因，在辨识危害因素时必须把它们辨识出来，并通过风险评估判断是否应予以防范。

3）使用安全检查表应注意的问题

（1）不要迷信检查表，不能囿于检查表中所列举事项（风险点源），因为现实情况千变万化，不可能全部列入表中。因此，使用检查表的同时，还要充分发挥个人主观能动性，尤其是要结合现场实际情况，把检查表中未包含的“其他”项危害因素，查找出来，这是使用检查表辨识危害因素时尤其应该引起重视的。

（2）检查表应及时更新，反映最新情况，如有漏失或新的发现，应在检查表上得到反映。

（3）应选用适宜的检查表，并使用其全部内容进行系统辨识，不能只使用部分内容。

4）安全检查表法的优缺点

（1）优点：

① 安全检查表能够事先编制，可以做到系统化、科学化，不容易漏掉可能导致事故的因素。

② 通过事故树分析和编制安全检查表，将实践经验上升到理论，从感性认识上升到理性认识，并用理论去指导实践，充分认识各种影响事故发生的因素的危险程度（或重要程度）。

③ 安全检查表法基于人们的经验与事故教训编制而成，可将所有需要的专业知识纳入其中，它是以往人们的经验与教训的结晶，具有很强的针对性，且能够确保需要检查的问题不被遗漏。

④ 安全检查表是定性分析的结果，是建立在原有的安全检查基础和安全系统工程之上的，简单易学、容易掌握，符合我国现阶段的实际情况，为安全预测和决策提供了坚实的基础。

⑤ 安全检查表法简单明了，尤其适用于基层组织岗位员工危害因素辨识时使用。

⑥ 安全检查表法可根据经验、教训及时间的延伸,不断修改完善,丰富检查表内容。

(2)缺点:

① 检查表约束限制了人们主观能动性的发挥,对不在检查表中反映的问题,可能会被忽视。

② 只能对已有的或传统的业务对象、活动进行检查,对新业务活动、新行业领域的危害因素辨识不适用。

③ 应用该方法要有事先编制的各类检查表,不够灵活,且编制安全检查表的难度和工作量较大。

④ 该方法只能进行定性分析。

5)安全检查表应用范围

安全检查表法一般适用于比较成熟(或传统)的行业、领域的危害因素辨识,且需要事先编制检查表,以对照进行辨识。安全检查表法尤其适用于一线岗位员工进行危害因素辨识,如作业活动开始前或对设备设施的检查等。

2. 头脑风暴法

1)头脑风暴法概述

头脑风暴法出自"头脑风暴"一词。所谓头脑风暴(Brain-Storming),最早是精神病理学上的用语,指精神病患者的精神错乱状态。现在已成为无限制地自由联想和讨论的代名词,其目的在于产生新观念或激发创新设想,故其又称智力激励法或自由思考法(畅谈法、畅谈会、集思法)。

在群体决策中,由于群体成员心理相互作用的影响,成员易屈于权威或大多数人意见,形成所谓的"群体思维"。群体思维削弱了群体的批判精神和创造力,损害了决策的质量。为了保证群体决策的创造性,提高决策质量,管理上发展了一系列改善群体决策的方法,头脑风暴法是较为典型的一个。

头脑风暴法又可分为直接头脑风暴法(通常简称为头脑风暴法)和质疑头脑风暴法(也称反头脑风暴法)。前者是在专家群体决策中尽可能激发创造性,产生尽可能多设想的方法;后者则是对前者提出的设想、方案逐一质疑,分析其现实可行性的方法。采用头脑风暴法组织群体决策时,要集中有关专家召开专题会议,主持者以明确的方式向所有参与者阐明问题,说明会议的规则,尽力创造融洽轻松的会议气氛。主持者一般不发表观点,以免影响会议的自由气氛,主要靠专家们"自由"提出尽可能多的方案。

头脑风暴法是由专家参与的辨识方法,适于对新型业务领域以及新技术、新工艺、新材料、新设备等的危害因素辨识。

2)头脑风暴法的实施

(1)头脑风暴法的实施原则:

① 会后判决原则。对各种意见、方案的评判必须放到最后阶段,此前不能对别人的意

见提出批评和评价。认真对待任何一种设想，而不管其是否适当和可行。

② 欢迎各抒己见、自由鸣放。创造一种自由的气氛，激发参加者提出各种想法。

③ 追求数量。意见越多，产生好意见的可能性越大。

④ 探索取长补短和改进的办法。除提出自己的意见外，鼓励参加者对他人已经提出的设想进行补充、改进和综合。

⑤ 循环进行，每人每次只提一个建议，没有建议时说“过”。

⑥ 要耐心，不得相互指责，可以使用适当幽默的交谈方式。

⑦ 鼓励创造性。

（2）头脑风暴法中专家小组的选取条件：

为提供一个良好的创造性思维环境，应该确定专家会议的最佳人数和会议进行的时间。经验证明，专家小组规模以 10 人（7～12 人）左右为宜，会议时间一般以 20～60 分钟效果最佳。专家的人选应严格筛选，便于参加者把注意力集中于所涉及的问题。

具体应按照下述三个原则选取：

① 如果参加者相互认识，要从同一职位（职称或级别）的人员中选取。领导人员不应参加，否则可能对参加者造成某种压力。

② 如果参加者互不认识，可从不同职位（职称或级别）的人员中选取。此时不应宣布参加人员职称，不论成员的职称或级别的高低，都应同等对待。

③ 参加者的专业应力求与所论及的决策问题相一致，这并不是专家组成员的必要条件。但是，专家中最好包括一些学识渊博，对所论及问题有较深理解的其他领域的专家。

头脑风暴法专家小组应由下列人员组成：

① 方法论学者——专家会议的主持者。

② 设想产生者——专业领域的专家。

③ 分析者——专业领域的高级专家。

④ 演绎者——具有较高逻辑思维能力的专家。

头脑风暴法的所有参加者，都应具备较高的联想思维能力。在进行“头脑风暴”（即思维共振）时，应尽可能提供一个有助于把注意力高度集中于所讨论问题的环境。有时某个人提出的设想，可能正是其他准备发言的人已经思维过的设想。其中一些最有价值的设想，往往是在已提出设想的基础上，经过“思维共振”的“头脑风暴”，迅速发展起来的设想以及对两个或多个设想的综合设想。因此，头脑风暴法产生的结果，应当被看成是专家成员集体创造的成果，是专家组这个宏观智能结构互相感染的总体效应。

（3）头脑风暴法的实施要求：

① 组织形式。

参加人数一般为 10 人左右（课堂教学也可以班为单位），最好由不同专业或不同岗位者组成；会议时间控制在 1 小时左右；设主持人一名，主持人只主持会议，对设想不作评论。设记录员 1～2 人，要求认真将与会者每一设想不论好坏都完整地记录下来。

② 会议类型。

设想开发型：为获取大量的设想、为课题寻找多种解题思路而召开的会议，要求参与者要善于想象、语言表达能力强。

设想论证型：为将众多的设想归纳转换成实用型方案而召开的会议。要求与会者善于归纳和分析判断。

③ 会前准备工作。

会议要明确主题。会议主题提前通报给与会人员，让与会者有一定准备。

选好主持人。主持人要熟悉并掌握该方法的要点和操作要素，摸清主题现状和发展趋势。

参与者要有一定的训练基础，懂得该会议提倡的原则和方法。

会前可进行柔化训练，即对缺乏创新锻炼者进行打破常规思考、转变思维角度的训练活动，以减少思维惯性，使其从单调的紧张工作环境中解放出来，以饱满的创造热情投入激励设想活动。

④ 会议实施步骤（图 2-1-14）。

正式开始前，参与人、主持人和课题任务三落实，必要时可进行柔性训练。在此基础上，进入头脑风暴三阶段。

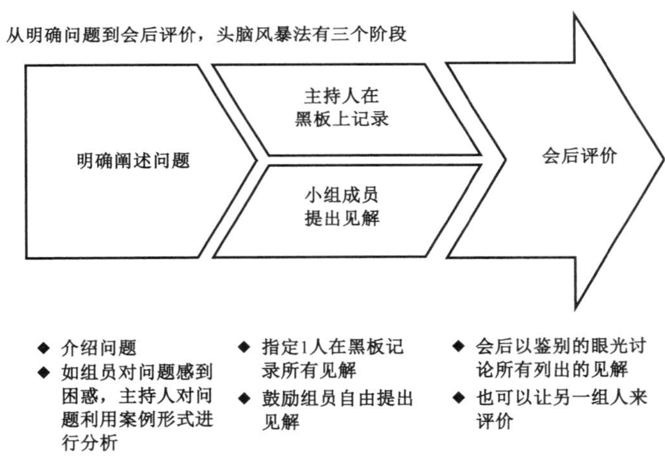

图 2-1-14　头脑风暴法工作步骤

第一阶段：主持人公布会议主题并介绍与主题相关的参考情况，如果参与者对问题有疑惑，主持人应通过案例分析等形式，对涉及问题分析说明，以明确目标、消除歧义。

第二阶段：主持人应为会议创造和谐、宽松的环境，做到自由畅谈、延迟评判、禁止批评，使大家能够在自由、宽松的环境中不受拘束、畅所欲言。与会者应突破思维惯性，大胆进行联想，提出自己的设想、观点，主持人可在事先准备好的黑板上进行记录。

设想一般分为实用型和幻想型两类。前者是指目前技术工艺可以实现的设想，后者指目前的技术工艺还不能完成的设想。对实用型设想，再用脑力激荡法去进行论证和二次开发，进一步扩大设想的实现范围。对幻想型设想，用脑力激荡法进行开发，通过进一步开发，就有可能将创意的萌芽转化为成熟的实用型设想。这是脑力激荡法的一个关键步骤，也是该方法质量高低的明显标志。

第三阶段：会后评价。头脑风暴研讨会之后，主持方应以批判、鉴别的眼光对与会专家提出的设想、观点进行研判、分析。如果主持方人力不够，也可邀请另一组专家，对这些设想、观点进行研判、分析，以获取真正有价值的讨论成果。

⑤ 主持人资格

头脑风暴法的主持工作，最好由对决策问题的背景比较了解并熟悉头脑风暴法的处理程序和处理方法的人担任。头脑风暴主持者的发言应能激起参加者的思维“灵感”，促使参加者踊跃回答会议提出的问题。通常在“头脑风暴”开始时，主持者需要采取询问的做法，因为主持者很少能在会议开始5～10分钟内创造一个自由交换意见的气氛，并激起参加者踊跃发言。主持者的主动活动也只局限于会议开始之时，一旦参加者被鼓励起来以后，新的设想就会源源不断地涌现出来。这时，主持者只需根据“头脑风暴”的原则进行适当引导即可。通常情况下，发言量越大，意见越多种多样，所论问题越广越深，出现有价值设想的概率就越大。

（4）头脑风暴法成功要点：

① 自由畅谈。参加者不应该受任何条条框框限制，放松思想，让思维自由发散，从不同角度、不同层次、不同方位，大胆地展开想象，尽可能地标新立异、与众不同，提出独创性的想法。

② 延迟评判。头脑风暴法必须坚持当场不对任何设想做出评价的原则。既不能肯定某个设想，又不能否定某个设想，也不能对某个设想发表评论性的意见。一切评价和判断都要延迟到会议结束后才能进行。这样做一方面是为了防止评判约束与会者的积极思维，破坏自由畅谈的有利气氛；另一方面是为了集中精力先开发设想，避免把应该在后阶段做的工作提前进行，影响创造性设想的大量产生。

③ 禁止批评。禁止批评是头脑风暴法应该遵循的一个重要原则。参加头脑风暴会议的每个人都不得对别人的设想提出批评意见，因为批评对创造性思维无疑会产生抑制作用。同时，发言人的自我批评也在禁止之列。有些人习惯于用一些自谦之词，这些自我批评性质的说法同样会破坏会场气氛，影响自由畅想。

④ 追求数量。头脑风暴会议的目标是获得尽可能多的设想，追求数量是它的首要任务。参加会议的每个人都要抓紧时间多思考、多提设想。至于设想的质量问题，自可留到会后的设想处理阶段去解决。在某种意义上，设想的质量和数量密切相关，产生的设想越多，其中的创造性设想就可能越多。

3）头脑风暴法的优缺点

（1）优点：

① 自由、开放，激发想象力，有助于发现新的风险，可用于辨识新业务活动中可能存在的一些新的危害因素。

② 辨识过程相对迅速，且比较容易做到。

③ 可使所有相关方参与其中，有助于发现各方面问题。

④ 适用性比较广泛。

⑤ 使用成本较低。

（2）缺点：

① 条理性差，不太易于理解。

② 结果好坏取决于参与人员及主持人水平。

③ 易于受到干扰，难以保证重要观点受到重视。

④ 组织方式松散，难以保证过程及结果的全面性。

4）头脑风暴法应用范围

适用于各种类型的危害因素辨识，尤其适于对新技术、新工艺等既没有经验也没有教训的“四新”方面的危害因素辨识。但应注意的是，其使用对象应是具有一定经验、能力的专家型人员所进行的危害因素辨识，同时，对活动主持人要求很高，否则难以达到预期效果。

由于基层组织员工不具有使用该方法的条件，因此，该方法不适于基层组织一线员工使用。

3. 预先危险（危害）分析（PHA，Preliminary Hazard Analysis）

1）预先危险分析概述

预先危险分析也称初始危险分析（Preliminary Hazard Analysis，简称为 PHA），是在一项活动之前，特别是在设计的开始阶段，对系统存在的危险类别、出现条件、事故后果等进行概略性地分析，以评价出潜在危险性。该方法一般用在设计、施工、检维修、改扩建之前，作为实现系统安全危害分析的初步或初始的计划，是在方案开发初期阶段或设计阶段之初完成的，其目的是辨识系统中存在的潜在危险，确定其危险等级，防止这些危害因素失控而酿成事故。另外，也可为进一步利用 HAZOP、FMEA、ETA、FTA 等方法进行深入、系统的分析工作做好准备。

2）预先危险分析的基本目标

通过预先危险分析，力求达到以下四项基本目标：

（1）大体识别与系统有关的一切主要危害因素。在初始识别中暂不考虑事故发生的概率。

（2）查找产生危害因素的原因。

（3）假设危害因素发生失控，评估对系统的影响。

（4）将已经识别的危害因素分级。分级标准如下：

Ⅰ级：可忽略的，不至于造成人员伤害和系统损害。

Ⅱ级：临界的，不会造成人员伤害和主要系统的损坏，并且可能排除和控制。

Ⅲ级：危险的（致命的），会造成人员伤害和主要系统的损坏，为了人员和系统安全，需立即采取措施。

Ⅳ级：破坏性的（灾难性），会造成人员死亡或众多伤残、重伤及系统报废。

3）预先危险分析的主要目的

预先危险分析主要为达到如下几个方面的目的：

（1）识别危害因素，确定安全性关键部位。

（2）评价各种危险的程度。

（3）确定安全性设计准则，提出消除或控制危险的措施。

此外，预先危险分析还可提供下述信息：

（1）为制修订安全工作计划提供信息。

（2）确定安全性工作安排的优先顺序。

（3）确定进行安全性试验的范围。

（4）确定进一步分析的范围，特别是为故障树分析确定不希望发生的事件。

（5）编写初始危险分析报告，作为分析结果的书面记录。

（6）确定系统或设备安全要求，编制系统或设备的性能及设计说明书。

4）预先危险分析的实施

（1）分析内容：

由于初始危险分析从寿命周期的早期阶段开始，分析中的信息仅是一般性的，不会太详细。这些初始信息应能指出潜在的危险及其影响，以提醒设计师们要通过设计加以纠正。这种分析至少应包括以下内容：

① 审查相应的安全性历史资料。

② 列出主要能量或有害物质的类型，并调查各种能量或有害物质，确定其控制措施。

③ 确定系统或设备必须遵循的有关 HSE 规定。

④ 提出纠正措施建议，在完成危害因素辨识和风险评估之后，还应提出如何控制风险的建议。

为了能全面地辨识危害因素，分析中需考虑如下内容：

① 危险物品，如燃料、激光、炸药、有毒物、有危险的建筑材料、放射性物质等。

② 系统部件间接口的安全性，如材料相容性、电磁干扰、意外触发、火灾或爆炸的发生和蔓延、硬件和软件控制（包括软件对系统或分系统安全的影响）等。

③ 确定控制可靠性的关键软件命令和响应，如错误命令、不适时的命令或响应或由订购方指定的不希望事件等。

④ 与安全有关的设备、保险装置和应急装置等，如联锁装置、硬件或软件故障安全设计、分系统保护、灭火系统、人员防护设备、通风装置、噪声或辐射屏蔽等。

⑤ 包括生产环境在内的环境约束条件，如坠落、冲击、振动、极限、温度、噪声、接触有毒物、静电放电、雷击、电磁环境影响、电离和非电离辐射等。

⑥ 操作、试验、维修和应急规程等。

（2）分析步骤：

① 参照过去同类产品或系统发生事故的经验教训，查明所开发的系统（工艺、设备）是否也会出现同样的问题。

② 了解所开发系统的任务、目的、基本活动的要求，包括对环境的了解。

③ 确定能够造成受伤、损失、功能失效或物质损失的初始危险。

④ 确定初始危险的起因事件。

⑤ 找出消除或控制危害因素的可能方法。

⑥ 在可能失控的情况下，分析应急等措施，如隔离、个体防护、救护等。

⑦ 指出、采取并完成纠正措施的责任者。

5）预先危险分析优缺点

（1）优点：

① 该方法简单易行、经济、有效，对资料占有要求不高，信息有限时可以使用。

② 在最初构思产品设计时，即可指出存在的主要危害因素，从一开始便可采用措施排除、降低和控制它们，避免由于考虑不周造成损失。

③ 对系统开发、初步设计、制造、安装、检修等做的分析结果，可以提供应遵循的注意事项和指导方针。

④ 分析结果可为制定标准、规范和技术文献提供必要的资料。

⑤ 根据分析结果可编制安全检查表以保证实施安全，并可作为安全教育的材料。

⑥ 在进行庞大、复杂的系统危害因素辨识时，可以首先通过预先危险分析，分析判断系统主要危险所在，在此基础上，有针对性地对主要风险进行深入分析。

（2）缺点：

预先危险分析一般都是概略性分析，只能提供初步信息，且精准程度不高，复杂或高风险系统需在此基础上，借助其他方法再做进一步分析。预先危险分析无法提供有关风险及其最佳风险预防措施方面的详细信息。易受分析人员的主观因素影响。

6）预先危险分析的使用范围

预先危险分析一般用于项目评价的初期，通过预先危险分析过滤一些风险性低的环节、区域，同时，也为在其他风险性高的环节、区域，进一步采用其他方法进行深入的危害因素辨识创造条件。适用于固有系统中采取新的方法，接触新的物料、设备和设施的危险性评价。当只希望进行粗略的危险和潜在事故情况分析时，也可以对已建成的装置进行分析。

4. 危险与可操作性分析

1）危险与可操作性分析概述

危险与可操作性分析（Hazard and Operability Analysis，简称 HAZOP）是以系统工程为基础的一种可用于定性分析或定量评价的风险管理方法，用于探明生产装置和工艺过程中的危害因素及其原因，寻求必要的对策。通过分析生产运行过程中工艺状态参数的变动、操作控制中可能出现的偏差以及这些变动与偏差对系统的影响及可能导致的后果，找出出现变动和偏差的原因，明确装置或系统内及生产过程中存在的主要危害因素，并针对变动与偏差的后果提出应采取的措施（图 2–1–15）。

危险和可操作性分析可按分析的准备、完成分析和编制分析结果报告等步骤来完成。由各种专业人员（如工艺、设备、自控、现场操作人员等）按照规定的方法对偏离设计的工艺条件进行过程危险和可操作性研究。危险和可操作性分析与头脑风暴法类似，不能由某人单独使用，必须由一个多方面的、专业的、熟练的人员组成的团队来完成。

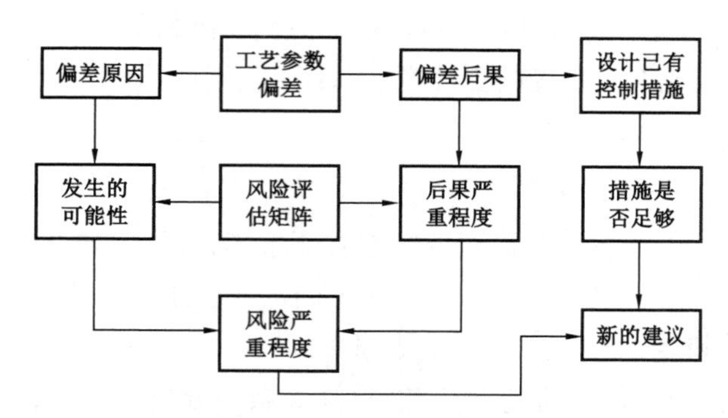

图 2-1-15　危险与可操作性分析原理图

2）危险与可操作性分析的实施

（1）确定分析范围：

危险与可操作性分析工作开始之前，新、改、扩建项目委托方或在役装置委托方应与危险与可操作性分析小组主持人相互交底，明确所要分析的项目或装置的物理界区范围以及边界工艺条件。

（2）划分节点：

节点的划分一般按工艺流程进行，主要考虑单元的目的与功能、单元的物料、合理的隔离 / 切断点、划分方法的一致性等因素。连续工艺一般可将主要设备作为单独节点，也可以根据工艺介质性质的情况划分节点，工艺介质主要性质保持一致的，可作为一个节点。危险与可操作性分析节点范围一般由小组主持人在会前进行初步划分，具体分析时与分析小组成员讨论确定。

（3）描述节点的设计意图：

选择划分好的一个节点，将节点的序号及范围填写入记录表。由熟悉该节点的设计人员或装置工艺技术人员对该节点的设计意图进行描述，包括对工艺和设备设计参数、物料危险性、控制过程、理想工况等进行详细说明，确保小组中的每一个成员都知道设计意图。

（4）确定偏差：

在 HAZOP 分析中可先以一个具体参数为基准，将所有的引导词与之相组合，逐一确定偏差进行分析，具体参见流程图 2-1-16（引导词优先选择法）；也可以一个具体引导词为基准，将所有的参数与之相组合，逐一确定偏差进行分析，具体参见流程图 2-1-17（参数优先选择法）。

在具体项目的 HAZOP 分析过程中，偏差的选用由分析小组根据分析对象和目的确定。HAZOP 分析常见偏差示例见表 2-1-4。

（5）分析偏差导致的后果：

分析小组对选定的偏差分析讨论可能引起的后果，包括对人员、财产和环境的影响。讨论后果时不考虑任何已有的安全保护（如安全阀、联锁、报警、紧停按钮、放空等），以及相关的管理措施（如作业票制度、巡检等）下的最坏后果。讨论后果不应局限在本节点之内，而应同时考虑该偏差对整个系统的影响。

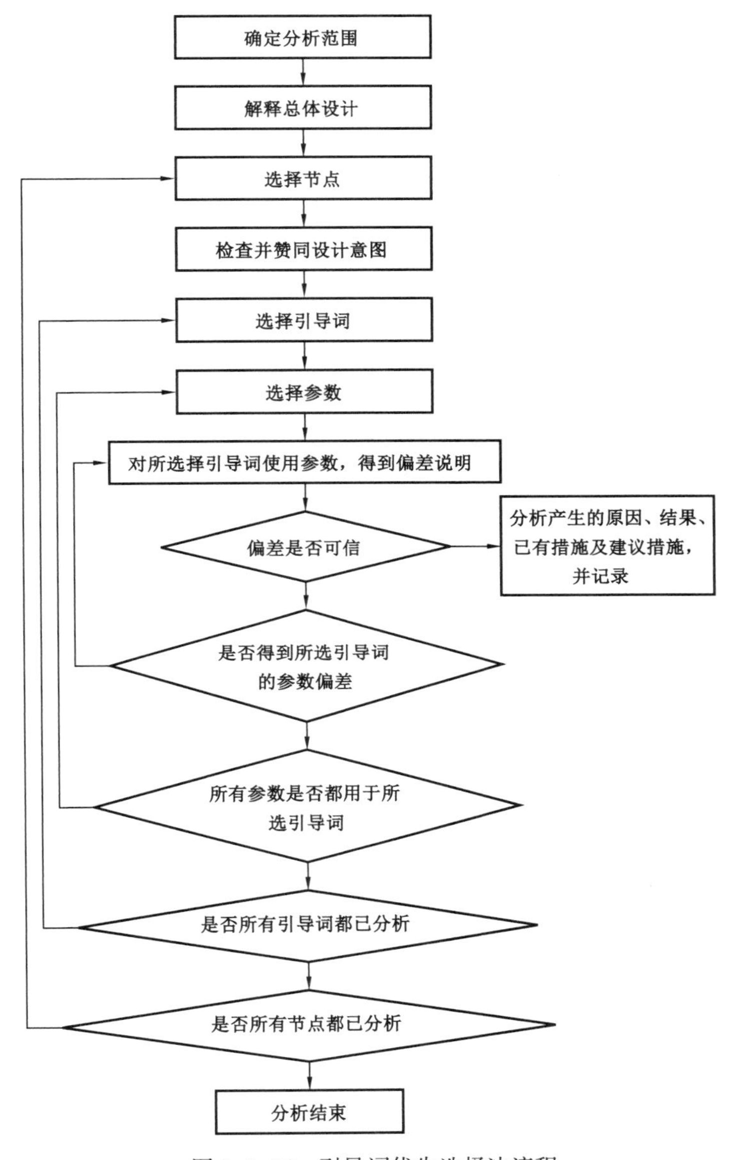

图 2-1-16　引导词优先选择法流程

（6）分析偏差产生的原因：

对选定的偏差从工艺、设备、仪表、控制和操作等方面分析讨论其发生的所有原因，原则上应在本节点范围内列举原因。

（7）列出现有的安全保护：

在考虑现有的安全保护时，应从偏差原因的预防（如仪表和设备维护、静电接地等）、偏差的检测（如参数监测、报警、化验分析等）和后果的减轻（如联锁、安全阀、消防设施、应急预案等）三个方面进行识别。记录的安全保护必须是现有并实际投用或执行的。

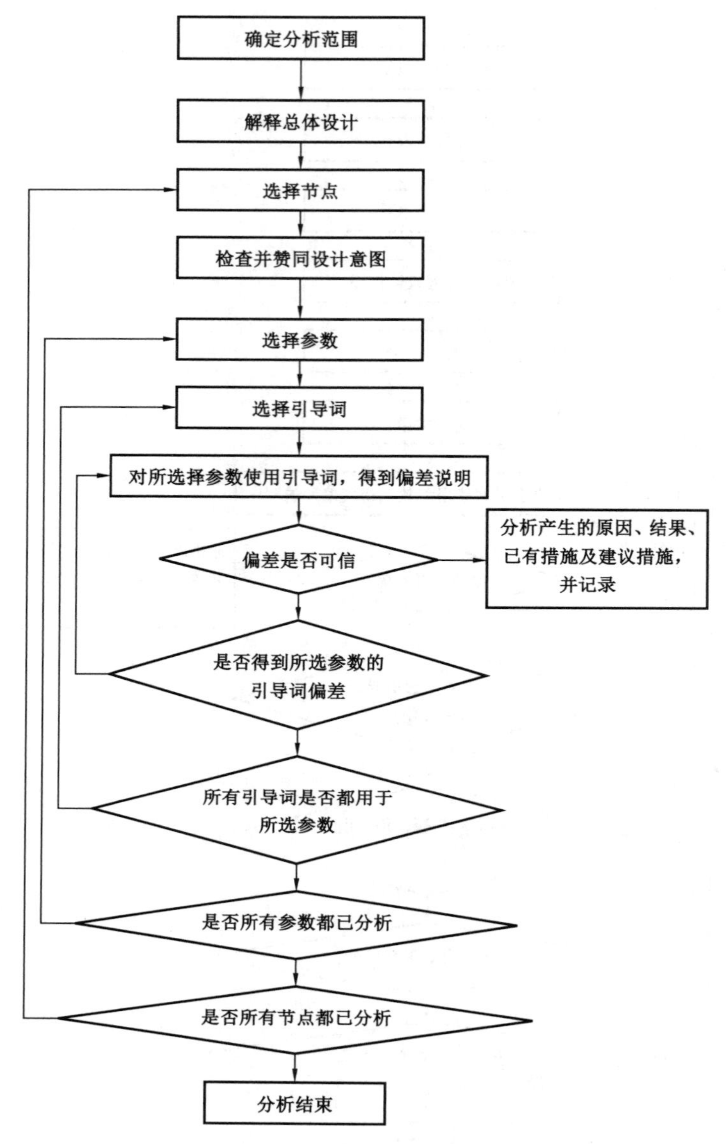

图 2-1-17　参数优先选择法流程

（8）评估风险等级：

评估后果的严重程度和发生的可能性，根据风险评价矩阵，确定风险等级。

（9）提出建议措施：

分析小组根据确定的风险等级以及现有安全保护，决定是否提出建议措施。建议措施应得到整个小组成员的共同认可。

（10）分析记录：

分析记录是 HAZOP 分析的一个重要组成部分，也是后期编制分析报告的直接依据。小组记录员应将所有重要意见全部记录下来，并应当将记录内容及时与分析小组成员沟通，以避免遗漏和理解偏离。

表 2-1-4　常用偏差示例

参数	引导词						
	偏大	偏小	无	反向	部分	伴随	异常
流量	流量过大	流量过小	无流量	逆流	间歇性	杂质	错误物料
温度	温度过高	温度过低					
热量							
压力	压力过高	压力过低	无	真空			
真空度	真空度高	真空度低		正压			
液位	液位过高	液位过低	无				
腐蚀量	腐蚀量过大				不均匀腐蚀		
反应	过快、剧烈	过慢、活性低	终止	逆反应	不完全反应	副反应	催化剂中毒
时间	过长	过短	缺步骤	顺序颠倒			
开、停工			缺步骤	顺序颠倒			设备无法正常开停
泄放排放	排放过大	排放过小	无法排放	倒吸		排放介质异常	故障
维修			未维修		维修不完全		维修中出现意外

（11）循环上述分析过程并形成分析报告：

循环上述分析过程，直至该装置的所有节点的全部工艺参数的全部偏差都得到分析。在此基础上，对分析记录结果进行整理、汇总，形成 HAZOP 分析报告初稿。

3）HAZOP 分析的用途

HAZOP 分析是一种结构化的危险分析工具，最适用于详细设计阶段后期对操作设施进行检查或现有设施做出变更时进行分析。

以下详细介绍系统生命周期不同阶段 HAZOP 和其他分析方法的应用。

（1）概念和定义阶段：在系统生命周期的这一阶段，将确定设计概念和系统主要部分，但开展 HAZOP 分析所需的详细设计和文档并未形成。然而，有必要在此阶段识别出主要危害，以便在设计过程中加以考虑，并有利于随后进行的 HAZOP 分析。为开展上述研究，应使用其他一些基本方法。

（2）设计和开发阶段：在系统生命周期的这一阶段，形成详细设计，并确定操作方法，编制完成设计文档。设计趋于成熟，基本固定。开展 HAZOP 分析的最佳时机恰好在设计固定不变之前。在此阶段，设计足够详细，便于通过 HAZOP 问询方式得到有意义的答案。建立一个系统用于评估 HAZOP 分析后的任何变更非常重要，该系统应该在系统整个生命周期都起作用。

（3）制造和安装阶段：如果系统试运行和操作有危险时，或正确的操作步骤和说明至关重要时，或后期阶段出现设计目的较大变动时，建议在系统开车前进行一次 HAZOP 分析。此时，试运行和操作说明等数据资料应可用。此外，该分析还应重新检查早期分析时发现的所有问题，以确保它们得到解决。

（4）操作和保养阶段：对于那些影响系统安全和可操作性或影响环境的变更的事件，应考虑变更前进行 HAZOP 分析，此外，应对系统进行定期检查，消除日常细微改动带来的影响。在进行 HAZOP 分析时，应确保在分析中使用最新的设计文档和操作说明。

（5）停止使用和报废阶段：在本阶段可能发生正常运行阶段不会出现的危险，所以本阶段可能需要进行危险分析。如果存在以前的分析记录，则可以迅速完成本阶段的分析。在系统整个生命周期都应保存好分析记录，以确保能迅速处理停用或报废阶段出现的问题。

4）HAZOP 方法优缺点

（1）优点：

① 系统性好，能够系统、详细地分析工艺过程。

② 背景各异的专家在一起工作，在创造性、系统性和风格上互相影响和启发，能够发现和鉴别更多的问题，汇集了集体的智慧，这要比他们单独工作时更为有效，适合对关键的工艺过程进行分析，多种专业团队参与，可处理复杂问题。

③ 为彻底地分析系统、过程或程序等提供有效方法。

④ 能够形成解决方案。

⑤ 有机会对人为错误的原因和结果进行清晰分析。

（2）缺点：

① 需要人员、时间相对较多，需要前期做大量准备工作，花费较高。

② 对文件或系统 / 过程及程序规范要求高。

③ 分析结果受分析评价人员的主观因素影响。

④ 对参与人员素质（如专业知识等）要求高，对主持人（HAZOP 主席）的能力、技巧要求更高。

5）危险与可操作性分析适用范围

危险和可操作性分析适用于连续性生产工艺过程（连续生产装置、复杂的工艺流程等），危害因素辨识通过对危险与可操作性分析的适当改进，也能应用于间歇化工生产工艺过程的危险性分析。该方法既适用于设计阶段也适于现有的生产装置的评价，而且特别适合于化工系统、装置设计和运行过程分析，如油气处理、炼油化工、储运等装置，还可以用于水利系统的安全分析。

5. 故障类型和影响分析

1）故障类型和影响分析概述

故障类型和影响分析（Failure Mode and Effect Analysis，简称 FMEA）又称为失效模式和

影响分析、失效模式与后果分析、失效模式与效应分析、故障模式与后果分析或故障模式与效应分析等。它是以一种深入浅出的分析方法，通过分析系统基本组件潜在的问题，分析研究这些问题对系统的影响情况，进而发现其中需要防范的高风险危害因素。具体来说，通过 FMEA 方法，把一个系统分解为若干个子系统、单元，然后逐个分析每个部分可能发生的故障及其类型，进而推断各种故障类型对相邻单元、子系统和整个系统的影响，在此基础上，针对需要管控的问题，提出避免或减少这些影响的措施。FMEA 方法因果模式如图 2–1–18 所示。

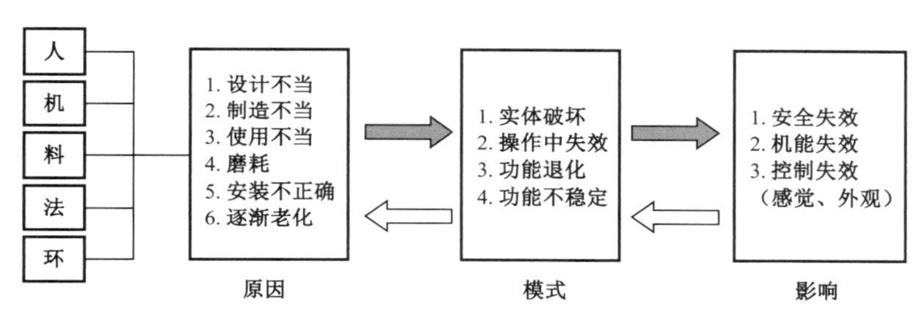

图 2–1–18　FMEA 方法因果模式

FMEA 最早是由美国国家宇航局（NASA）形成的一套分析模式，因为美国国家宇航局曾经在研制一种卫星系统时，由于设计时考虑不周，导致发射失败，造成 1 亿多美元的巨额损失。FMEA 是一种实用的解决问题的方法，可适用于许多工程领域，目前世界许多汽车生产商和电子制造服务商（EMS）都已经采用这种模式进行设计和生产过程的管理和监控。当然，FMEA 也可作为一种很好的危害因素辨识方法，国际标准 ISO 31010《风险管理——风险评估技术》把 FMEA 作为一种全能的风险评估工具而着重推荐（表 2–2–7）。FMEA 可用作 HSE 风险管理活动中的危害因素辨识、风险分析和评价等项工作。

2）FMEA 方法的特点

随着科学技术的发展，无论是民用产品，还是军用技术，随着其功能的提升，复杂程度日益增加。如何辨识其中的薄弱环节进而提升系统的稳定性能，已不是通过肤浅的表面观察就能做到的。要洞悉一件复杂产品、一种工艺技术中的缺陷或问题，首先按照“系统—子系统—元器件”的顺序，把复杂的系统进行肢解，分成子系统，对于每个子系统进行再分解直到单一功能元器件为止，然后针对具体的元器件，分析、检查它们可能的故障或缺陷，之后再按照“元器件—子系统—系统”的顺序进行反推，查找出元器件可能出现的故障或问题、对系统功能的影响，在此基础上，提出避免或减少这些影响的措施，这就是 FMEA 的分析方法（图 2–1–19）。

对于该系统的每个子系统，应考虑：

（1）该子系统所有潜在的失效模式。

（2）每一种失效模式对整个系统的影响。

（3）失效模式各种可能的原因。

（4）如何减缓和避免失效模式的发生。

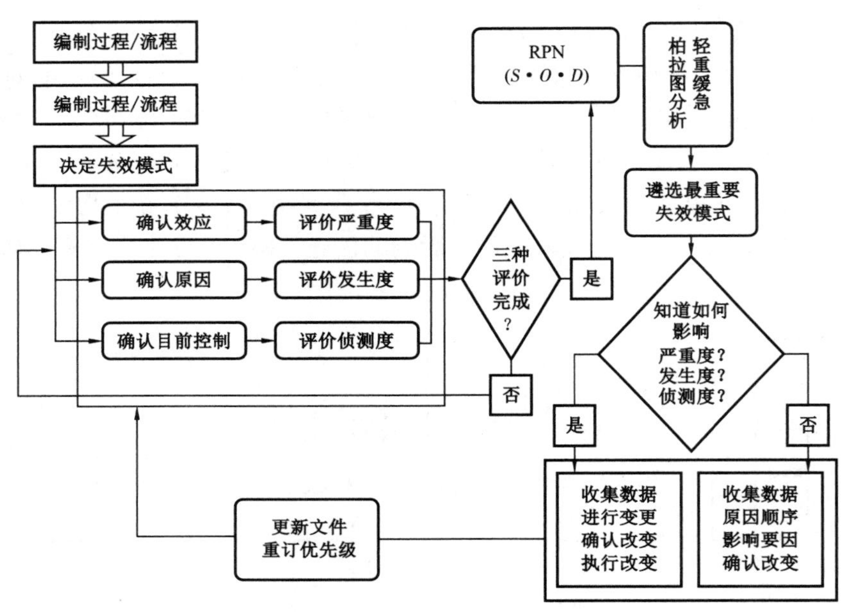

图 2–1–19　原理流程图

3）FMEA 工作程序

故障类型及影响分析的工作程序比较严格，要通过 FMEA 方法做好风险管理工作，应严格遵循其工作程序，才能达到应有的效果。如前所述，FMEA 方法是一种全能风险管理工具，通过该流程既可完成危害因素辨识、风险评估，也能完成防控措施的制定。

FMEA 工作程序如图 2–1–20 所示。

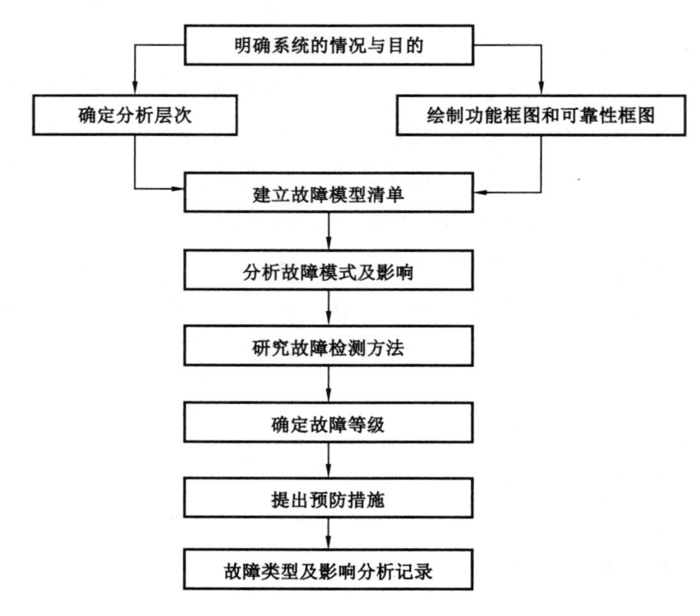

图 2–1–20　FMEA 工作程序框图

（1）明确系统的情况和目的：

在应用FMEA时，首先应对所要分析研究的目标对象的任务、功能、结构和运行条件等各方面情况有一个系统全面的了解，如该系统由哪些子系统组成，它们各自的功能、特点、相互间的关系，所研究系统的运行方式、运行的额定参数、最低性能要求、操作与维护的方法步骤，本系统与其他系统之间的相互关系、人际关系以及其他环境条件的要求等。为了弄清楚这些情况，应通过对研究对象的设计任务书、技术设计说明书、设计图纸、使用说明书以及相应的标准、规范、事故资料的分析研究获取。

（2）绘制功能框图和可靠性框图：

可靠性框图是从可靠性的角度建立的模型，它把实际系统的物理、空间要素与现象表示为功能与功能之间的联系，尤其是明确了它们之间的逻辑关系，从而为后续的分析做好准备。

（3）确定分析的层次：

FMEA方法可以用于产品设计、开发等一系列活动中，用于危害因素辨识只是其中一种应用情况。在采用FMEA方法进行产品设计、开发时，确定所要研究的系统分析层次是一个十分重要的问题。如果分析的层次太浅，就可能漏掉一些重要的故障模式；但如果分析的层次过深，可能会耗时费力，得不偿失。因此，需要根据具体情况审慎确定分析的层次问题。

在采用FMEA方法用于危害因素辨识时，应尽可能把分析的层次做得深一些，以达到全面、系统、彻底地辨识危害因素的目的，其深浅程度取决于是否能够把可能存在的危害因素尽可能地辨识出来。

FMEA方法之所以能够用于危害因素辨识，就在于其自身的特点，即把一个复杂的装置、设备或系统，通过一系列分解，划分为一个个子系统，然后再把这些子系统分解，直至分解到功能单一、结构简单的元器件。由于元器件无论功能还是结构等都十分简单，通过对功能单一的简单元器件分析，从中发现其中可能存在的功能缺陷或问题，这个过程就是危害因素辨识。如果再把所发现的问题放大到整个系统，评估这些问题对系统功能的影响，从而决定是否采取措施对其进行控制，这就是风险评价的功能。

因此，FMEA方法既可用于危害因素辨识，也可用于风险的分析与评价，是一功能较全面的风险管理方法。至于分析层级的确定，就危害因素辨识功能而言，要以有利于全面、系统、彻底地辨识危害因素为原则，分析的层次既不能过深，也不能太浅。如果分析层次过深，固然有利于全面、系统、彻底地辨识危害因素；但若系统比较庞大，这样可能会过于费时费力，还可能会因此陷于纷乱复杂的工作中不能自拔，从而影响到该方法在危害因素辨识中的使用。

因此，为使FMEA方法更好地应用于危害因素辨识，在采用该方法开展危害因素辨识时，对那些故障出现频率低、影响小的零部件以及有使用经验表明效果好的零部件可以在确定分析层次时，安排得粗浅一些，只要能够辨识出其中一些主要风险即可；而对新的零部件或对性能影响大的零部件应尽可能把分析的层次做得深一些，把层次分解到元器件，尽可能找出其中可能的所有故障或问题。

（4）建立故障模式清单，分析故障模式及影响：

在把系统或设备、设施等分解到适宜层级的基础上，列举各功能块所有故障模式、起因和潜在故障（失效）后果，故障模式应与该功能块所在级别相适应。在最低的分析层次上，列出该级各单元（单元指元件、部件或系统）所有可能出现的各种故障模式，以及每种故障模式发生的起因、对应的潜在故障后果。在一个更高功能级上考虑潜在故障后果时，前述故障后果又被解释为一个故障模式。连续迭代，直至系统最高功能级上的故障后果。

（5）研究故障检测方法，判定风险等级：

故障检测是发现故障的主要途径，设定故障发生后，应说明故障所表现出的异常状态及如何进行检测，并研究探索相应的故障检测方法。如通过声音变化、仪表指示或报警装置等，以及时发现并有效处置故障。该项内容主要是针对产品设计，对危害因素辨识意义不大。

通过对设备失效严重度（S）、发生率（O）和探测度（D）进行评价，计算出 RPN 值，进行排序或判定风险等级。

① 严重度 S 是评估可能的失效模式对于设备的影响，10 为最严重，1 为没有影响。

② 发生率 O 是特定的失效原因和机理多长时间发生一次以及发生的概率，如果为 10，则表示肯定要发生，如果为 1，则表示基本不发生。

③ 探测度 D 是评估设备故障检测失效模式的概率，如果为 10 表示不能检测，如果为 1 则表示可以被有效地探测到。

各项数字的乘积称为风险顺序数或风险优先数 RPN：

$$\mathrm{RPN}=S\cdot O\cdot D$$

RPN 是事件发生的频率、严重程度和检测等级三者乘积，风险顺序数 RPN 越高，表示风险越大。RPN 最坏的情况是 1000，最好的情况是 1。因此，当 FMEA 用于项目或方案的选择时，应筛选那些累积等级远低于 80% 的项目。但用于 HSE 风险管理，应根据 RPN 值的高低衡量可能的工艺缺陷，以便采取可能的预防措施减少关键的工艺变化，使工艺更加可靠。对于工艺的矫正首先应集中在那些最受关注和风险程度最高的环节。

（6）制定控制措施：

对一些严重问题（严重度高），虽然 RPN 值较小但同样应严肃对待，如一个可能的失效模式，其严重度高达 9 或 10，不管其风险顺序数 RPN 高低与否，都必须考虑风险防范措施。一般地，对风险顺序数 RPN≥100 或严重程度 $S\geq 8$ 的项目，应考虑制定风险防控措施。

（7）故障类型及影响分析记录：

填写 FMEA 分析表格，该表格既要反映 FMEA 分析的全貌，也要抓住其中关键问题。表 2-1-5 为家庭装修自动化浴盆安装的 FMEA 分析表格，同时也是一个分析示例。

表 2-1-5　FMEA 工作表示例

功能	失效模式	影响	S（严重程度）	原因	O（频度）	当前的控制措施	D（检查分级）	CRIT（关键特性）	RPN（风险优先级数）	防控措施	责任人及目标完成日期
合理控制浴盆水位	高水位传感器出现差错	液体溅洒到客户的地板上	8	水位传感器已失效，水位传感器已断开	2	根据填充到低水位传感器所需的时间，填充超时	5	N	80	针对在高低水位传感器之间中途额外增加传感器，进行成本分析	李明 × 年 × 月 × 日

4）FMEA 的优缺点

（1）优点：

① 系统化表述工具。

② 创造了详细的可审核的危害因素辨识过程。

③ 适用性较广，广泛适用于人力、设备和系统失效模式，以及软硬件等。

（2）缺点：

① 该方法只考虑了单个的失效情况，而无法把这些失效情况综合在一起去考虑。

② 该方法需要依靠那些对该系统和装置有着透彻了解的专业人士的参与。

③ 该方法耗时费力，花费较高。

5）FMEA 的适用范围

FMEA 广泛应用于制造行业产品生命周期的各个阶段，尤其适用于产品或工艺设计阶段的危害因素辨识。同时，其他业务领域也可参照该方法进行危害因素辨识。

如果说做好作业活动的危害因素辨识需要细化活动步骤，那么，设备和装置的危害因素辨识就要细化其功能单元，在此基础上，才能做好设备和装置的危害因素辨识，FMEA 方法就是范例。

6. 事故树分析法

1）事故树分析法概述

事故树分析法（Accident Tree Analysis，简称 ATA）起源于故障树分析法（Fault Tree Analysis，简称 FTA），是安全系统工程的重要分析方法之一，它是从特定事故或故障开始（顶上事件），层层分析其发生原因，直到找出事故的基本原因，即故障树的底事件为止。这些底事件又称为基本事件，其数据是已知的或者已经有过统计或实验的结果。事故树分析法能对各种系统的危险性进行辨识和评价，不仅能分析出事故的直接原因，而且能深入地揭示出事故的潜在原因。用它描述事故的因果关系直观明了、思路清晰、逻辑性强，既可定性分析，又可定量分析。

2）基本符号

事故树是由各种符号和其连接的逻辑门组成的。最简单基本的符号有：

（1）事件符号：

① 矩形符号。用它表示顶上事件或中间事件。将事件扼要记入矩形框内。必须注意：顶上事件一定要清楚明了，不要太笼统。例如“交通事故”“爆炸着火事故”，对此人们无法下手分析，而应当选择具体事故，如“机动车追尾”“机动车与自行车相撞”，“建筑工人从脚手架上坠落死亡”“道口火车与汽车相撞”等具体事故。

② 圆形符号。它表示基本（原因）事件，可以是人的差错，也可以是设备和机械故障、环境因素等。它表示最基本的事件，不能再继续往下分析了。例如，影响司机瞭望条件的“曲线地段”“照明不好”，司机本身问题影响行车安全的“酒后开车”“疲劳驾驶”等原因，将事故原因扼要记入圆形符号内。

③ 屋形符号。它表示正常事件，是系统在正常状态下发生的正常事件。如“机车或车辆经过道岔”“因走动取下安全带”等，将事件扼要记入屋形符号内。

④ 菱形符号。它表示省略事件，即表示事前不能分析，或者不必再分析下去的事件。例如，“司机间断瞭望”“天气不好”“臆测行车”“操作不当”等，将事件扼要记入菱形符号内。

上述 4 种具体符号如图 2-1-21 所示。

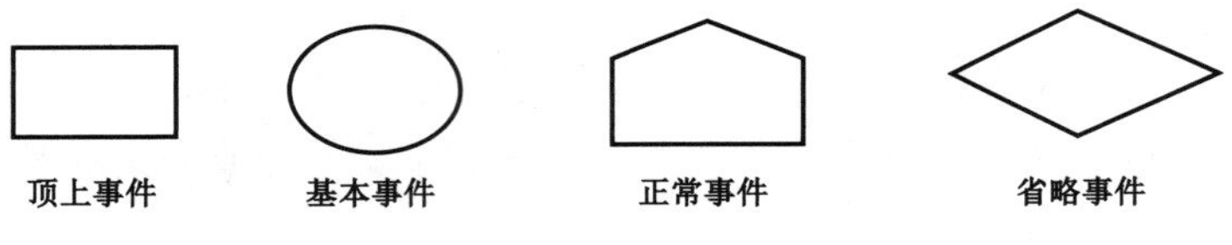

图 2-1-21　事件符号类型

（2）逻辑门符号：

逻辑门符号即连接各个事件，并表示逻辑关系的符号。主要有与门、或门、条件与门、条件或门以及限制门。

① 与门符号。与门连接表示输入事件 $B1$、$B2$ 同时发生的情况下，输出事件 A 才会发生的连接关系。二者缺一不可，表现为逻辑积的关系，即 $A=B1 \cap B2$。

当 $B1$、$B2$ 都接通（$B1=1$，$B2=1$）时，电灯才亮（出现信号），用布尔代数表示为 $X=B1 \cdot B2=1$。

当 $B1$、$B2$ 中有一个断开或都断开（$B1=1$，$B2=0$ 或 $B1=0$，$B2=1$ 或 $B1=0$，$B2=0$）时，电灯不亮（没有信号），用布尔代数表示为 $X=B1 \cdot B2=0$。

② 或门符号。表示输入事件 $B1$ 或 $B2$ 中，任何一个事件发生都可以使事件 A 发生，表现为逻辑和的关系即 $A=B1 \cup B2$。在有若干输入事件时，情况也是如此。

当 $B1$、$B2$ 断开（$B1=0$，$B2=0$）时，电灯才不会亮（没有信号），用布尔代数表示为 $X=B1+B2=0$。

当 $B1$、$B2$ 中有一个接通或两个都接通（即 $B1=1$，$B2=0$ 或 $B1=0$，$B2=1$ 或 $B1=1$，$B2=1$）时，电灯亮（出现信号），用布尔代数表示为 $X=B1+B2=1$。

③ 条件与门符号。表示只有当 $B1$、$B2$ 同时发生，且满足条件 α 的情况下，A 才会发生，相当于三个输入事件的与门。即 $A=B1 \cap B2 \cap \alpha$，将条件 α 记入六边形内。

④ 条件或门符号。表示 $B1$ 或 $B2$ 任何一个事件发生，且满足条件 β，输出事件 A 才会发生，将条件 β 记入六边形内。

⑤ 限制门符号。它是逻辑上的一种修正符号，即输入事件发生且满足条件 γ 时，才产生输出事件。相反，如果不满足，则不发生输出事件，条件 γ 写在椭圆形符号内。

逻辑门符号如图 2–1–22 所示。

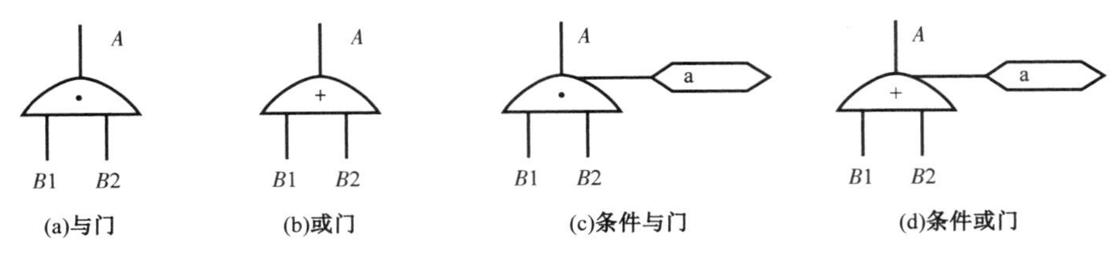

图 2–1–22　逻辑门符号

（3）转移符号：

当事故树规模很大时，需要将某些部分画在别的纸上，这就要用转出和转入符号，以标出向何处转出和从何处转入。

转出符号。它表示向其他部分转出，在“△”内记入向何处转出的标记，如图 2–3–23 所示。

转入符号。它表示从其他部分转入，在“△”内记入从何处转入的标记，如图 2–1–24 所示。

图 2–1–23　逻辑门符号　　　　图 2–1–24　转移符号

3）事故树分析法基本程序

（1）事故树的编制程序：

第一步：确定顶上事件。

顶上事件就是所要分析的事故。选择顶上事件，一定要在详细占有系统情况、有关事故的发生情况和发生可能，以及事故的严重程度和发生概率等资料的情况下进行，而且事先要仔细寻找造成事故的直接原因和间接原因。然后，根据事故的严重程度和发生概率确定顶上事件，将其扼要地填写在矩形框内。

顶上事件也可以是在运输生产中已经发生过的事故。如车辆追尾、道口火车与汽车相撞事故等事故。通过编制事故树，找出事故原因，制定具体措施，防止事故再次发生。

第二步：调查或分析造成顶上事件的各种原因。

顶上事件确定之后，为了编制好事故树，必须将造成顶上事件的所有直接原因事件找出来，尽可能不要漏掉。直接原因事件可以是机械故障、人的因素或环境原因等。

要找出直接原因可以采取对造成顶上事件的原因进行调查，召开有关人员座谈会，也可根据以往的一些经验进行分析，确定造成顶上事件的原因。

第三步：绘制事故树。

在找出造成顶上事件的各种原因后，就可以用相应事件符号和适当的逻辑门把它们从上到下分层连接起来，层层向下，直到最基本的原因事件，这样就构成一个事故树。

在用逻辑门连接上下层之间的事件原因时，若下层事件必须全部同时发生，上层事件才会发生时，就用“与门”连接。逻辑门的连接问题在事故树中是非常重要的，含糊不得，它涉及各种事件之间的逻辑关系，直接影响着以后的定性分析和定量分析。

第四步：审定事故树。

画成的事故树图是逻辑模型事件的表达。既然是逻辑模型，那么各个事件之间的逻辑关系就应该相当严密、合理。否则，在计算过程中将会出现许多意想不到的问题。因此，对事故树的绘制要十分慎重。在制作过程中，一般要反复推敲修改，除局部更改外，有的甚至要推倒重来，有时还要反复多次，直到符合实际情况，比较严密为止。

（2）事故树分析的程序：

事故树分析根据对象系统的性质和分析目的的不同，分析的程序也不尽相同。但是，一般都有下面的十个基本程序。有时，使用者还可根据实际需要和要求，来确定分析程序。

① 熟悉系统。要确实了解系统情况，包括工作程序、各种重要参数、作业情况。必要时画出工艺流程图和布置图。

② 调查事故。要求在过去事故实例和有关事故统计的基础上，尽量广泛地调查所能预想到的事故，即包括已发生的事故和可能发生的事故。

③ 确定顶上事件。所谓顶上事件，就是我们所要分析的对象事件。分析系统发生事故的损失和频率大小，从中找出后果严重，且较容易发生的事故，作为顶上事件。

④ 确定目标。根据以往的事故记录和同类系统的事故资料，进行统计分析，求出事故发生的概率（或频率），然后根据这一事故的严重程度，确定我们要控制的事故发生概率的目标值。

⑤ 调查原因事件。调查与事故有关的所有原因事件和各种因素，包括设备故障、机械故障、操作者的失误、管理和指挥错误、环境因素等，尽量详细查清原因和影响。

⑥ 画出事故树。根据上述资料，从顶上事件开始演绎分析，一级一级地找出所有直接原因事件，直到满足所要分析的深度要求，按照其逻辑关系，画出事故树。

⑦ 定性分析。根据事故树结构进行化简，求出最小割集和最小径集，确定各基本事件的结构重要度顺序。

⑧ 计算顶上事件发生概率。首先根据所调查的情况和资料，确定所有原因事件的发生概率，并标在事故树上。根据这些基本数据，求出顶上事件（事故）发生概率。

⑨ 进行比较。要根据可维修系统和不可维修系统分别考虑，对可维修系统，把求出的概率与通过统计分析得出的概率进行比较，如果二者不符，则必须重新研究。检查原因事件是否齐全，事故树逻辑关系是否清楚，基本原因事件的数值是否设定得过高或过低等。对不

可维修系统，求出顶上事件发生概率即可。

⑩ 定量分析。定量分析包括下列三个方面的内容：

a）当事故发生概率超过预定的目标值时，要研究降低事故发生概率的所有可能途径，可从最小割集着手，从中选出最佳方案。

b）利用最小径集，找出根除事故的可能性的途径，从中选出最佳方案。

c）求各基本原因事件的临界重要度系数，从而对需要治理的原因事件按临界重要度系数大小进行排序，或编出安全检查表，以求加强人为控制。

事故树分析方法原则上是这10个步骤。但在具体分析时，可以根据分析的目的、投入人力物力的多少、人的分析能力的高低及对基础数据的掌握程度等，分别进行不同步骤。如果事故树规模很大，也可以借助计算机进行分析。

4）事故树分析法优缺点

（1）优点：

① 事故树的图形化有助于对分析对象的理解，事故树的因果关系清晰、形象。对导致事故的各种原因及逻辑关系能做出全面、简洁、形象地描述，从而使有关人员了解和掌握安全控制的要点和措施。

② 根据各基本事件发生故障的频率数据，确定各基本事件对导致事故发生的影响程度——结构重要度。

③ 既可进行定性分析，又可进行定量分析和系统评价。通过定性分析，确定各基本事件对事故影响的大小，从而可确定对各基本事件进行安全控制应采取措施的优先顺序，为制定科学合理的安全控制措施提供基本的依据。通过定量分析，依据各基本事件的发生概率，计算出顶上事件（事故）发生的概率，为实现系统的最佳安全控制目标提供一个具体量的概念，有助于其他各项指标的量化处理。

（2）缺点：

① 分析事故原因是强项，但应用于原因导致事故发生的可能性推测是弱项。

② 故障树是一种静态模型，分析是针对一个特定事故作分析，而不是针对一个过程或设备系统作分析，因此具有局部性。

③ 要求分析人员必须非常熟悉所分析的对象系统，能准确和熟练地应用分析方法。往往会出现不同分析人员编制的事故树和分析结果不同的现象。

④ 对于复杂系统，编制事故树的步骤较多，编制的事故树也较为庞大，计算也较为复杂，给进行定性和定量分析带来困难。

⑤ 要对系统进行定量分析，必须事先确定所有基本事件发生的概率，否则无法进行定量分析。

5）事故树分析法的应用范围

事故树是一个逆向逻辑推理过程，即由结果逆向推理，追溯事故发生的原因，通过分析找出事故原因，采取相应的对策加以控制，从而起到事故预防的作用。因此，事故树分析法是一种很好的危害因素辨识方法。

事故树分析法能对各种系统的危险性进行识别评价，既适用于定性分析，又能进行定量分析，是安全分析评价和危害因素辨识的一种先进的科学方法。非常适合于高度重复性的系统，但要求分析人员必须十分熟悉所分析研究的对象系统，具有丰富的实践经验。

7. 事件树分析法

1）简介

事件树分析（Event Tree Analysis，简称 ETA）起源于决策树分析（简称 DTA），它是一种按事故发展的时间顺序由初始事件开始推论可能的后果，从而进行危险源辨识的方法。一起事故的发生，是许多原因事件相继发生的结果，其中，一些事件的发生是以另一些事件首先发生为条件的，又会引起另一些事件的出现。在事件发生的顺序上，存在着因果的逻辑关系。事件树分析法是一种时序逻辑的事故分析方法，它以一初始事件为起点，按照事故的发展顺序，分成阶段，一步一步地进行分析，每一事件可能的后续事件只能取完全对立的两种状态（成功或失败，正常或故障，安全或危险等）之一的原则，逐步向结果方面发展，直至达到系统故障或事故为止。所分析的情况用树枝状图表示，故叫事件树。它既可以定性地了解整个事件的动态变化过程，又可以定量计算出各阶段的概率，最终了解事故发展过程中各种状态的发生概率。

2）功能

（1）ETA 可以事前预测事故及不安全因素，估计事故的可能后果，寻求最经济的预防手段和方法。

（2）事后用 ETA 分析事故原因，十分方便明确。

（3）ETA 的分析资料既可作为直观的安全教育资料，也可作为推测类似事故的预防对策。

（4）当积累了大量事故资料时，可采用计算机模拟，使 ETA 对事故的预测更为有效。

（5）在安全管理上用 ETA 对重大问题进行决策，具有其他方法所不具备的优势。

3）编制程序

（1）确定初始事件：

事件树分析是一种系统研究初始事件如何与后续事件形成时序逻辑关系而最终导致事故的方法。正确选择初始事件十分重要。初始事件是事故在未发生时，其发展过程中的危害事件或危险事件，如机器故障、设备损坏、能量外逸或失控、人的误动作等。可以用两种方法确定初始事件：根据系统设计、系统危险性评价、系统运行经验或事故经验等确定；根据系统重大故障或事故树分析，从其中间事件或初始事件中选择。

（2）判定安全功能：

系统中包含许多安全功能，在初始事件发生时消除或减轻其影响以维持系统的安全运行。常见的安全功能包括：对初始事件自动采取控制措施的系统，如自动停车系统等；提醒操作者初始事件发生后的报警系统；根据报警或工作程序要求操作者采取的措施；缓冲装置，如减振、压力泄放系统或排放系统等；局限或屏蔽措施等。

（3）绘制事件树：

从初始事件开始，按事件发展过程，自左向右绘制事件树，用树枝代表事件发展途径。首先考察初始事件发生时最先起作用的安全功能，把可以发挥功能的状态画在上面的分枝，不能发挥功能的状态画在下面的分枝。然后依次考察各种安全功能的两种可能状态，把发挥功能的状态（又称成功状态）画在上面的分枝，把不能发挥功能的状态（又称失败状态）画在下面的分枝，直至达到系统故障或事故为止。

（4）简化事件树：

在绘制事件树的过程中，可能会遇到一些与初始事件或与事故无关的安全功能，或者存在其功能关系相互矛盾、不协调的情况，需用工程知识和系统设计的知识予以辨别，然后将其从树枝中去掉，即构成简化的事件树。

在绘制事件树时，要在每个树枝上写出事件状态，树枝横线上面写明事件过程内容特征，横线下面注明成功或失败的状况。

4）定性分析

事件树定性分析在绘制事件树的过程中就已进行，绘制事件树必须根据事件的客观条件和事件的特征作出符合科学性的逻辑推理，用与事件有关的技术知识确认事件可能状态，所以在绘制事件树的过程中就已对每一发展过程和事件发展的途径作了可能性的分析。

事件树画好之后的工作，就是找出发生事故的途径、类型以及预防事故的对策。

（1）找出事故连锁：

事件树的各分枝代表初始事件一旦发生其可能的发展途径。其中，最终导致事故的途径即为事故连锁。一般地，导致系统事故的途径有很多，即有许多事故连锁。事故连锁中包含的初始事件和安全功能故障的后续事件之间具有“逻辑与”的关系。显然，事故连锁越多或事故连锁中事件树越少，系统越危险。

（2）找出预防事故的途径：

事件树中最终达到安全的途径指导我们如何采取措施预防事故。在达到安全的途径中，发挥安全功能的事件构成事件树的成功连锁。如果能保证这些安全功能发挥作用，则可以防止事故。一般地，事件树中包含的成功连锁可能有多个，即可以通过若干途径来防止事故发生。显然，成功连锁越多或成功连锁中事件树越少，系统越安全。

由于事件树反映了事件之间的时间顺序，所以应该尽可能地从最先发挥功能的安全功能着手。

5）定量分析

事件树定量分析是指根据每一事件的发生概率，计算各种途径的事故发生概率，比较各个途径概率值的大小，作出事故发生可能性序列，确定最易发生事故的途径。一般地，当各事件之间相互统计独立时，其定量分析比较简单。当事件之间相互统计不独立时（如共同原因故障、顺序运行等），则定量分析变得非常复杂。这里仅讨论前一种情况。

（1）各发展途径的概率：

各发展途径的概率等于自初始事件开始的各事件发生概率的乘积。

（2）事故发生概率：

事件树定量分析中，事故发生概率等于导致事故的各发展途径的概率和。

定量分析要以事件概率数据作为计算的依据，且事件过程的状态多种多样，一般都会因缺少概率数据而不能实现定量分析。

（3）事故预防：

事件树分析把事故的发生发展过程表述得清楚而有条理，为设计事故预防方案、制定事故预防措施提供了有力的依据。

从事件树上可以看出，最后的事故是一系列危害和危险的发展结果，如果中断这种发展过程就可以避免事故发生。因此，在事故发展过程的各阶段，应采取各种可能措施，控制事件的可能性状态，减少危害状态出现概率，增大安全状态出现概率，把事件发展过程引向安全的发展途径。

采取在事件不同发展阶段阻截事件向危险状态转化的措施，最好是在事件发展前期过程实现，从而产生阻截多种事故发生的效果。但有时因为技术、经济等原因无法在前期进行，这时就要在事件发展后期过程采取控制措施。显然，在各条事件发展途径上都采取措施为宜。

6）事件树分析法优、缺点

（1）优点：

① 事件树分析法是一种图解形式，层次清楚、简洁明了。

② 概率可以按照路径为基础分到节点。

③ 整个结果的范围可以在整个事件树中得到改善。

④ 事件树从原因到结果，概念上比较容易明白。

⑤ 事件树是依赖于时间的，能够体现事件发展顺序。

⑥ 事件树在检查系统和人的响应造成潜在事故时是理想的。

⑦ 既可进行定性分析，也可进行定量分析。

（2）缺点：

事件树的规模将直接影响其效果。如果分枝越多、层次越多，则可能会将问题研究得越发透彻，但同时事件树也将变得极其复杂，难以把控。反之，如果分枝过少、层次过少，就会使分析变得很粗，同样也可能达不到预定目的。因此，准确把握事件树的大小十分重要，但同时也比较困难。

7）事件树分析法应用范围

事件树与事故树正好相反，是一种从原因到结果的自下而上的分析方法。从一个初因事件开始，交替考虑成功与失败两种可能性，然后以这两种可能性为新的初因事件，如此继续分析下去,直至找到最后的结果为止,它是一种归纳逻辑树图,能够看到事故发生的动态发展过程,可看作事故树的补充,将严重事故的动态发展过程全部揭示出来,也可用来分析系统故障、设备失效、工艺异常、人的失误等,应用比较广泛。

8. 故障假设分析

1)方法概述

故障假设分析(What… If Analysis,简称 WI)是对某一生产过程或工艺过程的创造性分析方法。使用该方法时,要求人员熟悉工艺,通过提出一系列"如果……怎么办?"的问题,来发现可能和潜在的事故隐患从而对系统进行彻底检查。

故障假设分析通常对工艺过程进行审查,一般要求评价人员用"What… If"作为开头对有关问题进行考虑,从进料开始沿着流程直到工艺过程结束。任何与工艺有关的问题,即使关联性不大也可以提出并加以讨论。故障假设分析的结果暗含在分析组所提出的问题和争论中的可能事故情况。这些问题和争论常常指出了故障发生的原因。通常要将所有的问题记录下来,然后进行分类。

该方法包括检查设计、安装、技改或操作过程中可能产生的偏差。要求评价人员熟知工艺规程,并对可能导致事故的设计偏差进行整合。

2)故障假设分析步骤

故障假设分析很简单,包括提出问题和回答问题。评价结果一般以表格的形式显示,主要内容包括提出的问题、回答可能的后果、降低或消除危险性的安全措施。

故障假设分析法由三个步骤组成,即分析准备、完成分析和编制结果文件。

(1)分析准备:

① 人员组成。进行该分析应由 2～3 名专业人员组成小组。要求成员熟悉生产工艺,有评价危险的经验。

② 确定分析目标。首先要考虑的是取什么样的结果作为目标,目标又可以进一步加以限定。目标明确后就要确定分析哪些系统。在分析某一系统时应注意与其他系统的相互作用,避免遗漏掉危险因素。

③ 资料准备。进行分析时,需要准备大量基础资料。

(2)完成分析:

① 了解情况,准备故障假设问题。分析会议开始应该首先由熟悉整个装置和工艺的人员阐述生产情况和工艺过程,包括原有的安全设备及措施。参加人员还应该说明装置的安全防范、安全设备和卫生控制规程。

分析人员要向现场操作人员提问,然后对所分析的过程提出有关安全方面的问题。有两种会议方式可以采用。一种是列出所有的安全项目和问题,然后进行分析;另一种是提出一个问题讨论一个问题,即对所提出的某个问题的各个方面进行分析后再对分析组提出的下一个问题(分析对象)进行讨论。两种方式都可以,最好是在分析之前列出所有的问题,以免打断分析组的"创造性思维"。

② 按照准备好的问题，从工艺进料开始，一直进行到成品产出为止，逐一提出如果发生某种情况，操作人员应该怎么办，分别得出正确答案。

3）故障假设分析法的优缺点及适用范围

（1）优点：

① 故障假设分析方法鼓励思考潜在的事故和后果，它弥补了基于经验的安全检查表编制时经验的不足。相反，检查表可以把故障假设分析方法更系统化。因此出现了安全检查表分析与故障假设分析在一起使用的分析方法，以便发挥各自的优点，互相取长补短。

② 利用故障假设分析法易于建立风险登记表和风险应对计划。

③ 可识别系统或过程的改进机会。

（2）缺点：

① 应用该方法对参与者要求较高，要求经验丰富、能力强、工作效率高的引导员，如果参与人员缺乏丰富经验或提示不够全面，危害因素可能得不到全面辨识。

② 需要较为充分的前期准备工作。

③ 可能无法揭示某些复杂的原因。

（3）应用范围：

故障假设分析方法较为灵活，适用范围很广，它可以用于工程、装置、系统的研究，设计、建造、操作、维护等任何阶段。

9. 工作安全分析

1）工作安全分析简介

需要指出的是，作业安全分析（JSA）并不像前述 8 类方法那样，它不被列入危害因素辨识的一种方法，它与工作危害分析（JHA）类似，是一种作业活动常用的基本风险管理工具，以确保作业活动中风险得以有效的控制，避免事故的发生。它包括了危害因素辨识、风险评估及控制全过程，是对简单作业活动的风险管理。由于其简单易行，经常用于简单作业活动的风险管理。

JSA 方法使用下列标准的危害管理过程（HMP）：危害因素识别、评估风险及制定风险控制措施。对风险程度高的危害因素，还要制定应急措施（以防出现失误），虽然危害管理过程（HMP）适用于任何作业任务的风险管理，但 JSA 方法主要用于简单作业活动的风险管理。

2）工作安全分析步骤

（1）基层单位负责人指定工作前安全分析小组组长，组长选择熟悉工作前安全分析方法的管理、技术、安全、操作人员组成小组。小组成员应了解工作任务及所在区域环境、设备和相关的操作规程。

（2）工作前安全分析小组审查工作计划安排，分解工作任务，搜集相关信息，实地考察工作现场，核查以下内容：

① 以前此项工作任务中出现的健康、安全、环境问题和事故。

② 工作中是否使用新设备。

③ 工作环境、空间、光线、空气流动、出口和入口等。

④ 实施此项工作任务的关键环节。

⑤ 实施此项工作任务的人员是否有足够的知识技能。

⑥ 是否需要作业许可及作业许可的类型。

⑦ 是否有严重影响本工作安全的交叉作业。

⑧ 其他。

（3）工作前安全分析小组识别该工作任务关键环节的危害及影响，并填写工作前安全分析表。识别危害时应充分考虑人员、设备、材料、环境、方法五个方面和正常、异常、紧急三种状态。

（4）对存在潜在危害的关键活动或重要步骤进行风险评价。根据判别标准确定初始风险等级和风险是否可接受。风险评价宜选择半定量风险矩阵法或LEC法。

（5）工作前安全分析小组应针对识别出的每个风险制定控制措施，将风险降低到可接受的范围。在选择风险控制措施时，应考虑控制措施的优先顺序。

（6）制定出所有风险的控制措施后，还应确定以下问题：

① 是否全面有效地制定了所有的控制措施。

② 对实施该项工作的人员还需要提出什么要求。

③ 风险是否能得到有效控制。

（7）评估控制措施实施效果，如果每个风险在可接受范围之内，并得到工作前安全分析小组成员的一致同意，方可进行作业。

3）JSA使用的注意事项

（1）JSA本身就是一种简单易行的风险管理工具、方法，它与其他风险管理工具和方法性质相近、功能相同，可以取长补短、相互结合，而不应简单叠加、重复使用。如一些企业要求对高风险的非常规作业，在办理了作业许可票后、开始作业前，还要进行JSA分析，就不太合适。因为作业许可与JSA都是对该作业活动的风险管理，两者具有相同的性质，重复使用徒增负担、别无他益。当然，如果认为采用传统做法所办理的作业许可票证质量不高，可在办理许可票证时进行“工作安全分析（JSA）”，把JSA的结果填写在许可票证上，即按照JSA方法系统辨识风险，制定可操作性措施，在此基础上填写票证，只进行了一次风险管理。否则，在许可票证办妥后，再行开展JSA分析，就做了两次不相干的风险管理流程，不仅加大了工作量，且JSA结果也无法与票证联系在一起。

（2）JSA较之作业许可，技术功能强，但管理力度不足，因此，对于高风险作业不能用JSA取代作业许可管理。

4）JSA方法的优缺点

（1）优点：

该方法简单明了、通俗易懂，尤其是目前已开发JSA方法标准，可操作性很强，便于实施。

（2）缺点：

该方法在危害因素辨识方面并无明显优势，它并不是推荐用于危害因素辨识的专门方法，但由于其简单明了、可操作强，一般用于非常规作业活动的风险管理。

5）工作安全分析范围

工作安全分析一般应用于能够划分工作步骤的作业活动，如对新的作业、非常规（临时）的风险管理（包含危害因素辨识），或在评估现有的作业、改变现有的作业时，开展工作安全分析。工作安全分析不适用于连续性工艺流程以及设备、设施等不能划分工作步骤的危害因素辨识。

二、其他辨识方法

以上介绍了9种常用的危害因素辨识方法，可供大家在日常工作中选择使用。除上述方法外，国际标准《风险管理—风险评估技术》（ISO 31010：2009）还推介了几种“非常适于（Strongly Applicable）”危害因素辨识的方法（表2-1-6），以供大家参考选用。下面通过列表方式简介如下。

表2-1-6　其他危害因素辨识方法简介

方法名称	方法描述	优缺点
结构与半结构化访谈	一种收集各种观点及评价并进行评级的方法，可由提示、一对一或一对多的访谈技术激发	优点：有时间专门考虑某个问题；一对一的沟通使双方有更多机会对问题进行深入思考；可使更多相关方参与。 缺点：会花费更多的时间；观点可能会有偏见；无法激发想象力
德尔菲法	一种汇合各类专家观点并促其统一的方法，这些观点有利于危害因素辨识、可能性及后果分析及风险评价。需要独立分析和专家投票	优点：观点不用顾忌别人的看法；所有观点都能平等对待；便于开展工作。 缺点：会花费更多精力和时间；参与者需要提供清晰的书面表达材料
危险分析与关键控制点	通过测量并监控处于规定限值内的具体特征，确保产品质量、可靠性及工程的安全性	优点：要求在整个过程中进行风险控制而不是依靠终端产品检验；注重预防和控制风险的可行性。 缺点：控制参数超过限值后再采取行动，往往会错过最佳控制时机
情景分析	在想象和推测的基础上，对可能发生的未来情形加以描述。可以通过正式或非正式、定性或定量的手段进行情景分析	优点：对可能出现的机制情况都进行预测，从而有针对性地做好相应准备，更具有客观性和稳妥性。 缺点：可能无法发现未来可能出现但目前不切实际的一些情况
人因可靠性分析	一种主要分析系统绩效中人为因素的作用，评价人为失误对系统的影响	优点：将人为错误正式置于系统相关风险的分析中；有利于降低人为错误所造成故障的可能性。 缺点：简单的失效模式等很难界定人为因素的复杂性和多样性
风险评价矩阵	一种将后果与可能性结合在一起的风险评价方式	优点：便于使用；可以多重变形使用，如定性、半定量、定量；可获得组织的整体风险分布情况；可迅速把风险划分为不同重要水平。 缺点：一般需设计适合具体情况的矩阵；很难清晰界定等级；具有很强主观色彩，不同分级者结果会有差异；组合或比较不同类型后果的风险等级是比较困难的

三、危害因素辨识方法的选择

由于危害因素辨识的方法很多，在选择危害因素辨识的方法时，应首先根据辨识对象的性质、特点、实际情况等，结合辨识方法的特点、适用范围等圈定合适的辨识方法类型，即先剔除不合适的辨识方法，在此基础上，再考虑方法使用者的自身素质等方面的情况进行综合分析，以选取适宜的辨识方法，达到危害因素辨识的目的。

（1）根据辨识对象的规模、性质及其复杂程度，确定辨识的方式方法。对于规模大、复杂程度高的辨识对象，如果一开始就采用定量方法进行全面系统分析，可能会因工作量过大，导致工作虎头蛇尾或半途而废，直接影响危害因素辨识的效果。因此，对于工作量很大的辨识工作，应采取先易后难、由简到繁的策略。即先采取简单、定性的辨识方法，然后视辨识结果对需要进行深入辨识的重点对象采取适宜方法进行系统分析，如对复杂工艺的大型或特大型整套装置开展危害因素辨识时，可先采用“预危害分析（PHA）”，在获得一定数量的基础数据之后，对于风险程度高、有必要进行进一步分析的功能单元和组件等，再行通过 HAZOP、FMEA 等方法进行系统分析，这样既抓住了主要矛盾，又使得工作量不至于过大。

（2）根据辨识对象的风险程度高低，确定辨识的方式方法。对于高风险性的辨识对象，应想方设法采取系统、严谨的辨识方法，全面、系统、彻底地开展危害因素辨识，如事故树、事件树、原因—后果分析等方法，对辨识对象进行系统分析，最大限度地把可能存在的各类危害因素都辨识出来，以防漏失高风险危害因素而酿成事故造成损失。同时，对于风险程度较低的工作对象，也不能放任自流，同样应对其进行风险管理，但对其要求可以适当降低，可采用诸如预先危害分析（PHA）、检查表法等，如对风险较低的某项新的作业活动，应在活动开始前，采用“工作安全分析（JSA）”方法，即可达到风险防控目的。

（3）根据辨识对象自身业务的新、旧（传统、成熟）情况，即资料的有无、多寡等占有情况，选取辨识方法。对于传统类型的业务活动，资料齐全，则辨识方法选择的空间就很大，在这种情况下，一线岗位员工发挥的作用也很大，因为发生在日常工作期间的小事故、未遂事故、事件等都是很好的辨识资源。反之，如果是新型业务，则应强调专家的参与，发挥各类专家的聪明才智，头脑风暴法应是一个不错的选择。

（4）根据辨识方法自身性质、特点，选取辨识方法。几乎所有辨识方法都有其自身特点，都有其适应性，如 HAZOP 分析方法能够从系统的角度出发，通过分析生产运行过程中工艺状态参数的变动，模拟操作控制中可能出现的偏差，以及这些变动与偏差对系统的影响及可能导致的后果，确定出现变动与偏差的原因，找出装置或系统内及生产过程中存在的危害因素。因此，它对于生产运行过程中可能出现参数波动的大型成套装置的危害因素辨识就比较适宜。如人的可靠性分析主要是用于对系统可靠性要求很高的人员操作失误可能造成危害的分析，都具有很强的针对性。很多危害因素辨识方法都有很强的针对性，选择方法一定要注意识别，选择适宜方法。

（5）根据辨识人员情况，选取辨识方法。俗话说：看菜吃饭、量体裁衣。辨识方法的选择还应注意使用对象，如专业人士与普通一线员工，由于其资历、能力都有很大差异，适用于专业人士的一些方法，如事故树、头脑风暴等方法，就不能给普通一线员工使用，要做好危害因素辨识，选取辨识方法时一定注意使用对象。一般而言，由专业人士进行的危害因素辨识，辨识方法就可以放宽考虑，只要适用于辨识对象的方式方法，都可以选取，复杂些、难度大些也未尝不可。反之，由一线员工参与的危害因素辨识活动，切忌选取方法复杂、难度大、不易掌握的方法，因为岗位员工不是专业人士，没有能力使用这些方法，对岗位员工而言，简单、方便的方式方法应作为首选，如"安全检查表法"就是不错的选择，员工可以对照检查表去辨识、判断，简单易行。

表 2-1-7　针对辨识对象适用的危害因素辨识方法

辨识对象	频率	方法
日常作业活动	活动开始前	JSA（JHA），SCL
新、改、扩及变更	特定时间	PHA、HAZOP、FMEA、SCL
设备拆除		SCL、WI
关键设备 / 复杂工艺大型装置	定期开展	FMEA、HAZOP、QRA
一般设备、设施	定期开展	SCL
设计阶段	与设计同时进行	PHA、HAZID
新工艺、新材料、新技术等	新工艺、新材料、新技术应用前	BS、ETA、FTA

表 2-1-7 为根据辨识对象所总结的危害因素辨识常用方法及适用对象一览表，其有助于根据辨识对象选择相应的辨识方法，但该推荐方法并未考虑辨识方法的使用对象，即使用辨识方法人员的素质，如一线岗位员工就不宜选用诸如头脑风暴法（BS）、事故树（FTA）、事件树（ETA）等一些比较复杂或需要预备知识铺垫的方法。另外，在有些情况下，对某种辨识对象，可能找不到特别适宜的危害因素辨识方法，在这种情况下，也可对前述许多常规方法进行综合应用。

由于各种业务类型多种多样、千差万别，至今尚无法对各项业务所可能选用的辨识方法进行明确界定、规范。因此，我们在日常工作中，应根据不同类型业务活动的性质、特点，科学选择相应的辨识方法，以达到有效开展危害因素辨识的目的。

第六节　危害因素辨识的策略与技巧

为了把可能存在的危害因素都辨识出来，选择适宜的危害因素辨识方法固然重要，但为使辨识方法发挥最大作用，还应注意相应的策略、技巧等，为有效辨识危害因素创造良好的条件，或与其他方式相结合，达到相得益彰的效果。另外，在某些情况下，可能缺乏现成有效的危害因素辨识方法，或由于人员能力、信息的可获得性以及组织其他资源的限制等，导致现成的危害因素辨识方法并不可用，或单凭某种危害因素辨识方法还不足以做好危害因素的辨识。凡此种种，需在掌握一些常见的辨识方法后，了解危害因素辨识的一些策略与技巧，以便在缺乏适宜的辨识方法时，进行危害因素辨识，或在使用一些辨识方法时，通过与策略、技巧的彼此配合，更好地做好对危害因素的全面辨识。

一、动员全体员工参与危害因素的辨识

危害因素辨识工作要做到全员参与，只有这样才能做到危害因素辨识的系统性、全面性。事故可能发生在任何一个环节、任何一个领域、任何一个方面，即危害因素存在于生产经营活动的方方面面 . 因此，要做好风险管理工作，必须全面、系统、彻底地开展危害因素辨识，把可能存在的危害因素尽可能都辨识出来，也只有这样，才能找到可能发生的事故原因，从而制订出有针对性的措施，有的放矢地加以防控，达到防范事故发生的目的。

而要全面、系统、彻底地开展危害因素辨识，就应动员方方面面的人员，全员参与。不仅要有安全管理人员，还要有负责生产、技术、工艺、设备等各方面技术、管理人员的参与。一类人员熟知一类业务，设备设施方面存在的危害因素，设备的运维与管理人员最清楚；而工艺流程中可能有哪些风险，工艺技术方面的人员最熟悉，他们最清楚本业务领域内的危害因素有哪些、是什么。一般地，一项典型的风险辨识活动，应有一名经过风险辨识培训而训练有素的负责人牵头组织，由生产管理人员、安全管理人员、工艺技术管理人员、设备管理人员以及一线岗位员工等所组成的团队，进行辨识活动。

下面，我们分别就生产管理人员、安全管理人员、工艺技术管理人员以及设备管理人员等在风险管理，尤其是危害因素辨识中的地位与作用进行分析。

1. 工程技术、工艺管理人员

这些人员作为专业领域内的权威人士，主要负责对其专业领域内各种危害因素的辨识。如工程技术人员对工程项目、活动中所存在的工程技术方面的危害因素最为清楚，他们应参与项目、活动的危害因素辨识，辨识工程技术方面的危害因素；而工艺管理人员则最明白工艺流程中所存在的危害因素，在开展对工艺、装置的 HAZOP 分析时，工艺管理人员应作为 HAZOP 分析的主力，辨识工艺流程中的危害因素。

2. 设备管理人员

设备管理人员作为设备管理方面的专业人士，最熟悉设备、设施方面可能存在的危害因素，如设备完整性方面的缺陷，某种类型设备自身存在的问题等，在对设备、设施开展危害因素辨识时，设备管理人员必须参与。

3. 生产管理人员

生产管理人员参与危害因素辨识不仅应该而且必须。生产管理人员一般是指各级组织管理人员，如班组长、站队长、车间主任、公司经理等，其主要任务就是领导本组织，对生产经营活动进行计划、组织与控制，在确保生产安全和产品质量的前提下，完成既定的生产经营活动目标。

说其“应该”参与，是因为他们业务领域内有需要辨识的危害因素，如在人员安排方面，

应辨识岗位的职业禁忌，在人员岗位分配上做到科学合理；在生产组织上，员工是否经常加班加点、从事高强度工作，很多事故的发生起因于劳动组织的不合理、违章指挥等。另外，员工工作期间是否配备了相应的劳动防护用品，是否存在违章指挥等。因此，要做好生产管理方面的安全工作，生产管理人员应该参与本业务领域的危害因素辨识。

说其“必须”参与，是因为生产管理人员一般都是本组织的领导干部，领导干部参与危害因素辨识具有示范效应，能够提高全体员工参与危害因素辨识的积极性。

4. 安全管理人员

由于其工作性质，安全管理人员在安全知识、经验等方面应是行家里手，但他们对企业各个业务领域、各项活动等方面的了解可能是蜻蜓点水、一知半解，可能只知其一不知其二，即什么工作都明白一些，但哪项工作都不深入，故被称作各个行业的“万金油”。因此，安全人员参与危害因素辨识，并不能取代专业人士，其主要作用应该是在辨识方法、技巧等方面为参与辨识的人员提供协助、支持。同时，安全管理人员还能起到组织、协调等方面的作用。而具体、深入的危害因素辨识，还必须依靠专业人员和岗位员工。

需要指出的是，各级管理人员在危害因素辨识活动中，除了辨识与其相关的源头类危害因素，更重要的是要辨识由其本人或下属制订的各种措施、规章等风险防控屏障上的缺陷或漏洞，即衍生类危害因素，这是他们辨识的重点，也是他们参与危害因素辨识的意义所在。

另外，其他方面的相关人员，应根据“管业务管安全”“管工作管安全”的原则，参与到自己所管理的业务活动的危害因素辨识工作中去。操作层面的岗位员工在危害因素辨识中起着极其重要的作用，关于这一点将在下面的环节进行深入探讨。

当然，一线岗位员工也应该参与危害因素的辨识。因为事故就发生在他们身边，他们在事故、事件方面，经历最多、见识最广。根据事故三角形理论，事故的发生是建立在众多小事故、未遂事故之上的，因此，通过一线岗位员工对发生在自己身边的小事故、未遂事故等进行总结，辨识可能存在的危害因素。

总之，由于业务领域不同、工作分工不同，要全面、系统地开展危害因素辨识，必须全员参与，也只有这样才能够做到全面、彻底、系统地开展危害因素辨识。

二、多时态、多状态、多角度、全方位辨识危害因素

（1）危害因素辨识应考虑不同时态，不仅要关注现在，还要考虑过去问题的后果，以及将来可能出现的情况。在进行危害因素辨识时，应充分考虑识别对象过去、现在、将来三种时态已出现或可能出现的情况，并参照同类过程和活动已发生的事故情况进行辨识。这就要求参与危害因素辨识的人员具有了解过去、熟悉现在、把握未来的素质和能力。一般地，我们在进行危害因素辨识时，只考虑现在的具体情况，而很少考虑过去事情对现在工作的影响，以及今后可能会遇到的问题等。

实际上，要全面辨识危害因素，既要注重目前情况，也要顾及过去影响，并放眼未来时空的发展、变化。所谓“过去”，是指在辨识危害因素时，应考虑：

① 同类过程、活动过去已发生的事故。

② 在(或)本项作业活动、工作系统、装置等中已发生事故及其潜在的危害和影响。

③ 以往活动的遗留问题对目前工作的影响等。

所谓“将来”,包括如下几个方面的含义:

① 现在存在的问题可能对将来造成的影响。

② 将来由于原材料改变、工艺技术的改进等可能带来的新的危害因素。

③ 在辨识危害因素时,应考虑项目、活动的将来情况,如随项目、活动的进展,本项目、活动会历经不同阶段,由于阶段的不同,将来项目、活动自身可能会出现不同的情况,会伴随有不同危害因素的产生。因此,不能只看眼前问题,不注意将来的情况。

另外,在项目、活动进行过程中,随时间的推移,还应考虑将来温度、气候等一系列随时间变化而变化的因素对项目、活动可能造成的影响等,如工期在一年以上的项目,不仅要考虑夏季的酷暑,还要考虑严冬时节对施工的影响。

总之,在对“过去、现在、未来”时态的考虑时,应遵循预测危害发生的类推原理,通过认真分析总结过去事故发生的原因,立足现在,分析周边环境、作业活动、工艺过程、设备运行、物料危险、危害特性以及人员素质等发展变化情况,预测活动或过程中将来可能产生的新危害因素。

(2)进行危害因素辨识时,应注意考虑不同的状态,不仅要关注正常情况,还要注意异常、紧急状态。整个危害因素识别过程应充分考虑识别对象正常、异常、紧急三种状态。所谓“正常”状态,是指正常工作状态,如装置的平稳运行、项目活动的正常施工作业等;所谓“异常”状态,是指非正常工作状态,如装置的开、停车等,项目活动的开工、竣工等情况;所谓“紧急”状态,是指出现紧急情况或事故的状态,如装置运行过程中,或项目施工作业过程中,因人为因素或设备、设施故障等因素,导致出现事故前兆或事故状态进行紧急处置时的情况,需要进行紧急处置的状态。

一般情况下的危害因素辨识,都是针对过程、活动或装置等在正常状态下而言的,即正常状态下的危害因素辨识。当然,像装置的开停车、检维修等风险较高的异常状态,也一定会进行危害因素辨识,但某些异常状态,如项目活动的开工、竣工等情况,可能会忽略此环节。事实上,这些环节的风险往往比正常情况下更多,这就是为什么国外会有“启动前安全检查”这样一种专项风险管理活动。对于紧急状态情况,一般很少会开展危害因素辨识。这里所谓紧急情况应包括两种情况:一是自身处于紧急状态之中;二是可能发生紧急状态(事故)的情况。在身处事故状态时,由于事情紧急、手忙脚乱,不可能像正常状态时那样有条不紊地进行危害因素辨识。在这种情况下,并不是要求大家坐下来,不慌不忙地开展危害因素辨识,而是要在紧急情况下,忙而不乱,在应急处置的同时,时刻保持清醒头脑:什么不能动、哪些不可做、应该注意什么等。否则就会忙中添乱,不仅会贻误良机,还可能造成局面复杂化,甚至导致次生事故的发生。

如在日常工作、生活中常见的现象:发现有人落水,急忙跳入河里救人,却才想到自己不会游泳;发现有人触电,救助时却没有切断电源;冲进密闭空间救助窒息人员,自己却未戴呼吸器……这样不仅达不到救援的目的,反而忙中添乱,扩大了事态,影响了救援。因此,即使在紧急状态，也一定要保持清醒头脑，就目前事态、状况进行判断，这就是在进行危害因素辨识，以便采取科学合理的应对措施，在不伤害自己、不扩大事态的前提下，达到应急处置的目的。

另外，还要对可能发生的事故状态情况进行危害因素辨识，某座毗邻水源地的化工厂发生了火灾爆炸事故，易燃品储罐着火，在扑灭火灾的过程中没有注意对灭火期间可能出现的危害因素进行辨识，导致携带有毒、有害易燃品的大量消防水从火灾现场流出，进入毗邻的水源地，造成水源地污染事故，而且水源地环境污染事故的危害较之化工厂的火灾爆炸安全事故的后果更为严重。

试想，如果我们能够在化工厂设计过程中，考虑到化工厂紧急（事故）状态下可能产生的危害因素——火灾灭火时产生的有毒、有害消防水的污染，而重新考虑该化工厂的选址，或在化工厂建成后，在危害因素辨识时，能够辨识出事故状态下的这一危害因素，而制订有效的防控措施，如设置消防废水储水池等，就能有效防控像水体污染这类次生事故的发生。另外，即使前面都没有做到，如果在灭火过程中该危害因素得以辨识，及时设置围堰，也能有效防止污水流入水源地。

（3）进行危害因素辨识时，应从多角度观察多方面因素。危害因素辨识有多种方式方法和途径，其中，对于关键施工作业场所，到现场实地踏勘，是一种十分常见也非常重要的方式。在作业现场观察辨识危害因素时，蜻蜓点水、走马观花等形式主义固然不当，但由于不掌握一定的方法技巧，即使放下身段，也会不知道如何是好，无法真正做到“多角度、多方面”细致入微地进行辨识。

这里介绍一种“5×5”观察法，即从5个角度观察5个方面的事情（图2–1–25）。

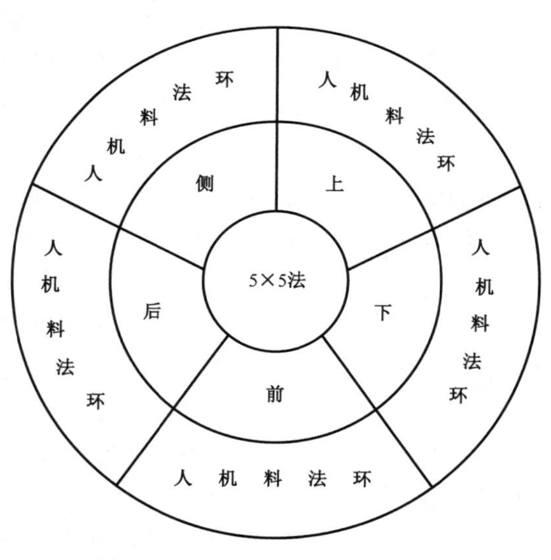

图2–1–25 “5×5”观察法示意图

在观察角度方面，所谓多角度，就是指辨识人员在开展危害因素辨识时，从自己所站立的位置，分别从上、下、前、后、侧5个角度，观察在工作期间（包括正常工作、检维修等异常状态以及紧急情况等），作业场所可能会存在的各类危害因素。所谓“上”，即观察者脑袋以上的空间可能存在的危害因素；“下”是指观察者脚底之下的空间范围；“前”是指观察者身体前方的空间范围；“后”是指观察者身体后方的空间范围；“侧”是指观察者身体的左右两侧的空间范围。上面讲的是观察的角度，至于观察什么，要从“人、机、料、法、环”5个方面进行查找。所谓“人”，是指人员，既包括管理人员、也包括一线操作员工，既包括岗位操作人员、也包括外来参观和访问人员等；“机”是指设备设施、工器具等；“料”是指物料，即原材料、成品、半成品等；“法”是指技术、工艺、流程等方面可能存在的问题，也指法律、法规、制度、标准等对所从事工作、活动的规范和限制等情况；“环”是指自然及人文社会环境等。

所谓“5×5”观察法，即从5个不同角度分别观察5个方面的事情，如就“上”而言，即从观察者脑袋以上的空间可能存在的“人、机、料、法、环”5个方面的危害因素：在“人”方面，有无各类人员在自己上方工作或活动，如存在则应考虑他们的活动对自己可能造成的影响，自己的活动对他们的影响等。在“机”方面，自己工作场所的上方的设备、设施和各种工器具等是否对自己的安全构成威胁等。在“料”方面，自己的上方是否存在各种物料、成品、半成品等，这些物料是否影响到自己的安全等，如坠落等情况的发生。在“法”方面，在自己工作场所的上方，在工艺流程方面是否有影响安全的情况，以及是否存在与法律、法规或行业标准、企业制度、规定等方面相左情况或问题，工作环境是否安全、正常等。以此类推，分别从上、下、前、后、侧5个角度进行观察。这样就能够通过全方位观察进行系统地辨识，把周边环境中所有可能存在的危害因素都辨识出来。

三、针对不同辨识对象，做好辨识前的准备工作

危害因素辨识事倍功半的主要原因就在于，对危害因素的辨识工作不注意方式方法，对于一项工作、一个活动或一套装置、一台设备，没有策划、设计，如对于一个作业项目，不做任何分类、分解，上来就要进行危害因素辨识，结果把几个常见的危害因素辨识出来之后，就无法再进一步深入进去。由于辨识前的准备工作不充分，导致危害因素辨识挂一漏万，达不到应用的目的。因此，最好在辨识之前，进行计划安排，如对辨识对象进行适当分类，厂区（作业区）、设备、人员、程序、活动（过程）等，在此基础上，针对不同辨识对象，选择适宜的辨识方法。

1. 针对作业活动的危害因素辨识

对于一项工作、一个活动乃至一个项目的危害因素辨识，可考虑将其分解成具体工作任务，或合理划分工作步骤，然后再针对每一项具体工作任务，或每一个步骤进行辨识。把一项工作分解成具体工作任务，或合理划分工作步骤是做到系统、全面辨识危害因素的基础和前提。就合理划分工作步骤而言，大量的危害因素辨识经验也已表明，一项工作的合理步骤，一般不应少于10步，也不应多于20步，最好在15步左右为宜。如果少于10步，步骤就划分得较粗，可能会漏掉一些危害因素；反之，如果超过20步，也可能就过于烦琐。当然，对于项目或大型活动，应在划分工作阶段等前提下，对单项具体工作再划分工作步骤。合理划分的工作步骤不仅宜于系统、全面地辨识危害因素（一般每个步骤中会有1～2个危害因素），而且也会使得危害因素辨识在实际应用中更具可操作性。下面以更换汽车轮胎为例（表2-1-8），说明工作步骤的划分。

一辆汽车的轮胎需要用备胎更换，为防止更换过程中当事人受到伤害，需要辨识出在更换备胎过程中的危害因素。为全面辨识危害因素，把更换备胎的过程划分了13个步骤，每一步中由于工作简单，危害因素显而易见，这样就能做到把可能存在的危害因素都尽可能多地辨识出来。

表 2-1-8 更换汽车轮胎

序号	工作步骤	危害因素
1	拉手闸	手腕、胳膊扭伤
2	取备胎	背部扭伤
3	卸下车轮盖	扭伤、手部擦伤
4	安放千斤顶	车轮滑动、千斤顶陷入地面
5	将车子支起	扭伤、手部擦伤
6	松开车轮螺栓	指节擦伤、扭伤
7	卸下车轮	背部扭伤
8	装上备胎	背部扭伤
9	上螺栓	指节擦伤、扭伤
10	放下车子	扭伤、千斤顶打手
11	移出千斤顶	背部扭伤
12	上紧螺栓	弄伤双手
13	装上车轮盖	手部擦伤

通过合理划分工作步骤进行危害因素辨识，是来自国外的经验做法。其优点是能够把可能存在的危害因素都尽可能地辨识出来，但其缺点也是显而易见的，即划分得过于精细，十分耗时，在现实工作中无法得到广泛的应用。正是因为这一点，使其可能不太适用于工作负荷很重的我国企业的基层组织。因为基层员工日常的工作量很大，不可能对需要进行风险管理的每一项工作、活动都进行如此详尽的工作步骤划分。这种耗时的做法虽然符合安全工作的要求，但企业生产经营活动可能也因此而没了效益。对此有以下几点建议：

（1）对于一些专项危害因素辨识活动。例如，为了完善某作业环节的操作规程，需要查找原操作规程的缺陷或漏洞，为此可采取该细化作业步骤的方法，对该作业环节进行全面、系统的危害因素辨识。再如，为制作某项作业活动的"安全检查表"，就需要采取这种细化作业步骤方法，对该项作业活动步骤进行细化处理。

（2）对于风险程度高的高危作业活动，如进入受限空间作业等需要办理作业许可票证的高危作业活动，可能每一步都有很高的风险，如果其中高致命性危害因素得不到辨识，相应措施就无从谈起，就可能会给作业活动埋下致命隐患。在这种情况下，由于风险程度极高，不管时间多么紧张，都应把其中的危害因素尽可能辨识出来，而采取合理划分工作步骤的方法，详细划分工作步骤，即把其中存在的危害因素尽可能多地都辨识出来，进而经过风险评估采取得力措施，严防后果严重的事故发生。

（3）一般情况下，可遵循该方法的原则思路，或进行层级的分解，或划分工作阶段等，以做好危害因素的辨识：

① 对于包含有多个层级的作业活动，在进行危害因素辨识时，应针对具体作业活动，进行逐步分解、分级。如一项测试作业活动，要分辨是油井测试还是水井测试，如是油井测试，应区分测试功图、测动液面、清蜡测试，然后针对每一项具体活动再进行细分，如对测试功图活动，可分为卸负荷、装传感器、测试、停抽、取传感器、启动抽油机等项具体作业，最后针对卸负荷、装传感器、测试、停抽、取传感器、启动抽油机等每一项具体作业步骤进行危害因素辨识，这样要比仅以“测试作业”或“油井测试”为对象进行危害因素辨识，能辨识得更多、更全面。表 2–1–9 就是测试作业的作业活动分级情况。

表 2–1–9　测试作业活动分级

<table>
<tr><th>一级作业</th><th>二级作业</th><th>三级作业</th><th>四级作业</th></tr>
<tr><td rowspan="11">测试作业</td><td rowspan="7">油井测试</td><td rowspan="5">测试功图</td><td>卸负荷</td></tr>
<tr><td>装传感器</td></tr>
<tr><td>测试</td></tr>
<tr><td>停抽、取传感器</td></tr>
<tr><td>启动抽油机</td></tr>
<tr><td>测动液面</td><td></td></tr>
<tr><td>清蜡测试</td><td></td></tr>
<tr><td rowspan="4">水井测试</td><td>分层测试作业</td><td></td></tr>
<tr><td>分层验封作业</td><td></td></tr>
<tr><td>投捞偏心堵塞器作业</td><td></td></tr>
<tr><td>问题井处理</td><td></td></tr>
</table>

② 对于一般的工程项目，在进行危害因素辨识时，首先，应根据具体情况划分工作阶段，如准备阶段、开工阶段、正常施工作业阶段（可能包括吊装、挖掘、高处作业等高危作业环节，可按照划分合理工作步骤的方法，强化对关键环节危害因素辨识）、收尾阶段、竣工验收阶段等。在分清阶段的基础上，划分具体作业活动，必要时还应对活动进行分级，针对具体阶段的风险特点，有针对性地开展危害因素辨识。这样做既避免了像合理划分工作步骤那样过于细化，又在一定程度上针对具体工况细化了对危害因素的辨识。

2. 针对设备、设施等单件装置的危害因素辨识

在对设备、设施等单件装置进行危害因素辨识时，可通过对辨识对象拆分的方法，直至拆分到最小功能单元为止，在此基础上再进行危害因素辨识，具体做法参见本章第五节中的“5. 故障类型和影响分析”。

3. 针对连续性工艺流程的危害因素辨识

在对连续性工艺流程或成套装置等进行危害因素辨识时，应针对工艺参数（如温度、压

力、流速或流量等）的变化，分别设定波动区间，在此基础上进行危害因素辨识，具体做法参见本篇第四节中的“4. 危险与可操作性分析”。

另外，其他类型的危害因素辨识，也应针对其类型特点，在开展辨识工作之前，做好类似的前期准备工作，这是做好危害因素辨识的前提和基础，对全面、系统、彻底的危害因素辨识至关重要。

四、根据危害因素特征进行辨识

在进行危害因素辨识时，为做到全面辨识危害因素，也可根据危害因素的性质特征进行归纳分析。可选取下述任一种方式进行。一是在危害因素辨识之初，通过该方法对危害因素类型进行规划，按照物理性危害因素、化学性危害因素、生物性危害因素、生理和心理性危害因素、行为性危害因素和其他方面的危害因素等方式分门别类，逐个对照其特质，分别进行辨识，以防遗漏，达到全面、系统辨识各类危害因素的目的；二是，在危害因素辨识之后，按照所辨识出的危害因素的性质，进行归纳分析，找出一些被遗漏的危害因素，按照此方法可以检查各方面的危害因素是否得以全面辨识，如通过检查可能会发现属于“生理和心理性的危害因素”并没有被考虑进去，即可参照此法，从负荷是否超限、健康状况是否异常、是否有从事禁忌作业、心理是否异常以及辨识功能缺陷等几个方面，对参加人员的生理和心理性危害因素进行补充辨识等。

按照危害因素的性质特征，危害因素一般可分为物理性危害因素、化学性危害因素、生物性危害因素、生理和心理性危害因素、行为性危害因素和其他方面的危害因素等。

1. 物理性危害因素

（1）设备、设施缺陷（强度不够、刚度不够、稳定性差、密封不良、应力集中、外形缺陷、外露运动件、制动器缺陷、控制器缺陷、设备设施的其他缺陷）。

（2）防护缺陷（无防护、防护装置和设施缺陷、防护不当、支撑不当、防护距离不够、其他防护缺陷）。

（3）电危害（带电部位裸露、漏电、雷电、静电、电火花、电源中断等电危害）。

（4）噪声危害（机械性噪声、电磁性噪声、流体动力性噪声、其他噪声）。

（5）振动危害（机械性振动、电磁性振动、流体动力性振动、其他振动）。

（6）电磁辐射危害（电离辐射：X 射线、γ 射线、α 粒子、质子、中子、高速电子束等）。

（7）运动物危害（固体抛射物、液体飞溅物、反弹物、岩上滑动、料堆垛滑动、气流卷动、冲击地压、其他运动物危害）。

（8）明火危害。

（9）能造成灼伤的高温物质危害（高温气体、高温固体、高温液体、其他高温物质）。

（10）能造成冻伤的低温物质危害（低温气体、低温固体、低温液体、其他低温物质）。

（11）粉尘与气溶胶危害（不包括爆炸性、有毒性粉尘与气溶胶）。

（12）作业环境不良危害（作业环境不良、基础下沉、安全过道缺陷、采光照明不良、有害光照、通风不良、缺氧、空气质量不良、给排水不良、涌水、强迫体位、气温过高、气温过低、气压过高、气压过低、高温高湿、自然灾害、其他作业环境不良）。

（13）信号缺陷危害（无信号设施、信号选用不当、信号位置不当、信号不清、信号显示不准、其他信号缺陷）。

（14）标志缺陷危害（无标志、标志不清楚、标志不规范、标志选用不当、标志位置缺陷、其他标志缺陷）。

（15）其他物理性危险和危害因素。

2. 化学性危害因素

（1）易燃易爆性物质（易燃易爆性气体、易燃易爆性液体、易燃易爆性固体、易燃易爆性粉尘与气溶胶、其他易燃易爆性物质）。

（2）自燃性物质。

（3）有毒物质（有毒气体、有毒液体、有毒固体、有毒粉尘与气溶胶、其他有毒物质）。

（4）腐蚀性物质（腐蚀性气体、腐蚀性液体、腐蚀性固体、其他腐蚀性物质）。

（5）其他化学性危险、危害因素。

3. 生物性危害因素

生物性危害因素，如致病微生物（细菌、病毒、其他致病性微生物等），尤其是地理跨度大（南北方，亚热带到热带等）的地区多存在该类危害因素，其主要包括如下几种危害因素。

（1）致病微生物（细菌、病毒、其他致病微生物）。

（2）传染病媒介物。

（3）致害动物。

（4）致害植物。

（5）其他生物性危害因素。

4. 心理、生理性危害因素

心理异常（情绪异常、冒险心理、过度紧张、其他心理异常）等，在员工从事高危作业或需要集中精力的作业活动时，尤其应注意这类问题。另外，生理性疾病在安排工种时应注意考虑，如红绿色盲者不得安排司机工作；有高血压、心脏病史者，不得安排诸如高处作业等类型的工作等。心理、生理性危害因素主要包括以下几种。

（1）负荷超限（体力负荷超限、听力负荷超限、视力负荷超限、其他负荷超限）。

（2）健康状况异常。

（3）从事禁忌作业。

（4）心理异常（情绪异常、冒险心理、过度紧张、其他心理异常）。

（5）辨识功能缺陷（感知延迟、辨识错误、其他辨识功能缺陷）。

（6）其他心理、生理性危害因素。

5. 行为性危害因素

（1）指挥错误（指挥失误、违章指挥、其他指挥错误）。

（2）操作失误（误操作、违章作业、其他操作失误）。

（3）监护失误。

（4）其他错误。

（5）其他行为性危险和危害因素。

6. 自然灾害类危害因素

（1）地震。

（2）暴雨、暴雪。

（3）飓风。

（4）洪水，山洪、泥石流等。

（5）其他极端天气，高低温等。

另外，从能量意外释放论角度分析，应注意日常工作中常见的能量意外释放可能造成的危害。

（1）机械能危害。

（2）电能危害。

（3）压力危害。

（4）化学能危害。

（5）生物能危害。

（6）辐射能危害。

（7）声能危害。

五、根据事故、事件类型进行辨识

事故类型包括物体打击、车辆伤害、机械伤害、起重伤害、触电、淹溺、灼烫、火灾、爆炸、高处坠落、坍塌等20余种，具体可参照按照《企业职工伤亡事故分类标准》（GB 6441—1986）。

事故、事件溯源分析法，即通过对已知类型的事故、事件，追溯可能导致此类事故、事件发生的危害因素。就像"蝴蝶结模型"中由"顶级事件"追溯能量或有害物质各种可能的失控途径——"威胁"那样。例如，在由危害因素确定了顶级事件后，再根据顶级事件去追溯可能引发顶级事件的危害因素各种可能失控途径，即可查找出哪些"威胁"可能导致该类顶级事件，从而确定各种"威胁"（图2–1–26）。

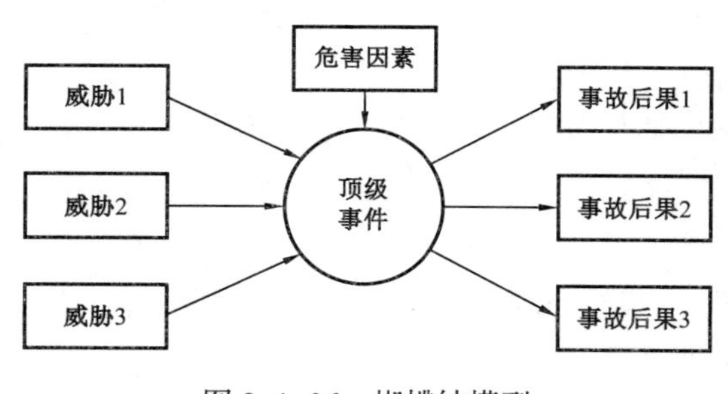

图2–1–26　蝴蝶结模型

同理,我们在某种特定的作业活动之前,在开展危害因素辨识时,也可以对典型的事故、事件类型,采用事故树分析法,查找可能导致这些典型事故、事件的危害因素,即通过“事件类型 + 事故树”分析方式,对事故、事件进行溯源分析,辨识可能导致此类事故、事件的危害因素。例如,在进行油气站库改扩建作业活动中,根据作业活动的性质、特点,不难发现在此类作业活动过程中,可能会发生诸如“起重伤害”等一些较为典型的事故类型。在此基础上,采用事故树分析法分别对“起重伤害”等一些典型的事故类型,开展危害因素辨识。如针对吊装作业时可能发生的“起重伤害”,通过事故树分析法可以辨识出,诸如因“人在吊物下作业”“人在吊物下行走”“吊物在人上方通过”等“人在吊物下”可能造成的“起重伤害”;因“无人指挥”“疏忽大意”及“未及时制止”等“指挥缺陷”可能造成的“起重伤害”;因“制动失灵”“吊索质量”等“吊钩缺陷”可能造成的“起重伤害”;因“吊索选型不当”“吊索腐蚀”等“吊索缺陷”可能造成的“起重伤害”;因“起吊速度过快”“斜拉吊索”“吊索重量不明”等“过载”可能造成的“起重伤害”;因“位捆绑起吊”“捆绑错误”“吊索选型不当”等“吊装技术问题”可能造成的“起重伤害”及因“吊物被挂”“无防脱钩装置”等“吊具脱钩”可能造成的“起重伤害”等,就能把导致“起重伤害”这一事故类型的危害因素辨识得比较齐全,再通过风险评估,对需要防控的危害因素制定相应防控措施,就能达到有效防控油气站库改扩建作业活动中可能发生的“起重伤害”事故的目的。

另外,环境方面的危害因素(即:环境因素)还应考虑:向大气的排放;向水体的排放;向土地的排放;原材料和自然资源的使用;能源使用;能量释放如热、辐射、振动等;废物和副产品;物理属性,如大小、形状、颜色、外观等。

美国 CCPS(化工过程安全中心)出版的《A Practical Approach to Hazard Identification for Operations and Maintenance Workers》(运维人员危害因素辨识实用方法)一书中,把危害因素的类型划分为,爆炸危害、化学危害、电气危害、挖掘危害、窒息危害、高空危害、热量危害、震动危害、机械故障危害、机械危害、腐蚀危害、噪声危害、辐射危害、打击危害、冲撞危害、能见度危害和气象危害 17 类危害因素。

“事件类型 + 事故树”分析方式的优点是借助事故树法,能够系统全面地辨识出可能导致此类事故发生的原因,缺点是事故树法工作量大,比较复杂。因此,可以借助事故统计分析资料,对那些发生频次高的事故类型,采用“事件类型 + 事故树”分析方式,充分利用该方式精准辨识的特点,同时也避免了工作量大、不易开展的劣势。

六、传统业务活动的危害因素辨识

危害因素辨识从宏观方面而言有两类辨识方法:一类是由大量数据、资料支持的“数据驱动法”;另一类是通过像交流研讨、头脑风暴等方式进行的定性分析辨识方法。利用小事故、未遂事故、事件等已发生的事件、事故资源就属于“数据驱动法”这一类型。

对于传统业务活动、工艺过程等,由于已经具有了一定的历史经历,根据海因里希事故三角形理论,一定会有大量小事故、未遂事故、事件等历史信息。小事故、事件可能转化为大事故,尤其是未遂事故更是如此。未遂事故就是指在事发瞬间,由于某种客观条件(或原因),

没有造成严重后果的一种事故类型。之所以称之为“未遂”，是因为在能量或有害物质发生失控时，其受体对失控的能量或有害物质不敏感，如地面对撞击其上落物的动能就不敏感；反之，地面上的行人对落物的动能就很敏感，落物撞击地面就是未遂事故，而落物砸在行人身上就是“已遂”事故，因为落物一旦砸在行人身上就必然造成当事人的伤亡（图 2–1–27）。因此，对于传统业务活动、工艺过程等，应充分利用小事故、未遂事故、事件等已发生的事件、事故资源，进行危害因素辨识。

图 2–1–27　未遂事故与事件、事故的关系图

曾经有企业提出“未遂事故是上帝赐予我们的礼物”的理念，说明未遂事故、小事故、事件是一种宝贵资源。因为它们已经发生，但并没有给我们造成什么损失，同时，我们还可以从它们上面得到我们所需要的东西。通过未遂事故、小事故、事件进行危害因素辨识就是利用这种宝贵资源的一种有效方式。未遂事故经常发生在我们的日常生产经营活动中，只要我们认识到未遂事故管理的重要性，把未遂事故当做事故进行管理，就能够在不付出代价或付出极小的代价的情况下，有效防范类似事故的发生。因此，未遂事故反映出我们事故防范屏障的某处有个漏洞，如果我们能够引起重视，通过对该未遂事故的原因分析，找到防范屏障的漏洞，并及时采取防范措施加以弥补，就能在几乎没有付出代价的情况下，防范了今后可能发生的重大事故。反之，如果我们对所发生的未遂事故熟视无睹，任凭其一而再再而三地反复发生，到头来将是代价惨重的血的事故的发生。

事实上，对于任何一起未遂事故，首先，它已在本基层组织发生，说明其发生的频率很高；其次，未遂事故可能的后果严重程度并不低，因为未遂事故发生的瞬间因为某种巧合，未造成人员伤亡或财产损失，如果下次再发生此类事故，由“未遂”转化为“已遂”，就可能会造成人员伤亡或财产损失。因此，引发未遂事故的危害因素具有很高的风险（风险 = 发生频率 × 严重程度），理应予以严格防控。也正因如此，凡确定为未遂事故，其风险程度都比较高，无需再进行风险评估，可直接制定措施进行防控。

那么，如何才能充分利用现有的未遂事故资源呢？这就要充分发挥岗位员工的主观能动性，岗位操作员工一年到头守护在生产经营的第一线，在本岗位发生了哪些有惊无险的事情，出现过什么样的小事故、未遂事故等，岗位员工一般都不会主动上报。因为此类事故、事件的发生并不是什么值得炫耀的事情，有些单位还可能因小事故或未遂事故而处罚当事人。本岗位在以往工作期间，究竟发生了什么，只有他们内心最清楚、最明白，所以，也只有让他们参加，才能收集到这些小事故、未遂事故等相关险情资料，而通过分析日常工作中所发生的那些险情、小事故、未遂事故等原因，是辨识本岗位工作所存在危害因素的重要途径。这样可以丰富对危害因素辨识的数量，达到全面辨识危害因素的目的。因此，在进行危害因素辨识时，一定要动员一线岗位员工的参与，通过他们把那些发生在他们身边、身上的小事故、未遂事故等相关险情资料整理、收集起来，然后通过对这些未遂事故的原因分析，找出其中的危害因素，制定相应措施加以防控，从而有效防范事故的发生。这是比较适用于传统产业基层组织的一种行之有效的危害因素辨识方式。

七、新型业务活动的危害因素辨识

危害因素辨识从宏观方面有两类辨识方法，一个是由大量数据、资料支持的"数据驱动法"，此方法适用于传统工艺、技术、活动等情况下的危害因素辨识。因为随着时间的延续，已经积累了很多事故、事件，如小事故、未遂事故等，可以通过对历史数据、资料的统计、分析，帮助我们进行危害因素辨识。但如果有些业务活动是一种全新的业务类型，要么根本就没有该类业务活动的相关资料、信息，要么无法获得此类信息，对此类业务活动，没有任何经验、教训等历史资料、数据的积累，在这种情况下，我们应当如何查找分析危害因素呢？下面将要介绍的另一类宏观层面的危害因素辨识方法——通过交流研讨、头脑风暴等方式进行的定性辨识方法，就适用于此类业务活动危害因素的辨识。

下面介绍两种方法有助于对新型业务的危害因素辨识。

1. "FAST"辨识法

国际航空业界有一种称之为"未来航空安全小组"（the Future Aviation Safety Team，简称FAST）的危害因素辨识方法，用作对未来可能出现的危害因素的辨识。"FAST"方法是一种预测方法，它是由多学科国际安全专家组成的小组发明，旨在发现由于未来全球航空系统内部或外部及其相互关系的各种变化，可能产生的新的危害因素。该组织面临的任务是对将来可能出现的（目前尚未引发事故的）航空飞行活动中危害因素进行预测，当然，在这种情况下，由于没有过往事故事件的资料可以参考，无资料、记录可查，一般岗位员工起到的作用不大，需要相关专家参与，根据航空飞行特点及未来可能发生的各种变化，预测未来可能出现的风险。因此，这种"FAST"方法实质上就是"头脑风暴法"的一种应用形式。

"FAST"方法旨在发现由于未来内、外部的各种变化而产生的危害因素，并基于此发现而制定并实施相应的防控措施。他们召集航空相关方面的专家组成一个小组，对未来200多个可能影响飞行安全的要素可能发生的变化进行列表，通过观察、预测这些可能的变化，采取"仪表化（Instrumented）头脑风暴法"，预测未来可能影响飞行安全的危害因素。让这些专家在不受任何限制的情况下，对未来200多个可能发生的变化"扫描分析"，人人自由发言、相互影响、相互感染、相互启发，根据自己的学识能力及相关经验，形成对问题的看法。

通过无拘无束的开放式探讨，相互启发，产生一连串的新观念和连锁反应，形成新观念堆，为创造性地解决问题提供了更多的可能性。同时，在有竞争意识的情况下，人人争先恐后、竞相发言，不断地开动思维机器，力求有独到见解、新奇观念。在集体讨论解决问题过程中，个人的思想自由，不受任何干扰和控制，是非常重要的。另外，头脑风暴法有一条原则，不得批评仓促的发言，甚至不许有任何怀疑的表情、动作、神色，以保证每个人畅所欲言，提出大量的新观念。国际航空组织就是靠这种“FAST”方法，解决对未来可能出现的危害因素辨识的问题。

与之类似，对新业务危害因素辨识，也可根据新业务类型，邀请相关方面的专家，在对相关情况进行说明的情况下，通过类似头脑风暴的“FAST”方法，对新的业务、活动可能具有的危害因素进行辨识。

2. 现场模拟辨识法

“小试”就是根据试验室效果进行放大，“中试”则是产品正式投产前的试验，即中间阶段的试验，是产品在大规模量产前的较小规模试验。一般地，企业在确定一个项目前，第一步是进行试验室试验；第二步是“小试”，也就是根据试验室效果进行放大；第三步是“中试”，就是根据“小试”结果继续放大。就产品而言，“中试”成功后基本就可以量产了。

就新型业务活动的安全管理来谈，应该通过“小试”“中试”把实验室中的实验活动，放在真实的生产活动场所去检验，因为生产经营场所才是真正的生产活动所在地。由于生产经营场所与实验室、办公室等地方的条件不同，在实验室、办公室等场所没有暴露的问题，可能会出现在周边环境不同的生产经营场所。因此，可以通过“小试”“中试”把可能存在的问题暴露出来，从而采取相应的措施进行防控，如清理现场、强化防护措施，甚至否决该项方案等。

总之，应通过“小试”“中试”环节，并根据客观现实的条件，进行危害因素辨识，进而制定相应的风险防范措施，防止日后生产经营活动中事故的发生。某地曾经发生过这样一起事故案例：一种原油中某种成分偏高，影响原油品质，为降低该组分，就把一位化工专家在实验室配制的处理剂，直接用到了作业现场。由于现场情况与实验室差别较大，在实验室顺利完成的实验，在现场应用时就发生了爆炸着火，造成了极其惨重的经济损失。究其原因，就在于作业现场条件与实验室的条件差别很大，实验室能够安全完成的实验项目，在现场可能会出现大问题。因此，为防止类似事故的发生，一定要把实验室设计出的配方、办公室策划出的方案，在正式应用前，拿到施工作业现场，根据试验室效果进行放大，辨识出现场条件下可能出现的危害因素。在此基础上，制定相应的风险防范措施，进而在实际作业过程中，采取这些防控措施以防可能的事故发生。

另外，通过类比方法也是辨识新型业务危害因素的一种途径，即利用相同或相似系统或作业条件的经验和职业安全卫生的统计资料来类推、分析评价对象的危险、危害因素。

八、危害因素辨识示例

在本节最后通过一个具体案例说明在开展危害因素辨识时应该考虑的诸多方面，以及所采取的方法、手段，以达到全面、系统辨识危害因素之目的。以一个典型的固定场所——工厂为案例，说明一个较为全面的危害因素辨识。

下面从人、机、料、法、环几个客观存在方面，以及常规、非常规作业活动等方面，分别采用适宜的辨识方法进行全面的危害因素辨识。对于一个典型的固定场所的危害因素辨识，可从进入厂区的人员，厂址、厂区布局及其环境条件、建筑物、生产工艺过程、生产设备及装置以及劳动制度等方面进行归类分析。

1. 人

对人员方面危害因素的辨识，应分为两个方面：

（1）本厂区员工，包括一线操作员工、生产（工艺）技术人员，各级管理人员等，以及临时工、学徒工等。对本单位员工一般可采取档案查阅、交流访谈等形式，进行危害因素辨识，辨识时应重点关注一线操作岗位员工，尤其是关键岗位员工、新入场（上岗）员工、换岗员工，发现其中存在的问题及薄弱之处等影响安全生产的地方。如员工培训方面，是否进行了有效的培训，是否掌握了本岗位的应知应会基本知识；岗位任职条件方面，员工的身体条件能否满足岗位要求，是否存在生理、心理等方面与岗位要求不适用的问题。譬如，红绿色盲者不能做司机，高血压、心脏病等患者不能从事高处作业工作等。另外，还应对以往事故、事件的当事人予以关注，如注意最好不要把急、难、险、重等关键、要害工作单独安排到这类人员身上，因为无论是事故频发倾向论还是事故遭遇倾向论，都注意到这样一个问题，即事故、事件特别容易发生在极个别一些人身上。当然，原因可能是多方面的，但需要注意的是，事故当事人自身是否真的存在问题，如身体方面的不适，能力方面的欠缺，抑或思想、意识等方面存在问题等。对于“人”的危害因素辨识，心理方面的一般需要通过沟通交流、观察、访谈等方式，辨识其中可能存在的危害因素；生理方面的则可通过体检档案等，从而达到在“人”方面满足安全生产的目的，这对于关键岗位或从事高危作业活动的人员尤其重要。

（2）外来人员，包括承包商、供应商员工、参观、检查人员等。外来人员不同于本企业员工，具有短期性和不确定性等特点。在风险管理方面，对于外来人员危害因素的辨识，至少应从两个方面入手：首先，把好准入关。对承包商、供应商人员，主要是通过资质、员工能力、培训等相关方面的审查，不合格承包商、供应商不得准入；人员条件达不到基本要求者，不得进入作业区从事相应作业；对于参观、检查人员，把好准入关，即高危场所、区域，关键设备等核心区域，应严格限制进入，必须进入者，应严格进入前的培训、交底。其次，应通过严格监控，确保外来人员遵章守纪，活动安全。一般通过服饰、安全帽色差等明显标示，把外来人员与本企业人员明显区别开来，以强化正常情况下对这些外来人员的监管，以及紧急状态下对他们的应急疏散。

人员方面的危害因素辨识方法有人事档案资料查阅、当事人访谈、作业现场观察等方法（如“安全观察与沟通”法）等。另外，如进一步分析研究有关人员方面的危害因素辨识问题，可参阅“人因可靠性分析（HRA）”等相关方法。

2. 机

“机”指机器、设备、工器具等，对于机器、设备以及大型装置等危害因素辨识，主要包括：

（1）化工设备、装置：高温、低温、腐蚀、高压、振动等设备及其备用、控制、操作、检修、故障、失误等紧急异常情况。

（2）机械设备：运动零部件和工件、操作条件、检修作业、误运转和误操作。

（3）电气设备：断电、触电、火灾、爆炸、误操作、静电、雷电。

（4）危险性较大的设备、高处作业设备。

（5）特殊单体设备、装置：锅炉房、乙炔站、危险品库等。

机器、设备、设施以及工器具等的危害因素辨识方法：对于设备、设施外围现场物理性质的危害因素辨识，可以采用现场观察法，如“5×5”观察法、检查表法等；对于设备设施内部本质安全方面的危害因素辨识，可采取 FMEA 法；对于复杂工艺流程中的成套装置的危害因素辨识的方式方法，将在下面“法”中介绍。

3. 料

“料”指物料，其中包括原材料、成品、半成品以及伴随而产生的副产品等。物料方面，内容广博，危险性比较高的物料，主要包括爆炸品、压缩气体和液化气体、易燃气固液体、自燃物品以及遇湿易燃品、氧化剂、过氧化剂、有毒品和腐蚀品等危险化学物品。

在辨识时，既要辨识哪些需要注意的物理性能，如是否为高温、高压，有无放射性，属气态、液态还是固态；更要关注其化学特质，如毒害性、腐蚀性、燃爆性等。

物料方面的危害因素辨识方法有资料查阅、现场检测及实验检验、验证等。如对原材料、成品等的危害因素辨识，可通过查阅化学品安全说明书（MSDS）、物品标签等相关材料进行。

4. 法

此处所谓的“法”，一般是指工艺流程、技术方法、工作程序等，如生产工艺流程中采用的温度、压力、流量（速度）及其波动情况等，另外，还包括作业及控制条件、事故及紧急状态等情况。

对于复杂工艺流程的危害因素辨识，一般采用 HAZOP 方法，通过分析生产运行过程中工艺状态参数的变动，操作控制中可能出现的偏差，以及这些变动与偏差对系统的影响和可能导致的后果，找出出现变动与偏差的原因，查找出设备、设施中的薄弱环节。这是因为 HAZOP 方法能够模拟温度、压力、反应速度的波动以及出现这些波动时可能出现的情况，暴露流程、装置自身存在的缺陷或问题，以采取相应的防范措施，防患于未然。当然，对于“法”方面危害因素辨识还可以采用 PHA（工艺危害分析），因为其本身就是设计被用作对工艺危害的分析。

“法”方面危害因素辨识的方法：工艺流程方面的危害因素辨识，一般建议采取 PHA（工艺危害分析）、HAZOP 等方法。

5. 环

“环”指环境：对环境方面危害因素的辨识，应分为以下几个方面：

（1）厂址及环境条件：对厂址地质、地形、自然环境、社会环境、资源、交通、抢险救灾等条件进行分析。

（2）厂区布局：主要应从生产、管理、生活区布置，高温、有害物质、噪声、辐射、易燃易爆品等布置，工艺流程布置，建筑物、构筑物布置，风向、安全距离，厂区道路、货物装卸区等方面进行辨识分析。

（3）建筑物：应从建筑物的结构、防火、防爆、朝向、采光、运输、通道、开门、生产卫生设施等方面进行辨识。

（4）生产经营环境：即在生产经营活动期间，所可能伴随的一些危害因素，应注意从粉尘、毒物、噪声、振动、辐射、高温、低温、等方面进行辨识。

另外，对于移动作业项目作业场所的环境危害因素辨识，较之固定场所更为重要。其一，移动作业场所随着项目而频繁变动。其二，外部环境变化大，单就自然环境而言，可能会从平原到山区，从亚热带到热带（寒带），从国内到国外，环境差异大。就社会环境而言，还会涉及社会治安、宗教信仰等情况，甚至还可能涉及恐怖主义活动等。对于此类项目的环境危害因素的辨识，一定要前往所要辨识的环境区域，通过现场实地踏勘，与当地生活居住的人士交流访谈等方式，收集相关资料信息，并在此基础上进行危害因素辨识。

环境危害因素的辨识方法：

① 对于环境的人文、社会性质方面的危害因素辨识，可交流访谈、资料查阅等方式。

② 对于环境的地理性质方面的危害因素辨识，可现场踏勘，关键场所可采取“5×5 观察法”等方法。

③ 对于环境的生化性质的危害因素辨识，可采取“环境风险评估法（Environmental Risk Assessment）”、现场仪器检测等方法。

第二章　风险评估

国外曾有这样一家炼油厂，在传统安全管理模式下，虽然一些小事故频发，但未出现过大问题。采用现代风险管理模式后，他们在进行风险评估时却发现，原来花大力气严防死守的一些诸如火灾爆炸之类的事故，它们的风险程度并不高，相反一些频发的小事故风险程度却相对较高。于是他们就调整了工作重点，把大量人财物力花在了对一些频发小事故风险的防控上，而削弱了对火灾爆炸等大事故风险的防控力度，最终却因一场火灾爆炸事故使该工厂遭受严重损失。这就是因风险评估失误而出现的“朗福德陷阱（Longford Trap）”。因此，无论风险管理的哪个环节对于做好风险管理工作都至关重要，否则，都可能会出现大问题。

第一节　风险评估的意义

风险评估是风险管理“三步曲”的第二步，也是风险管理十分重要的一个环节。因为只有通过风险评估才能对所辨识出的危害因素进行科学、合理的管理，进而达到风险管理的目的。否则，不仅可能会造成不必要的资源浪费，而且还可能陷于主次不分、胡子眉毛一把抓的尴尬境地，影响风险管理工作正常开展。

要做好风险管理，最关键的就是要做好危害因素辨识，即全面、彻底、系统地开展危害因素辨识活动，尽可能把客观存在的危害因素都辨识出来。由于全面、彻底、系统地开展危害因素辨识，可能辨识出的危害因素的数量会很多，尤其对于大型作业项目，将会辨识出大量的危害因素。那么，对于所辨识出的大量危害因素应如何处置？如果不分主次都进行管理，势必会造成胡子眉毛一把抓，不仅管不了、管不好，而且还可能造成“抓住了芝麻、丢掉了西瓜”的现象；况且，有些危害因素由于其风险程度很低，根本不需要制定措施、进行专项管理。因此，要想在管理上有所侧重，就必须分辨出哪些为主，哪些为次，即从所辨识出的众多危害因素中找出并抓住“主要矛盾”，进而实现对风险的有效管控。

风险评估（价）一般基于法律、社会和经济等方面进行考虑。在法律方面，主要是确保风险管理的合规性，即把风险水平控制在法律、法规等所限定的水平之下；在社会和人道主义方面，则要本着“以人为本”的原则，减轻或消除 HSE 风险对本组织员工、周边居民以及其他相关方等的影响；在经济方面，主要从经济效益方面考虑，把 HSE 风险控制在“合理、实际且尽可能低”的水平，确保组织经济效益的最大化。

下面通过现实工作生活中的一个具体事例，来说明什么是风险评估及开展风险评估的必要性。

譬如，我们在对健康工作的风险管理中，辨识出“普通感冒病毒”和“流感病毒”两种健康类危害因素。这两种危害因素是否都需要防控，以及如何进行防控，应通过对其进行风险评估，针对其风险的高低来做出决定。

风险严重程度的计算公式如下：

风险 =（危害因素引发事故的）可能性 ×（危害因素可能引发事故的后果）严重程度

在致病的可能性方面：就致病的可能性而言，无论是“普通感冒病毒”还是“流感病毒”，其致病的可能性都比较高，不分高下、相差无几。

在疾病的严重性方面：就其后果严重程度而言，二者则有很大的区别。“普通感冒病毒”所引发的普通感冒，是常见病、多发病，除非极个别情况，一般而言，患了普通感冒无需就医，条件许可的话，可以卧床休息 1～2 天；注意多饮水、多休息即可，没有必要打针、吃药或专门看医生。与之相反，“流感病毒”引发的流感则截然不同，尽管不同种类流感，严重程度不尽相同，但一般的流感都需要引起人们的重视，一定要去看医生，通过诊断进行打针、吃药等专门治疗。否则，可能就会发生不测，因为每年都会有一些人因流感而丧命。据考证，17 世纪发生在欧洲的一场瘟疫，导致大量病人群体性死亡，后来证实其就是一种流感。所以，“流感病毒”引发的流感，后果严重程度与“普通感冒病毒”所引发的普通感冒有着天壤之别，不可同日而语。

根据风险严重程度的计算公式，可以定性地评估出“普通感冒病毒”和“流感病毒”的风险严重程度大不相同：“普通感冒病毒”风险程度为“中”与“低”之积，应该是很低；而“流感病毒”风险程度病毒则是“中”与“很高”之积，应该是很高。因此，在进行风险评估后，针对这两种不同风险严重程度的危害因素，所采取的后续处理措施也完全不同。

（1）对于风险严重程度很低的“普通感冒病毒”，没有必要“兴师动众”，采取专项措施进行处理。可以通过平时强化身体锻炼，增强身体素质，从而提高自身免疫能力，减少感冒的发病概率。当然，身体锻炼好了，不只是抵抗感冒，对其他疾病的免疫能力也得到了相应的提高。

（2）对于风险严重程度很高的“流感病毒”，必须引起足够重视，采取专项措施加以有效防范。实际上，现实情况也正是如此，如在每年流感季节到来之前，国家相关部门都要组织专门的医疗机构开展对即将到来的“流感病毒”类型进行预测，在此基础上，研发相应的流感疫苗，这就是针对“流感病毒”所制定的具体风险防范措施。在流感季节到来之前，对老弱病残等易感人群注射流感疫苗，这些都是措施的具体落实。这样，通过注射流感疫苗，提高他们对“流感病毒”的免疫能力，从而达到防止被感染、传染的目的。

上述过程就是风险管理的基本流程：危害因素辨识、风险评估及风险的削减与控制。由此可见，风险评估环节十分重要，通过对由“危害因素辨识”阶段所辨识出的“普通感冒病毒”和“流感病毒”两种危害因素进行评价、甄别，筛选出需要防控的高风险危害因素——“流感病毒”；在此基础上，制定并实施专项防控措施——研发并注射流感疫苗，从而防范此类危害因素所可能导致的重大疾病事件的发生。总之，要做到对众多危害因素有的放矢地管理，必须通过风险评估，评估其风险程度的高低，区别对待、有效管理。

通过风险评估，能够有效解决上述诸多问题，并达到以下几种目的。

一、剥离出低风险危害因素

事实上，并不是所有危害因素都需要进行专门管理，通过危害因素辨识所识别出的许多危害因素，要么其引发事故的概率非常低，要么其导致的事故后果极其轻微，要么二者兼而有之。总之，其自身具有的风险程度很低。对于这类危害因素的处置，就像前面例子中的“感冒病毒”，无需为此制定专项措施，通过加强锻炼、强身健体，就能抵抗“感冒病毒”的侵袭。风险评估的作用之一，就是把此类无需制定专项防控措施进行防控的低风险危害因素从中剥离出去。

二、对危害因素进行分级、排序

通过风险评估把不需要专项防控的低风险危害因素剥离出去之后，所保留的需要进行防控的这些危害因素，其风险程度高低、大小也不一致，况且，即使风险严重程度差异不大，但有的可能会情况紧急，需特殊处理。譬如，有的危害因素风险严重程度一般，情况也可能并不紧急；而有的危害因素不仅风险严重程度较高，而且面临的情况也比较紧急，或者风险严重程度一般但情况比较紧急。因此，对于这些需要防控的危害因素，应按其风险程度高低或需要治理的急迫情况等，进行分级、排序，不仅要在防控资源上予以保证外，而且要在治理时间上对那些风险程度高、情况紧急的危害因素优先考虑、从快治理。

总之，通过风险评估对那些需要防控的危害因素进行分级、排序，针对不同风险严重程度分别采取相应的防控措施（表 2–2–1），进而做到在防控的先后次序、人财物投入等防控策略方面主次分明、有所侧重，从而达到最好的治理效果——避免事故的发生。

通过风险评估，危害因素分级情况见表 2–2–1。

表 2–2–1　危害因素的分级

风险水平	风险特点	风险控制措施	备注
低	数量很大、风险程度低	无需采取专项措施	此类危害因素居多，通过风险评估而剔除
一般	数量较多、风险程度偏低	通过评审决定是否需要另外的控制措施，如需要，应考虑投资效果更佳的解决方案或不增加额外成本的改进措施。同时，需要通过监测来确保控制措施得以维持	
较高	数量较少、风险程度较高	对于此类风险的防控，关键在于措施的有效性、可操作性及对于措施的执行力，即重点是提升防范屏障的质量	
高	数量小、风险程度高	① 应在其严重程度降低后才能开始工作；② 如确实无法降低到可接受的水平，应在既增加屏障数量又提升屏障质量的同时，强化应急管理；③ 采取规避手段也是应考虑的发生之一	参见下篇第三章第三节“灾难性事故风险的防控”

三、发现高风险危害因素

风险评估的另一个目的，就是通过风险评估发现高风险危害因素，以强化对其管理，进行重点防控，做到万无一失。

在进行风险评估，对需要防控的危害因素进行排序、分级的同时，还要密切注意这样一种危害因素，其自身风险特别高，一旦引发事故后果会特别严重，由此类危害因素引发事故后，如得不到有效控制将会迅速蔓延、扩大，或发生连锁反应进而产生其他次生恶性事故等。譬如，印度博帕尔剧毒农药泄漏事故，不仅事发时就造成了大量的人员伤亡，而且在其之后也留下严重后遗症，因此，对这类危害因素决不能等闲视之。为避免不可接受的事故后果，不仅要通过采取"立体化"防控模式，对其进行强化预防管理，还要制订相应的应急措施和预案，对可能的失控情况进行妥善应对，以最大限度降低损失。要做好高风险危害因素的防控，辨识出高风险危害因素是前提、基础，在辨识高风险危害因素之后，还要特别注意对此类高风险危害因素发生概率的评估，以便把高风险危害因素筛选出来。

另外，在对此类危害因素的发生频率进行评估时，如果发现其发生的频率并不高，一定要深入探求其低发生率的内在原因，切勿轻易判断为低发生率，谨防出现"朗福德陷阱（Longford Trap）"。有关"朗福德陷阱（Longford Trap）"的内容，将在本章第三节中的"风险评价注意事项"中作进一步介绍。

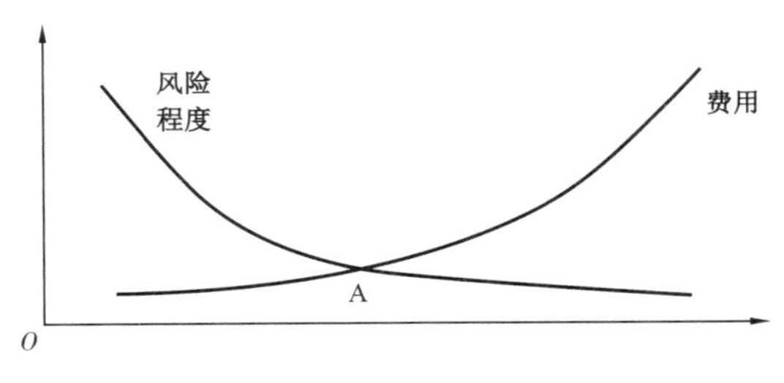

图 2-2-1　风险水平与投入示意图

第二节　风险评判原则

风险评估，即评估危害因素风险程度的高低，以确定是否需要对其进行防控。为此，首先就要解决风险评判的原则问题，即什么样的风险需要管控，什么样的风险不需要管控。从图 2-2-1 可以看出，对风险的控制涉及人、财、物力等方面的投入。对风险的控制程度越高，风险水平可能降得越低，但与此同时，所耗费人财物力也将随之增加；反之，若不对风险进行控制，就不需要任何投入，但其所引发的事故，会造成相应的损失。因此，风险的防控，在某种程度上而言，就是一种博弈，是对投入（防控风险所投入的人财物力）与产出（避免可能发生的事故的损失）的综合衡量下，做出的决策。

一、"二拉平"（ALARP）原则

谈及对风险程度的评判，一般都会涉及"（尽可能）低且合理可行（As Low As Reasonably Practicable，ALARP）"风险控制原则，即我们常说的"合理实际且尽可能低"原则，由于该原则英文缩写为 ALARP，其发音近似于汉语的"二拉平"，因此，"合理实际且尽可能低（ALARP）"原则又称之为"二拉平"原则。ALARP 原则是源自英国的一项要求，法国、德国等也有类似的原则，如 GAMAB 原则和 MEM 原则等。英国健康与安全方面的法律明确规定：有关方面有责任和义务把健康与安全风险降低到"合理实际且尽可能低（As Low As Reasonably Practicable）"。虽然该原则是英国的健康与安全法律要求，其他国家可以不予采用，但该原则比较切合实际，已广为业界接受，成为风险防控方面的通用准则。该风险控制原则可用胡萝卜图表示，之所以称之为胡萝卜图，是因为该倒立三角形上大下小看起来像个胡萝卜（图 2-2-2）。

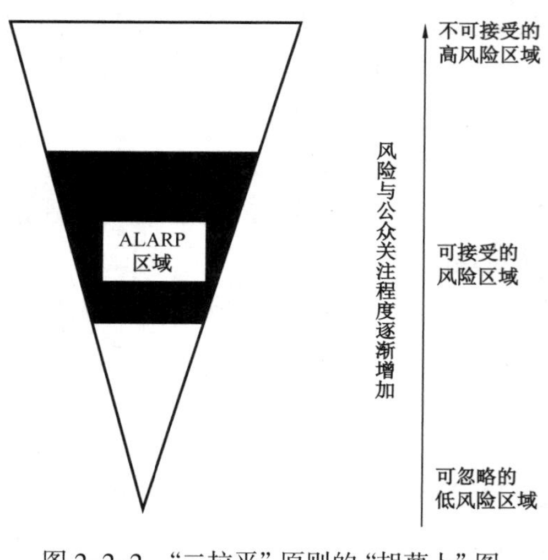

图 2-2-2 "二拉平"原则的"胡萝卜"图

该图把按风险的高低划分了三个区域：

（1）在其顶部表示高风险，即不可接受的风险区域，由于其风险太高无法接受或容忍，必须不惜一切代价把风险严重程度降低到可接受区域，否则，除非特殊情况，一般应放弃该机会以免得不偿失。若在设计阶段，该方案就不能通过审查；若是在役装置，必须立即停产整改。

（2）底部表示低风险，即可以忽略的风险区域。对于落在底部区域的风险，由于其风险程度很低，完全能够忍受，因此，凡落入该区域的风险，无需采取专项风险防控措施。

（3）位于顶部与底部之间，也即高、低风险区域之间部分被称为可接受的风险区域，或 ALARP 区域，在这个区域，应把风险控制在"（尽可能）低且合理可行"的水平，或称为"合理、实际且尽可能低"的水平，这就意味着，如果风险程度再进一步降低，其投入的风险防控措施费用将超过由此而获得的安全收益，即投入大于产出；否则，风险程度还应进一步降低，直至投入与产出相抵。见图 2-2-1 中 A 点位置。当然，实际工作中，一般情况下，很难做到投入与产出刚好相抵，因为当风险降低到一定程度之后，可能就没有适用的风险防控技术，更何况还要把花费控制在一定范围内，因此，把风险控制在 A 点附近区域就比较合理，即"合理、实际且尽可能低"。

必须指出的是，ALARP 原则仅适用于位于高、低风险区域之间的"可接受的风险区域"，所以该区域又名为"ALARP 区域"，决不可在不可接受的高风险区域也盲目套用这一原则，否则，将铸成大错。

二、“二拉平”原则应用

“二拉平”原则在风险控制方面有三个基本要求，即“合理”“实际”，以及“尽可能低”。首先要“合理”，如果继续采取措施进一步降低风险，结果可能会得不偿失，在这种情况下，再进一步投入就不尽“合理”。其次是“实际”，就是按照目前管理水平、技术能力，判断是否能够做到。第三是要求应把风险水平控制得“尽可能低”，即把风险程度降低至能够接受的水平，“尽可能低”不是“非常低”，更不是“最低”，而是进一步降低则得不偿失。

一般认为，ALARP 区域界定在 1×10^{-3} 与 1×10^{-6} 之间，大于 1×10^{-3} 为不可接受风险，低于 1×10^{-6} 为可接受风险，介于二者之间即为 ALARP 区域。至于究竟如何划定 ALARP 区域界线，不能一概而论，不同国家和地区或在不同的发展阶段对该原则的掌控都不尽相同。换而言之，每个国家或地区在特定时期都有自己可接受的安全模型，一般都是基于过去的安全数据形成的。一般而言，如果一个国家的经济发展程度低，相应容忍事故发生率的界限就要高一些，反之亦然。也就是说，ALARP 区域界定应基于一个国家的基本国情，因为国情不一样，容忍界限就不相同，发达国家可容忍的事故率指标要低一些，发展中国家则会相对高一些。

第三节　风险评估的要素、准则及注意事项

在广义风险管理流程中“风险评估”包括风险辨识、风险分析、风险评价在内的全过程。就 HSE 风险管理流程而言，由于危害因素辨识是 HSE 风险管理的重头戏，故把危害因素辨识作为一个重要步骤而单列出来。这样，在 HSE 风险管理流程中，风险评估与风险评价就具有了相同的含义——“风险评估（价）”，即把原来“风险评估”中“风险分析、风险评价”两步流程合并为一步，即“风险评估（价）”。HSE 风险管理的关键环节成为了危害因素辨识、风险评估（价）以及风险的削减与控制。

一、可能性与严重性

在进行“风险评估（价）”时，首先需要估算出危害因素引发事故的可能性以及事故后果严重性，在此基础上根据选用的风险评估方法，确定风险程度的高低。然后，根据事先确定好的所适用的法律、法规、行业标准或有关规定等，判断该危害因素应该如何进行防控。

1. 可能性

风险管理就是对不确定性的管理。危害因素可能会导致某种事故、事件的发生，这里强调的是“可能”，不是百分之百的绝对情况，有些危害因素导致事故发生的概率高，有的则相反。如发生在十字路口汽车撞人事故的可能性就比一般马路上（非十字路口路段）要高得多；经过严格培训的员工进行高风险的作业活动，就要比未经任何训练而上岗的员工，造成的事故可能性低得多。

一种危害因素可能引发事故的概率，是评价其风险严重程度的重要指标之一。在“LEC法”中，“完全可以预料”“相当可能”“可能但不经常”“可能性小完全意外”“很不可能可以设想”“极不可能”“实际不可能”等表述；在“矩阵法”中，“在行业内未听说过”“在行业内发生过”“在公司内发生过”“在公司内每年多次发生”“在基层经常发生”等表述，就是对可能性的定性描述。

当然，对可能性的描述可以是定性的也可以是定量的，究竟采取什么方式取决于所选用的风险评价方法，如果采用“矩阵法”等定性评估方法，就要求定性描述事故的可能性；如编制专业性强的风险评价报告，大多采用定量评估方法，就要求定量描述事故的可能性。

2.（后果）严重性

严重性指的就是危害因素可能会导致某种事故、事件的后果严重程度。有些危害因素的能量高，一旦爆发所可能导致事故的后果严重程度就非常大；相反，有些危害因素的能量较低，即使失控也不会有太大的损害性，后果严重程度与危害因素自身能量成正比，如以相同速度行驶的一列火车和一辆汽车，由于其自身质量悬殊，各自的能量就有天壤之别。有些事故的影响仅限于发生事故地的“小环境”，对于外界不会造成实质影响，如建筑工地的一起高处坠落事故或物体打击事故，仅仅事故当事人或事发地的“小环境”内受到影响。但也有些事故会有“城门失火，殃及池鱼”后果，如2015年发生在天津港的“8·12”危化品仓库爆炸事故造成百余周边社区居民伤亡，另外还有核电事故、城镇燃气管道爆炸或化工厂有毒有害物品泄漏事故等，不仅影响事故发生地的“小环境”，而且还会殃及周边社区居民等，同样是一起事故，其后果的严重程度会有天壤之别，前者事故严重性低，而后者事故严重性就高。

事故后果的描述，一般分为人员伤亡、财产损失、环境污染、声誉影响等几个方面，类似事故发生可能性的描述，根据所选取的风险评估方法要求，可以是定性的，也可以是定量的。如果因故对危害因素的描述限制在定量或定性某个方面，就应该视情况选用适宜的风险评估方法。

二、风险评价准则

一种危害因素的风险严重程度究竟如何？何种程度的风险应该控制？何种程度的风险可以接受？通过风险削减与控制措施应把风险削减到何种程度才能被接受？所有这些都需要有相关的标准来衡量。在风险评价（估）中，这个标准被称为风险评价准则或判别准则（discrimination criteria），它是判定风险是否可接受的依据。

一般地，国家法律、法规，政府部门规章，行业、企业标准、设计规范、规定或管理要求以及合同约定等，都可以作为风险评价准则，用于风险评价。我国政府对危险化学品单位周边重要目标与敏感场所的可容许风险做出了规定，对于高敏感场所（如学校、医院、幼儿园、养老院等）、重要目标（如党政机关、军事管理区、文物保护单位等）、特殊高密度场所（如大型体育场、大型交通枢纽等），可容许风险不超过 3×10^{-7}。对于居住类高密度场所（如居民区、宾馆、度假村等）、公众聚集类高密度场所（如办公场所、商场、饭店、娱乐场所等）可容许风险不超过 1×10^{-6}。英国学者约翰·瑞德里（John Ridley）认为，针对单个个体而言，可接受的死亡风险为 1×10^{-3}～1×10^{-4}；针对群体而言，可接受的死亡风险为 1×10^{-5}～1×10^{-6}；死亡风险低于 1×10^{-7} 可以完全忽略。

另外，除国家法律、法规，政府部门规章，行业、企业标准、设计规范、规定或管理要求以及合同约定等之外，通过一些风险评估方法，如 LEC 法或矩阵法等，也能够判断一项风险严重程度的高低，是否需要进行控制，究竟选取其中的哪一项，原则应是就高不就低，即从严管理，因为采用这样风险评价准则所进行的风险评价，才能够使得对风险的控制程度，满足上述的所有要求。

风险评价准则是用于对风险是否能够被接受的标准，而风险评价方法则用于评价风险的高低，判断风险是否需要削减与控制。那么，风险评价准则与风险评价方法之间究竟是什么关系？评价一种具体的危害因素风险程度的高低，是通过风险评价准则还是采用风险评价方法？

事实上，风险评价准则是对风险可接受程度划了条界线：界线以下的符合要求，界线以上的需要控制。风险评价方法则是用于风险评价的一种具体的操作方法，通过对具体危害因素引发事故的“可能性”与事故后果的“严重性”两个指标的输入，要么直接输出对危害因素风险程度的高低判断，如风险评价矩阵法；要么通过与相应标准值的比对进行高低判断，如 LEC 法，从而判断是否需要对其风险进行削减与控制。换言之，如果把风险评价准则视为宏观要求，那么风险评价方法则是微观的具体做法。可以根据风险评价准则构建新的风险评价方法，或修改、完善现有的风险评价方法，使之满足对风险防控的宏观要求，也可以把风险评价准则视为宏观要求，选择或构建适宜性的风险评价方法，用于对危害因素的风险评价。

当然，在进行风险评价的具体操作时，也可以先采用现有的风险评价方法对危害因素进行评判，之后再经过风险评价准则进行衡量，看其是否满足国家、行业或企业对风险防控的基本要求。例如，某建筑工地位于城市一居民小区附近，其建筑施工过程中对噪声的控制，应不得超过《中华人民共和国城市区域环境噪声标准》所规定的范围，即白天噪声应控制在 55dB 以下，夜晚则不得超过 45dB。因为《中华人民共和国城市区域环境噪声标准》明确规定：以居住、文教机关为主的 1 类区域噪声标准为：昼间:55dB；夜间:45dB。如果我们采用风险评价矩阵或其他风险评价方法，对该噪声风险进行判断，可能会认为即使噪声超过了上述标准，也未必需要采取措施进行防控，因为可能造成的后果可能并不严重。但当国家或行业等在该方面有法律法规、标准等明确要求时，应把国家法律法规、地方政府管理规定或行业标准等作为不可逾越的底线。

三、风险评估注意事项

1. 专业人士应参与或主持风险评估

由于危害因素是客观存在，要找到客观存在的危害因素，一定要动员全员从方方面面去辨识、去寻找。风险评估则是在对事故、事件发生的可能性及其后果严重性主观判断的基础之上而做出的，因此，风险评估需要参与人员经验丰富、知识面宽，经过专业训练，具有一定的专业背景知识，这样才能够对事故、事件发生的可能性及其后果严重性，做出客观、公正、合理的判断，否则，可能会因知识、阅历、素养等所限，出现“盲人摸象”现象，做出以偏概全的偏颇判断。

寓言故事“盲人摸象”，很好地说明了不同背景的人们对客观存在的事物评判出入：大象是个客观存在的事物，但由于其体态太大非盲人触觉所及，因此，摸象的盲人们基于自己的触觉感受，各说各话，无法做出正确判断，而视力正常的人则能够一目了然做出正确判断（图2-2-3）。在该例中，视力正常的人就代表专业人士，而盲人则代表由于知识面局限不具有评判能力的非专业人士，因此，要客观、公正地做好风险评估，需要有经过训练的专业人士参与。

图 2-2-3　盲人摸象：风险评估需要专业人士参与

表 2-2-2 就是不同类型的人群对机动车、手枪、香烟等不同类型危害因素风险程度所做出的不同判断，他们与专业人士判断就有出入。所谓专业人士就是受过专业训练而具有相应能力的人士，他们基于自身的专业素养，能够统揽全局，做出较为科学合理的判断。因此，风险评估应有相关专业人士参与。需要注意的是，如果基层组织缺乏专业人士，当大家在进行估测、判断时产生较大的出入，或意见不一致时，应注意倾听别人的意见、见解，通过相互交流、探讨，努力缩小差距，形成一致意见，达到较为客观判断的目的。如果经过商讨仍有较大分歧，可提交上一级组织进行评判或采取“就高不就低”的原则，进行保守处理。

另外，与危害因素辨识一样，风险评估要注意审视评估方法的适用性，应根据被评价对象正确选取适宜的评价方法。因为方法选取的正确与否，有时会直接影响到评价的结果。本章的一个重点就是把各种风险评价的方法介绍给大家。

表 2-2-2　不同类型的人员对不同类型危害因素风险程度的判断

	家庭妇女	在校大学生	俱乐部成员	专业人士
核电站	1	1	6	8
机动车	2	4	3	1
手枪	3	2	1	4
吸烟	4	3	4	2
摩托车	5	5	2	5
酒精性饮料	6	6	5	3
飞机	7	8	7	7
照 X 光	8	7	8	6

注：数字代表风险高低的顺序。

2. 对现有防控措施的风险评估

在 HSE 风险管理流程中，HSE 风险评估（价）把前面风险管理中“风险分析、风险评价”两步流程合并为风险评估（价）一个步骤。这样，“风险分析”中的一项重要内容，即对现有的防控措施的评估，也就因此被忽略了。所以，在 HSE 风险评估过程中，对于需要防控的风险，往往会忽略查找是否已存在风险防控措施，以及对已经存在的现有风险防控措施的评估，但凡评估出需要防控的风险，接下来就是制定防控措施。实际上，是否需要制定防控措施，首先要看其是否已存在相应的防控措施，如果已经存在，应对现有防控措施进行评估分析，以评价其是否能够满足对该风险控制的需要。

在“风险分析”中对现有防控措施的评估一般分如下三步：

第一步：对于需要防控的风险，是否存在现成的防控措施？

第二步：现有的防控措施是否能把风险控制在可接受的水平？

第三步：实际工作中，现有措施是否能够正常发挥作用？

如果对上述问题的回答都是肯定的，就证明该项风险已经满足风险防控需要，无需再行制定措施，只需强化执行落实即可。如在下篇第二章第二节的“HSE 风险管理流程”中，国际民航组织规定的风险管理实施步骤，其工作重点就放在强化对现有风险防控措施的评估和执行上。因为在航空业绝大多数危害因素都有相应的防控措施，并不需要重新制定，而是要在评估其有效性的情况下，确保其贯彻实施。我们目前的 HSE 风险管理工作，虽然不像航空安全管理那样到位，但应注意对现有措施的评价，如在对常规作业活动进行风险管理时，对所辨识出的危害因素，由于已经制定了操作规程，需要评估操作规程中是否存在风险防控的漏洞，是否能够满足风险防控的需要，而不是重新制定新的防控措施。当然，如果经过评估无法满足风险防控的需要，则应对现有操作规程进行修订、完善，如果防控措施已经存在且能够满足风险防控的需要，则只需强化对现有防控措施的执行力。

3. 谨防陷入“朗福德陷阱(Longford Trap)”

在进行风险评估时，对危害因素风险等级的判定是，其引发事故的可能性与该事故后果严重程度的乘积，即：

风险 =（危害因素引发事故的）可能性 ×（危害因素可能引发事故的后果）严重程度

须提请注意的是，按照这个风险评价公式对危害因素进行风险评估，在某些情况下可能会出现一些棘手问题，乃至陷于误区。这是因为，按照此定义在进行风险评估时，一些导致后果轻微但频繁发生小事故的危害因素(以下简称“小事故危害因素”)，因其发生频率很高，可能会比发生概率低但后果严重的重特大事故危害因素(以下简称“大事故危害因素”)的风险等级还要高。因为“大事故危害因素”虽然后果严重但概率很低，由此造成因争抢事故防控资源，而疏于对“大事故危害因素”的防控，最后导致灾难性事故的发生。

埃索石油公司澳大利亚朗福德(Longford)炼油厂就是一例。该厂在进行风险评估时，发现他们曾经花了很大力气所控制“大事故危害因素”，因为发生火灾爆炸事故的发生率并不高，其风险程度(严重性 × 可能性)还低于“小事故危害因素”。因此，按照现代风险防控理论，他们后来就在高风险危害因素——“小事故危害因素”的防控方面下了更多功夫。在人财物力一定的情况下，强化了对某一类型风险的管控，自然就会减轻对其他类型风险的管控力度，所以，他们在加大对“小事故危害因素”风险的控制的同时，自然就弱化了对“大事故危害因素”的防控力度，最终造成了朗福德(Longford)炼油厂重大火灾爆炸事故的发生。

这种由于风险评估结果而造成的因为过分关注“小事故危害因素”的防控而轻视了“大事故危害因素”的防控，从而导致重特大事故发生的现象，称之为“朗福德陷阱(Longford Trap)”，已成为石油炼化行业的惨痛教训，必须予以反思和重视。

基于上述原因，在对可能导致重特大事故的危害因素发生可能性进行评估时，应格外小心、警惕，判断此类危害因素引发事故概率低的真正原因究竟是什么？例如，统计数据表明炼油厂与养鱼场发生火灾事故的概率都很低，但二者低的原因却有着本质区别：养鱼场无易燃物，本身就不易发生火灾；而炼油厂到处都是易燃物，极易发生火灾，但正是由于炼油厂发生火灾爆炸后果极其严重，因而严防死守，严防死守降低了火灾的发生率。因此，在进行风险评估时，如果其确属于客观上不易发生的小概率事件，完全可以采用风险计算公式进行评估；反之，应弄清真正原因，从而做出公正、合理的判断。否则，如果单凭一些统计数据草率做出判断，就很可能会陷入“朗福德陷阱(Longford Trap)”。

当然，在表2-2-2中，专家认为“飞机”风险程度要比“机动车”低得多，事实也是如此。全世界每年机动车事故造成的人员伤亡，占各种类型伤亡事故的第一位，而“乘飞机”则很少出事，这是客观现实。空中飞行真的比地面行驶更安全吗？恰恰相反，正是由于“乘飞机”一旦出事就会造成机毁人亡的惨剧，后果不堪设想，因此，为防止出现这种灾难性事故，从飞机前期的严格设计、建造审查把关，到运行期间近乎苛刻的规范管理，层层把关、严防死守，才有了当前百万、千万架次而万无一失的安全业绩。反之，行驶在路上的一台车辆出了问题可能的后果并不严重，抛锚了可以修理，报废了可以重置，即使发生事故，人员伤亡数量也有限。试想，如果飞机设计、建造与运营管理也像当今机动车那样的监管模式，后果将会是多么恐惧！再譬如，“办公室”工作与“核电站”工作都很安全，但无论“核电站”的设计建设还是日常运营，其低风险是建立在科学、缜密的设计建造，严格、规范的运行管理基础之上的。相反，就“办公室”风险而言，无论你日常“办公室”工作中多么自由散漫，不守规矩，只要你是个正常人，不做跳楼、触电门等自残行为，就不会招致严重的“办公室”工作风险，因“办公室”的工作环境与核电机组的运行环境截然不同，其风险程度不可同日而语。因此，作为普通大众，只知其然即可，但作为业内人士更要知其所以然，决不能认为“飞机”“核电站”风险“低”而疏忽大意、放松警惕，须知，其安全的前提是建立在异乎寻常的严格监管基础之上的。

总之，在风险评估时，对于那些可能导致“黑天鹅事件”的危害因素发生的可能性要进行谨慎评判，得出正确的风险评价结论，从而严加防范。即使像表 2-2-2 那样，把后果严重的风险评估为低风险（如核电站风险），也必须慎重对待此类后果严重的“低风险”的处置，决不能因其为表面上的“低风险”而降低监管标准，以免陷于“朗福德（Longford）陷阱”！

四、关于危险源分级、隐患分级与风险分级问题

如前所述，危害因素（Hazard）可分为危险源（Hazard Source）与隐患（Yinhuan）两类，目前，常见的分级有危险源分级与风险分级两种，隐患划分为一般隐患与重大隐患，下面将对危险源、风险，以及隐患的分级情况及其相互关系进行探讨，以期理清三类分级之间的关系，为做好风险管理工作奠定基础。

1. 源头类危害因素（危险源）及其分级

源头类危害因素也就是能量意外释放论里所说的能量或有害物质，如，日常生产经营活动中的所需或所用的一些能量及伴随发生的有害物质等，像公路上高速行驶的车辆动能，锅炉、压力容器、压力管道等中的压力势能，以及热能、电能等各种能量，都属于能量范畴；而像危险化学品之类，则属于有害物质范畴。能量、有害物质或作为维持生产经营活动之必需，或是生产经营活动伴生品、副产品，是不以人的主观意志为转移客观存在的，其中绝大多数要么主观上不能消除，要么客观上难以消除，因此，管控此类危害因素的主要方法就是，在把它们辨识出来的基础上，设置相应的防范屏障（措施），加以屏蔽（防控），防止其失控而导致事故的发生。

1）源头类危害因素（危险源）与事故后果严重程度之关系

如上所述，源头类危害因素是事故发生的根源所在，是导致事故发生的源头、罪魁祸首。源头类危害因素包括能量与有害物质，能量的大小、强弱，有害物质毒性大小、量值的多少等，决定其一旦失控所产生的威力或破坏性大小。重大危险源分级就是采用诸如“死亡半径”之类的评价指标。例如，一颗原子弹的威力要远大于一颗手榴弹爆炸的威力，因为原子弹自身所具有的能量远大于手榴弹的能量。总之，源头类危害因素自身能量大小或有害物质量的多少决定了其具有的破坏威力。

需要注意的是，破坏威力的大小并不一定意味着后果严重程度的高低，这是因为事故的后果严重程度还应考虑周边环境情况等因素的情况。如，同样是一颗威力巨大的原子弹，如果在渺无人烟的试验场地爆炸，就不会造成多大损失，反之，第二次世界大战时期，美国在日本广岛和长崎丢下的两颗原子弹，则造成了大量的人员伤亡与财产损失。这是因为在渺无人烟的试验场地，原子弹爆炸能量波及的“受体”——沙滩或岩石等，对原子弹爆炸所产生的能量不敏感，或者说能够承受，故不会造成任何损失，反之，在日本广岛和长崎爆炸的原子弹，无论是作为能量“受体”的人还是财产，都无法承受，故造成了史无前例的人员伤亡和财产损失。鉴于源头类危害因素自身能量大小或有害物质量的多少只能决定其所具有的威力大小，或具有的破坏性大小，至于真正可能造成的后果严重程度，还需结合周边环境情况及其相关因素一并考虑，所以在进行评估风险时，一定要在测算源头类危害因素自身能量大小或有害物质量的多少的同时，结合其所处周边环境情况，才能确定后果严重程度。周边环境中那些人员密集区或环境敏感区等易加重后果严重性的区域在《中华人民共和国石油天然气管道保护法》中被称为“高后果区”。

总之，事故的后果严重程度主要取决于源头类危害因素[能量大小、烈度（毒性）高低等]，同时还受所处环境（受体）等方面的影响。

2）源头类危害因素的分级——危险源分级

危害因素之一的源头类危害因素就是危险源，因此，危险源分级就是对能量或有害物质的分级。目前，主要是对有害物质——危险化学品进行重大危险源分级。

首先，判断是否属于重大危险源，即危险源的量值是否不少于重大危险源的临界量值。对于单一危险化学品，即按临界量确定；若一种危险化学品具有多种危险性，则按其中最低临界量确定；对于多种危险化学品同时存放场所，则按下式确定：

$$S=\frac{q_1}{Q_1}+\frac{q_2}{Q_2}+\cdots+\frac{q_n}{Q_n}$$

式中　$q_1, q_2, \cdots, q_n$——每种危险化学品实际存在（在线）量，t；

$Q_1, Q_2, \cdots, Q_n$——与各危险化学品相对应的临界量，t；

S——重大危险源判定指标，$S \geqslant 1$ 即为重大危险源。

此项计算仅反映危化品量的多少，没有考虑其所处周边环境情况，故是否是重大危险源的判定，仅表明危险化学品所具有威力或破坏能力，而不是后果严重程度。

其次，在判定为重大危险源的基础上，对重大危险源的等级进行划分：

$$R=\alpha\left(\beta_1\cdot\frac{q_1}{Q_1}+\beta_2\cdot\frac{q_2}{Q_2}+\cdots+\beta_n\cdot\frac{q_n}{Q_n}\right)$$

式中　R——重大危险源等级指标（表 2-2-3）；

$\beta_1, \beta_2, \cdots, \beta_n$——与各危险化学品相对应的校正系数；

α——该危险化学品重大危险源厂区外暴露人员的校正系数。

根据计算结果，把 R 值范围在 $R \geqslant 100$、$100 > R \geqslant 50$、$50 > R \geqslant 10$、$R < 10$，分别定义为一、二、三、四级重大危险源，这就是重大危险源分级。

由上述分析可以看出，对是否为重大危险源的判断，只是单纯看其量值大小，是否超过临界量，并未考虑周边环境情况，因此，该项指标只反映其威力、破坏性大小。而重大危险源分级指标，则是在上述基础上还考虑了周边环境情况，公式中的 α 就是厂区外暴露人员情况的校正系数，因此，其结果一定程度上反映了后果的严重程度。

当然，除有害物质（危化品）外，能量也可以分级。单是依据重大危险源分级指标就进行决策，似乎有失偏颇，请看下述案例：

高山顶部的天池与河道因山体等坍塌而形成的堰塞湖，都是具有一定势能的水体，相比之下，天池的水体要比堰塞湖的水体位置高、体量大，因此，其具有的势能要比堰塞湖高得多，破坏威力要高得多，也即，天池应是比堰塞湖等级更高的危险源。但实际上，人们只是把天池作为景点观赏，并不担心其安全问题，相反，江河中一旦出现堰塞湖，就要立即采取措施进行处理，防止因此而引发溃坝事故。与堰塞湖相比，天池虽具有更强的破坏威力，但由于其周边山体十分稳定，千百年来几乎没有发生垮塌而导致水体失控的可能性，而堰塞湖则正好相反。因此，虽然天池的水体要比堰塞湖水体能量高、威力大，但由于其溃堤的可能性要比堰塞湖小得多，使得天池水体具有的风险（可能性与严重性之积）要比堰塞湖水体的风险低得多。

上述案例看似极端，其实类似情况还很多。如体量虽大但自身稳定性好的某危险化学品，会因其体量大被评估为级别很高的重大危险源，但其危险程度并不比那些虽然体量不大但自身稳定性差的危险化学品更为可怕。2019 年发生在江苏响水危化品自燃而引发的爆炸事故就很能说明这个问题。由此可见，危险源等级的高低决定着其后果严重性，但即使危险源的等级很高，如果其性能稳定失控可能性低，虽不会像天池那样完全没有防控的必要，起码不需要耗费太多人财物力。相反，即使危险源的等级不高，但如果其极易失控，就必须加大力度严防严控。当然，这并非否认重大危险源分级指标价值、意义，它是反映危险源威力或后果严重性的基础性指标，指标单一，还需借助风险评价指标，方能够做出客观全面的评价。

2. 衍生类危害因素（隐患）及其分级

衍生类危害因素包括人的不安全行为、物的不安全状态及管理缺陷等，但人的不安全行为、物的不安全状态与管理缺陷，并不是一个层面的东西，因为无论人的不安全行为还是物的不安全状态都是问题的表象，它们表现为防范屏障上的漏洞，也就是导致事故发生的直接原因，而管理缺陷则是隐藏在这些漏洞背后、使这些漏洞产生的原因或问题根源，也就是事故的间接原因或管理原因。

与源头类危害因素不同，此类危害因素是由于人为因素所造成。无论是人的不安全行为、物的不安全状态等，都可以归结为人为因素，归根结底都是由于管理上的原因所造成的。例如，人的不安全行为的出现，要么是由于培训不到位，不知如何正确去做，要么是安全意识淡薄，想偷懒走捷径，明知故犯，等等。而所有这些问题，都是可以或通过强化理念、技能培训，或通过加强监督、管理加以解决。同样，物的不安全状态等也都可以通过强化管理加以解决。总之，无论是表现为防范屏障上漏洞的人的不安全行为、物的不安全状态，还是导致防范屏障上漏洞产生的管理缺陷等，它们都是主观、人为因素所致，是可以通过强化安全监督管理加以弥补和改进的。另外，与源头类危害因素不同，衍生类危害因素原本并不存在，因为要防止能量或有害物质等源头类危害因素的失控，需要设置相应的防护屏障（措施），如果未设置或设置的屏障上有漏洞、缺陷，它们就构成了衍生类危害因素，它们类似于隐患。

1）衍生类（隐患类）危害因素（隐患）与事故发生的可能性之关系

事故发生的可能性取决于对其的管控程度，而衍生类危害因素（隐患）作为衡量其管控程度的负向指标，对事故发生的可能性起着决定性作用。尽管如此，也不能简单地以隐患数量的多少判定事故发生可能性的高低。因为只有当两个组织性质、规模、技术成熟度等各项指标都相近或相同时，隐患数量的多寡才有意义，否则，就不具可比性。更何况，即使隐患数量相同，若程度不同，影响也将迥异。就业务性质而言，如果生产经营业务所涉及的源头类危害因素自身不稳定，就易于失控，同等条件下发生事故的可能性就大。例如，分子链短的轻质油与分子链长的重质油相比，无论是闪点、燃点还是挥发性都更低、更不稳定，就更易失控，因此，在相同管控程度的情况下，发生火灾、爆炸等事故的可能性就更大。一般而言，源头类危害因素越不稳定，对其管理将会越发严格，从而降低其事故发生的可能性。反之将会导致事故的高发，当今危化品事故频发的原因就是如此。另外，源头类危害因素所处自然环境对其所导致事故发生的可能性也有一定影响。例如，高温环境下更容易使一些危化品发生自燃；同等当量的能量释放或同等数量有害物质泄漏，在无人区可能构不成事故，而在有人的地方就会造成伤亡事故，在人员密集的繁华闹市区还可能会是后果严重的重特大事故（此类区域就是前述的“高后果区”）。由此可见，环境或受体情况既影响事故的后果严重程度，也影响事故发生的可能性。

总之，事故发生的可能性主要取决于衍生类危害因素（管控程度），当然与其业务性质（需要管控的源头类危害因素）密切相关，同时还受所处自然环境等因素的影响。

2）衍生类危害因素分级——隐患分级

事故的后果严重程度主要取决于源头类危害因素——危险源，因此，危险源分级评价指标反映的就是事故的后果严重程度，至少是破坏威力。而事故发生可能性主要取决于衍生类危害因素——隐患，因此，从这个意义上讲，隐患分级的指标理应反映因隐患存在而导致失控可能性增加的程度，起码应与失控的可能性有所关联，但事实却并非如此。

目前，就隐患分级而言，隐患分为一般事故隐患和重大事故隐患。一般事故隐患是指危害和整改难度较小，发现后能够立即整改排除的隐患。重大事故隐患是指危害和整改难度较大，应当全部或者局部停产停业，并经过一定时间整改治理方能排除的隐患，或者因外部因素影响致使生产经营单位自身难以排除的隐患。

鉴于隐患就是防控屏障上的缺陷或漏洞，隐患的整改就是对屏障漏洞、缺陷的修补或更换，因此，从实用主义的角度，对于隐患的分级考虑整改难度无可厚非。如前所述，危害和整改难度较小被定义为一般事故隐患，危害和整改难度较大的则被定义为重大事故隐患。但问题是，如果某隐患的整改难度很大，但其危害并不特别高，如何组织整改就值得商榷。因为隐患整改需要大量人财物力投入，面对许多隐患都需要整改，但投入的人财物与时间都受限的情况下，如何科学组织整改，是隐患整改中需要面对的现实问题。因此，要分轻重缓急、科学合理地分配用于众多隐患治理的时间及人财物力等相应资源，按照现有隐患分级标准确有一定难度。为提升决策的科学性，一方面，要结合存在隐患的措施所防控的源头类危害因素（能量或有害物质）失控可能导致的后果严重程度，也即“危害”的大小，另一方面，还要考虑此隐患存在对源头类危害因素（能量或有害物质）失控引发事故可能性的影响。也就是说，由于该隐患存在将导致事故发生的可能性及其后果严重程度，这实质上就是该隐患的存在所具有的风险（可能性与严重性组合）程度。“把具有重大风险的隐患当作事故来对待”就是这个道理！如果某个具有隐患的防控措施（屏障），防控的是威力巨大的重大危险源，且由于隐患出现导致其失控的可能性大大增加，此类隐患就是“具有重大风险的隐患”，此类隐患必须立即整改，否则，很可能就会引发后果严重的重特大事故。因此，对此类隐患的处理，必须像对待事故那样，除了要无条件立即整改外，还要举一反三查找导致此类隐患产生的原因，严防此类隐患再度出现。

3. 风险与风险分级

1）风险

如前所述，无论源头类危害因素——危险源的分级，还是衍生类危害因素——隐患分级，都遇到了评价指标片面、单一的问题，都需要借助风险评价指标解决问题。事实上，无论是源头类危害因素，还是衍生类危害因素，都属于客观存在的危害因素范畴，它们的危害程度如何，是否需要防控及如何进行防控等，都需通过“风险”这一评价指标作进一步判定。风险是对危害因素危害程度的一种评价指标，反映的是危害因素危险性高低、大小的属性。

广义而言，所谓风险就是指不确定性对目标的影响，因此，风险的一个显著特点就是不确定性。风险这种不确定性既有正向的，也有负向的，如，金融财务领域里的风险，既有正向（收益）的不确定性，也有负向（损失）的不确定性。安全生产风险的定义就是指“危害事件发生的可能性和后果严重程度的组合”，因此，安全生产风险只有负向的不确定性，即损失的不确定性，其中包括事件（事故）发生与否的不确定性、导致结果（严重程度）的不确定性等。鉴于无论事件（事故）发生可能性还是其后果严重性，都是人们在事发之前做出的主观预测或判断（因为一旦事件发生，成为了客观现实，就是确定性的了，也就不再是风险）因此，这种由人们主观预测、判断而获得的可能性与严重性指标，自然就具有一定的主观性。由于对辨识出危害因素是否防控及如何防控，取决于其自身所具有的风险程度的高低，而风险程度高低又是靠主观预测或判断而获得的，因此，对于危害因素的风险评价最好应由训练有素的专业人士进行，尽可能客观、公正、准确地进行评价，以期反映其真实的危险程度，从而确定对该危害因素是否防控及如何防控，才能够有效防控事故发生。

2）风险分级

通过前述危险源分级与隐患分级存在的问题可以看出，危险源分级主要是根据其破坏威力或后果严重程度来划分的，因此，单是通过危险源分级指标来决定人财物力投入，未免有失偏颇。隐患分级指标比危险源分级存在更多的问题，最主要的是它并没有像危险源分级指标那样，根据本指标特征——失控可能性进行分级定义。当然，即便把其修正为类似危险源分级指标，如果单凭该项指标，也同样会以偏概全、失之偏颇。总之，此类分级指标，都是单一维度指标，都只是反映了问题的一个方面，不能给出一个全面、客观、准确的评价，当然也就不能据此提供科学、合理的决策依据。

如前所述，危险源分级指标反映的是事故的后果严重程度，缺乏可能性指标，而（修正后的）隐患分级指标同样如此，只是指标特征刚好相反而已。因此，如果把危险源分级指标与（修正后的）隐患分级指标相结合，也即把事故发生的可能性与其后果严重程度两个指标结合在一起，就能够有效克服上述弊端。而可能性与严重性的结合恰好就是风险评价指标，由此可见，相对于危险源分级评价指标或隐患分级评价指标，风险分级评价指标是一种全面、科学的评价指标。因为它既考虑了失控发生事故的可能性，又考虑了事故的后果严重程度，当然就要比单项分级评价指标更为全面、科学、合理。

风险分级评价指标把危险源分级评价指标与（修正后）隐患分级评价指标结合在一起，具有两个维度，一个是发生事故的可能性，另一个是事故的后果严重性（图 2–2–3）。通过风险评价指标对危害因素进行风险评价，如果所评价危害因素的风险程度超过了可容许程度（评价准则：一般可根据法律法规要求、合同规定、公司要求、相关标准等确定），就应根据其具体风险程度的高低——风险分级（高、中、低），分配相应的人财物力资源，以便采取相应的对策措施予以有效应对。高风险的危害因素要动用大量资源进行严格管控，而中低风险的危害因素则利用一定的资源适当管控即可。如果危害因素初始（原始）风险程度低于可容许程度，则可不予防控。总之，通过风险评价指标，把具有不同风险程度的危害因素进行区别对待，就是风险分级。

风险分级一般是通过设定一定量值区间，把风险划分为高、中、低（表 2–2–3），当然，也可以划分得更细，如，高、中高、中、中低、低，等等，为根据风险程度采取相应防控措施提供依据。另外，根据风险的两个要素——可能性与严重性的特点对比，也可把它们划分为“高频、高后果”“低频、高后果”“高频、低后果”“低频、低后果”风险，根据其特点进行有针对性地管理。

表 2–2–3　风险评价矩阵

严重性 可能性	低	中	高
低	低	中低	中
中	中低	中	中高
高	中	中高	高

总之，相对于危险源分级、隐患分级等诸多评价指标，风险评价指标能够对危害因素是否需要管控、如何进行管控，做出相对独立的、全面客观的判定，它较之其他评价指标起着无可替代的作用。但需要注意的是，风险评价指标也并非尽善尽美，可能会出现与我们的客观现实不吻合的一些问题。例如，在风险评价中，决定风险程度大小的两个要素——可能性与严重性的权重是 1 比 1，也即，它们对风险指标的重要程度或贡献率是相同的（图 2-2-3），这就与我们目前的客观现实有出入。譬如，预测某企业来年可能会发生 10 起 1 人死亡的亡人事故，死亡 10 人，另一企业可能发生 1 起死亡 10 人的亡人事故，二者的风险程度是相同的，但在实际工作中，却有着很大的差别。因为 1 次死亡 1 人的亡人事故属一般事故，而 1 次死亡 10 人的亡人事故属重大事故，事故处理起来重大事故要比一般事故严厉得多。

4. 危险源分级指标、隐患分级指标与风险指标的结合应用

如前所述，无论危险源分级指标还是隐患分级指标，都只是具有单一维度的基础性指标，需要与其他相关指标配合使用，才能做出客观、全面评价，为科学决策提供依据。风险评价指标虽然是个相对独立的评价指标，但有时也存在与现实不吻合问题，若把风险评价指标与危险源分级指标相结合，就能够很好地用于重特大事故的预防；若把风险评价指标与隐患分级指标相结合，就能够妥善解决隐患整改中的棘手问题。

1）风险评价指标与危险源分级指标相结合用于重特大事故的防控

重大危险源（设施）（Major Hazard Installations）是 20 世纪 90 年代国际劳工组织为防控重大灾难性事故而提出的概念。要做好对重特大事故的防控，应从关注重大危险源入手，因为事故的后果严重程度主要取决于源头类危害因素，重特大事故基本上都是由重大危险源的失控所致。因此，要防控重特大事故，就应关注重大危险源，重大危险源的等级越高，威力就越大，可能导致的事故后果就越严重。由于事故后果严重性还与周边环境密切相关，所以应特别关注"高后果区"重大危险源的管理。当然，除后果严重性外，还要看其发生可能性。如果失控可能性不同，即使同样等级的重大危险源，也应该区别对待。因此，要做好对重特大事故的防控，在关注重大危险源的同时，还必须辅之以失控可能性评价指标，才能做到全面、客观评价。总之，对于重特大事故的防控，首先应通过对重大危险源分级评价，找出可能导致重特大事故的重大危险源；在针对可能的重特大事故的基础上，再借助风险评价指标，判断其中哪些重大危险源较易于失控，也即在关注重大危险源的事故后果严重性的同时，还要兼顾重特大事故发生的可能性，从可能性与严重性两个维度进行全面测评，根据重大危险源的风险程度（风险分级），动用相应人财物力资源，进行有的放矢地防控。

2）风险评价指标与隐患分级指标相结合解决隐患治理中的问题

如前所述，如果某隐患的整改难度很大，意味着将花费大量人财物力和（或）时间精力才能完成整改，但如果其所影响的能量或有害物质失控导致的事故后果严重程度（危害）并不太大，如何组织整改就需要借助风险评价指标作进一步分析。隐患分级（一般与重大隐患）说明了整改难易程度，再通过风险评价，评估隐患引发事故的可能性及事故的后果严重程度（即隐患具有的风险），把隐患分级指标与风险分级指标相结合，进行综合分析评价，就

能够解决隐患整改中遇到的棘手问题。即对于隐患的治理整改，应在隐患分级的基础上，再通过风险评价指标作进一步评估，通过隐患的风险程度对其进行相应管理：具有重大风险的隐患，应投入大量资源，不仅要立即整改，而且还要防范其再次出现；中等风险程度的隐患，可投入适量资源；风险程度非常低的隐患，可以不进行整改，因为资源总是有限的，更何况还有风险更高的隐患需要治理。总之，运用风险管理原理，通过评价隐患的风险程度管理隐患，就能够根据隐患的风险程度、轻重缓急，更为科学合理地规划隐患的治理，从而有效防止因隐患“管不住”而导致的事故发生。

第四节　风险评估方法

与危害因素辨识相反，在风险评价环节，虽然评价方法也很多，但就HSE风险评价而言，一般情况下，风险评价矩阵法、LEC法基本上能够满足绝大多数风险评价的需要。下面对这两种方法进行重点介绍，同时辅之以其他评价方法的适用性评价。这样，一旦上述两种方法不能满足需要，读者可以按图索骥，查找更为适宜的评价方法。

一、常用风险评估方法介绍

1. 风险评价矩阵

矩阵图法是从多维问题的事件中，找出成对的因素，排列成矩阵图，然后根据矩阵图来分析问题，确定关键点的方法。它通过多因素综合思考、探索问题；从问题事项中，找出成对的因素群，分别排列成行和列，找出其间行与列的相关性或相关程度的大小。

风险矩阵是用于风险评价的有效工具，它利用了矩阵图法。在采用风险评价矩阵进行风险评价时，将风险事件的后果严重程度相对地定性分为若干级，将风险事件发生的可能性也相对地定性分为若干级，然后以严重性为表列，以可能性为表行，制成矩阵表格，在行列的交点上给出定性的加权指数。所有的加权指数构成一个矩阵，而每一个指数代表了一个风险等级。通过风险评价矩阵图，可以直观显现组织风险的高低及其分布情况，有助于确定风险等级。通过确定已辨识出的危害因素在矩阵中所处区域，决定哪些危害因素不需要处理，哪些需要进一步分析，哪些需要优先处理，等等。

图2-2-4就是壳牌公司根据行业经验所开发的HSE风险评价矩阵，其主体内容就是根据风险严重程度所形成的高、中高、中低、低风险的4个区域：左上角为发生可能性低、后果严重性低所形成的低风险区域，右下角则是发生可能性高、后果严重性高所形成的高风险区域，在这两个区域之间则就是中等（中低、中高）风险区域。

（1）对矩阵中“危害程度”的解释：表2-2-4是事故对人员、财产、环境、声誉等方面影响程度的分级释义。

（2）对矩阵中“可能性”的解释：在发生的“可能性”方面，从“在行业内未听说过”“在行业内发生过”“在公司内发生过”，到“在公司内每年多次发生”，直至“在基层经常发生”，发生的“可能性”逐渐增加。

危害程度（从上到下逐渐增加）					可能性（从左至右逐渐增加）				
					A	B	C	D	E
级别	人员 P	财产 A	环境 E	声誉 R	在行业内未听说过	在行业内发生过	在公司内发生过	在公司内每年多次发生	在基层经常发生
0	无伤害	无损失	无影响	无影响	A0	B0	C0	D0	E0
1	轻微伤害	轻微损失	轻微影响	轻微影响	A1	B1	C1	D1	E1
2	小伤害	小损失	小影响	有限影响	A2	B2	C2	D2	E2
3	重大伤害	局部损伤	局部影响	很大影响	A3	B3	C3	D3	E3
4	一人死亡	重大损失	重大影响	全国影响	A4	B4	C4	D4	E4
5	多人死亡	特大损伤	巨大影响	国际影响	A5	B5	C5	D5	E5

图 2-2-4　壳牌公司 HSE 风险评价矩阵

图中左上角区域为低风险区；紧连低风险区为中低风险区；紧连中低风险区为中高风险区；右下角区域为高风险区

表 2-2-4　HSE 风险评价矩阵影响程度分级

级别	人身伤害	财产损失	环境影响	声誉影响
0	无伤害	无损失	无影响	无影响
1	轻微伤害或影响健康：不影响工作能力，不影响日常生活活动	轻微损坏：损失小于 5000 欧元	轻微影响：轻微环境损害（控制在工艺系统内或在公司范围内）	轻微影响：公众可能意识到，但并不关注
2	较小伤害或影响健康：影响工作能力，如限制活动，或需要 5 天时间来恢复，或影响日常生活活动达 5 天，或对健康产生可逆影响	较小损坏：损失在 5000 和 5 万欧元之间	较小影响：较小环境损害，影响不持久，或单项违反法规或规定范围，或单项投诉	有限影响：当地某种程度的公众关注，当地某些媒体和 / 或政治注意，对公司业务形成潜在的负面影响
3	重大伤害或影响健康：较长时间影响工作能力，如不能工作达 5 天以上，或影响日常生活活动达 5 天以上，或对健康产生不可逆伤害	中等损坏：损失在 5 万和 50 万欧元之间	中等影响：有限环境影响，影响会继续下去或需要清除，或超标排放，或一项以上投诉	重要影响：地区性公众关注。当地媒体广泛的负面注意，轻微的全国媒体和 / 或地区政治注意，当地政府和 / 或行动组的负面姿态
4	永久性完全丧失劳动能力或多达 3 人死亡事故：因伤害或职业病产生	重大损坏：损失在 50 万和 500 万欧元之间	重大影响：严重环境损害。需要采取大范围措施将环境恢复到原来状态。或长期超标排放，或广泛地令人不满	全国范围影响：全国性公众关注，全国媒体广泛的负面注意，对地区 / 国家政策的影响，潜在的限制措施和 / 或发放营业执照的影响，行动组行动
5	3 人以上死亡事故：因伤害或职业病产生	大规模损坏：损失超过 500 万欧元	大规模影响：严重地持续损害环境，或在广泛区域内严重令人不满。失去商业的、休闲价值或自然资源，或相当长期地严重超标排放	国际影响：国际公众关注，国际媒体广泛的负面注意，对国家 / 国际政策的影响，对进入新地区、发放许可证和 / 或税法的严重潜在影响

上述做法是壳牌公司在 HSE 风险评估时的通用做法，为使读者对风险评价矩阵有一个全面的认识，下面把《风险管理——风险评价技术》（GB/T 27921—2011）中所介绍的适用于所有风险评估业务的风险评估矩阵，在此作一简介，见表 2–2–5、表 2–2–6 及图 2–2–5。

表 2–2–5　事件发生的可能性

定量方法 1	评分	1	2	3	4	5
定量方法 2	一定时期发生的概率	10% 以下	10% ~ 30%	30% ~ 70%	70% ~ 90%	90% 以上
定性方法	文字描述 1	极低	低	中等	高	极高
	文字描述 2	一般情况下不会发生	极少情况下才发生	某些情况下发生	较多情况下发生	经常会发生
	文字描述 3	今后 10 年内发生的可能少于 1 次	今后 5 ~ 10 年内可能发生 1 次	今后 2 ~ 5 年内可能发生 1 次	今后 1 年内可能发生 1 次	今后 1 年内至少发生 1 次

表 2–2–6　事件的后果严重程度

适用于所有行业	定量方法 1	评分		1	2	3	4	5
	定量方法 2	企业财务损失占税前利润的百分比		1% 以下	1% ~ 5%	6% ~ 10%	11% ~ 20%	20% 以上
	定性方法	文字描述 1		极轻微	轻微	中等	重大	灾难性
		文字描述 2		极低	低	中等	高	极高
		文字描述 3	日常运行	不影响	轻微	中等	严重	重大
			财务损失	轻微	较低	中等	重大	极大
			企业声誉	轻微	较低	中等	重大	极大

事故发生概率等级						
	5	Ⅰ 5	Ⅲ 10	Ⅳ 15	Ⅳ 20	Ⅳ 25
	4	Ⅰ 4	Ⅱ 8	Ⅲ 12	Ⅳ 16	Ⅳ 20
	3	Ⅰ 3	Ⅱ 6	Ⅱ 9	Ⅲ 12	Ⅳ 15
	2	Ⅰ 2	Ⅰ 4	Ⅱ 6	Ⅱ 8	Ⅲ 10
	1	Ⅰ 1	Ⅰ 2	Ⅰ 3	Ⅰ 4	Ⅱ 5
风险矩阵		1	2	3	4	5
		事故后果严重程度等级				

图 2–2–5　风险评价矩阵图形

风险评估矩阵方法的优点是简洁明了、易于掌握、适用范围广；缺点是确定风险可能性、后果严重度过于依赖经验，主观性较大。

2. 作业条件危险性评价法（LEC 法）

1）简述

LEC 评价法又称格雷厄姆（Graham）评价法，是对具有潜在危险性的作业环境中的危险源进行定量的安全评价方法。用于评价操作人员在具有潜在危险性的环境中作业时的危险性、危害性，即评价的是人员在危险作业场所可能受到的伤害情况。

该方法用与系统风险有关的三种因素指标值的乘积来评价操作人员伤亡风险大小。这三种因素分别是：L（事故发生的可能性）、E（人员暴露于危险环境中的频繁程度）和 C（一旦发生事故可能造成的后果）。给三种因素的不同等级分别确定不同的分值，再以三个分值的乘积 D 来评价作业条件危险性的大小，即按下式计算。

$$D=L \cdot E \cdot C$$

风险分值 D 值越大，说明该系统危险性越大，需要增加安全措施，或改变发生事故的可能性，或减少人体暴露于危险环境中的频繁程度，或减轻事故损失，直至调整到允许范围内。

2）量化分值标准

对这 3 种因素分别进行客观的科学计算，得到准确的数据，是相当烦琐的过程。为了简化评价过程，采取半定量计值法。即根据以往的经验和估计，分别将这 3 个因素划分不同的等级，并赋值。具体见表 2–2–7。

表 2–2–7　LEC 评价方法取值表

事故发生的可能性（L）		暴露于危险环境的频繁程度（E）		发生事故产生的后果（C）	
可能性	分数值	频繁程度	分数值	后果	分数值
完全可以预料	10	连续暴露	10	10 人以上死亡	100
相当可能	6	每天工作时间内暴露	6	3～9 人死亡	40
可能，但不经常	3	每周一次或偶然暴露	3	1～2 人死亡	15
可能性小，完全意外	1	每月一次暴露	2	严重	7
很不可能，可以设想	0.5	每年几次暴露	1	重大、伤残	3
极不可能	0.2	非常罕见暴露	0.5	引人注意	1
实际不可能	0.1				

3）风险分析

根据公式：$D=L \cdot E \cdot C$ 计算作业的危险程度，并判断评价危险性的大小。表 2–2–8 给出了根据风险严重程度做出的判断。

表 2-2-8　风险等级划分标准

D 值	危险程度
>320	极其危险，不能继续作业
160～320	高度危险，要立即整改
70～160	显著危险，需要整改
20～70	一般危险，需要注意
<20	稍有危险，可以接受

根据经验，总分在 20 以下被认为是低危险的，这样的危险比日常生活中骑自行车去上班还要安全些；如果危险分值到达 70～160，那就有显著的危险性，需要及时整改；如果危险分值在 160～320，就是一种必须立即采取措施进行整改的高度危险环境；分值在 320 以上的高分值表示环境非常危险，应立即停止生产直到环境得到改善。

值得注意的是，LEC 风险评价法对危险等级的划分，一定程度上凭经验判断，应用时需要考虑其局限性，必要时可根据实际情况予以修正。

二、风险评估方法的比选

本节第一部分介绍了风险评价的两种常用方法，风险评价矩阵法（类）、LEC 法（类），这两种方法通俗易懂、简单易行，能够满足绝大多数风险评价的需要。

如果采用这两种方法不能达到目的，或有特殊需要，或需要进一步探究，本部分还提供目前风险管理方面所使用的一些辨识和评价方法，并给出了它们的适用性评价或特征对比，可供大家在工作中按图索骥。

表 2-2-8 与表 2-2-9 均摘自《风险管理——风险评价技术》（ISO 31010：2009）。

1. 各种常用风险评估方法的适用性评价

各种常用风险评估方法的适用性比较见表 2-2-9。

表 2-2-9　各种常用风险评估方法的适用性评价

方法名称	风险评估过程（辨识、分析、评价）				
	辨识	风险分析			风险评价
		后果评价	可能性评价	风险等级	
失效模式与影响分析	非常适用	非常适用	非常适用	非常适用	非常适用
故障假设分析	非常适用	非常适用	非常适用	非常适用	非常适用
环境风险分析	非常适用	非常适用	非常适用	非常适用	非常适用
以可靠性为中心维护	非常适用	非常适用	非常适用	非常适用	非常适用
人员可靠性分析	非常适用	非常适用	非常适用	非常适用	适用

续表

方法名称	风险评估过程（辨识、分析、评价）				
	辨识	风险分析			风险评价
		后果评价	可能性评价	风险等级	
风险评价矩阵	非常适用	非常适用	非常适用	非常适用	适用
情景分析	非常适用	非常适用	适用	适用	适用
原因 / 影响分析	非常适用	非常适用	不适用	不适用	不适用
安全检查表	非常适用	不适用	不适用	不适用	不适用
预先危害分析	非常适用	不适用	不适用	不适用	不适用
危害与可操作性分析	非常适用	非常适用	适用	适用	适用
头脑风暴法	非常适用	不适用	不适用	不适用	不适用
结构与半结构化访谈	非常适用	不适用	不适用	不适用	不适用
德尔菲法	非常适用	不适用	不适用	不适用	不适用
危险分析与关键控制点	非常适用	非常适用	不适用	不适用	非常适用
事件树分析	适用	不适用	非常适用	适用	适用
事故树分析	适用	非常适用	适用	适用	不适用
业务影响分析	适用	非常适用	适用	适用	适用
原因 / 后果分析	适用	非常适用	非常适用	适用	适用
保护层分析	适用	非常适用	适用	适用	不适用
潜在通路分析	适用	不适用	不适用	不适用	不适用
马尔科夫分析	适用	非常适用	不适用	不适用	不适用
FN 曲线	适用	非常适用	非常适用	适用	非常适用
风险曲线	适用	非常适用	非常适用	适用	非常适用
成本 / 效益分析	适用	非常适用	适用	适用	适用
多条件决策分析	适用	非常适用	适用	非常适用	适用
根原因分析	不适用	非常适用	非常适用	非常适用	非常适用
决策树分析	不适用	非常适用	非常适用	适用	适用
蝴蝶结法	不适用	适用	非常适用	非常适用	适用
贝叶斯分析	不适用	非常适用	不适用	不适用	非常适用
蒙特卡洛模拟法	不适用	不适用	不适用	不适用	适用

2. 常用风险评估方法技术特征对比

各种常用风险评估方法技术特征对比见表 2–2–10。

表 2–2–10　常用风险评估方法技术特征对比

风险评估方法	风险评估方法简介	影响因素			能否提供定量结果
		资源与能力	不确定性性质与程度	复杂性	
头脑风暴法及结构化访谈	为一种收集各种观点及评价并进行评级的方法，头脑风暴法可由提示、一对一或一对多的访谈技术激发	低	低	低	否
德菲尔法	一种汇合各类专家观点并促其统一的方法，这些观点有利于危害因素辨、可能性及后果分析及风险评价。需要独立分析和专家投票	中	中	中	否
情景分析	在想象和推测的基础上，对可能发生的未来情形加以描述。可以通过正式或非正式、定性或定量的手段进行情景分析	中	高	中	否
检查表法	在参照标准、规定、危害因素辨识清单等基础上编制检查表，对照检查表辨识可能参照的危害因素	低	低	低	否
预危害分析	一种简单归纳分析方法，目的是初步辨识危害因素，为进一步系统辨识做好准备	低	高	中	否
失效模式和效应分析	它是一种识别失效模式、机制及影响的技术。主要用于设计、产品、系统、过程等的识别	中	中	中	是
危险与可操作性分析	一种综合性的危害因素辨识方法，用于目前可能偏离预期的偏差，并评估偏离的危害度。它使用的是一种基于引导词的系统	中	高	高	否
危害分析与关键控制点	通过测量并监控处于规定限值内的具体特征，确保产品质量、可靠性及工程的安全性	中	中	中	否
保护层分析	或称障碍分析，是对控制及其效果进行评价	中	中	中	是
结构化假设分析	一种激发团队辨识危害因素的技术，适用于风险分析与评价	中	中	任何程度	否
风险矩阵	一种将后果与可能性结合在一起的风险评价方式	中	中	中	是
人员可靠性分析	一种主要分析系统绩效中人为因素的作用，评价人为失误对系统的影响	中	中	中	是
以可靠性为中心的维修	一种基于可靠性分析方法实现维修策略优化的技术，其目标是在满足安全性、环境技术要求和使用工作要求的同时，获得产品的最小维修资源消耗，借此能够找出系统中对系统性能影响最大的零部件及其维修工作方式	中	中	中	是

续表

风险评估方法	风险评估方法简介	影响因素			能否提供定量结果
		资源与能力	不确定性性质与程度	复杂性	
业务影响分析	分析重要风险影响组织运行的方式，同时明确如何对这些风险进行管理	中	中	中	否
根原因分析	对发生的单项损失进行分析，以理解造成损失的原因，以及如何改进系统或过程以避免为了出现类似的损失	中	低	中	否
潜在通路分析	一种用于识别设计错误的技术。潜在通路是指能够导致出现非期望的功能抑制期望功能的状态，这些不良状态的特点具有随意性	中	中	中	否
因果分析	综合应用故障树、事件树分析，并允许时间延误，初始事件的原因和后果都应考虑	高	中	高	是
风险指数	一种用于划分风险等级的工具	中	低	中	是
故障树分析	从不良事项开始分析，确定该事件可能发生的所有方式，并以逻辑图的方式展示	高	高	中	是
事件树分析	运用归纳推理的方法将各类初始事件的可能性转化为可能发生的结果	中	中	中	是
决策树分析	对决策问题的细节提供一种清楚的图解说明	高	中	中	是
蝴蝶结法	一种简单的图形表述方式，分析了风险从威胁发展到后果的各类可能途径，从而为阻断或减缓设置屏障。它是故障树与事件树的结合体	中	高	中	是
层次分析法	定性与定量分析相结合，适于多目标、多层次、多因素的复杂系统决策	中	任何	任何	是
FN 曲线	通过区域块表示风险，并可进行风险比较，用于系统或过程设计以及现有系统的管理	高	中	中	是
马尔科夫分析法	用于那些存在多种状态的可维修复杂系统进行分析	高	低	高	是
蒙特卡洛模拟法	用于确定系统内多种因素所导致的综合变化，其中每个因素都有其确定的分布状态	高	低	高	是
贝叶斯分析	一种统计程序，利用先验分布数据评估结果的可能性，其推断的准确程度取决于先验分布的准确性	高	低	高	是

3. 常见评价方法的适用范围及特点

《危害辨识、风险评价和风险控制推荐作法》（SY/T 6631—2005）中“几种常见评价方法的适用范围”见表 2-2-11。

表 2-2-11　常见评价方法的适用范围

方法	评价目录	适用范围	定性或定量	可提供的评价结果			
				事故原因	事故频率	事故后果	危险分级
安全检查表法	危害分析、安全等级	设备设施、管理活动	定性、半定量	不能	不能	不能	不能提供
危险预分析法	危害分析、风险等级	项目初期阶段维修、改扩建、变更	定性	提供	不能	提供	提供
事故树分析	事故原因、事故概率	已发生的和可能发生的事故事件	定性定量	提供	提供	不能	频率分级
事件树分析	事故原因、触发条件、事故概率	初始事件	定性定量	提供	提供	提供	提供
故障类型及影响分析法	故障原因、影响程度、风险等级	机械、电器系统	定性	提供	提供	提供	事故后果分级
危险与可操作性分析	偏离原因、后果及对系统影响	复杂工艺系统	定性	提供	提供	提供	事故后果分级
风险评价矩阵法	风险等级	可能发生的事故、事件	定性	不能	不能	提供	提供
作业条件危险性评价法	风险等级	作业条件	定量	不能	不能	提供	提供
美国道化学法	风险等级、事故损失	化工类工艺过程	定量	不能	不能	提供	提供
帝国化学公司蒙德法	火灾爆炸毒性及系统整体风险等级	化工类工艺过程	定量	不能	不能	提供	提供
日本劳动省危险度评价法	风险等级	机械工厂的清洗间、喷漆室、小型油库	定性定量	不能	不能	提供	提供
单元危险性快速排序法	风险等级	机械工厂的清洗间、喷漆室、小型油库	定量	不能	不能	提供	提供
火灾爆炸数学模型计算	风险等级、事故损失	易燃易爆物质	定量	不能	不能	提供	提供

第三章　风险削减与控制

我国某企业代表团乘直升机参观西方某公司作业现场，在乘坐直升机前要通过称重排座位。飞机管理员对包括该公司陪同在内的6位乘机人员都进行了称重并记录，代表团一行连续去了该现场3次，在往返6次乘机之前，该管理员每次都一丝不苟地为他们称重并记录。在最后一次称重时，一代表团成员实在忍不住问道："你都先后给我们称过了5次，且不说我们一行6人体重相近，称一次之后你就知道我们随便坐也没问题，何况你每次都有记录，为何还要次次都称重？" 管理员答道："我的工作就是称重。" 这就是西方文化熏陶下的企业员工，这也就是像 "红绿灯" 这样的交通工具能够在西方国家有效发挥作用的道理。

为做好风险管理工作，使风险防控措施有效发挥作用，在制定风险削减与防控措施时，不仅要使措施科学合理，同时还必须考虑东西方文化、习惯等方面的差异，以便制订出切实可行、行之有效的风险防控措施。

第一节　风险削减与控制的原则与策略

为了做好风险的削减与控制，应了解并掌握风险削减与控制的基本原则，在遵循该原则的前提下，进行风险的削减与控制。

一、风险防控的原则

1. 闭环控制原则

HSE 管理体系所遵从的运行原则就是 PDCA 循环的闭环管理原则，PDCA 闭环管理，从广义上来说，要求任何一项工作（活动或项目等），都要遵循 Plan（计划）、Do（执行）、Check（检查）和 Action（处理）工作模式，从而不断发现问题，总结经验教训，做到持续改进。事实上，HSE 风险管理就是一个 PDCA 闭环管理的过程，经过风险管理"三步曲"——危害因素辨识、风险评估及风险的削减与控制，达到有效防控风险的目的，并通过总结回顾，做到持续改进。其中，风险的削减与控制是 PDCA 循环中的环节之一，只有通过风险的削减与控制环节，才能对需要控制的风险制定相应措施，并进行控制，否则，就不能够达到风险防控的目的。

在进行风险管理活动中，有的企业只是为了满足体系审核的要求，做了危害因素的辨识，形成了危害因素辨识清单，就戛然而止、不了了之；也有的进了一步，做了风险评估，也制定了风险防控措施，但这些防控措施停留在纸面，没有落实……出现这种情况的原因可能有二：其一，对风险管理工作没有一个清楚的认识，对风险管理工作知其然不知其所以然，不明白风险管理工作的具体流程，不清楚风险管理工作的真正意义，上面强调什么，就朝向什么方面去迎合、应付，如强调做好危害因素辨识，就辨识出大量危害因素，摆在台面上去展示，以应付上面的检查，并没有对所辨识出的危害因素进行风险评估，然后再对需要防控的危害因素制定措施予以防控，实现闭环管理，其结果自然也就达不到风险管理的应有目的，劳民伤财、徒劳无益。其二，对安全生产重要性认识不足，抱有侥幸心理，对于风险管理，叶公好龙，关键时刻舍不得投入，诸如此类的情况突出表现在措施的落实之际，需要花费真金白银进行硬件设施购买或改造时，不愿投入，就此终止、不了了之。如一些单位在进行HAZOP分析、在役装置安全评价等项工作后，所获得的整改措施就停留在纸面上没有落实。究其原因，是对安全生产重要性认识不足，心存侥幸、得过且过，不愿花钱进行设备、设施的整改，由于没有实现闭环管理，最终使风险管理工作失去其应有的意义。

2. 动态控制原则

动态控制原则——风险管理具有系统性、结构性和时效性，因此，必须根据时间、空间等各种变化、变更情况，对随时可能出现的新增风险加以识别与防控，这就是风险的动态控制。为了做到事前预防、关口前移，就要通过风险管理活动主动出击，防患于未然，从而达到未雨绸缪的目的。也正是因为风险管理的主动性、超前性和预防性，存在着事前预测的准确性以及对变化情况的应对问题。我们要在事故发生之前，采取预防措施，防止事故的发生，而能否防范事故的发生，核心问题是能否准确预测将要发生的事故。惟其如此，才能够有的放矢，采取相应措施，做到水来土掩、兵来将挡，达到事故防控的目的。反之，如果对可能要发生的事故预测不准确，防控措施就不可能具有针对性，事故的防范自然也就无从谈起。为此，在进行风险管理活动中，需要采取一系列措施，如对危害因素的辨识要做到全面、系统、彻底，危害因素的辨识要全员参与，尤其要有经验丰富的员工参与等，以提升危害因素辨识的科学性、准确性。

另外，世间万物都是不断变化的，都可能会因为时间、空间等方面的变化，而发生新的意料不到的情况。因此，要有效防范事故的发生，在风险管理活动中，要格外强调风险管理的动态性，要根据事物的发展变化，及时调整应对措施。一是为了补救前期危害因素辨识不全或准确性不高等方面的漏洞；二是为了应对由于时间、空间等各种变化、变更所产生的新的危害因素。例如，在实施“两书一表”管理的基层组织，项目作业计划书就是针对一个具体项目的新增风险的管控，一事一议，具有针对性。因此，绝对禁止计划书的挪用。同时，针对项目进行过程中风险的变化，还应通过开发“风险管理单”对新增风险实施动态管理。

总之，鉴于对可能存在的危害因素预测的准确性问题，以及客观现实条件等不断变化，新情况、新问题不断出现，为做好风险管理工作，一定要注意风险管理的动态性。随着时间、空间等方方面面的变化，危害因素就可能发生变化；危害因素发生了变化，风险防控措施就应随之改变，做到因时而异、因地而异、因事而异。惟其如此，才能够达到风险管理的应有目的，有效防控事故的发生。

3. 分级防控原则

在风险评估环节，通过对所辨识危害因素进行风险评估，把危害因素的风险程度分为高、中、低等几个不同的层级，其目的就是针对不同风险程度的危害因素进行分级管理，以达到有效防控风险的目的。在风险防控环节，针对不同风险程度的危害因素，因"事"制宜，采取不同的风险防控措施，如针对高风险的危害因素管控，必须投入足够多的人财物力资源，一方面，要尽可能做到严防死守，尽最大努力避免乃至杜绝由此类危害因素而引发的重特大事故的发生；另一方面，还要强化对此类重特大事故的应急管理，最大限度地降低万一失控造成的事故损失。当然，上述措施仅仅是针对高风险的危害因素，如果把此类防控措施滥用于所有层级风险的防控，不仅可能会因为入不敷出，造成经济效益方面的不合理，而且还可能因为不分主次、胡子眉毛一把抓，造成工作负荷过重而防不胜防，既劳民伤财，也不能达到应有的风险防控目的。因此，要做好风险管理工作，必须根据危害因素的风险严重程度，对其进行分层级管理。

另外，风险的分级防控还表现在对重大风险的防控方面，各级组织、各个职能部门，应根据各自岗位，履行相应的风险防控职责，做到分级管理。由于决策层、管理层与操作层所处的地位与分工不同，各自掌握的资源各异，因此，在对风险进行分级管理时，他们所履行的职责、发挥的作用也各不相同。决策层掌握着人、财、物力以及管理方面的资源，能够通过科学的决策，合理分配相应的资源，从而达到效益最大化的目的；管理层则能够通过制度的制定、资源的调配等，对不同风险程度的危害因素进行各有侧重的分级管理；对于操作岗位的员工，主要是通过对自己所占有资源的应用，自己操作活动中的"规范动作"，达到风险防控的目的。

例如，对于钻井井喷风险的防控，企业决策层根据所在地区的地层压力情况等，对是否配置井控设备或做出配置何种井控设备决策；企业管理层面应负责制定有关钻井井喷风险的防控制度，井控责任的分工，列支井控设备采买预算等；企业二级单位负责对井控设备采买，井控情况的监督检查等；基层井队的检维修人员负责对井控设备安装、维护，以使其能够正常发挥作用，一线班组员工则应根据自己岗位责任分工，在井喷（井涌）时，操作井控设备，达到防范井喷的目的。总之，通过分级管理，不同岗位员工根据各自职责，分工明确、各司其职、相互协同合作，最终达到风险防控之目的。

二、风险防控策略

风险防控策略是指针对不同程度、类型或性质的风险，分别采取不同类型的防控措施，以达到相应的风险防控目的。风险防控策略可分为宏观控制与微观控制两种情况。宏观控制以整个系统为研究对象，运用系统工程学原理，采取诸如法制手段、经济手段以及教育手段等进行控制，这些都涉及体制、机制问题，不具有可操作性。本书立足于实用主义，从微观控制的角度探讨风险的防控策略。对不同类型风险的处置一般包括：风险规避、风险保留（自留）、风险分担（转移）以及风险控制（降低）（表 2-3-1）等。

风险规避：为避免某种风险，在经过对该危害因素评价之后，采取的不参与或撤销等较为保守的管理决定，有意识地终止该风险所涉及的活动或操作等，以达到避免该特定风险的目的。这是一种保守的风险处置方式。例如，某项活动所涉及的一个危害因素风险程度很高，即使经过削减或控制，其风险程度仍然无法降低到可接受水平。为避免该危害因素带来的严重后果，决定放弃该项活动，从而避免该危害因素可能造成的严重后果。

表 2-3-1　几种典型风险处置策略

序号	名称	特点	案例
1	风险规避	取消、放弃，一般是比较消极方式	因某项目风险太大而放弃
2	风险控制（降低）	采取风险防控措施，降低风险程度	采取消除、替代、工程控制、管理控制及自我防护（PPE）等
3	风险保留（自留）	保留、承担，对可接受风险处理方式	经过风险削减控制，把风险降低到可接受程度后
4	风险分担（转移）	转嫁、转移、分担	企业财产的投保；保险公司再保险等

风险分担（转移）：风险分担是指与他方分担风险的一种风险处置方式；风险转移是指通过合法手段将风险从一个组织转移到另一个组织。如购买保险就是一种典型的风险分担或转移的处置方式，通过购买保险降低一旦出险的风险严重程度。

风险保留（自留）：从特定风险中接受潜在收益或损失。风险保留包括对已进行风险处置后剩余风险的接受，被保留风险的等级取决于风险准则。一般情况下，经过风险处置后的危害因素的风险程度降低至可接受的程度，对剩余的风险就可以接受了。这种对剩余风险的接受就是风险保留。

风险控制（降低）：改变风险程度所采取的措施，其中既包括减少发生的概率，也包括降低后果严重程度。对 HSE 风险管理而言，应是降低 HSE 风险所采取的措施。风险规避是逃避风险的一种保守方式，而风险分担或转移是转嫁风险的一种方式。虽然这两种方式对组织而言其承担的风险都发生了变化，但它们都没有触及风险自身的实质问题。风险控制是对风险自身严重程度的改变，对 HSE 风险而言，风险控制就意味着削减、降低。一般地，在 HSE 风险管理中，风险控制措施包括：消除、替代、工程控制、管理控制及自我防护（PPE）等类型。

第二节　风险削减与控制措施

风险管理的最终目的是使那些存在于日常生产经营活动之中的、需要防控的源头类危害因素得以有效控制，从而避免事故的发生。危害因素辨识需要全面、系统、彻底，风险评估需要科学、公正、合理。至于风险的控制，它既是一项技术，又像一门艺术。因为如果防控手段高明（科学合理），可以做到费用低、效果好；反之，则可能会出现虽然投入了很多，但并不能达到预期效果。正如风险的辨识与评估一样，风险控制的方式方法也很多，如何正确选择的确是门科学。本节将就风险削减与控制的策略进行探讨，以期有助于制定出科学、合理的风险防控措施。

一、事故奶酪模型与风险防控措施

在第一章“屏障模型”中，通过屏障模型分析事故发生的机理，由于屏障具有“潜在型”危害因素，失控即变成“现实型”危害因素（隐患），影响其防控作用发挥，从而可能导致事故的发生。因此，要有效防事故的发生，最彻底的方法就是铲除引发事故的源头——能量或有害物质，从而达到治本的目的。这是“釜底抽薪”之策。但遗憾的是，源头类危害因素往往是要么不能被消除要么不易被消除，如绝大多数能量，为生产经营活动之必需，如果消除了就无法正常进行生产经营活动；也有些不易被消除，如生产经营活动伴生的有害物质，如果执意消除在经济上未必合适。当然，即使不能消除源头类危害因素，还可以通过替代/减少、工程控制、管理控制及PPE等其他类型进行控制，当然，这些控制措施的管控力度不如消除那么彻底。

要防范事故的发生，最好是消除导致事故发生的源头类危害因素，是“釜底抽薪”的治本之策。当然，如果不能做到“消除”，也可以通过诸如采取屏障防控之类的措施进行防控。为此，一方面，要辨识出客观存在的能量或有害物质（源头类危害因素），以便有的放矢地为其设置相应的屏障，防止能量或有害物质的意外释放；另一方面，还要辨识出所施加屏障上可能出现的缺陷、漏洞（潜在型危害因素），以便预防其失控而形成隐患，当然，如果已形成隐患，就应对其进行排查治理，以提高防控屏障的有效性。为加大防控力度，提升安全系数，可以采取增加屏障数量或提升屏障质量的手段。增加屏障数量，就是多设置一些事故防范屏障，如对于高风险的防控要求至少设置三道或以上屏障；提高每个屏障的质量，就是降低屏障被源头类危害因素穿透的概率（防控失效率）。由此可见，即使源头类危害因素存在，如果能够有效提高屏障质量，同时，再适当增加屏障数量，就能够有效降低屏障失效概率，从而有效防范事故发生。总之，对于某一种特定的危害因素，究竟应采取什么措施进行控制，应统筹兼顾、综合考虑，既要考虑控制效果、防控的难易程度、可操作性等，也要考虑其成本、费用等。这就是策划设计风险管理措施时所应考虑的问题。从防控措施的形式而言，风险防控措施多种多样，有软件方面的管理手段、措施，也有硬件方面的防护设备、设施及个体防护用品（PPE）；从防控力度层级上讲，可分为消除、替代/减少、工程控制、管理控制及PPE等几个不同的层级。为做好风险管理工作，有效发挥风险防控措施的作用，下面将对风险防控措施的层级问题做进一步分析。

二、风险防范措施的层级

正如奶酪模型中强化屏障屏蔽效能与根除危害因素的结果不同，风险防控措施具有不同的防控力度。下面以“观虎”活动为例，形象地说明风险防控措施的具体层级。

由于老虎是当今自然界为数不多的凶猛动物，随着生态环境的恶化，不久的将来可能会消失殆尽，某人想在野生虎消亡之前，去观看自然状态下的野生老虎，但同时又担心会被老虎袭击，有生命安全之虞。那么，应如何策划一个观虎活动方案，以削减乃至消除这种观虎活动的风险呢？下面针对这件虚拟案例，进行风险的防控分析。

第一，由于观看野生老虎的确风险太大，同时也没有多大必要性，因此，应该对当事人进行说服教育，告诉他观看自然状态下野生老虎的危险性，动之以情、晓之以理，为了自己的安全起见，奉劝其培育其他兴趣、爱好，如观察其他濒临灭绝的非危险性物种，如一些花、鸟、虫、鱼等，放弃去大自然观野生虎的想法。如果奏效，就从根本上消除了可能被野生老虎伤害的风险。当然，由此带来的问题是并没有看到老虎，没有满足其观虎的愿望。

第二，如果当事人仍然有看老虎的迫切愿望，不妨让他去看猫，因为猫虎同科，同属猫科动物，但猫非常温顺，一般不会对人造成伤害，即使发生不测，至多也只是皮外伤，没有生命危险。以猫代虎，风险严重程度大为降低。

第三，如果当事人不能接受以猫代虎的做法，也可考虑让他去动物园，观看禁闭在铁笼子里的老虎，这样也会比较安全。因为只要铁笼子牢固，稍加注意就不会有被伤害的风险。但由于动物园的老虎是被驯化且关在笼子里，失去了野生老虎的习性和威风，可能满足不了他观看野生老虎的欲望。

第四，如果当事人执意要观看野生老虎，可让他乘坐野生动物园的观光车，但一定要求他必须严格遵守安全提示，不得擅自行动，不能随便走出，也可保证生命安全。

第五，如果这样仍然满足不了当事人长时间、近距离观察野生老虎习性的要求，可以在对其进行全副武装的情况下，让他进入野生动物园长时间观察。因为如果把他全身用坚固的盔甲罩起来，武装到牙齿，只要盔甲足够坚硬，也能够保证他的安全。因为这样就像老虎见了乌龟那样，即使想向它发动袭击，也会因龟壳的保护无从下口、只能作罢。

上述对"观虎"活动的描述，实质上就是从低到高的风险削减与控制策略层级，即消除、替代（或减少）、工程控制、管理控制、PPE 等（图 2–3–1）。下面将分别对这几种风险控制策略进行剖析。

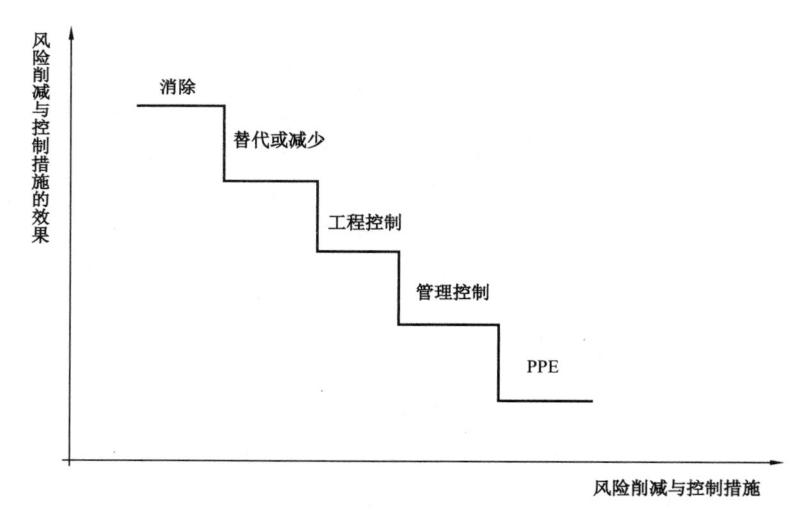

图 2–3–1　风险削减与控制措施的层级

1. 消除

在风险管理活动中，针对需要防控的高风险危害因素，策划制定安全防范措施时，首先要考虑该类危害因素是否可以消除，如上例中打消其去看野生老虎念头，就绝对不会有被虎所伤的事件发生。因此，如果能够消除危害因素，就应想尽办法，尽可能消除危害因素，这才是上策，是首选的、第一层级的风险控制措施。因为一旦把源头类危害因素消除，就消除了事故发生的源头致因物，就无需再为其施加防控屏障，从根本上铲除了事故的发生的根源，是一种釜底抽薪的治本之策。需要注意的是，消除有时也可能是消极的风险控制措施，如消除就是前面“风险防控策略”中的“风险规避”之措施，即由于某一活动的风险程度过高而放弃该项活动，在本例中则为防止被虎所伤而放弃观虎活动。

2. 替代（或减少）

如果危害因素不能够被消除，或消除的代价太大，应考虑采取“替代”或“减少”措施，降低其风险水平。如上例中，用低风险的“小猫”去替代高风险的“老虎”，以达到降低风险的目的。这种风险控制手段就是采用替代措施。因为观猫，即使发生危险，也仅限于皮肉之伤，无性命安危之虞，使风险程度大为降低。再譬如，冬季用煤炉取暖易于造成煤气中毒，为此可采用空调或电暖气取代煤炉，就能够大大提升取暖的安全性。当然，之所以采用“替代”或“减少”措施，主要是因为功能必须得以满足，如严冬对取暖的需求，同时危害因素又无法消除，如太阳紫外线照射可能诱发皮肤癌，但由于我们无法消除太阳紫外线这个危害因素，而对于这种无法消除的危害因素，就可以采取“替代”“减少”等防控措施，如在阳光火辣的时候尽可能待在室内不要外出，外出一定要打防紫外线遮阳伞等，通过减少阳光暴晒机会等措施，防范太阳紫外线引发皮肤癌问题，就是一种“减少”措施。这种“减少”“替代”等措施是削减与控制的中策，因为“减少”只是量的减少，不能从根本上消除引发伤害的根源，只能降低该危害因素事发的概率，达不到治本的目的。而“替代”这种方式，虽然消除了这种危害因素，而替代者又可能会引发新的危害，如空调或电暖气取代煤炉可能会引发用电安全方面的问题，只是触电风险较之煤气中毒要低些而已。因此，“减少”或“替代”之类的措施要逊于对危害因素的彻底消除，它们属于第二层级的风险控制措施。

3. 工程控制

在上例中，去动物园观看禁闭在笼子里的老虎，也即通过硬件措施（笼子）把危害因素（老虎）控制起来，实际上采取的就是“工程控制”措施，即发挥硬件设施的作用，把危害因素（老虎）通过硬件设施（笼子）控制起来。只要硬件设施牢不可破（有效），就能够确保控制效果。但由于高危因素（如老虎）的客观存在，一旦硬件设施出现故障，就有引发事故（老虎伤人）的风险，尽管其风险程度较低。因此，其防控力度要逊于替代或减少措施，属于第三层级措施。但是，有些危害因素，不仅不能消除或替代，还要为我所用，如核能是一种高效清洁能源，但一旦失控，后果不堪设想，如苏联的切尔诺贝利核电站事故、日本的福岛核电站事故等。因此，要利用核能发电，首先要在工程技术手段非常成熟的情况下，通过极其严格的工程技术手段，对其进行全面有效地控制，做到本质安全。这样，即使出现人为的失误，也不易造成事故。这种通过核电站硬件设施对核裂变高能量进行按需控制、以防失控，发生就是典型的工程控制。

总之，通过硬件设施提高物的安全状态，如采取联锁、能量隔离等工程技术手段或硬件措施，或通过提高物的本质安全水平等，对危害因素所进行的控制都属于工程控制范围。工程控制属于第三层级的风险控制措施。

4. 管理控制

在上例中，把老虎关在笼子里是工程控制；而把人安排在观光车里去野生动物园看老虎，采取的则是管理控制措施。这是因为虽然都是禁闭以防外出，但人与老虎的本质区别在于，人是有思维的高等智能动物，具有主观能动性。因此，把老虎关在笼中，只要笼子完好或笼门不被打开，它就不可能出来。而人虽被禁闭在车中，但他可能会因种种原因摆脱约束而出去，如人们面对某种情景，可能会因情绪激动等原因，会想办法摆脱约束，冒险与老虎进行"亲密接触"。工程控制靠硬件作用，约束的是危害因素，只要硬件完好就能保证控制效果。与之相反，管理控制则是通过出台制度、规程等防控措施，通过对人的行为的规范和控制，达到风险防控之目的。由于管理控制约束的是人，需当事人的配合而发挥作用，而只要有人参与，就可能会有人为的失误或违规，其控制效力自然就会降低。像诸如采取编制操作规程、制定作业程序、注意事项以及对高危作业实施作业许可管理等，通过员工对制度、规则、措施、程序等的执行，实现对风险防控的手段叫管理控制。

管理控制较之工程控制，由于其涉及人的问题，增加了人在执行力方面的不可靠性，使风险控制的不确定性大为增加。如果把这些防控措施视为防范屏障，那么，相对于工程控制类屏障，管理控制类屏障自身质量较差，其上的"孔洞"较多，更易于被突破。因此，管理控制的风险控制力度较之工程控制进一步弱化，其效用自然要逊于工程控制措施，它属于第四层级的风险防控措施。

5. 个人防护用品（PPE）

为消除或减缓事故后果对当事人的影响，针对某种具体影响，通过佩戴相应的个人防护用品（PPE），达到个体防护作用（图 2-3-2）。在上例中，当事人欲近距离、长时间接触野生老虎，为防止其被老虎所伤害，可以将其武装到牙齿，像乌龟一样把自己用硬壳包裹起来，这样，即便老虎向其发起攻击，也不会伤及其性命。佩戴个人防护用品是最后一个层级的风险

图 2-3-2　个人防护用品（Personal Protective Equipment，简称 PPE）

防控措施，其防控风险的力度较前四种都要弱，况且，它一般没有预防事故发生的作用，但如果发生了事故，其至少可以减轻对当事人造成的伤害，是防控风险的最后一道屏障。

下表为消除、替代（或减少）、工程控制、管理控制、PPE 等安全防范措施的内容、特点等（表 2-3-2）。

表 2-3-2　风险防控措施特点汇总

序号	措施类别	控制力度	措施内容	事例	特点
1	消除	极强（完全、彻底）	通过对方案重新设计或撤销方案等方式，以消除其中高风险危害因素	如撤销极高风险的项目，停止高风险作业活动等	这些类型的措施及其组合，能够防控事故的发生
2	替代、减少	强	用低风险物品替代高风险物品；减少高风险物品使用量	电子鞭炮代替火药鞭炮、雾霾天减少户外活动等	
3	工程控制	较强	通过硬件设备、设施等，屏蔽能量或有害物质	机器转动部位加装防护罩、放射源铅封保存、装置的联锁控制等	
4	管理控制	较弱	通过规程、制度等，规范人的作业行为	包括操作规程、安全注意事项（措施）、岗位职责（任职条件）、检查表、应急处置方案等	
5	PPE	弱	通过当事人穿戴 PPE，达到减缓伤害目的	安全帽、安全鞋、护目镜等	PPE 不能够防控事故的发生，但当事人正确穿戴 PPE，可达到减缓伤害目的

当然，在风险防控措施方面，还有很多不同的观点与见解，如海因里希就曾经提出事故防控的“3E”理论，即 Engineering（工程技术手段）、Education（教育手段）、Enforcement（强制手段，即管理手段）三个方面的措施。事实上，“3E”理论中的工程技术手段、管理手段分别就是前文所述的工程控制与管理控制；至于教育可上升为安全文化培育的范畴，而培训则融入到了工程技术手段与管理手段之中，尤其是安全管理措施的宣贯中去，详见本节下面的内容“四、风险防控措施的宣贯、落实”。

三、风险防控措施类型的选择

通过风险防控措施层级分析可以看出，在制定风险防控措施时，有多种类型防控措施可供我们选用。但面对众多风险防控措施，我们如何才能实现“合理、实际且尽可能低”的目标？做到既不过控也不失控，达到有效进行风险防控的目的。一般而言，原则上对于后果严重的重特大事故风险的防控，应严格按照风险防控措施的强弱层级（先后次序），由高到低有序选择风险防控措施，尽可能就高不就低。必要时应根据具体情况，各层级措施相互配合，形成立体式防护网络，做到万无一失；对于一般性风险的防控，应在充分考虑风险防控层级的情况下，通过费用、效益综合评估，在满足风险控制要求的情况下，选取“性价比”高的防控措施，把风险控制在“合理、实际且尽可能低”的水平，从而达到风险控制的目的。

在遵照风险防控措施的强弱层级原则，制定风险防控措施时，应优先考虑第一层级的风险防控措施，即对危害因素能消除的应尽可能消除，这样才能够从根本上杜绝事故的发生，做到一劳永逸，是一种釜底抽薪的治本之策，尤其是针对能够消除的衍生类危害因素。例如，针对人的违章行为导致事故发生的案例，由于人的违章行为是完全可以消除的危害因素，因此，要防范因人的违章行为导致事故发生，消除引发事故的根源——人的不安全行为，不仅是可行的，而且是必要的，是治本的上策。因此，在针对人的违章这一危害因素制定措施时，最好的办法就是通过加强教育、培训，强化监督检查，奖遵章罚违纪，培育良好安全文化等一系列措施，提高人们的安全意识，使人们由“要我安全”向“我要安全”转化，从而减少并最终杜绝违章行为的发生，这才是防控由于人的不安全行为所引发事故的正确之道。

对于无法消除或消除代价过高的危害因素，应按照风险防控措施层级的先后次序，在考虑实施费用的情况下，能够采取“替代”或“减少”层级的措施，就应首先考虑采取“替代”或“减少”层级的措施进行风险控制。因为除了“消除”外，“替代”或“减少”层级的措施，风险控制力度最大。当然，如果无法采取“替代”或“减少”层级的措施，接下来再考虑采取“工程控制”层级措施，因为“工程控制”层级措施的风险防控力度仅次于“替代”或“减少”层级的措施；如果无法采取“工程控制”层级措施，再行考虑采取“管理控制”层级措施。目前在风险管理工作中，绝大多数风险防控措施都是管理层级的措施，凡需要进行风险防控，人们首先想到的是制定几条“注意事项”或“安全措施”，可以说，“管理控制”层级的措施是应用最广泛的。需要指出的是，必须慎重考虑采取“管理控制”层级措施，因为其不仅层级较低，防控力度不强，而且鉴于当前员工安全意识比较淡薄，人们不愿执行所制定的这些措施。因此，“管理控制”措施的风险防控效果并不尽如人意。

当然，对于发生概率较高且后果严重的重大及以上风险的防控，应在对实施费用与可能造成的损失进行综合评估的情况下，考虑多重措施相互叠加，以强化风险的防控作用。如对一种高风险的危害因素，在不能“消除”的情况下，应考虑“替代”或“减少”措施；如风险水平仍然过高，应考虑采取“工程控制”。与此同时，还应叠加相应“管理控制”措施，并使进入现场人员佩戴个人防护用品，形成多层级、立体化防控措施网络，最终把风险控制在“合理、实际且尽可能低”的水平。另外，由于 PPE 的使用，并不能够防控事故的发生，只是减缓事故发生对佩戴者的伤害而已，因此，一般不再把其当作一个独立的风险防控层级而单独使用，而是把它与其他防控措施一起叠加使用。因此，无论作业现场采取了何种风险防控措施，进入施工作业现场的人员都要佩戴相应的个人防护用品，以起到对佩戴者的保护作用。

风险防控措施的制定是风险管理最重要环节之一，前期的危害因素辨识与风险评估，最后都要通过该环节所制定的措施加以落实；措施的有效与否，直接关系到风险管理的效果。因此，要做好风险管理，一定要对风险防控措施的制定予以足够重视。采用科学方法制定出切实可行、行之有效的风险防控措施，才能达到风险管理的最终目的。

第三节　风险削减与控制之应用

本节基于风险削减与控制的基本原理，阐述风险削减与控制的具体应用。主要包括不同等级风险的防控以及风险削减与控制的问题及注意事项。

一、不同等级风险的防控

一般而言，事故发生的频次与其严重程度存在负相关关系，即小事故总比大事故多发。换而言之，事故后果越轻微，可能发生的次数就越多；事故后果越严重，可能发生的次数就越少（图 2-3-3）。基于事故发生的频次与其严重程度的负相关关系，在防范不同类型危害因素所引发不同后果的事故时，应针对其特点，区别对待。如引发重特大灾难性事故的危害因素，由于其数量不多但后果极其严重，因此，对此类危害因素的防控应该花大力气，做到严防死守；与之相反，由于引发小事故的危害因素数量众多且事故后果轻微，故若不分青红皂白也采取上述同样方式，不但没有必要而且也行之不通。因为此类危害因素数量众多，要严防死守不仅需要大量人财物力的投入而且还可能应接不暇、防不胜防。同时，由于其可能引发的事故后果相对轻微，也完全没有必要为此兴师动众，否则，即使能够防控，也可能因为过度的投入而得不偿失。

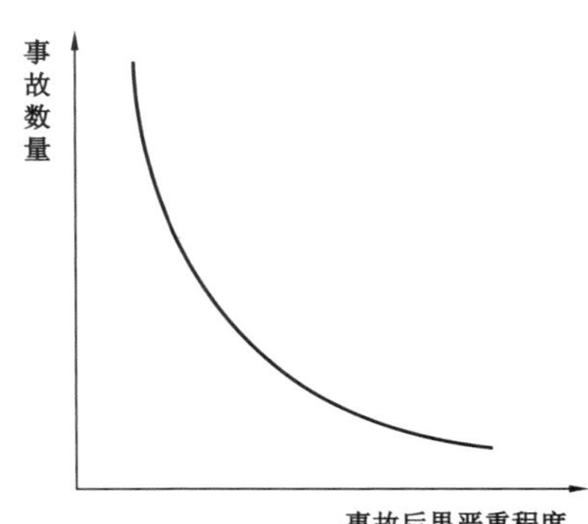

图 2-3-3　事故数量与其后果严重程度的关系

总之，具体问题具体分析，才能够采取有针对性的防控措施，达到有效防控事故发生的目的。

下面将根据事故后果严重程度，分别对可能引发的小事故或未遂事故、致命性（亡人）事故、灾难性（重特大）事故等几种典型事故类型的风险防控进行分析。

1. 小事故、未遂事故风险的防控

小事故与未遂事故既有相似之处也不完全相同。相似之处是二者所造成的后果都不严重，且引发小事故与未遂事故的危害因素都有可能导致更为严重的事故发生；不同的是小事故又能成为大事故，也可能永远都是小事故，而未遂事故一旦成为“已遂”事故，后果就会不可接受。另外，与小事故相比，未遂事故更不易引起大家的注意。

1）小事故的防控

这里所谓的小事故，是指事故后果比较轻微的事故。此类事故的特点是发生的数量多，但后果严重程度较低，对于此类事故的防范，要通过对引发此类事故原因的分析，查找引发此类事故的危害因素，进而分析评估引发此类事故的危害因素是否可能导致更为严重的事故的发生，以便采取相应的风险防控措施。

（1）单纯小事故的防控。

如果通过原因分析，引发小事故的危害因素只能够导致此类小事故的发生，如在办公室不小心倒茶水时被烫伤，此类原因只能造成后果轻微的小事故，即便其多次反复发生也是如此。

由于此类危害因素虽可能导致事故的发生，但该类事故造成的损失较为轻微；同时，其数量较为庞大。因此，对于此类危害因素固然不能不防，但也没有必要为此制定专项防控措施，如制定办公室倒茶水规程。更不能为防止此类事故的发生而对某一个（类）危害因素不加节制过分投入，如进行专项办公室倒茶水培训等。因为诸如此类小事件（故）数量很多，进行专项管理不仅难度大，而且既不现实也没必要。更何况，此类事故后果轻微，即使类似情况再次发生，也不会造成不可承受的后果，没有必要为此而耗费不必要的人财物力。因此，防控此类危害因素的要点是：首先，通过常识性安全教育培训，提高员工安全意识，规范员工操作行为；其次，通过全面强化安全生产监督管理，提升安全生产管理水平。这样，不仅能够有效防控此类事故的发生，也能够对所有事故起到防控的作用。

（2）可引发严重事故的小事故的防控。

如果通过原因分析，引发小事故的危害因素也可能导致更严重后果的事故的发生，如伐木工人躲避正在砍倒的大树时，被树干擦伤皮肤，该事故本身后果并不严重，属于小事故类型，但如果此类事故再次发生，下次就有可能被大树压倒而造成人身伤亡的严重事故。对诸如此类的危害因素的防控，不能只看此次事故所造成的后果，而应看到其可能导致的更严重后果。此类小事故又称未遂事故，因此，对此类小事故的防控可参见下面“未遂事故的防控”内容。

2）未遂事故的防控

未遂事故是指在事发瞬间，由于某种客观条件（或原因），没有造成严重后果的一种事故类型。之所以称之为“未遂”，是因为如果“已遂”，其后果将会是不可接受的。因此，必须严加控制以防其再次发生。

导致事故与未遂事故的原因、机理完全一样，只是在其发生的瞬间，由于某种客观条件不同，造成未遂事故与事故后果迥异。发生在现实工作或生活中的此类事例比比皆是，例如，以前高高的钻井平台四周，并没有像现在这样加装 20～30cm 的铁皮挡板。由于工作期间平台的连续震动，放置在其上的一些物品，如扳手、螺丝刀等一些工具乃至连接短接（头）物品从平台上震落下来。一般情况下，掉落在场地上的物品，不会造成人员伤亡或财产方面的损失。这种情况经常发生，在钻井队已司空见惯，从未引起大家的重视。东西从钻台上掉下去，钻工再把它弄上来了事。但在某个井队，在钻井施工期间就因此出现了这样的一起亡人事故：一名钻工在钻井平台下方行走时，突然一节百余公斤的连接短接（头）从平台上震落下来，正好砸在他的头部，虽然这名钻工戴着安全帽，但由于连接短接（头）重量太大，导致这名员工当场死亡。一起亡人事故就这样发生了。由于平台的震动，一些工器具从平台上跌落下来，如果没有人员伤亡，就是未遂事故；反之，砸到了人的身上，就会造成人员伤亡。由此可见，导致人员伤亡的事故与未遂事故的机理完全一样。如上所述，平台处于高位，其上物件都具有重力势能，有坠落趋势。同时，由于平台的不断震动，加之其上没有阻挡，物件就会被震动坠落。上述“未遂”与“已遂”两种事故的唯一区别就是，重物下落的瞬间其下方是否有人，从而导致其后果严重程度的迥然不同。也正是由于未遂事故未造成不良后果或后果轻微，没有给生产经营活动造成什么影响，因此，人们往往对未遂事故不太在意，或干脆熟视无睹、听之任之，不会因此而采取任何措施加以防范，直至惨不忍睹的血的事故发生为止。

上述真实案例中，在该事故发生后，事故单位按照事故处理的“四不放过”要求，查找出事故发生的原因，从而采取措施在平台边缘加装了 20～30cm 的铁皮挡板，以防止因平台震动造成器物自平台跌落的再次发生。试想，如果能够在当初发生钻台落物这种未遂事故时，就主动分析原因并采取诸如加装挡板之类的预防措施，又怎么会有一个活生生的生命就此消失?!

由于导致“已遂”事故与未遂事故发生的原因一模一样，二者之间的唯一区别就是其发生瞬间的某种偶然性，导致其后果严重程度的迥然不同。鉴于事故发生时的这种偶然性既无法预测也不能控制，即我们对事故后果的严重程度无法把握，未遂事故再次发生时就可能转化为“已遂”事故。为此，一定要高度重视并切实做好未遂事故的管理。首先，要把未遂事故信息作为宝贵的事故资源进行管理，发动岗位员工查找在本岗位已发生的所有未遂事故，对于未遂事故信息要注意收集、整理，不仅要就事论事、制订措施，防止类似事故再次发生，还要把未遂事故信息应用到危害因素辨识活动中去，提升危害因素辨识工作质量；其次，要重视对今后发生的每一起未遂事故的管理，把未遂事故当作事故进行管理，分析其发生的直接、间接原因，并根据未遂事故可能导致后果的严重程度，采取相应等级的风险防控措施，防控此类未遂事故的再次发生，从而有效防范由未遂事故原因所导致的“已遂”事故的发生。

2. 致命性事故风险的防控

致命性事故又称亡人事故，但此处的亡人事故仅限于造成事故当事人（3 人以下）死亡的亡人事故，既不包括群死群伤事故，也不包括对事故现场之外造成重大影响的事故。此类事故的特点是，无论是发生的频率还是其后果严重程度都相对居中，即发生频率低于小事故，高于重特大事故，后果严重程度则与之相反。一方面，虽然此类事故所导致的后果严重程度要比重特大事故轻微，但由于其发生的概率较高（就一个大型企业而言，亡人事故可能每年都会发生，甚至多次发生，而重特大事故则是几年、十几年乃至几十年一遇），且造成人员死亡，必须严加防范。另一方面，由于其数量较多，在投入上应有所限制，既不能像对待引发重特大事故的危害因素那样，采取极端措施，也不能像对待引发小事故的危害因素那样“轻描淡写”，应根据其特点，探讨适宜的防控方式。

1）对亡人事故致因的新认识

海因里希事故三角形理论认为，事故发生的频次与其严重程度存在负相关关系。即小事故总比大事故多发。换而言之，事故后果越轻微，可能发生的次数就越多；事故后果越严重，可能发生的次数就越少，按照发生次数多少形成了上小下大的事故三角形。该理论认为通过强化管理，使得小事故发生的数量降低，亡人事故的数量也就随之下降，在使事故三角形底部缩小的同时（图 2-3-4），其顶部也会随之减少，这就是著名的海因里希事故三角形理论。

事实果真如此吗？最近，由埃克森美孚公司、壳牌石油公司、必和必拓公司等 7 家高风险领域的跨国公司联合开展的一项研究，对此提出了质疑，其研究成果“关于重伤亡人事故

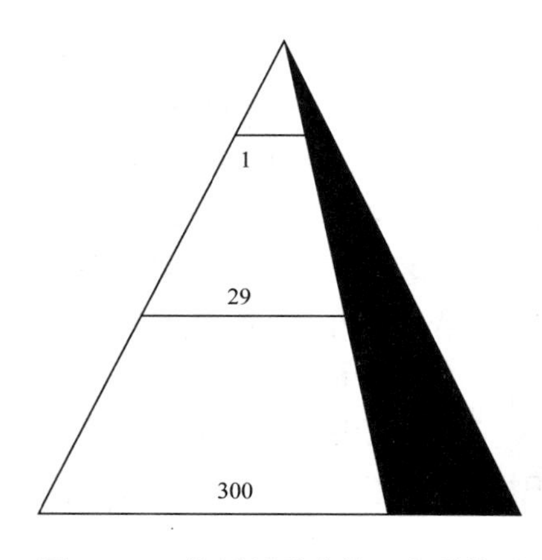

图 2-3-4　海因里希事故三角形模型
（注：图中数字表示事故起数）

预防的新见解”认为，海因里希事故三角形理论虽在概念层面是正确的，即海因里希事故三角形是客观存在的。但海因里希事故三角形理论在预测层面却存在问题，通过对大量事故的调查研究发现，轻微事故与亡人事故间关联并不像我们以前所认为的那样，具有密切的相互关系，如通过降低小事故、轻微事故发生的数量，亡人等重特大事故发生的数量也就自然会随之降低。事实上，减少小事故、轻微事故的数量，并不一定能保证亡人事故发生数量的降低，也即小事故、轻微事故与致命（亡人）等重大事故间并没有必然联系。

通过进一步分析研究发现，降低小事故、轻微事故的数量，并不一定能够保证致命（亡人）事故发生数量降低的原因，是导致小事故、轻微事故发生的危害因素与导致亡人事故发生的危害因素并不相同。换而言之，有些促使小事故、轻微事故发生的危害因素不可能导致致命（亡人）事故的发生，或者说其导致致命（亡人）事故的概率极低；反之亦然，即使把引发这样小事故的危害因素控制住了，致命（亡人）等重特大事故仍然可能发生，因为二者致因物并不相同。

丹麦安全管理专家埃里克·郝纳根（Erik Hollnagel）所著的《SAFETY-Ⅰ AND SAFETY-Ⅱ》中，在分析有关海因里希事故三角形理论在预测层面存在的问题时，就举了这样的事例：在2012年的丹麦，有1～2只狼、5头野牛和约100000匹马，其比例为1∶5∶100000，这种比例有意义吗？野牛数量的减少能够代表狼的数量减少吗？显然不能！因为在荒原足够大的前提下，它们是风马牛不相及，这里狼、野牛与马匹之间没有任何制约关系。

图2-3-5为美国劳动统计局公布的2007年美国各类事故/事件统计数据，从右至左按不同原因导致事故/事件的起数下降顺序排序，但与此相对的是，致命事故发生率却是逐渐上升。这是因为像最右边的几类事故，如“搬提重物用力过度”“滑倒但未坠落”，以及“碰伤”等，绝大多数是轻微伤，很少能够导致致命伤害。反之，图中最左边的“火灾爆炸”“交通事故”，以及“暴力攻击”等事故一旦发生，大多都是致命伤害。因此，如果在日常安全管理工作中，我们只是关注“搬提重物用力过度”“滑倒但未坠落”，以及“碰伤”等事故，小事故发生的数量会大幅度降低，但致命事故仍可能发生。因为像“火灾爆炸”“交通事故”，以及“暴力攻击”等可能导致致命的原因并没有得以有效防控。因此，在美国的一些企业，企业高层主要关注图中最左边的“火灾爆炸”“交通事故”，以及“暴力攻击”等致命事故的发生，基层组织才关注“搬提重物用力过度”“滑倒但未坠落”，以及“碰伤”之类的事故。总之，由于导致致命（亡人）事故发生的危害因素与造成一般伤害的危害因素类型并不相同，因此，不能通过防止小事故、轻微事故发生，有效遏制致命事故发生。

当然，从防范身边小事故做起，通过培育良好安全文化，全面提升人们的安全意识，强化安全生产管理，如通过倡导上下楼梯扶扶手等，培养良好安全习惯的方式，从而做到时时、处处、事事都安全，这是我们追求的目标，因为它对于任何事故的防控皆有裨益。但同时还要看到，由于习惯的养成需要相当长时间，就短期而言，并不能有针对性地达到迅速有效遏制致命性事故发生目的。因此，要迅速有效遏制致命事故的发生，一方面，要从长远着手，通过培育良好安全文化，养成良好安全习惯，并最终达到降低各类事故发生的目的；另一方面，为有效遏制致命事故的发生，还要找到真正导致致命事故发生的危害因素，进而采取针对性的防控措施。

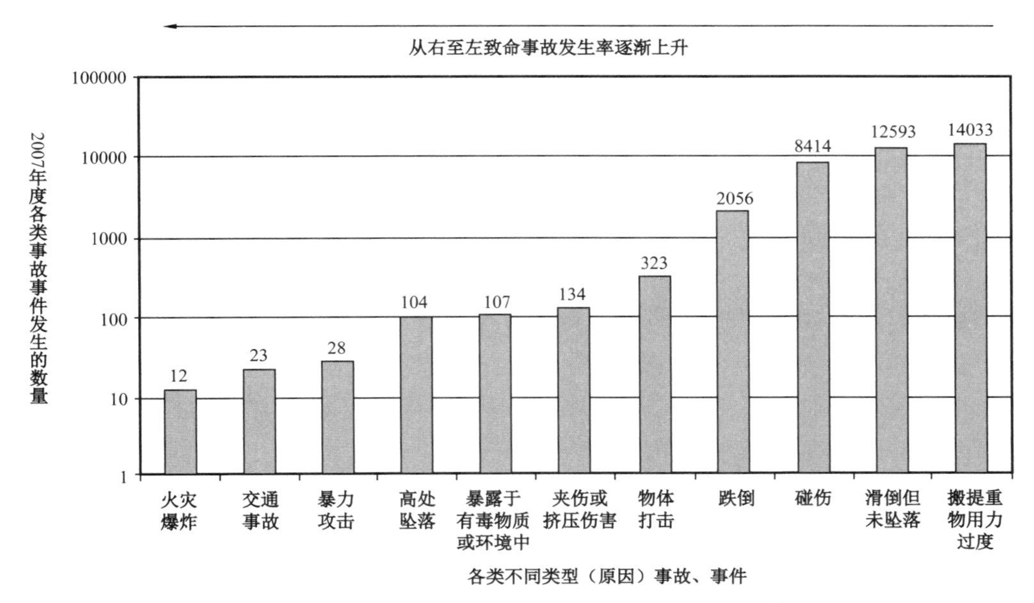

图 2-3-5　2007 年度美国各类事故事件发生数量统计图

2）亡人事故风险的防控

正如上述研究所指出的那样，导致小事故、轻微事故发生的危害因素与导致亡人事故发生的危害因素并不相同，换而言之，促使小事故、轻微事故发生的危害因素导致亡人事故发生概率很低，反之亦然。因此，要有效防控亡人事故的发生，必须找出可能导致亡人事故发生的危害因素。

首先，开展系统、全面的危害因素辨识。根据本组织业务特点及辨识人员情况，按照本篇第一章所述，选择适宜的危害因素辨识方法，并采取相应的策略、技巧，对本组织生产经营活动开展系统、全面的危害因素辨识，形成危害因素辨识清单。

其次，在危害因素辨识的基础上，再通过风险评估，筛选出可能导致亡人事故的高风险危害因素。应根据具体情况，选用适宜的风险评估工具，并结合本企业的业务特点，参照本企业、本行业已发生亡人的事故案例等，对所辨识出的危害因素进行风险评估，通过风险评估，把本组织可能导致亡人事故危害因素的业务活动、设备装置等都筛查出来，以便有针对性地进行防控。

最后，采取行之有效的得力措施，强化对此类高风险作业活动的监督管理。强化安全生产管理工作的方式、方法虽然很多，但究其本质，要么增加防范屏障数量，要么提升防范屏障的质量，要么二者兼而施之。就引发亡人事故危害因素的防控而言，通过提升防范屏障的质量更为适宜，虽然引发亡人事故危害因素的后果严重程度较高，但同时由于其数量也较多，不能靠过多增加投入（增加防范屏障数量）进行控制。因此，应通过提升防范屏障的质量，达到有效提升防控此类风险的目的。

就提升防范屏障的质量而言，作业许可管理（图 2–3–6）就是有效提升防范屏障质量的得力措施之一。通过作业许可管理，可以有效强化对高风险危害因素的管控。通过作业许可管理进行风险管控，首先是提高高危作业的门槛，增加对高危作业风险管理审查，设置把关的门槛，将不能够满足风险防控客观要求的，如人员能力、资质问题、安全防控设施等达不到要求者，一律拒之门外，不许其进行作业，从而有效防控因"低、老、坏"等客观条件不具备等原因导致的亡人事故的发生。其次是严格控制高危作业的数量，通过作业许可管理，严格限制高危作业的数量，能不采用高危作业手段的，尽可能不要进行该项作业。如某炼化企业通过作业许可管理严格控制高风险作业数量，在正常运行的炼化车间，能够通过其他手段完成的，决不进行动火作业，否则，将采取升级管理措施，严防死守。再次是强化高危作业的风险管理，通过作业许可管理，不仅能够使高危作业活动中的危害因素得以全面辨识，而且防控措施必须具有可操作性，否则就通不过票证审查关。同时，还要强化对作业现场防控措施的验证，以及对作业过程中防控措施执行情况的监督管理，强化风险防控措施的落实，真正发挥作业许可在风险防控中的优势。

图 2–3–6　作业许可管理

作业许可管理是安全生产管理过程中经验与教训的产物，对一些高风险作业实施的作业许可管理能够有效降低事故的发生。因此，要有效防控亡人事故的发生，除对一些常见的高风险作业活动，如动土、动火、受限空间、高处作业等，进行严格的作业许可管理外，还要结合专业特点，通过开展风险管理活动，对可能造成亡人事故的活动或装置、设施等进行评估，筛查出高风险作业活动或装置、设施等，把它们纳入作业许可管理。如炼化行业带压作业、高温作业等，钻探企业的钻开油气层、下套管、固井等，都属于具有专业特点的高风险作业活动，应通过开展风险管理活动，把诸如此类的活动、设施等都筛查出来，纳入作业许可管理，从而达到有效防控亡人事故发生的目的。

总之，通过把可能发生亡人事故的高风险作业活动纳入作业许可管理，提高对此类作业的监管力度，是降低此类作业的风险，有效防范亡人事故发生的得力措施之一。

另外，针对高风险类行为出台"零容忍"的监管措施，如划"红线"、设"雷区"、出台禁令或保命条款等也是一种行之有效的风险防控方式。通过危害因素辨识和风险评估，把那些可能导致亡人事故的各种不安全行为，列为“禁令”，划为“红线”、设为“雷区”，任何人不得触碰，否则，将要受到严厉的惩罚。如壳牌公司的12项保命规则（图2-3-7）、杜邦公司十大保命条款等，对有效防止亡人事故的发生都起到了很好的防范作用。因为这些禁令所禁止的正是最可能引发亡人事故的主要原因。出台这些禁令，就是约束人们决不能做出此类危险举动，从而有效避免亡人事故的发生。据壳牌公司统计，在2010—2011年，12项保命规则就成功挽救了13～29个人的性命。

图2-3-7 壳牌公司12项保命规则

需要强调的是，要使风险管理工具、方法有效发挥作用，必须加强监督管理力度，提高措施的执行力，才能使工具方法发挥其应有作用，真正成为强化风险防控的得力工具。这里仍以作业许可管理为例进行分析。作业许可是一种公推的强化风险管理工具，它不仅是一种风险管理工具、方法，更是一种强化风险管理的管理形式。实施作业许可管理，要求活动开始前要通过危害因素辨识，查找出作业活动可能具有的危害因素；然后，通过风险评估，筛选出需要进行防控的高风险危害因素；最后，制定措施对这些危害因素进行防控。这就是典型的风险管理“三步曲”。为做好前期的许可票办理，可在办理许可票时，采用JSA方法，对作业活动开展危害因素辨识、风险评估及措施的制定等。

作业许可的管理过程实质上就是一个风险管理过程，首先票证的编制与审查、书面的许可票编制的质量高低，是能否做好作业许可管理的前提条件。因此，在进行票证签发时，应对票证内容的科学性进行严格审查，如果粗制滥造不符合要求必须推倒重来。一定要确保危害因素辨识的全面性、措施制定的可操作性等。在作业许可书面材料通过审批后，作业许可审批人员一定要到作业活动现场进行实地核查，核实作业活动现场是否满足风险防控的要求。如果现场人员、设备等与作业许可书面材料吻合，其他方面也都没有问题，方可签批许可作业。否则，就不准许活动的开展，直至各项准备工作全部达到要求。其次，要对作业许可的实施进行全过程监督，发现问题立即解决，需要整改的必须立即进行整改，直到满足安全作业条件为止。惟其如此，才能真正满足高风险作业活动风险控制的要求。一个严格按照作业许可管理的作业活动，就一定能够达到有效防控作业风险的目的。

但值得注意的是，目前，一些作业许可管理已流于形式，蜻蜓点水，重形式轻实质内容，把作业许可票作为许可作业的通行证。办票不是为了防控风险，而是为了通过审批，以便能够进行作业。不仅作业许可票办理不规范，而且实际作业活动也不按照作业许可票的要求去落实措施。这样的作业许可自然就达不到防控作业风险的应有目的。出现这些问题，不是作业许可管理工具自身问题，而是实施过程中管理不到位出现的问题。因此，要通过作业许可防范高风险可能导致的亡人事故发生，就一定要规范和强化对作业许可的管理。规范作业许可管理，不仅要步骤齐全，不能省略、跨越，而且要使每个步骤都科学规范，起到应有作用，而不是蜻蜓点水的形式主义。通过奖优罚劣，强化作业许可管理，重奖严罚之下，使心存侥幸者不想、不敢，最终使作业许可发挥有效作用。

另外，安全生产禁令、“零容忍”底线、保命条款等规章的出台也是如此。要使保命条款起到真正的保命作用，必须严格执“法”，真正做到“零容忍”。壳牌公司的保命条款之所以能够有效发挥作用，就是因为其真正做到了“零容忍”。壳牌公司对保命条款应用的指导原则就是：如果你选择违反这项规则，你就选择了离开壳牌！在国有企业，要对员工除名有一定难度，但只要真正认识到保命条款在防范亡人事故中的重要作用，还是有很多措施足以使触犯者受到惩戒的。总之，要发挥好作业许可、保命条款防等防范亡人事故措施的作用，就必须做到令行禁止、“零容忍”，否则，再好的东西也会成为摆设，失去其应有的意义。

3. 灾难性事故风险的防控

1984 年 12 月 3 日发生在印度博帕尔市的一农药厂发生氰化物泄漏事故，造成了 2.5 万人直接致死，55 万人间接致死，另外有 20 多万人永久残废的人间惨剧。1986 年 4 月 26 日发生在苏联的切尔诺贝利核电站事故，造成 6 万～8 万人死亡，13.4 万人遭受各种程度的辐射疾病折磨，方圆 30km 的 11.5 万多民众被迫疏散。2015 年 8 月 12 日发生在天津港的瑞海公司危化品火灾爆炸事故，直接导致 170 余人死亡、近千人受伤，经济损失更是高达数百亿元。所有这些重特大灾难性事故，件件触目惊心（图 2-3-8）。必须采取超常规的防控措施、手段，杜绝此类事故的再次发生。

1）特别注意重特大事故风险防控中的误区

如前所述，根据海因里希事故三角形理论，事故发生的频次与其严重程度存在负相关关系。因此，位于事故三角形顶端的重特大事故数量上并不多，除了引发重特大事故的危害因素不多外，还有就是因为一些危害因素所可能引发的事故后果十分严重，或因以前曾经发生过此类事故，为此已付出了惨重的代价而刻骨铭心。因此，为防控此类危害因素引发重特大事故，下了大本钱、花了大力气，不仅构筑层层严密的防护屏障，而且也提升了每道屏障的防控质量。也正因如此，才把此类危害因素引发事故的可能性降到了很低的程度。在这种情况下，在对此类危害因素进行风险评估时，往往会根据统计数据等相关信息，求得其引发事

图 2-3-8 某灾难性事故发生时的场景

故的可能性很低，进而通过风险评估（风险 = 可能性 × 严重性）得出此类危害因素风险程度不高的结论，并因此可能放松对此类危害因素的监管。但此类危害因素引发事故可能性低的原因，正是建立在严防死守基础之上的，因此，一旦放松监管，其发生的可能性就会骤然上升，从而造成此类灾难性重特大事故的发生。这就是前面所提到的“朗福德陷阱（Longford Trap）”。

基于上述原因，在对可能导致后果严重的重特大事故的危害因素进行风险评估时，一定要弄清楚此类危害因素引发事故频次低的根本原因是什么，是其自身不太可能导致此类事故，还是承受不起此类事故的严重后果而严防死守的结果？如果通过调查分析，确属于客观上不易发生的小概率事件，那么，就可以应用风险评估工具，对其风险严重程度做出客观评估。反之，如果其发生频率低的原因是因为其后果极其严重，而严防死守换来的低概率事件，那么，就应在原来已有的防控基础上，查缺补漏，采取有针对性的防控措施，使其事故发生率进一步降低。同时，还应按照灾难性重特大事故的防控要求，制定相应的应急预案等，降低可能的事故后果，达到有效防控重特大风险的目的。壳牌公司在其 HSE Case 中明确要求，对“小概率、高后果”风险与“高概率、高后果”风险实施同样严格的控制，都要把它们降低到“合理实际且尽可能低（ALARP）”的水平。

2）重特大事故风险的防控措施

正如前面所述，源头类危害因素是事故发生的源头类因素，其能量的大小决定着事故后果的严重程度。能量越大、有害物质有害程度越高，事故后果就越严重。如印度农药厂泄漏的是大量氰化物，切尔诺贝利核电站是超高能量的“核聚变”泄漏，天津港“8·12”特别重大火灾爆炸事故是大量高能量易爆危化品物资的剧烈爆炸。所有重特大事故的后果之所以如此严重，要么危害因素的能量非常之高，要么危害因素的毒性非常之大。所以，它们一旦失控就会造成不可估量的惨重损失。

那么，可能导致重特大事故的高风险危害因素在哪里？这些高风险危害因素应该如何防范？通过对这些重特大事故分析可以发现，所有这些重特大事故几乎都发生在我们俗称的高危行业。所谓高危行业就是高风险危害因素的聚集地，如核电站、化工厂、石油石化基地等。核电站在一系列屏障的屏蔽作用下，通过核裂变平稳释放的能量发电。由于核聚(裂)变产生的能量极高，如果控制屏障出现故障，就可能造成能量失控而意外释放，后果将是一场灾难，如苏联切尔诺贝利核电站事故、日本福岛核电站事故等。化工厂中的有毒有害物质或易燃易爆物质的聚集区，大量有毒有害物质在装置内密闭，并根据生产流程转化为产品，但一旦大量有毒有害物质失控释放，由于其释放迅速、波及区域宽广，将会造成大量人员的伤亡，如发生在印度的帕博尔农药厂事故。而大量易燃易爆物质的失控将会导致超乎寻常的火灾、爆炸事故发生，不仅自身损失惨重，而且还波及周边环境。

如前所述，高危行业、领域重特大事故多发的客观原因，就是在其行业、领域内，这种高风险危害因素大量、普遍存在，其中任何地方都可能发生高风险危害因素的失控，而高风险危害因素一旦失控，都将导致灾难性事故的发生。因此，要有效遏制灾难性重特大事故的发生，必须有的放矢地强化对高危行业、领域的安全监督、管理，加密、筑牢高风险危害因素的防范屏障，使之始终处于受控状态。同时，由于此类事故的后果极其严重，为以防万一，还必须做好此类事故的应急管理，以便在失控情况下，能够通过行之有效的应急处置，最大限度地减轻事故后果，减少人员伤亡、环境污染或财产损失。

鉴于高风险危害因素可能引发事故后果的严重性，在抓好本质安全的同时，做好应急管理，固然十分重要，而加强源头控制，严格门槛准入，严格控制此类高风险场所的建造数量同样十分必要。另外，从经济损失角度，通过购买保险等手段，使难以承受的高风险得以转移(分担)，以尽可能减少一旦出险可能遭受的重大经济损失，其也应纳入前期的策划工作。总之，要从多方面构筑重特大风险的立体防护网，以达到最大限度降低风险之目的。

下面对可能导致重特大灾难性事故的高风险危害因素的防控做进一步深入分析。

(1)政府应提升高风险行业的准入门槛。一般而言，高风险都会伴随有较高的利润。也正因如此，欲进入者众多，但如果门槛过低，将会鱼龙混杂，一些投机分子就会进入该行业。由于其本性使然，他们会心存侥幸，抱有赌徒心理，毋庸说家底单薄，即使有一定的经济实力，也未必舍得在安全管理上投入，最终的结果必将是重特大事故的高发。而此类事故是灾难性的，一旦发生后果极其惨痛，天津港“8·12”重特大火灾爆炸事故、前些年山西私营小煤矿事故频发等就是典型案例。因此，要对此类高危行业设置一定的准入门槛，不仅要看其自身经济实力，更重要的是要考察其主要经营者的资历，有无该行业的从业经历、过往安全业绩、安全意识等。历史的经验和教训一再表明，唯有企业的“一把手”具有先进的安全理念、较高的安全意识，发自内心重视安全生产管理，才能在安全生产上真心实意、真抓实干，进而带动广大员工积极主动投身于安全生产管理工作，才能真正做到事前预防、关口前移，才能够有效防止灾难性重特大事故的发生。另外，还要严格考核，随时把不合格者清理出去。前些年山西省煤炭行业事故频发，后来强行让个体经营者退出后，重特大事故就得到了有效的遏制。

(2)重视高风险场所的规划、设计与建造。从规划设计开始，应通过科学选址、精心设计等一系列举措提高规划设计水平。同时，强化对项目建设的质量管理，确保项目的施工质量,提升本质安全水平。如在项目选址时,具有污染影响的化工企业就不能选在江河湖海水源地或生态敏感区域建厂;可能发生重大火灾、爆炸、辐射等严重事故,危及相邻社区的场站、基地、仓库等一定要远离人口密集区。天津港瑞海危化品仓库选址建在距居民区不足600米的地方就犯了"兵家大忌"。一个项目要做到本质安全,精心、科学的前期设计工作要比日后隐患的整改高明得多。按照安全效率金字塔理论,规划设计、建设制造与生产运行对安全生产的贡献比率为 1 ∶ 10 ∶ 1000(图 2-3-9),即规划设计时的 1 分安全性 =10 倍建设制造时的安全性 =1000 倍生产运行时的安全性,也即规划设计时,在安全上的一份付出就相当于建设制造时的十份付出,相当于生产运行时的千份付出,可见规划设计阶段对确保日后安全生产的极端重要性。因此,一定要在项目设计之初,采取先进设计理念、技术,通过HAZOP分析等方式、方法,尽可能把行之有效的硬件防范屏障都设计进去,提升生产工艺流程、设备设施等的本质安全水平。同时,项目建设质量对确保日后的安全生产也十分重要。要严格建设项目的质量管理,杜绝偷工减料,严禁压缩工期等影响项目建设质量的情况出现,确保项目设计合理、建造优良。总之,要从设计、建造环节入手,提升硬件设施的本质安全水平。

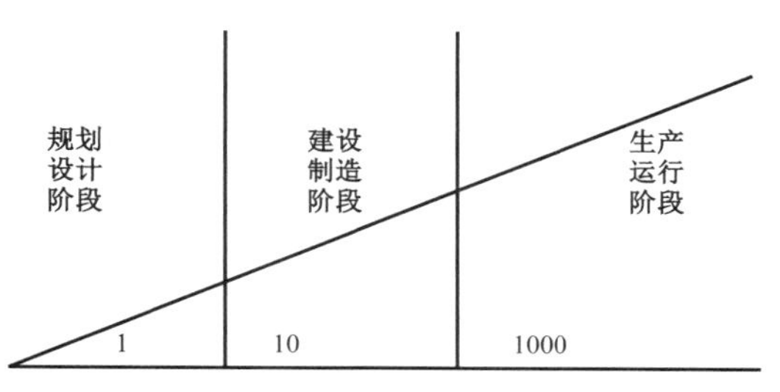

图 2-3-9　规划设计、建设制造与生产运行各阶段对安全生产的重要性

(3)采用先进科学管理模式进行管理。通过建立管理体系等先进科学管理模式,强化运维环节预防性安全管理,最大限度地降低重特大事故发生的可能性。通过屏障模型可知,要避免所有屏障同时都被击穿而导致事故的发生,可以通过提升屏障的质量或增加屏障的数量的方式。当然,为了提升安全系数,确保万无一失,可在提升屏障质量的同时,增加屏障的数量,双管齐下能够最大限度地降低高风险危害因素失控而导致事故发生的概率。这就是对重大危险源或对重大事故的防控要设置多重屏障的原因,核工业与壳牌公司都要求,对重大分析的防控至少要设置三道以上的屏障。事实上,相对于低风险危害因素,由于引发灾难性重特大事故的高风险危害因素数量并不多,客观上也允许在提高屏障质量的同时,适当增加防护屏障数量。

首先,要提升屏障自身质量。通过提升屏障自身质量,就能够降低每一道屏障被击穿的可能性。在实际工作中,制定风险防控措施时,应立足现实,提高风险防控措施的可操作性。同时,还要通过培训教育、监督检查等有效手段,强化风险防控措施的执行力,使所制定的每一条措施都能得到执行、落到实处,这是其一。其二,要提高风险防范措施的科学性、合理性,使之发挥应有的风险防范作用。为此,选取科学、适宜的风险防控方法显得尤为重要。大量实践也已证明,蝴蝶结模型(本篇第四章将专题介绍)风险防控方法对于高风险危害因素,尤其是后果严重的危害因素的防控,成效显著。壳牌公司明确规定对于高风险危害因素必须采用蝴蝶结模型进行防控,几十年来壳牌公司采用蝴蝶结模型进行风险防控取得了良好的安全业绩。

其次，要增加屏障数量。在提升屏障质量的情况下，适当增加屏障的数量，即在屏障质量一定的情况下，屏障的层数越多，防止所有屏障都被击穿的可能性就越小（图 2-3-10），就能够有效防止事故的发生。事实上，对很多高风险危害因素的防范，要求施加多种防范措施，如核电行业，要求对高风险危害因素的防范，至少要施加 3 道以上防护屏障。在采取多重防护屏障进行风险防范时，一定要注意屏障之间的相互独立性，即每道屏障之间，必须相互独立，不得相互关联、相互影响，否则，不仅起不到应有的作用，反而会适得其反，削弱防控效果。“三个和尚没水吃”的典故就说明了这样的道理。在该典故中，设置“三个和尚”作为供水的三个渠道，就事故防控而言，相当于设置了三道屏障。但由于其相互间易产生依赖性，最终结果还不如“一个和尚”的单独作用。因此，要确保每层屏障都能发挥应有作用，每道屏障必须是相互独立的。例如，大型客机设置两个发动机，一个重要原因就是为了增强飞机的可靠性。同时，还要求负责两个发动机维护的机组人员应分别来自不同的团队，目的就是确保两个发动机维护的相对独立性，以免两个发动机同时出现同样的问题而危及飞行的安全。为确保所设置的屏障之间的相互独立性，在采取多重防护屏障进行风险防范时，可以分别设置不同性质的屏障，如对高风险化工装置防护屏障的设置，一般包括本质安全设计、基本过程控制系统（BPCS）、关键报警与人员干预、安全仪表系统（SIS）、物理保护（如安全阀、爆破片等）、释放后保护、工厂与社区应急响应等各种不同性质的防范屏障（图 2-3-11），其中每一道屏障都相互独立，为此，要求分别采取不同的屏障类型，如“安全仪表系统（SIS）”是采用电子电路技术，而“物理保护”则是完全不同于电子电路的机械式物理形式，如安全阀、爆破片等，因此，如果安全仪表系统（SIS）因停电失去作用，但“物理保护”则仍然在发挥作用。总之，鉴于各层屏障的性质完全不同，确保了彼此间的相当独立性，即使某（几）道屏障出现了问题，并不会影响到其他剩余屏障作用的发挥，从而能够有效降低屏障全部击穿而失控的概率，起到了多重屏障降低事故发生的应有作用。

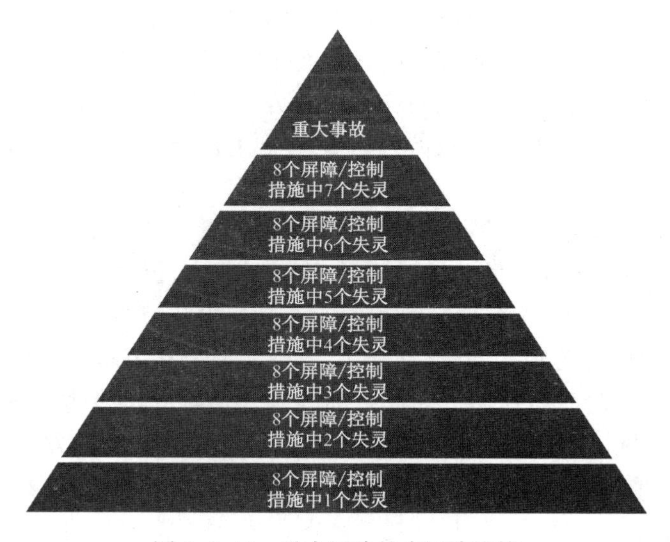

图 2-3-10　重大风险的多屏障防控

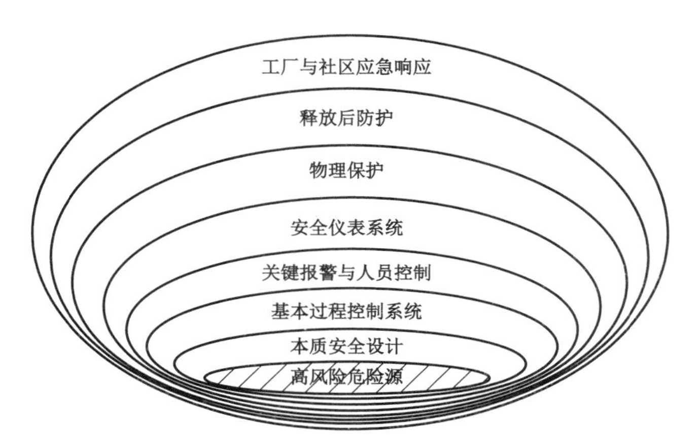

图 2-3-11　多重防护屏障示意图

（4）做好应急管理。通过应急性安全管理，最大限度地降低重特大事故后果的严重性。在上面“多重防护屏障示意图”中，最后一层屏障即应急响应，对于高风险危害因素首先要做到严防死守，确保万无一失，但与此同时还必须做好突发事件的应急工作，以最大限度地降低事故后果。前面所提到的“蝴蝶结”模型，作为高风险危害因素的防控手段，不仅因为其科学性、实用性，而且还在于它具有防控、应急的双重功能，既可以用作事前的防范，也可以用作紧急状态下的事故应急。“蝴蝶结”模型的左半部分的工作就是进行事前防范，在辨识并评估出需要防范的风险的情况下，通过制定并采取有效措施防范事故的发生，做到关口前移、防患于未然。而“蝴蝶结”模型的右半部分则是对紧急状态的岗位应急处置。这里需要特别指出的是，应急管理绝非只是在事故发生或事态失控之后，通过请求外部救援力量，降低事故后果，减少事故损失，应急管理的重点应放在岗位，即首先应通过岗位应急处置，尽可能把突发事件消灭在萌芽状态，做到小事化了。通过提升岗位员工的应急处置技能，在突发事件出现之初，岗位员工发挥自身应急处置技能，在第一时间把突发事件消灭在萌芽状态，这才是应急管理的上策。这也就是“蝴蝶结”模型右半部分对事件的岗位应急处置的内容。

当然，如果岗位应急处置失当，事故面临失控或业已失控，则应立即启动应急预案。一方面，借助外部专业救援力量，多方协作，尽可能使事故得以有效控制；另一方面，疏散、撤离事发区域无关人员，以防伤及无辜，以最大限度降低事故损失。由于高风险危害因素引发的事故后果非常严重，因此，在做好防范工作的同时，必须重视事故的应急管理，避免事故失控造成后果恶化。而要做好应急管理，不仅要求应急措施简单易行，应急预案具有可操作性，而且还必须按照计划安排进行应急演练。只有这样，才能够真正在突发事件到来之际，临危不乱，能够按照预案要求，迅速行动、果断处置，使事故状态得以迅速控制，并最终达到有效降低事故损失的目的。

（5）培育良好的安全文化。良好的安全文化是从根本上实现安全生产、做到长治久安的治本之策。首先，为强化安全生产管理，须建立并运行 HSE 管理体系；而要发挥管理体系的应有作用，做好风险防控工作，必须建立起与之相适应的良好安全文化氛围环境，从而使

HSE 管理体系有效运行。有关此类内容已在上篇“事故防控宏观模型”中论述。其次，鉴于高风险事故后果的严重性，必须防微杜渐，消除安全生产上的侥幸心理，这也正是安全文化应发挥的作用。通过安全生产文化建立、培育，能够在整个企业（组织）形成这样一种文化氛围：从高层领导到一线员工，大家都能够关注安全工作，都能够以安全生产为己任，使对安全生产的财物的投入、人员的参与，不再是不可持续的一个活动，而应成为一种气候、一种习惯、一种氛围、一种环境，使身处其中的任何人都能够潜移默化地被影响，人人都能够克服安全生产方面的侥幸心理，使遵章守纪、安全生产等优良作法成为一种习惯、一种常态。在这种氛围之下，广大员工能够自觉主动地投身到安全工作中去，违章乱纪可耻，遵章守纪光荣，“我要安全”的行为、事例将会蔚然成风，遵章守纪等良好的安全行为就会成为企业员工一种习惯，即使安全成为一种习惯，使习惯更为安全。通过言传身教、耳濡目染的文化熏陶，广大员工在思想意识上，也将会实现由“要我安全”向“我要安全”的转变。这样一来，实现安全生产的客观条件就自然成了常态化，安全生产也就因此具有了可持续性，就能够从根本上实现安全生产的长治久安。

另外，由于很多重特大事故都发生在具有高风险危害因素的复杂工艺过程中，经验和教训都已表明，要做好对复杂化工工艺过程的安全生产管理，必须做好对包括工艺安全信息、工艺危害分析、操作规程、承包商管理、试生产前安全审查、机械完整性、变更管理、应急管理、事故 / 事件管理等在内的多个重要环节的安全管理，由此形成了一种新的安全生产管理模式——工艺安全管理。实际上，通过下面的介绍可以发现，工艺安全管理其实就是像 HSE 管理体系那样的一种科学合理的管理模式。

3）工艺（过程）风险防控——工艺安全管理

灾难性重特大事故大多发生在具有复杂工艺的化工领域。20 世纪 70 年代以来，全球化工行业发生了一系列重特大安全生产事故，引起了业界广泛关注。1974 年与 1976 年，意大利小城塞维索（SEVESO）的化工厂相继发生两起毒气泄漏事故，后果严重，代价惨痛。1976 年，为防止类似事故再次发生，欧洲共同市场开始着手相关立法工作，于 1982 年出台了防控重特大事故灾害的《SEVESO 指令》（SEVESO Ⅰ），并分别在 1996 年、2012 年陆续发布了 SEVESO Ⅱ、SEVESO Ⅲ指令。另外，1984 年发生在墨西哥城的液化石油气泄漏事故，造成 300 多人丧生，1985 年发生在印度帕博尔美国农药厂事故，更是举世震惊。为遏制类似事故的发生，美国职业健康安全局（OSHA）于 1992 年颁布了高危化学品工艺安全管理法规（Process Safety Management of Highly Hazardous Chemical，简称 PSM）（29CFR 1910.119）。无论是欧洲共同市场的 SEVESO 指令，还是美国的工艺安全管理（PSM）法规，都从法律的高度，要求从事高危化学品生产经营活动的相关方，要从原材料采购、生产工艺流程、运输、储存、使用、废弃等全过程，强化安全管理，尤其是美国工艺安全管理（PSM）法规，更是把对化工工艺过程的管控视为风险管理的重中之重。

为了规范高风险化工工艺过程因素的管理，防止重特大事故的发生，根据国际上一些典型做法，国家安全生产监督管理总局在 2010 年发布了《化工企业工艺安全管理实施导则》（AQ/T 3034—2010）。工艺安全管理（Process Safety Management，简称 PSM）是通过对化工工艺危害因素的识别、分析、评价和处理，强化对化工工艺安全的管理，从而避免与化工工艺相关的伤害和事故发生的一种管理模式。工艺安全管理不是一个由管理层下至基层的单向管理程序，而是涉及全员的一种管理体系，它是由包含人员、技术与设备等一级要素构成的一个有机整体，即管理体系（图 2-3-12），目的是通过安全领导力（Safety Leadership）推动并建立组织安全管理流程，要求全员参与，强化重点环节管理，并最终达到防控事故发生的目的。

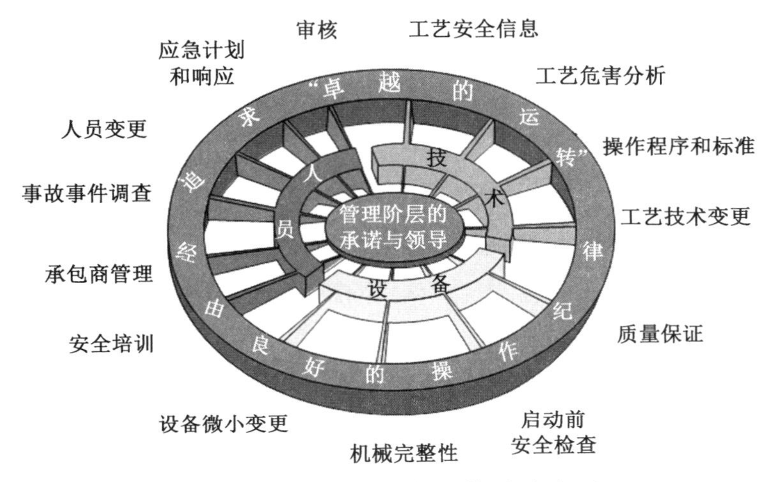

图 2-3-12　工艺安全管理（体系）框架图

另外，从图 2-3-13 还可以看出，较之一般安全生产管理，工艺安全管理除“人员”“设备”之外，还突出了“工艺技术”在工艺安全管理方面的重要性。

由表 2-3-3 可以看出，四个不同出处的工艺安全管理体系，前 11 个要素几乎完全相同，它们分别为工艺安全信息、工艺危害分析、操作规程、承包商管理、试生产前安全审查（开工前安全检查、开车前安全评审、启动前安全评审）、机械完整性、应急管理、事故 / 事件管理、变更管理、审核。这 11 个要素，有 3 个体系称作“培训”，1 个体系称作“能力”，“培训”与“能力”内涵相近，只是“培训”强调过程，“能力”强调结果而已。另外，有 2 个体系把“作业许可”选作其中的要素，而要素“员工参与”“安全工作实践”“质量保证”“商业机密”等各有 1 个体系选入。

纵观这些要素的组成，其中，承包商管理、应急管理、事故 / 事件管理、变更管理、培训（能力）、作业许可、审核等就是 HSE 管理体系的要素，而正如前所述，工艺安全管理突出了“工艺技术”的重要性，如增加了工艺危害分析、工艺安全信息、工艺技术变更等。事实上，工艺危害分析是风险管理方法中有关工艺流程的风险管理方法，试生产前安全审查（开工前安全检查、开车前安全评审、启动前安全评审）是一种常用的风险管理工具，工艺技术变更则属于变更管理，操作规程则属于规范常规作业的工作流程，是常规作业必须遵守的“规定动作”。另外，“员工参与”作为方针写入了 HSE 管理体系，而“安全工作实践”“质量保证”“商业机密”等各只有 1 个体系选入，属于见仁见智的“小众”范畴。

表 2-3-3　几种典型的工艺安全管理要素对比

序号	标准名称	OSHA 29CFR 1910.119	AQ/T 3034—2010	杜邦公司	知安企业管理咨询（上海）中心
1	要素名称	工艺安全信息	工艺安全信息	工艺安全信息	工艺安全信息
2		工艺危害分析	工艺危害分析	工艺危害分析	工艺危害分析
3		操作规程	操作规程	操作程序和安全惯例	操作规程
4		承包商	承包商管理	承包商管理	承包商管理
5		开工前安全检查	试生产前安全审查	启动前安全评审	开车前安全评审
6		机械完整性	机械完整性	设备完整性	机械完整性
7		应急准备和响应	应急管理	应急计划及响应	应急响应
8		事件调查	工艺事故 / 事件管理	事故调查	事件调查
9		变更管理	变更管理	技术变更管理 设备变更管理 人员变更管理	变更管理
10		符合性审核	符合性审核	审核	符合性审核
11		培训	培训	培训及表现	能力
12		动火作业许可证	作业许可		
13		员工参与			
14		商业机密			
15				质量保证	
16					安全工作实践
	备注	共 14 个要素	共 12 个要素	共 14 个要素	共 12 个要素

由上述分析可以看出，工艺安全管理实际上已经包括在 HSE 管理体系之中，如果 HSE 管理体系能够得以有效运行，其中相关要素作用就能够得到有效发挥，从而确保工艺流程的安全。当然，为强化工艺安全管理，已建立并运行 HSE 管理体系的石化企业，也可通过实施工艺安全管理，进一步强化对工艺安全的管理，但一定要注意与现行管理体系的关系问题，以使其真正发挥作用。尤其重要的是，一些尚未建立 HSE 管理体系或 HSE 管理体系未得到有效运行的石化企业，应建立并实施工艺安全管理体系，通过工艺安全管理体系，做好复杂工艺流程的高危企业的安全生产管理。

另外，需要注意的是，在工艺安全管理中，“工艺安全信息”要素不仅是 4 个工艺安全管理都选择的要素，而且还把其放置在首位，其在工艺安全管理重要性由此可知。工艺安全信息是关于物料的危害性、工艺设计基础、设备设计基础和其他相关的文件化信息资料。由于复杂化工工艺流程一般都是由大型成套装置组成，从设计、建造、调试运行到最终的报废拆除，往往都要历经几十年乃至上百年，其间，将会历经无数次的检维修、改建、翻修等各种变化、变更。由于时间长，变化、变更多，涉及的工艺设计、设备设计和其他相关的文件化信息资料将浩如烟海，极其庞杂。因此，只有做好了工艺安全信息管理工作，才能为工艺安全管理奠定扎实的基础。否则，将不仅会因信息资料问题而事倍功半，甚至根本无法做好工艺安全管理。但不幸的是，目前“工艺安全信息”恰恰是工艺安全管理最薄弱的环节之一。因此，无论是否建立工艺安全管理体系，是否要通过工艺安全管理体系进行工艺安全管理，要做好工艺安全管理工作，都必须重视对“工艺安全信息”的管理。

二、风险防控措施制定的注意事项

上面主要阐述了对不同风险等级风险的防控，除了上述应重视的几种情况之外，在风险防控措施制定方面，根据在日常风险管理中的一些薄弱环节及常见问题，在风险防控措施制定时还应特别注意以下两个方面的问题。

1. 尽可能减少“管理控制”措施的使用

从前面对风险防控措施层级分析可知，风险防控措施分几个层级，它们对风险的防控具有不同的力度，选择面也比较宽泛。尽管有多种类型、性质的风险防控措施可供选择，但目前人们在制定风险防控措施时，大多囿于“管理控制”层级范畴。例如，但凡需要制定风险防控措施，人们马上就会想到或罗列一些安全注意事项，或拟定一个工作程序作为行为规范，以约束当事人，从而达到风险防控的目的。这种方式固然无可非议，但事实上，此类措施属于风险防控层级较低的措施，其上面尚有“消除”“替代、减少”“工程控制”等层级的措施可供选择。“管理控制”型风险防控措施控制的是人，而人不同于机器，是思维高度发达、具有主观能动性的高等动物，虽然有制度、规范、程序等各种约束，但同时人们都有自己的行为习惯与做事方式。因此，在实施“管理控制”层级的风险防控措施时，效果并不理想，在我们国家尤为如此。这一点应引起我们管理人员的高度重视。

由于传统文化背景等方面的差异，西方国家人们更习惯按部就班、循规蹈矩，按照既定的“规矩”办事；而我们中国人表现得则更为“聪明”“灵活”，善于发挥自己的主观能动性，动辄想“高招”、走捷径，“上有政策、下有对策”现象司空见惯。以闯“红灯”现象为例，在十字路口采用“红绿灯”规范交通秩序，红灯停绿灯行，可谓通俗易懂、简单易行，十分明确，具有很强的可操作性。但有部分国人并不买账，因为大家通过违章试探发现，只要自己多留神，过马路闯红灯也出不了事！由于心存侥幸，使得“红绿灯”形同虚设，“闯红灯”成为普遍现象，从而导致路口交通事故多发，这已经是全国范围内的顽疾（图 2–3–13）。因此，要做好风险管理工作，更好地发挥风险防控措施的作用，就要扬长避短，尽量少用或不用此类规范人们行为的风险防控措施。

实际上，通过风险防控措施策略研究，可以拓宽人们在制定风险防范措施时的思路，从而找到最佳的风险防控措施。如防控措施既可以是“管理控制”层级的措施，也可以是“工程控制”层级的硬件措施、“减少”或“替代”层级的措施乃至“消除”层级的措施，要拓宽管

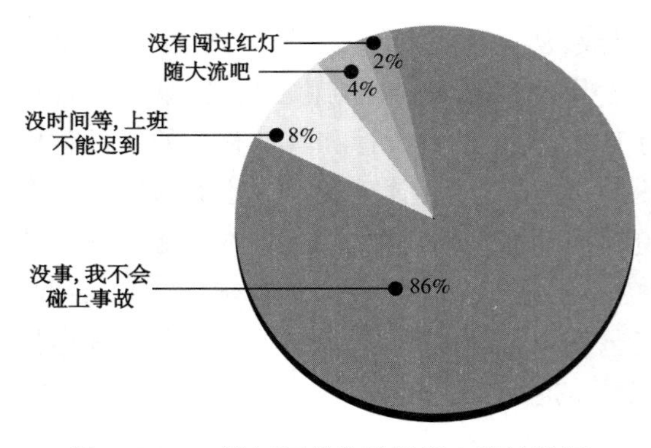

图 2-3-13　闯红灯现象抽样调查统计数据

理思路，针对国人的特点，制定出切实可行、行之有效的风险防控措施，从而达到有效防控风险的目的。在上例中，如果我们不采用“管理控制”措施，而采用其他类型的措施，如“工程层级”措施，十字路口不用“红绿灯”而是通过设置人车分流的“立交桥（过街天桥）”，采用立体交通这种“工程控制”方式进行人车分流，就能够有效解决以往采用“红绿灯”这种“管理控制”方式所遭遇的交通事故频发的问题。

事实上，如上所述，风险防控措施的类型多种多样，只要能够消减风险，都可以成为风险削减与防控措施。据说，曾有一家石油公司在选定井位时遇到了这样的难题：要勘探的目的层恰好位于某个古建筑群落遗址的下面，但如果在此处钻井极可能会因钻机的强烈震动导致其中一些古建筑倒塌，而古建筑一旦倒塌后果相当严重。因此，通过风险评估认为，此处钻井风险极高。正当决策者一筹莫展之际，工程技术人员提出了建议：可把井位移至数公里之外，然后通过大位移井钻井技术勘探古建筑群落遗址下面的油气藏。工程技术方案解决了古建筑坍塌风险的难题。总之，要切实提高风险管控措施的效果，应扬长避短，针对目前部分国人的自身素质较低、安全意识淡薄等实际情况，努力改变动辄出台“管理控制”措施的习惯，尽可能采用“管理控制”之外的其他类型的防控措施（图 2-3-14），以提高风险防控效果。

另外，在现阶段除尽可能降低“管理控制”类措施的比例外，还应拓宽对“管理控制”类措施的理解，“管理控制”类措施绝不仅限于安全注意事项之类的安全措施，如对于常规作业活动，应尽可能把它们融入现有的操作规程之中，也可以把它们与现行的制度、规则等相结合，还可以把它们融入岗位职责（任职条件）、安全检查表、应急处置方案等中去。

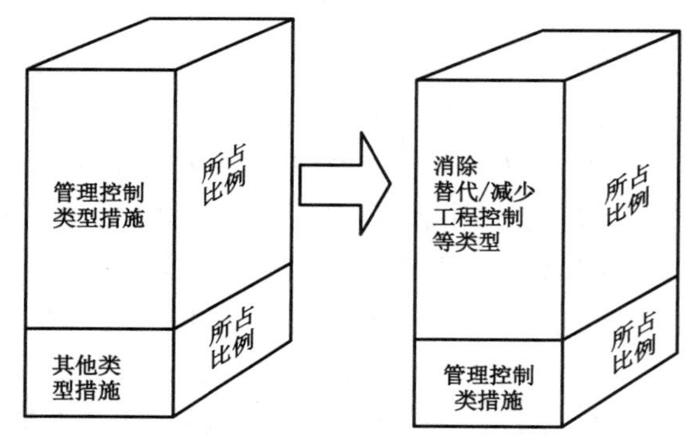

图 2-3-14　尽可能降低“管理控制”类措施的比例

2. 注意做好“管理控制”措施制定、宣贯与落实

如前所述，虽然“管理控制”的风险防控措施并不是最佳选择，但它却是最为普遍的措施，短期这种局面也很难改观。因此，如何使“管理控制”的作用得到最大限度的发挥，对做好安全管理工作至关重要。要发挥好“管理控制”的作用，除了制定好措施之外，还必须抓好措施的宣贯与落实。事实上，从措施制定到落实的过程，与一部法律、法规的出台到执行，具有相似的流程，即都要经过“立法”“普法”及“执法”三个阶段。

首先，要“依法办事”，就要先“立法”，做到“有法可依”。具体到安全生产管理工作，要实现安全生产，就要具有规范安全生产的（资源：人、财、物）工作程序、操作规程等实现安全生产的行为规范。在安全管理方面，制度、标准尤其是措施、规程等的编制质量、可操作性必须引起足够的重视。第一，要有正确的态度、明确的目的，制度、标准、措施、规程等应是为规范作业活动而制定，不能是为迎合上级要求、应付各种检查等而制定，否则就是摆设，徒劳无益。第二，制度、规程、标准、措施等的制定应科学、合理，能够起到应有作用。同时，也要结合实际，既不能要求太低，不然就失去了意义；也不能要求过高，否则会因“法不责众”而丧失其存在价值。第三，制度、措施等的编制语言应言简意赅、通俗易懂，符合大众口味，内容上也应简明扼要，避免臃肿、繁琐，提高可操作性。总之，必须注意“立法”的质量，使出台的操作规程、管理规定以及风险防控措施等具有可操作性，否则，即使其存在，也会因其不宜操作而被弃之不用，失去应有的事故防范作用。

其次，要做到“依法行事”。单是“立了法”还远未完结，还要进行深入细致的“普法”教育工作（图 2-3-15），做到家喻户晓、尽人皆知。只有“知法”、方能“守法”，否则，就会成为因无知而无畏的“法盲”。具体到安全生产管理方面，就是通过安全生产教育、培训，把已制定的规章制度、操作规程、工作程序等进行宣贯、培训，不仅要告知规章、规程的重要性，更为重要的是，要使大家清楚明白，所制定的规程、制度是什么，这些规程、程序应如何操作等。只有所制定的规程、制度等为大家所掌握，才有可能被应用到工作中去，发挥其应有作用。否则，即使健全了制度、规程，如果不进行宣贯培训，或培训不到位，或培训效果不佳等，员工不知道有相应的制度存在，或不知道规程、程序如何操作，这些规程、制度也就失去了相应的价值和意义，更达不到防控风险的目的。

图 2-3-15　教育、培训是落实措施的关键环节之一

有这样一个真实案例：某企业发生一起亡人事故，认定事故发生的原因是员工违章，员工没有按照操作规程去操作。进一步调查分析却发现，该操作规程只是在颁布时传达过一次就被束在高阁，日后再无培训、宣贯，从而造成规程虽然存在，但绝大多数员工并不真正掌握。不明白、不掌握，怎么去执行、去落实！正如普法教育是公民守法的重要一环一样，对规程、制度的有效培训，使相关人员（使用者）能够清楚明白规程、制度对确保安全生产的重

要性，能够清楚明白规程、制度如何执行等。唯其如此，广大员工才有可能遵章守纪，按规程作业，否则，即使建立、健全了安全生产的规章制度，各种常规作业都制定了操作规程，非常规作业也都有风险防控措施，但由于缺乏必要的培训，所制定的过程、措施并不能为广大员工所掌握，再完善的制度、再科学的规程都会失去其存在的价值，也就谈不上照章办事、遵章守纪。目前，诸如此类的现象比较普遍：企业规程、制度基本健全，但由于没有进行培训或培训效果差，使得很多规程、制度形同虚设，流于形式，并没有起到应有的作用，这一点应引起我们的高度重视。为改变这一现状，首先，企业领导要认识到培训工作的重要性，只有这样才能够为培训工作提供人财物力支持。这是做好培训工作的前提条件。关于培训工作的重要性，日本著名企业家松下幸之助曾说过这样一句十分质朴的话：培训很贵，但不培训更贵！因为不培训不仅会导致员工素质低、工作效率低下，还可能因此造成事故发生，带来重大损失。其次，要构建合理的培训机制，采用科学的方法模式，以提升培训效果。如建立培训的直线责任制，采用培训矩阵等科学的培训管理模式，努力达到应有的培训效果。否则，即使投入很多，如果方法失当，也会事倍功半，达不到预期效果。

第三，要使法律、法规得到遵守，必须严格执法，做到有法必依、执法必严、违法必究，规章制度的执行同样如此。商鞅变法、徙木立信，就是为提升法令的公信力，从而做到令行禁止。出台了法律、法规，就要执行，否则，即便再好的法令，得不到执行，也没有任何意义。为提升公信力，就要做到严格执法、奖罚分明，做到令行禁止。相对于法律、法规，安全生产的规章制度、操作规程的执行情况更需要监督管理，因为如果民法的当事人犯了法，被侵害方自然会向其提出抗议，乃至诉诸法院。而在安全生产过程中，当事人不按规程作业，违背了劳动纪律，一则与他人无关，不会被举报、提醒；二则也不一定会导致事故的发生（因为事故发生是违章行为的小概率事件）。因此，如果不强化监督管理，大家就会像过马路闯红灯那样，把出台的制度、规则当作儿戏。如果这样，不仅是“立法”“普法”等项工作前功尽弃，而且到头来也将会造成安全生产事故的高发、多发。

在现阶段，我们的安全文化还普遍处于严格监督阶段，这也就意味着，员工对安全理念的认识，还处于“要我安全”的水平上，主动的“我要安全”远未成为大家的自觉需求。不受拘束走捷径毕竟更便捷更自由，甚至具有更高的效率。所以在这个阶段，如果缺乏必要的监督管理，很少有人会主动接受约束、自觉按规矩办事。因此，要使广大员工做到遵章守纪、按规矩办事，不但要“立法”“普法”，而且还要做好“执法”工作，即对员工遵章守纪情况进行严格监督、认真管理，做到有“法”必依、执“法”必严，设置“光荣榜”“曝光台”，遵章守纪者奖，违章违纪者罚。只有这样，才能够确保规章制度、操作规程等风险防控措施得到有效落实。对于规章制度、操作规程等风险防控措施执行情况的监督管理，也是我们安全生产管理中的薄弱环节。一些制度、规程出台之后，缺乏有效的监督管理，听之任之，自觉执行者得不到任何鼓励与支持，恣意妄为者也没有受到任何惩戒、处理，一旦这种现象蔓延开来形成一种风气，就会像经济学中的“劣币驱逐良币”那样，使得大家都会逐渐受到侵染，严重侵蚀企业安全文化，形成不良文化氛围，贻害无穷。

总之，要通过风险管理防范事故的发生，不仅要全面、系统、彻底地辨识危害因素，科学合理地评估风险，并在此基础上制定出防控措施，即“立法”；而且还要通过“普法”“执法”等相关环节，使其环环相扣，最终使措施得到落实，有效防范事故的发生。否则，任何一个环节出现了问题，都可能会造成前功尽弃，达不到风险管理的应有目的。

通过近些年来大量事故原因的统计分析可以看出，事故发生的原因，无“法”可依几乎没有，常规作业有操作规程，非常规作业有管理规定，如作业许可管理规定等，只要遵照执行，基本上都可以避免事故的发生。虽然存在着这些规程、规定，但要么是“法”的可操作性问题，很难去执行；要么“普法”不到位，不知道执行什么或如何执行；要么是“执法”环节出了问题，大家都有章不循、有法不依等。因此，要提高安全生产管理水平，有效防范事故的发生，必须查找出问题所在，即对所出台的制度、规程、措施等进行衍生类危害因素的辨识，有的放矢地采取针对性措施，持续改进，否则就很难达到预期目的。

3. 谨防风险防控屏障过多过滥而导致因过控造成失控

多设置一些防控屏障，本是防控重特大事故的有效措施之一，因为这样能够有效降低事故发生的概率，但如果此类手段被滥用，则会导致过犹不及，即会因过控导致事故的发生。

1）一些基层组织目前面临的现实情况

正如前面所述，事故发生的原因并非无“法”可依，恰恰是由于“法”的数量过多而疲于应付所致。在奶酪模型中，增加防控屏障数量是强化风险防控的一种重要方式，但如果不分轻重缓急，把对所有风险的防控屏障都设置得很多，就会给基层组织增加负担，尤其是当目前许多基层组织安全意识不强，对安全生产并不重视，当防控屏障过多而不堪重负时，可能会导致大家产生厌恶心理而不去使用，从而使得这些防控屏障在实际工作中名存实亡，由“过控”而导致失控，这种情况已成为一些企业的基层组织事故发生的主要原因。

因“过控”而导致事故发生的原因，同样也是因为对能量或有害物质管理的失控，因为只有失控才能导致事故的发生，但这种失控不是上述的那种不具备基本安全生产条件的失控，而是由于过度控制造成的过犹不及而导致的失控。因为国有企业在追求利润、效益的同时，也承担着很大的社会责任，受到广泛的社会关注，在安全生产方面，无论是硬件方面的安全防护设备、设施，还是软件方面的制度、规程等都比较完备，既具备完备的安全生产条件，也具有做好安全生产工作的压力、愿望，但由于很多企业属于高风险行业，行业的高风险性等客观原因，加之管理方式的落后，仍会有这样那样的事故发生。

在这种情况下，一些企业“病急乱投医”，出台了许许多多强化安全生产管理工作的制度、规定、措施等，由于国企的“婆婆”（管理层级）很多，每个层级都有自己的制度、规定等，同时，由于历史的沿革，所累积下来的安全生产管理措施、方法已经很多，在旧的规范、规定仍然有效的情况下，新的管理工具、方法又层出不穷，不断增加。况且，作为管理部门唯恐在安全管理上出现不合规情况，在安全管理上只做加法不做减法，致使许许多多管理规定、工具方法等都要求基层组织去落实、执行，这样就在基层组织层面形成了所谓的“千条线穿一根针”的情况。

由于安全生产管理方面的规定、要求过多，有些甚至相互重叠，如果完全按照这些规定、要求去做，势必会耗费大量时间，乃至影响正常的生产经营活动，其已成为基层组织的沉重负担。同时鉴于事故发生具有随机性和概率性的特点，使得一些基层组织管理人员心存侥幸，并不重视安全措施、规定的落实，再加上监督不力，因此，在这种情况下，一些基层组织就另辟“蹊径”，选择了侥幸：一方面，设置专职资料员，但并不是按照管理体系的要求，记所做的，留下痕迹，而是专门为应付上级组织的各种要求，编造各种虚假资料，以应付上级的检查、审核以及资料数据的统计上报等各种要求；另一方面，在实际作业活动中，要么照猫画虎、肆意应付，要么干脆把所有方法、工具等风险防范手段，都弃之如敝履，概不采用，使这些防控屏障形同虚设，起不到防护屏障应有作用，从而造成事实上的失控而导致事故的发生（图 2-3-16）。目前，发生在我们国有企业基层组织安全生产事故的真正原因，有相当一部分属于这种因“过控”而导致的“失控”！

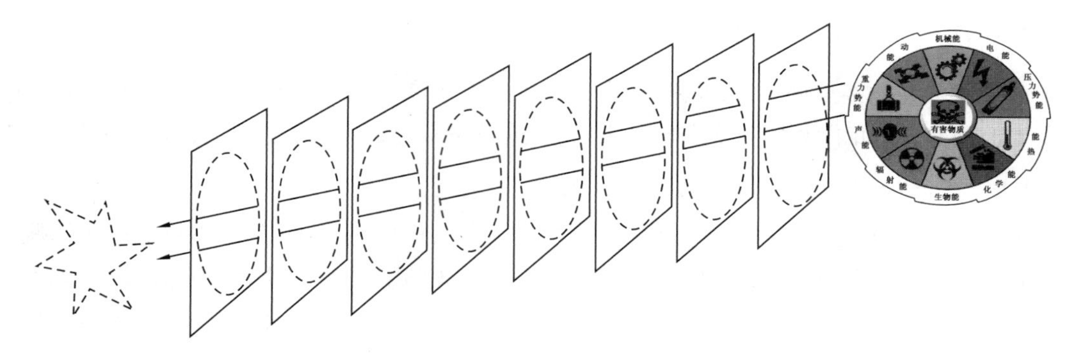

图 2-3-16　形同虚设的防控屏障导致失控发生

事实上，诸如此类的情况，绝不仅限于特定风险防控时的工具、方法的叠加现象，在基层组织，还有很多与此类似的情况。诸如，针对某一重要事件下发的文件、通知等，企业各层级、各部门，再加上各级地方政府主管部门，同一件事情，反复要求，使得企业基层员工不胜其烦，被迫穷于应付，搞成形式主义。

2）对策与建议

要解决因“过控”而导致的“失控”问题，首先，为基层组织创造适宜的工作环境。在确保满足合规性要求的前提下，梳理整合现行管理制度、工具方法，能够整合的一定整合，应该废止的一律废止，切实为基层减负。今后在出台制度、规定时，要以己所不欲勿施于人的观点进行换位思考，设身处地为基层组织着想，为其创造措施落实的客观条件，如对需要严防死守的重特大事故隐患的防控，应尽可能提升风险防控措施制定的质量以外，应尽可能减少风险防控屏障的数量，努力为基层组织减轻负担，创造风险防控措施得以执行的良好环境；其次，严格监管，令行禁止。在确保可行性的前提下，通过监督、检查以及专项审核等各种方式方法，强化对风险防控措施执行力的监管，真正做到令行禁止，使这些行之有效的风险防控方式方法真正能够落到实处，发挥作用。

为切实做好基层组织减负工作，应改进基层组织现行的管理形式。我们对基层组织的管理，关注于创新而不注重改进，这样就像“狗熊掰棒子”，今天推出了一些工具、方法，明天推广一种全新模式，后天又有更新的东西推出等，所有这些又只有“三分钟热度”，都不能持久，很快就成为过眼云烟，接着又会推出更新的东西。由于这些东西变得太快，而基层组织是众多管理层级中最后一级，需经过层层传递才能抵达，且在层层传递过程中会出现“走形变样”，加之基层组织员工文化素质较低，对新东西的接受需要一定的时间，所有这些都增加了基层组织对新事物接受的难度，使得很多新事物并不能为基层组织所接受或掌握，在不理解、不明白的情况下被迫去执行，徒增基层组织负担而不起任何作用，可谓有百害而无一利。

HSE 管理体系的精髓就是 PDCA 闭环管理，就是在总结经验、汲取教训的基础上持续改进。如果我们能够在充分结合企业实际与专业特点的基础上，审慎选择几种行之有效的风险管理工具、方法，一旦选定便持之以恒，坚持不懈推行下去，出现问题就进行改进，改进之后再继续实施，如此循环往复，持续改进，只要大方向正确，就没有做不好的道理。这样既能够有效为基层组织减负，也能够使这些工具方法真正发挥作用，达到风险防控的目的。

实际上，一些国外企业之所以成为“百年老店”，与其注重持续改进工作是分不开的。壳牌公司推广“蝴蝶结模型”风险防控工具，几十年如一日，坚持持续改进，取得了骄人的业绩；挪威船级社（DNV）的“国际安全风险评级系统（ISRS）”，是 20 世纪 70—80 年代研发的评价方法，在此后的几十年里，一直坚持推行下来，在应用过程中，既总结经验，也发现问题，并在此基础上持续改进，目前已改进到了第八版，几十年磨一剑，如今不仅已成为了响当当的品牌，而且在当今世界安全评估行业广受欢迎，成为了行业的精品。

第四章　风险管理策划阶段评审

我们习惯上把风险管理的辨识、评估与控制几个环节称之为风险管理“三步曲”，因为在实际的风险管理工作中，我们就是通过辨识、评估与控制这三个步骤进行的风险管理。殊不知，单靠辨识、评估与控制往往并不能达到有效防控事故的目的，这是因为风险管理“三步曲”只是风险管理活动的必要内容，并不是确保风险管理有效发挥作用的充分条件。也即，如果仅仅通过风险管理的辨识、评估与控制“三步曲”，只是履行了风险管理的基本流程，但并不能保证每个步骤（环节）的工作质量，自然也就难以保障风险管理事故防控作用的发挥。

本章所阐述的“风险管理策划阶段评审”，就是对这些关键环节的检查、审视，发现其中问题，进而有的放矢地进行弥补、修复与完善，使每个关键环节的作用都能够得到应有发挥，从而达到风险管理的事故预防目的。该观点是作者根据风险管理实践过程中出现的问题而提出的，目前已在很多企业及军队的风险管理活动中发挥着越来越重要的作用，并且已进入国家标准被固化了下来。

第一节　“风险管理策划阶段评审”观点的提出

一、问题的提出

风险管理“三步曲”要求，通过危害因素辨识，查找出客观存在的危害因素，也就是将来可能发生事故的事故原因，再通过风险评估，筛选出需要管控的危害因素，在此基础上，根据其风险程度配置相应资源，最后，针对需要管控危害因素的特征、特点，并根据所配置的资源，制定并实施针对性的风险防控措施，就能够有效防控事故的发生。这就是风险管理预防事故原理。如果上述各个环节的工作都能够按照要求做足、做好、做到位，就一定能够有效防控事故发生，但风险管理的实际效果往往并非如此。总体来看，一些企业风险管理的事故防控效果并不太理想，且不说一些刚开始实施风险管理的企业，可能由于其风险管理技术欠佳而使事故防不胜防，即使那些已实施风险管理很多年的企业，尽管也在通过危害因素辨识、风险评估及风险削减与控制等手段进行风险管理，但事故仍照样发生，并没有达到通过风险管理进行事故预防的最终目的，就不得不引起我们的关注与深思，同时，也是摆在我们面前不容回避的重大课题。

二、原因分析

既然通过安全风险管理能够有效防控事故的发生，那么，为什么一些实施风险管理的企业，并没有达到预期事故预防效果呢？为什么一些企业一边进行着风险管理，一边事故照样发生，风险管理并没有起到应有的事故防控作用，问题出在哪里？如何才能有效解决此类问题?

通过分析研究可以发现,这种现象产生的原因,就是因为对风险管理事故预防工作的不重视,使得风险管理工作走了形式,出现了风险管理的形式主义。正是由于形式主义的出现,使得危害因素辨识时,马马虎虎、挂一漏万,可能导致事故发生的原因没有被辨识出来,或者由于风险评估不认真,应该防控的危害因素(可能的事故原因)没有被纳入,或者出台的防控措施要么无效、低效不起作用,要么因可操作性不强等无法落地,等等,总之,虽然进行了风险管理,却因为没有认真做好相关环节的工作,出现了风险管理的形式主义问题,致使风险管理失去了应有的事故防控作用,从而导致事故照样发生。那么,为什么风险管理会出现形式主义问题?这与风险管理的"不确定性"与事故发生的"小概率性"有很大关系。首先,风险的特征就是"不确定性",风险管理就是对不确定性进行的管理,事故的发生具有不确定性,安全风险管理就是对不确定是否发生的事故进行的管理(预防),即,通过风险管理去预防可能发生(当然,也可能不发生)事故,不让它发生。其次,事故的发生具有"小概率性",也即,事故发生的是小概率事件。即使不进行风险管理或风险管理工作做得不好,事故也未必一定发生,起码不太会马上就发生。正是由于这种风险管理的"不确定性"与事故发生的"小概率性",使人们对事故预防工作产生了侥幸心理,加之人们安全意识比较淡薄,对通过风险管理做好事故防控工作不够重视,这样人们在实际工作中,对所部署的有关风险管理方面的工作,并不是认认真真地把每项工作都做足、做好、做到位,而是象征性地去应付一下,走个形式而已。通过进一步调查分析,的确印证了这样一种事实:但凡在风险管理过程中发生事故的企业,他们对于事故预防普遍存在着侥幸心理,并没有认真对待通过风险管理所进行的事故预防工作,在开展危险源辨识、风险评估及风险削减与控制等项工作时,或多或少地走了形式。如,在进行危险源辨识时,要么马马虎虎、糊弄了事,要么蜻蜓点水、浅尝辄止,并没有真正全面、系统、彻底地开展危险源的辨识,当然也就没有把可能导致事故发生的因素查找出来,而可能导致事故发生的因素没有找到,防控措施自然就是无的放矢,因此,不能防控事故的发生自然也是理所当然的事。再如,出台的一些风险防控措施,要么防控效果差,要么可操作性不强,要么无人落实等,风险防控措施发挥不了应有的事故防控作用。总之,但凡在风险管理上出现问题的企业,都有一个通病,那就是在风险管理的辨识、评估或控制等这些关键环节都不同程度地出现了这样或那样的问题,从而影响了风险管理事故防控作用的发挥,自然就无法防控事故的发生,出现了边进行风险管理边发生事故怪相。

事实上,为了使风险管理各个环节都能够做好、做到位,在风险管理流程中本来就设计有"监测与评审"一项,要求对风险管理的每个环节都要进行"监测与评审"(图 2-4-1),以确保各环节的工作质量。但鉴于"监测与评审"环节相对于危险源辨识等其他环节,并不承上启下,也没有不可或缺的实质性内容,只是对各环节质量进行把关,因此,在风险管理的流程上可有可无。另外,要进行"监测与评审",尤其是"评审"工作,就是要对别人的工作质量进行检查、评价,需要高水平的专业人员进行"挑刺",确有一定难度和挑战性,更何况,要在辨识、评估与控制等每个关键环节之后,都要再对该环节做个"监测与评审",的确很是费时、费力且有难度,可操作性不强,因此,该环节在安全风险管理推行之初,就因为其难度太

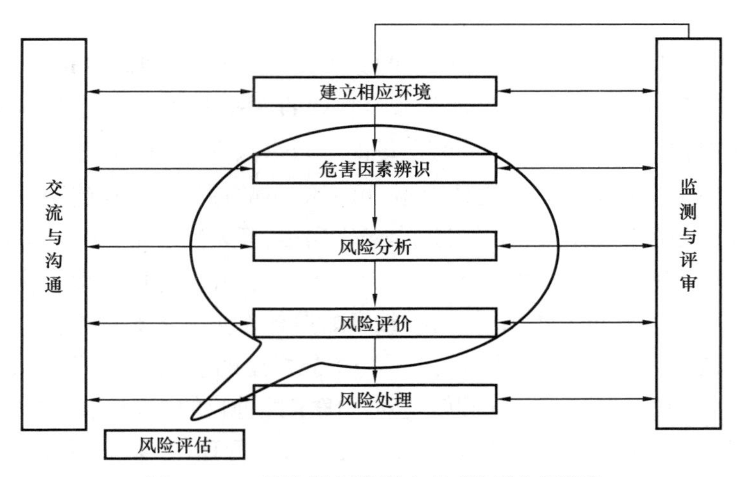

图 2-4-1　风险管理流程中的“监测与评审”

大、可操作性不强等原因，没有引起人们的足够重视，致使在实际的安全风险管理活动中，没有把其纳入安全风险管理流程之中，成为安全风险管理的一个环节，因此，也就更谈不上在实际工作中的贯彻落实了。

根据 PDCA 闭环管理原理，“大环嵌套小环、小环驱动大环”，要实现 PDCA 大循环，必须使得每个阶段的 PDCA 小循环都得以实现（图 2-4-2）。虽然也有人把“风险管理策划阶段（P）”阶段的辨识、评估与控制三个环节的工作，描述为相互交融的闭环形式（图 2-4-3），但遗憾的是，这种相互交融的闭环关系，在现实风险管理工作中并没有得到支持。因为在“风险管理策划阶段（P）”，根据风险管理“三步曲”工作流程，对于一项工作、活动或项目等所开展的风险管理，首先通过辨识环节输出的辨识出来的危害因素，进入了风险评估环节，然后经过风险评估，把无需管控的低风险危害因素剥离后，输出不同风险等级的危害因素进入控制环节，最后，在控制环节，根据需要防控危害因素的风险等级，配置相应资源，制定出台相应的防控措施，然后就离开了“风险管理策划阶段（P）”，直接进入“风险管理策划实施阶段（D）”。由此可见，辨识、评估与控制等风险管理关键环节，它们相互之间的逻辑关系就

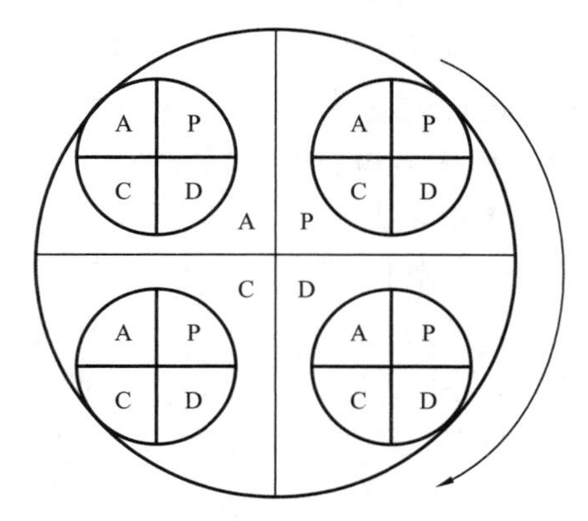

图 2-4-2　PDCA 循环“大环套小环、小环保大环”

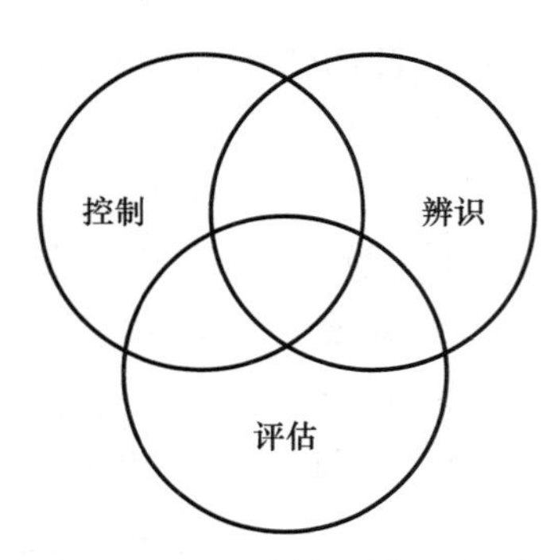

图 2-4-3　风险管理辨识、评估与控制环节理论描述

是，具有严格递进秩序的直线关系，没有形成PDCA闭环管理，这样，由于在理论上没有形成PDCA小循环（图2-4-4），故导致实践活动中各环节的工作质量失控。正是由于在“风险管理策划阶段（P）”没有形成PDCA小循环，违背了PDCA“大环嵌套小环、小环驱动大环”的闭环管理原理，才致使实际风险管理工作中出现了形式主义等一系列问题，这就是现实风险管理工作出现了形式主义的理论缺陷与症结所在。也正因如此，才导致对辨识、评估与控制等风险管理关键环节的质量失控，致使风险管理出现了“低、老、坏”等形式主义问题，严重影响了风险管理的事故防控效果。

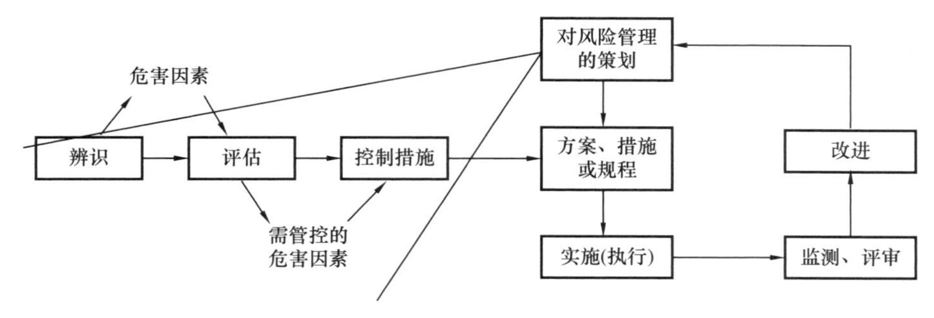

图2-4-4　“风险管理策划阶段（P）”没有实现PDCA小循环

三、对策措施

如何解决这类问题？怎样才能够把危害因素辨识、风险评估及风险削减与控制等关键环节的工作，做足、做好、做到位，使其发挥应有的事故防控作用呢？虽然绝大多数问题的原因都是由于人们的安全意识淡薄，对通过风险管理进行的事故预防，或者说对于安全生产工作的不重视，但要通过教育、培训，或者安全文化培育，提升人们的安全意识，从根本上解决这个问题，将是一项长期、艰巨的工作，是不可能在短期内见到成效的，更何况，一些安全意识领域之外的问题（如果是技术方面的问题等），显然也是无法通过安全文化的培育或提升安全意识加以解决的，那么，如何解决制约风险管理发挥作用的这些棘手问题？ 如何使风险管理更为有效地发挥事故防控的作用？这是在大力推行风险管理的今天，摆在我们面前亟待解决的关键问题。

如上所述，为提升风险管理控制环节的工作质量，避免出台的屏障（措施）出现缺陷、漏洞，屏障模型提出了“风险管理策划阶段评审”的理论观点，要求在屏障（措施）出台后、实施前的“风险管理策划阶段”，对出台的屏障（措施）进行评审把关，从而能够有效提升风险管理控制环节的工作质量。目前面对的问题是，包括风险管理控制环节在内的辨识、评估与控制环节，都有可能出现这样或那样的质量问题。既然对风险管理的每个环节进行一事一“监测与评审”的难度的确很大，不具可操作性，那么，可否在风险管理策划阶段的工作都结束之后，也即，在措施出台后、实施前，就像前述为提升屏障质量对控制环节进行“评审”一样，对包括辨识、评估与控制等风险管理各个环节集中开展一次“评审”活动，为各关键环节的质量进行一次性集中评审把关？答案是肯定的。首先，在第一章推出的屏障模型中，为保障风险管理控制环节出台的措施的质量，提出了在措施出台后、实施前，对出台的措施进行评审把关，以发现措施可能存在的问题，进而完善措施内容，提升措施质量，取得了很好的实践效果，证明该做法是可行的、有效的，现在只是把应用范围拓宽，由对控制环节质量的评审，拓宽至对包括控制环节在内的辨识、评估与控制等所有关键环节质量的评审；其次，在风险管理的实际工作中，对作业许可票的审批，采取的就是这种方式，这就证明这种集中评审的方式在实际工作中，不仅是可行，也是有效的。实际上，作业许可票的办理过程，就是在对将要开展的高风险作业活动，所进行危险源辨识、风险评估及风险削减与控制等风险管理的策划，作业许可票的审批就是在作业许可票编制完成后，也即，措施出台后、作业开始前，对辨识、评估与控制环节内容进行的集中审查，对审查中发现的问题或缺陷，要么进行补充完善，要么要求推倒重来，以提升每个环节的质量，确保作业活动的安全。另外，日常工作中，开展的一些重大风险管理方案的审查、把关，通常也是以这种方式进行的，并不是在辨识、评估与控制的每个环节之后进行一次评审，而是对辨识、评估与控制各个环节都完成之后，在风险管理方案编制完成后，在活动开始之前，集中开展一次对辨识、评估与控制环节质量的审查、评估，因此，集中评审把关，不仅十分必要，而且也完全可行、行之有效的。

根据上述分析，作者基于屏障模型理论，根据 PDCA 闭环管理原则，并结合作业许可票审批工作管理实践，对风险管理流程进行了改进，创新性地提出了"风险管理策划（plan）阶段评审"的理论观点，把最初只是为提升屏障模型中屏障质量的专项措施，拓展为对风险管理各关键环节质量进行把关的普适性措施，即通过"风险管理策划阶段评审"，对包括风险管理控制环节在内的辨识、评估与控制等关键环节的质量都一并进行评审把关。这样，一方面，从理论上解决了"风险管理策划阶段（P）"没有形成 PDCA 闭环问题，实现了小环的 PDCA 闭环管理（图 2-4-5），另一方面，在实践上，通过对辨识、评估与控制等关键环节质量进行把关，解决了风险管理活动的形式主义问题。

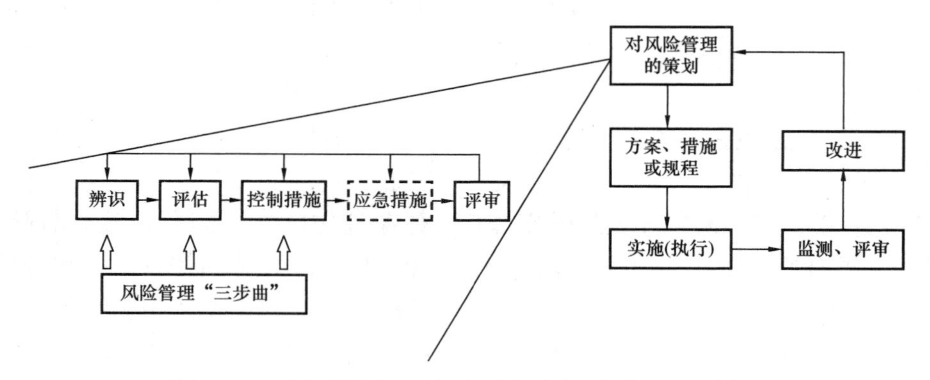

图 2-4-5 "大环嵌套小环、小环驱动大环"的 PDCA 循环

"风险管理策划阶段评审"理论观点，不仅通过论文发表、会议研讨得到了专家、学者肯定与好评，而且也已在多个行业领域乃至军队的风险管理实际工作中得到了成功应用，有效提升了风险管理的事故防控效果，得到了高度评价。

鉴于该项活动是在风险管理"策划（P）"阶段开展的，为有别于在风险管理 PDCA 大循环中，“监测评审”环节好“评审（C）”，故把在风险防控措施出台后、作业开始前，在“风险管理策划阶段（P）”所开展的评审活动，称之为“风险管理策划阶段的评审”。

如果说风险管理PDCA大循环中“检查（check）”阶段的“评审（C）”，是在经过“实施与运行（D）”之后，成功了总结经验，失败了汲取教训，以便在下个循环周期中持续改进，但其对事故预防而言，的确是“马后炮”，因为它只是在“实施与运行（D）”之后进行的“评审（C）”，对于本次风险管理活动的事故预防无济于事，因为通过风险管理不能进行事故预防，风险管理就失去了意义。相反，“策划（P）”阶段的小PDCA循环的“评审（C）”，则是在“实施与运行（D）”之前的“马前炮”，它是在“实施与运行（D）”之前，通过对风险管理各关键环节质量的把关，确保辨识、评估与控制各个环节都能够做足、做好、做到位，从而就能够使本次风险管理活动发挥其应有的事故防控作用，有效防止事故的发生，这也正是通过风险管理进行事故预防的意义所在，因此，“风险管理策划阶段的评审”能够有效克服风险管理的形式主义问题，对于风险管理预防事故发生至关重要，尤其是对于重特大风险的管理。

第二节　风险管理策划阶段评审的实施

如上所述，风险管理策划阶段的评审，不仅十分必要，而且也完全可行，那么，如何才能做好风险管理策划阶段的评审工作？要做好风险管理策划阶段的评审，至少要做好以下几个方面的工作，如，必须选配好评审人员，把握好评审的时机，明确评审的对象、内容与方式，等等。

一、选配好评审人员

一方面，评审就是审查，需要的是权威性，否则，工作将难以开展下去，而作为作业许可票审批人的组织的领导，在本组织就具有绝对的权威性，因此，组织的领导应为该项工作的不二人选；另一方面，评审就是挑错、纠偏，因此，要求评审人员必须具有较强的专业能力，能够发现存在问题，否则就不能胜任这项工作。组织的领导在本组织的权威性毋庸置疑，但其在业务能力方面可能会存在问题，作业许可票审批中出现的问题就是明证。更何况风险管理策划阶段的评审，较之许可票审查难度更大，因为它涉及的范围更广，且不像许可票那样有一定之规可循。因此，要做好风险管理策划阶段的评审，还需相应领域的专家或专业人士参与。基于上述分析，可采取“领导＋专家（专业人员）”的组合模式，领导干部具有权威性，能够确保评审工作的顺利开展，精通业务的专家或专业人士则有能力发现存在问题，从而做到扬长避短、优势互补。

当然，评审工作规范之后，可把对风险管理质量的把关，通过制度的形式固定下来，可参照工厂产品质检模式，设置由安全管理人员与相关专家（专业人士）组成“团体评审”岗位，由安全管理人员与相关专家（专业人士）作为“质检员”，对风险管理各环节质量负责把关。

二、把握好评审的时机

风险管理策划阶段的评审，一定要在风险管理策划阶段，在辨识、评估与控制各环节工作都完成之后，也即，在措施出台后、付之于实施[进入风险管理“实施（D）”阶段]之前开始进行，决不能用风险管理PDCA循环中“实施（D）”阶段之后所开展的“检查（C）”阶段的“评审”代替，也就是说，不能等到风险管理活动完成之后再进行评审。因为两者的时机不同，导致其作用迥异。PDCA大循环中的“评审（C）”，是经过“实施（D）”阶段的验证之后，成功了就总结经验，失败了则汲取教训，目的是今后风险管理工作的持续改进，但它对于本次风险管理活动能否取得成功无济于事。相反，风险管理策划阶段的评审，则是在“实施（D）”阶段之前，通过对辨识、评估与控制环节质量的审查，如果发现问题，就必须进行有针对性地改进，直到问题解决为止，确保风险管理每个关键环节的工作都能够做实、做细、做好，从而能够确保本次风险管理活动发挥应有的事故防控作用。由此可见，“风险管理策划阶段的评审（C）”是确保风险管理发挥事故预防作用的关键所在，而PDCA大循环中的“评审（C）”，则更像传统“事故后”安全管理模式下，汲取事故教训的事故后原因总结、分析。

总之，按照PDCA循环中关于“大环套小环、小环保大环”理论，风险管理“策划（P）”阶段中的“评审”，既保证了本次风险管理活动发挥作用，其实也通过弥补安全风险管理“策划（P）”阶段不闭环的缺陷，确保了PDCA大循环的循环运行，从而能够做到持续改进，促使风险管理有效发挥作用（图2-4-2）。

三、明确评审的对象、内容与方式

评审的对象就是风险管理的辨识、评估与控制等关键环节，评审方式视情况，可采取书面审查、人员访谈或现场核验等多种方式。

针对危害因素辨识的评审，首先审查辨识人员的参与情况，是否是一个人在闭门造车、主观臆造，还是相关人员都参与了进去。然后再根据辨识对象与辨识人员的情况，审查所选用的辨识方法是否合适，因为如果辨识方法选择不当，就不可能做好危害因素辨识。在此基础上，再审查辨识是否全面、系统、彻底，如是否考虑了人、机、料、法、环诸多方面，是否考虑了正常、异常与紧急三种状态，是否考虑了现在、过去与将来三种时态，等等。总之，就是要通过对辨识环节的评审，能够做到全面、系统、彻底地进行危害因素辨识，把客观存在的危害因素都尽可能地辨识出来，这样，将来可能导致事故发生的原因就在其中，从而为有的放矢防控事故发生奠定了坚实基础。

风险评估环节的评审，不仅要评审是否把无需专项防控的低风险的危害因素纳入了防控范围，同时，更要看是否把需要防控的高风险危害因素误评为低风险而被掉了。对需要防控的危害因素，看其风险分级是否合理。当然，要做到这些，还需从对评价的方式、方法是否正确、合理；在选用统计数据，是否分析了统计数据的适用性；是否有出现“朗弗德陷阱”的可能，或者已经出现了“朗弗德陷阱”；选用的评价准则是否适宜，评价准则与评价方法是否匹配，是否分不清初始风险与剩余风险，或者把剩余风险当成了初始风险，等等。另外，对评估环节的评审，还要注意评估的全面性，不仅仅是对新辨识出来的、还没有防控措施危害因素的风险评估，也要对已有管控措施的危害因素，评审现有防控措施的有效性、充分性，能否有效发挥其应有作用，是否把风险降低到了可接受水平，等等，否则，要么及时处置无效屏障（措施），要么增加防控屏障（措施）数量，直至把风险降低到了可接受水平。

对于削减与控制环节审核，就是要看其是否按照控制措施力度层级，科学选取的防控措施类型，防控措施能否有效发挥作用。如果选取的是"管理控制"类措施，是否还有其他力度更高的防控措施类型可供选择，如何确保"管理控制"类措施有效发挥作用；重大风险防控是否有足够多屏障，屏障之间是否相互独立，能否发挥作用，是否把风险程度降低到了可接受的水平等。需要注意的是，对已选定的措施，无论是工程控制措施（硬件屏障）还是管理控制措施（人员屏障）都必须对其中可能的潜在型危害因素进行辨识，从而制定相应的预防措施，确保潜在型危害因素始终处于潜在状态，从而减少或避免隐患的产生。这是辨识与控制潜在型危害因素防止隐患产生的绝佳时期。另外，对防控措施的评审，还要注意所出台的防控措施是否会有副作用，也即，是否会由此带来新的风险，等等。

总之，评审就是对辨识、评估与控制等风险管理关键环节的质量进行把关。通过对危害因素辨识的评审，判断其是否全面、彻底、系统地开展了危害因素的辨识；对风险评估环节的评审就是看其是否对辨识出的危害因素进行了科学合理的评价，筛选是否正确，风险分级是否合理。对于防控措施的评审，类似于风险管理中的"风险评估（价）"对现有措施的评审，但本评审既包括对现有措施的评审，也包括对本次风险管理活动新制定措施的评审，也即，它包括本次风险管理活动所有防控措施。具体评审内容包括，检验防控措施是否有效、可行，是否具有可操作性，是否能把风险降低到可接受程度，措施是否进行了优选，是否会产生新的风险，等等。尤其是对管理措施可操作性的评审，对于确保管理措施的落地十分重要。当然，还包括对防控措施潜在型危害因素预防情况的评审，从而确保整个寿命期内作用的发挥，有效避免了隐患的产生。

第三节　风险管理策划阶段评审的相关事宜

一、"风险管理策划阶段评审"的适用范围

"风险管理策划阶段的评审"这个观点，是针对当前人们安全意识不强，风险管理工作可能会出现形式主义问题，所提出的一种克服风险管理形式主义的有效方法，因此，对于那些虽然建立了管理体系，但并不能有效运行的组织，可通过"评审"把关，确保风险管理的事故防控作用得到有效发挥。另外，对于那些未建立管理体系的企业，也可以通过评审，一事一议地有效开展风险管理工作。

（1）对于那些未建立管理体系的企业，通过评审，可以一事一议地开展风险管理工作。与其说"风险管理策划阶段的评审"适用于管理体系不能有效运行的组织，不如说其更应该应用于那些未建立管理体系企业，通过评审，确保本次风险管理活动的质量，从而能够在未

建立管理体系的情况下，一事一议地通过风险管理做好事故预防工作。一般而言，要有效实施风险管理，就需要建立相应的风险管理体系，通过管理体系的有效运行，促进风险管理发挥作用（相关论述详见本书上篇第五章“事故防控宏观模型”），但这并非意味着未建立管理体系组织完全就不能实施风险管理，或者说，不能通过风险管理进行事故预防。未建立管理体系组织，没有风险管理体系的驱动，风险管理的确不易开展，或者说，不易做好、做到位，更容易出现形式主义，因此，在这种情况下，要通过风险管理进行事故预防，就需要通过“风险管理策划阶段的评审”，一事一议地对辨识、评估与控制等风险管理关键环节的质量进行把关，通过“风险管理策划阶段的评审”，使辨识、评估与控制等风险管理关键环节都能够做足、做好、做到位，从而发挥其应有作用，就能够达到通过风险管理进行事故预防的目的，反之，则可能因为形式主义问题，而无法达到事故预防的目的。

（2）对于那些虽然建立了管理体系，但其不能有效运行的组织，短期内也可通过“评审”把关。如前所述，虽然“风险管理策划阶段的评审”的提出，旨在解决当前风险管理过程中所出现的风险管理效果不佳、形式主义等相关问题，其主要是针对那些尚未建立风险管理体系，但又想通过风险管理防范事故发生的一些组织，这样，可以通过“风险管理策划阶段的评审”，对每次风险管理活动进行“一事一议”评审把关，使风险管理发挥其应有的事故防控作用。与此同时，“风险管理策划阶段的评审”也可以用于那些虽然建立了管理体系，但管理体系并不能有效运行组织。在这些组织，由于管理体系无法得到有效运行，需要通过“风险管理策划阶段的评审”把关，当发现辨识、评估与控制等风险管理关键环节没有做到位时，迫使他们提升相关环节质量，补齐短板，从而使风险管理发挥应有的事故防控作用。当然，对于此类已建立了管理体系的组织，通过“风险管理策划阶段的评审”进行把关只是权宜之计，长远之策应通过企业良好安全文化的培育，培育与管理体系相适应的良好企业安全文化，进而通过良好的企业安全文化，促进管理体系的有效运行，通过管理体系运行，全体员工都能够自觉主动参与风险管理工作中，风险管理工作的形式主义问题自然也就不存在了，但在这种情况下，仍需通过“风险管理策划阶段评审”，对其中的技术问题进行把关，从而使风险管理工作更好发挥其应有的事故防控作用。

有关内容详见本书上篇第五章“事故防控宏观模型”与书中“安全文化”有关内容。

二、风险管理策划阶段评审的注意事项

如前所述，评审环节不像前面辨识、评估与控制环节，具有实质性功能。如危害因素辨识是其他各环节之基础，如果不开展危害因素辨识，就无法进行风险评估。评审则不然，不进行评审仍然能够开展风险管理工作，只是影响风险管理作用的发挥。由此可见，一方面，评审工作不像风险管理其他环节那样，具有实质性功能，必不可少；另一方面，为确保风险管理各环节都能够做到位，从而使风险管理真正发挥事故防控作用，评审工作的确又必不可少。

基于上述分析，要开展评审工作，就要认真按照评审工作的要求，尤其是在评审的组织及其成员选择等方面，必须慎重，为评审工作打好基础，否则，评审工作就可能流于形式，评

审环节也就失去了意义。

下面从评审工作的人员选择、时机掌控、问题整改三个方面，阐述做好评审工作的注意事项。

1. 人员选择

如前所述，评审工作最好由专家或专业人士进行。如对技术措施、方案的评审，最好由技术专家执行，他们能够凭借自己的水平，对技术措施中存在的问题进行诊断，分析其中的问题，并能够给出改进建议。

实践也已证明，组织的领导不是评审工作的最佳人选。虽然领导具有权威性，但可能业务能力等方面有所欠缺，尤其是领导很难耐下心来，审视、研讨措施、方案，对于作业许可票的评审出现问题就是最具说服力的案例。至于评审的权威性，可通过制度的强制性实现，如通过制度规定，风险管理策划的结果必须经过评审合格后方可实施，同时要求评审的组织及其成员需对评审结果负责等，以确保评审工作的权威性和严肃性。当然，也可采用“领导＋专家”模式，领导参与有权威，确保此事的实施，专业人士有能力，能够真正发现问题，把好关口。

例如，大型或高风险项目、活动风险管理策划方案的评审，应有安全专家、技术专家等相关专业人士所组成的临时小组，对策划方案进行认真评审、把关。即使对日常工作中的风险管理活动，只要开展了风险管理，就是想要其发挥作用，为此，也应由基层组织的领导组织其下属的安全员、技术员共同参与对风险管理策划方案的评审，审查危害因素辨识是否到位，风险评估有没有问题，防控措施能否管用、能用，等等。

另外，需要注意的是，当事人不宜单独对其自身工作进行评审。因为身为本项工作的当事人，无论其是否在该项工作上尽心尽力，该项工作是否十分圆满，其都不可能再给自己所进行的工作提出太多问题、找出很多毛病，这是人之常情。因此，决不能由当事人承担对其自身工作的评审，否则，就是典型的形式主义。

2. 时机掌控

策划阶段的评审，不同于风险管理大 PDCA 循环中的“评审”，决不能把二者混为一谈，风险管理大 PDCA 循环中的“评审”是在“实施”阶段之后进行，策划阶段的评审一定要严格控制在措施落地之前进行。

之所以要在策划阶段进行评审，就是为了使本次所开展的风险管理活动能够发挥事故防控作用。因此，其对于风险管理工作意义重大，尤其是对重大风险的防控更是如此。对于重大风险的防控，希望做到万无一失，这就要求风险管理每一个环节都要做对、做好、做到位，使其每一个环节的作用都能够得到有效发挥，从而确保风险管理作用的发挥。对风险管理每一个环节都要评审、把关，并根据存在问题提出并落实改进建议，以保证每一个环节工作质量都能够过关，从而确保了风险管理作用的发挥，这就是策划阶段评审工作的目的。因此，策划阶段的评审，就是为了确保本次所开展的风险管理活动能够发挥事故防控作用，而风险管理 PDCA 大循环之评审（C）则是总结本次风险管理工作的经验教训，以做到持续改进，为今后进一步做好风险管理工作服务，但对本次风险管理活动则于事无补。

3. 问题整改

如果说发现问题是策划阶段评审的重点，那么，问题整改就是该阶段评审工作的重点和难点。因为评审的目的就是为了发现问题，而发现问题的目的是解决问题，从而使风险管理各个环节都能够发挥应有作用。通过问题整改，提升风险管理评审策划各环节质量是评审的最终目的，所以说问题整改就是策划阶段的重点；同时，问题整改还是策划阶段的难点，如危害因素辨识不到位就要重新辨识，尤其是措施执行监管方面问题的整改，更需要花大功夫、下大力气，否则，此类问题将可能得不到应有的整改。

此类问题整改是策划阶段评审工作的难点，为做好评审工作，下面通过“交通规则”措施的落实问题为案例进行分析，对此类问题的整改工作提供思路与建议。

众所周知，红绿灯交通规则不仅简单易行、通俗易懂，而且行之有效，但在我们国家就是得不到很好地执行，出现了所谓的“中国式过马路”现象。如何解决国人红绿灯交通规则的执行不力的问题？新加坡为我们提供了一个良好的范例。据说，新加坡以前行人过马路也闯红灯，交通比较混乱，后来新加坡交通当局痛下决心，铁腕整治交通秩序：第一次闯红灯严重警告并记录在案，第二次重罚使其痛心疾首，对屡犯不改者施以鞭刑！目前，在新加坡几乎看不到过马路闯红灯现象，这就是严格监管的效果。如果我们认识到解决行人过马路闯红灯问题的重要性，从而痛下决心，花大功夫、下大力气，必定也能够像新加坡那样，解决这个老大难问题。

当然，如果认为新加坡的经验可能不符合我国国情，在当前情况下采取如此苛刻的治理措施也并不现实，等等。我们也可以通过转换工作思路，采取其他途径解决问题。我们知道，利用红绿灯交通规则管控行人过马路，属于“管理控制”措施范畴，鉴于“管理控制”所存在的种种问题，可以不采取“管理控制”措施，而改用其他层级的措施。如改“管理控制”类措施为“工程控制”类措施，把所有红绿灯路口都改变为立体交叉（过街天桥或地下通道），取消了红绿灯，红绿灯没有了，闯红灯问题自然就不复存在了。当然，行人过马路的交通安全也解决了。

如上所述，对于问题的整改，既可以通过观念、理念转变，提升大家安全意识，强化监管力度，从而确保“管理控制”类措施的有效落实。也可以转变工作思路，通过改变措施类型，如上例所示，由“管理控制”措施转变为“工程控制”措施，从而降低了措施的落实难度，能够确保措施得到有效落实，使风险管理发挥其应有作用。无论采取何种方式，目的都是要解决问题，之所以要进行评审，就是为了发现并解决问题，从而使风险管理真正发挥其应有的事故防控作用。

总之，要使风险管理发挥作用，必须确保风险管理各个环节的工作质量，即通过风险管理策划阶段的评审，为风险管理各个环节的工作质量把关，而要使风险管理策划阶段的评审真正发挥作用，还必须做好包括评审组织与人员选择等在内的各项工作，切实使评审工作起到把关作用，否则，宁可不开展评审工作，要杜绝一切形式主义。

三、风险管理策划阶段评审的意义

通过“风险管理策划阶段的评审”，发现辨识、评估与控制等关键环节存在的问题，在此基础上，有针对性地进行改正、完善，就能够达到风险管理有效防控事故的目的。

众所周知，危害因素辨识、风险评估、风险防控是风险管理的关键环节，这几个环节相辅相成、缺一不可。相对于风险管理的这几个关键环节，评审环节并没有实质性功能作用，但它却是保证这几个环节有效发挥作用的关键所在。因为通过评审，对这几个关键环节进行检查、审视，发现其中可能存在的问题，以便有针对性地进行改进，从而使风险管理的作用得到应有的发挥（图 2–4–6）。从这个意义上来讲，风险管理策划阶段的评审，其重要意义不仅不逊于其他环节，而且比其中任何一个环节都更为重要。

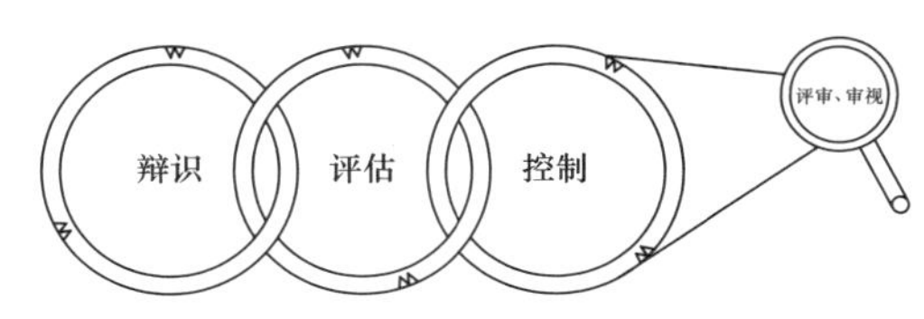

图 2–4–6　风险管理关键环节的评审

风险管理策划阶段评审，首先通过对辨识环节的评审，能够发现危害因素辨识环节可能存在的问题，以便把被辨识对象可能存在的、引发事故的原因尽可能都找出来；通过对评估环节的评审，既要保证能够筛选出需要防控的危害因素，又要对需要防控的危害因素进行风险分级，以根据其风险程度准确定位，配置相应防控资源；通过对控制环节的评审，能够使出台的措施有效、可行且具有较强的可操作性（就管理型控制措施而言），从而确保防控措施的落地实施。这样由于可能引发事故的原因找到了，且防控措施有效、可行、具有可操作性，员工能够按照措施去执行，风险就能够得到控制，事故也就自然不会发生。当然，如果发现了不易落地执行的措施，应通过进一步强化监管，确保措施得到落实，这正是对控制措施评审的作用之一。反之，如果不进行评审，风险管理的任何一个关键环节出现问题，最终都将导致事故的发生，就失去了通过风险管理防范事故发生的意义，就重新回到了传统的“事故后”管理的老路上去，因此，“风险管理策划阶段的评审”确保了风险管理事故预防作用的发挥，对于发挥风险管理关口前移、事前预防意义重大。

另外，单就防控措施评审的作用而言，不仅能够使“把风险管控挺在隐患前面”真正落地实施，而且也有助于“从根本上消除事故隐患”，对于解决隐患问题很有意义。因为对防控措施的评审，就是在辨识防控屏障（措施）上的缺陷、漏洞，实质上就是在辨识衍生类危害因素，也即事故隐患，因此，它也是从源头上铲除事故隐患的绝佳时机。譬如，通过对管理型控制措施质量的评审，发现其中在措施有效性、可行性等方面的漏洞、缺陷，从而进一步提升措施质量，使风险防控措施既简单易行又行之有效，同时，对不易执行的措施强化监管，使得员工能够按照要求去做，这样自然就减少了工作当中人的不安全行为（隐患）的发生。因此，通过对防控措施的评审，能够从源头铲除导致各种隐患产生的根源，做到“从根本上消除事故隐患”，而不是等到隐患产生之后再行排查治理隐患，这样，既能够节省排查治理隐患的时间、金钱，更能够防止因隐患的产生可能导致的事故发生。在对防控措施的质量评审把关的基础上，再进一步评审对防控措施上潜在型危害因素的辨识与防控情况，如果对防控措施可能具有的潜在型危害因素进行了认真地辨识与防控，就能够有效预防隐患的产生，这就是“把风险管控挺在隐患前面”。当然，如果对防控措施上潜在型危害因素的辨识与防控走了形式，就应该通过评审对其进行纠正，从而真正做到预防隐患产生的目的。由此可见，风险管理策划阶段的评审，既可以从源头消除隐患产生的根源，也能够预防隐患的产生，在此基础上，再对防不胜防而出现的个别隐患进行排查治理，就能够有效解决当前隐患这个影响我国安全生产的顽瘴痼疾。

当然，诚如前述，风险管理策划阶段的评审，不仅仅用于从根本上消除隐患，而且通过对危害因素辨识的评审，能够做到全面、系统、彻底地进行危害因素辨识，从而真正找到可能导致事故的原因，进而有的放矢地进行防控；通过对风险评估的评审，使风险评估更加科学、公正地反映危害因素的风险程度，从而做到因事而异、科学施策。

事实上，对于防控措施的评审，医疗行业有着很好的范例。他们对所研发的每一种疫苗、每一种药剂，都会开展长时间、大量的实验室验证及临床试验，就是为了确保其有效性高、毒副作用少。我们所制订的每一项安全风险防控措施，都恰似防控某种安全风险的一种“疫苗、药剂”，要使其发挥事故防控作用，必须通过卓有成效的评审工作，确保其自身有效、可行、具有可操作性，同时，再对不易落实措施的强化监管，确保其得以落地、实施，就能够有效发挥其应有作用。

第五章　一种值得推荐的风险防控方法——蝴蝶结模型

风险控制的方法虽然很多，但很少有像蝴蝶结模型这样，既可以用于事前的预防，也可以用于对失控的应急，并且还以一种图示化方式表达，简单明了、形象生动，其越来越受到业界的大力推崇。壳牌公司几十年来坚持把蝴蝶结模型应用于本公司风险的控制，并且明确要求对重大及以上风险的防控，必须采取蝴蝶结模型方法，成效显著，取得了举世公认的安全生产业绩。

本章在对当前风险防控措施问题分析的基础上，引入蝴蝶结模型这个科学的风险防控工具方法，并对其进行全面分析介绍，以期他山之石可以攻玉。

第一节　防控措施方面存在的问题

由能量意外释放论，我们知道事故的发生原因就是能量或有害物质发生了失控，使得其意外释放导致事故的发生。而能量或有害物质就存在于日常生产经营活动之中。我们在日常生产经营活动中应按照风险防控规范进行，通过生产经营活动受控——规范作业，从而保证能量或有害物质受控。但由于风险管理工具方法的选择不当等种种原因，导致防范措施并没有起到应有的风险防控效果。

下面分别从宏观、微观两个方面，分析风险防控措施方面存在的问题。

一、宏观方面的原因

宏观方面所造成的失控，主要是由于体制、机制等方面的问题，导致在风险管理中两种极端情况的出现。

一种是由于防控源头类危害因素屏障的缺失导致失控的发生。此类情况多发生在资本原始积累之初的私有制企业。如目前每年春节前集中出现的烟花爆竹个体生产作坊，以及前些年山西境内遍布的一些私人煤矿等，所导致的事故高发，都属于这种情况。由于经营者处于资本的原始积累时期，要么家底单薄，要么目光短浅，为了眼前利益，在不具备安全生产基本条件的情况下铤而走险，擅自违规生产，导致事故多发，其最根本的原因就是因为没有基本的安全防护设施、缺乏起码的安全操作规程等，即缺乏为防控事故而主观设置的防控屏障，只有操作者趋利避害安全常识所形成的客观屏障，从而使得一些高风险危害因素濒于失控状态，所以导致事故高发、频发。国家目前所实施的安全生产许可证制度，就是要为这些企业，尤其是那些想进入高危行业的企业，设置基本的安全“门槛”，以确保高危行业的生产经营企业满足基本的安全生产条件，即为高风险危害因素设置必要的防范屏障，从而防控事故的发生。

另一种极端情况是，与上述一些私有制企业缺乏基本的风险防控屏障相反，一些国有企业的基层组织，由于“婆婆”多，“规矩”自然也就很多，加之人们一般都会认为，增加屏障（措施）数量，自然就能够降低能量或有害物质失控的概率。殊不知，物极必反。由于屏障设置的过多，尤其是“管理控制”的软性屏障，它们已成为基层组织正常的生产经营活动的一种沉重“负担”而名存实亡——由于屏障过多而走了形式，实际工作中并没有真正落实，从而导致事故的发生。

二、微观方面的问题

微观方面的问题主要指的就是风险管理“三步曲”中所制定的“削减与控制措施”自身的质量、对措施的培训以及措施的执行等方面的问题。由于这些问题的存在，使得风险管理起不到应有的防控作用，不仅浪费了人财物力资源，而且也在一定程度上动摇人们对风险管理工作的认识，应引起我们的高度重视。

第一，防控措施质量、品质不高。许多措施的制定比较随意，质量不高，主要表现在措施的原则性强，时空跨度大，泛泛而谈，可操作性不强，缺乏针对性，在实际工作中无法得以有效实施。另外，措施的类型也很单一，动辄就是“管理控制”的措施，由于员工安全意识普遍不高，加大了这类措施落实的难度。还有一些防控措施自身就不科学，不具有风险防控效力，即便得以落实，也无法防控相应的风险。

第二，对防控措施宣贯培训不到位。目前，我们绝大多数企业并不缺乏规程、制度，除上述质量问题外，缺乏宣贯、培训，很多规程、制度要么始终都没有得到过有效宣贯和员工培训，要么一次培训之后就一劳永逸，使得目前很多规程、制度并不被员工所掌握，所制定的诸多风险防控措施更是如此，员工不掌握，谈何去执行？怎能不违章？

第三，责任人不明确。蝴蝶结模型中，把风险防控措施作为“关键任务”，分配到具有责任能力的员工身上，确保措施的落实。而我们在风险管理活动中制定的措施，责任人不明确，认为谁都应该执行，可结果却谁都没有去执行，导致防控措施落空，这样的风险管理自然就起不到任何作用。

第四，对风险防控措施的监督、审查和管理不到位。由于现阶段我们还普遍处于严格监督阶段，这也就意味着，员工对安全理念的认识，还处于“要我安全”的水平上，主动地遵章守纪远未成为大家的自觉需求。由于监管不力，致使风险防控措施得不到很好地落实。

如上所述，宏观层面涉及防控屏障的有无、多少问题，而微观层面则涉及防控措施的质量、技术问题，即防控屏障的有效性问题。事实上，要确保能量或有害物质受控，必须设置屏障进行屏蔽，否则，就会因其失控而导致事故的发生。适当增加屏障的数量固然能够起到一定作用，但如果设置的屏障层数过多，则可能会造成因风险防控负担过重而导致防控屏障形同虚设，不能发挥应有作用。因此，不设防护屏障固然错误，但若不分青红皂白，一味把屏障设置得过多，也未必是一种明智选择。

为有效防控事故的发生，关键是确保所设置的屏障发挥其应有作用。而要使屏障发挥作用，核心问题就在于所设置防控屏障的质量问题，因为质量高意味着漏洞少，而漏洞少防控效果自然就好。另外，对屏障漏洞的处理也是一个关键问题，因为任何屏障都有漏洞，关键是看能否有效堵塞屏障漏洞，其决定了防控屏障能否有效发挥作用。这也就是微观层面防控措施的有效性问题。因此，科学的风险防控模式，应是在屏障层数适当的情况下，通过有效提升防控屏障质量（包括减少或封堵屏障上的漏洞），从而确保防控屏障的有效性。

“蝴蝶结模型”正是这样一种风险防控模式，它不仅通过把防控屏障转化为“关键任务”“关键设备”等手段，有效提高了防控屏障的执行效力，同时，还针对屏障上可能的漏洞，也即衍生类危害因素，在蝴蝶结模型称之为“升级因素”，设置了“升级因素”防范屏障，也即漏洞“封堵屏障”，使屏障防控的质量、有效性得到进一步提升，有效解决了目前风险防控措施制定方面存在的问题。

第二节　蝴蝶结模型

蝴蝶结模型又称领结图模型，因其图示化形状像蝴蝶结（领结）而得名（图 2-5-1）。它是一种科学的风险管理方法、工具，尤其在风险防控有效性方面，有着独特的优势，不仅能够针对不同风险（如“威胁”“升级因素”等）的防控有的放矢，解决了上述措施制定方面存在的诸多问题；而且还兼有应急的功能，具有其他风险管理方法不可比拟的特色和优势。

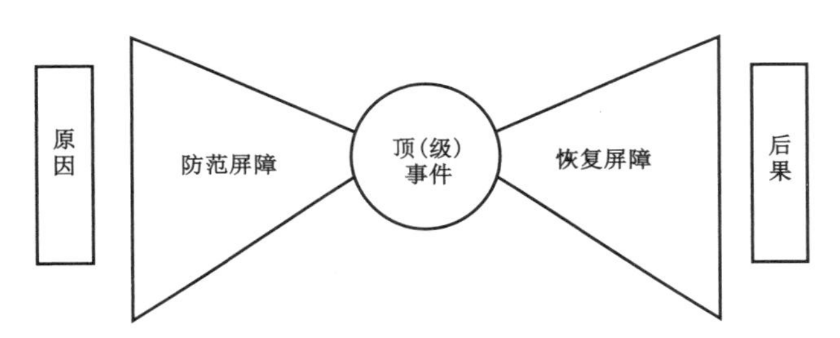

图 2-5-1　蝴蝶结模型示意图

一、蝴蝶结模型简介

蝴蝶结模型本身就是一种非常奇特的风险防控方法，它集多种风险防控理论、方法于一身，同时由以图示化形式表达，简单明了、易于操作，是一种行之有效的风险防控工具。

1. 蝴蝶结模型结构简介

首先，它是事故树、事件树的集合体。就蝴蝶结模型整体的构成而言，它的左半部分是事故树模型顺时针旋转 90° 形成，即通过事故树模型危害因素辨识方法（见第一章事故树模型内容），查找辨识出导致某一事件（蝴蝶结模型中称之为“顶级事件”或“顶事件”）的所有原因或途径（蝴蝶结模型中称之为“威胁”）；它的右半部分是事件树模型逆时针旋转 90° 形成，因为通过事件树模型，能够推演出该“顶级事件”可能导致的所有后果，事故树、事件树结合在一起就组成了蝴蝶结模型的雏形（图 2-5-2）。

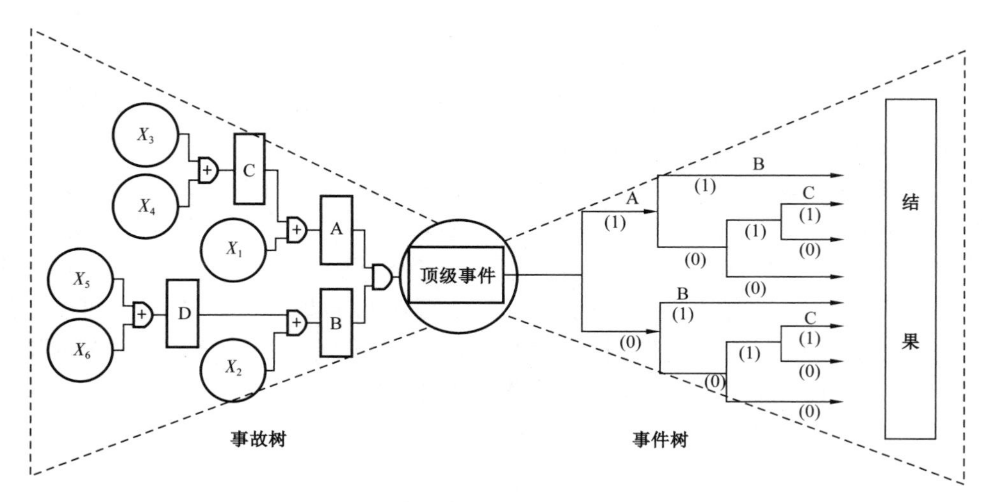

图 2–5–2 “蝴蝶结（领结图）”模型的组成

其次，奶酪模型是构成蝴蝶结模型的基础。当由“顶级事件”找到各种可能的“威胁”与“后果”之后，基于奶酪模型（瑞森模型）理论，分别给“威胁”与“顶级事件”设置防控屏障，就形成了一个个奶酪模型。给“威胁”设置防控屏障，是为了防范由各种“威胁”可能导致的“顶级事件”发生，给“顶级事件”设置防控屏障是要减缓因“顶级事件”可能造成的不良“后果”。

通过以上两点可以看出，事故树、事件树反映了该模型的宏观结构，而奶酪模型则是构成该模型的微观基础。

再次，模型中防护屏障的设置数量的多少，是建立在防护层理论（LOPA）基础之上的。根据奶酪模型分别给“威胁”与“顶级事件”设置防控屏障，但防护屏障的设置数量的多少，则要根据防护层理论来确定。

另外，蝴蝶结模型最独特之处还在于，它是一种方法具有两种功能。左边部分用于正常情况下的事前防范，右边部分用作紧急状态下的应急处置，一种方法兼顾事前防范与应急处置，且不说绝无仅有，至少是极其罕见。这就不难理解壳牌公司高度重视蝴蝶结模型应用的原因了（图 2–5–3）。

2. 蝴蝶结模型组成简介

在实际构建蝴蝶结模型时，第一，针对一个需要防控的危害因素，如压力容器（管道或装置）里的高压（有毒有害或易燃易爆）气体，找出可能发生的“顶级事件”，如气体泄漏。第二，针对这个“顶级事件”，反推出危害因素可能发生失控的各种原因或途径——“威胁（原因）”，如设计缺陷、材质问题、过压、腐蚀等。第三，针对“顶级事件”，辨识出其进一步发展可能导致的各种不同“后果”，如火灾爆炸、毒气伤人、环境污染等。第四，针对各种“威胁”及“顶级事件”的各种可能后果，为防止“威胁”失控、“顶级事件”进一步发展而分别施加相应的屏障。如针对设计缺陷，设置“完善设计屏障”；针对材质问题，设置“正确选材”屏障；针对

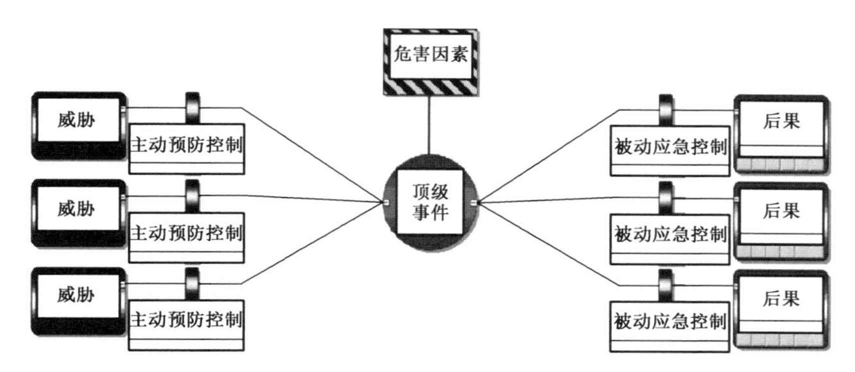

图 2-5-3　蝴蝶结模型的基本结构

过压问题，设置“工艺安全”屏障；针对腐蚀问题，设置“防腐”屏障等。同样，针对火灾爆炸后果，设置诸如消防设施及防爆墙等应急屏障；针对毒气扩散伤人后果，设置诸如无线通信、广播电视等应急联络方式屏障等。第五，通过“顶级事件”，分别把各种“威胁（原因）”“后果”及其防控屏障叠加起来，就组成了一种形状像“领结（蝴蝶结）”模样的风险控制图形，该图形就称之为“领结图”模型或“蝴蝶结”模型（图 2-5-3）。

由上述介绍可以看出，“蝴蝶结”模型的基本构成就是一个个“奶酪模型”：左边部分是由不同“威胁”作为危险源的一个个“奶酪模型”，右边部分则是为防止“顶（级）事件”恶化而设置应急屏障所形成的一个个“奶酪模型”。这里需要注意的是，“威胁”失控之后不是直接导致事故，而是处于一种紧急状态［顶（级）事件］。根据不同的应急处置（屏障），分别处置不同的事故后果，从而凸显了第一时间岗位应急的重要性。

二、蝴蝶结模型的特点

如上所述，蝴蝶结模型法是一种简单的图示化表述方式，分析了风险从“威胁”发展到“顶级事件”进而可能产生各种后果的可能途径，从而创造了为阻断顶级事件发生或减缓事故后果严重程度而设置屏障的环境。就其功能特点而言，蝴蝶结模型的左边风险防控部分，其功能就是通过施加防控屏障，阻止“威胁”发展到“顶级事件”，即通过风险管理，做到关口前移，防止事故的发生。右边为应急管理部分，其功能就是通过施加防控屏障，阻止“顶级事件”进一步发展或恶化，即通过应急管理，做到大事化小，降低事故后果严重程度。蝴蝶结模型作为常用的一种实用的风险管理工具、方法，具有以下特点。

第一，蝴蝶结模型不仅易于理解、便于使用，而且蝴蝶结模型的开发编制也比较容易。虽然蝴蝶结模型是故障树与事件树的结合体，但它们结合在一起形成新的蝴蝶结模型之后，无论方法学习还是实际应用都要比故障树、事件树简单得多。相对于故障树、事件树、HAZOP 分析等一些比较专业、复杂的风险管理方法，蝴蝶结模型方法既不需要多少相关基础知识作铺垫，也没有高深难懂的理论知识。相反，它是以图示化模型方式，表达了“危害因素—顶级事件—事故后果”之间的逻辑关系，直观明了、通俗易懂，是一种易于沟通交流、便于学习领会，能够广泛普及的风险防控方法。

蝴蝶结模型的开发编制也比较容易。因为其中的逻辑关系十分简单：危害因素失控就会导致顶级事件，顶级事件出现后，通过应急处置减缓事故后果。基于这个逻辑关系，在由危害因素所衍生出的诸多可能的失控途径（即“威胁”）与顶级事件之间设置风险防控屏障（即风险防控措施），防止危害因素失控而导致顶级事件的发生。同时，在顶级事件与事故后果之间设置应急管理屏障（即应急处置措施），以防万一防控阶段出现问题，发生“紧急状况”或称“顶级事件”，为减缓事故后果，所应采取的各种措施，以降低事故损失。蝴蝶结模型逻辑关系直观、明了，开发、编制也易于上手。

第二，通过蝴蝶结模型能够克服一般风险防控方法的种种弊端，特别是措施的可操作性和有效性等关键问题，显著提高风险防控的有效性。如前所述，一般的风险防控措施，由于制定得较为随意，科学性不够，质量不高，可操作性不强，即使按其执行，也未必能够达到风险防控的目的。再加上宣贯、培训跟不上，监督检查不得力，从而导致风险防控屏障漏洞百出，严重影响风险防控效果。为此，在实际工作中，为强化风险管控而层层加码，设置更多防控屏障，反过来又会导致基层组织不堪重负等一系列问题。

通过蝴蝶结模型进行风险防控，极大地强化了防控措施的有效性。通过把一道道防控屏障转化为一系列“关键任务”或“关键设备”，显著提升了风险防控措施的针对性和可操作性，有效解决了上述诸多问题。

第一，把软性防控措施转化为“关键任务”，“关键任务”的落实由以下3个步骤得以实现。

（1）甄别、遴选（能力、条件）：把“关键任务”分配到相关岗位具有相应能力的员工身上。“关键任务”的承担者必须具有相应的能力、条件，如在身体素质方面，从事车辆驾驶人员不得是红绿色盲患者，从事高处作业人员不能有高血压、心脏病或恐高症等。

（2）培训：通过培训，提升其业务技能，使其具有胜任该项工作的业务能力。同时，通过培训，提升其安全意识、理念，具备做好本职工作的强烈意愿等。当然，更为重要的是，要把员工所承担的“关键任务”转化为操作规程、工作程序等可操作的东西，通过培训，不仅使自己清楚明白自己所承担“关键任务”的重要程度，更要明白为使防控屏障发挥作用，自己应该如何去做、何时去做、做到什么程度等。

（3）监督、管理：通过对执行过程的监督、管理，以及检查、审核手段，及时发现并解决存在的问题，确保“关键任务”得以有效实施，并做到持续改进。由于蝴蝶结模型采用图示化方式表达，不仅有利于交底、宣贯，同时，更有利于对措施执行情况的监督检查。

第二，把硬件防控措施转化为“关键设备”，为确保“关键设备”发挥作用，一般由以下4个步骤得以实现。

（1）设计：严格按照规范、标准进行科学设计，评估、管理并记录所有可能出现的偏差。

（2）检查与维护：根据设计建造要求进行检查和测试，通过修复性维修确保设备完整性。

（3）运行：在设计范围内使用设备，评估、管理并记录所有变更。

（4）监督、管理与审核：通过监督、管理与审核，及时发现并解决存在的问题，确保“关键设备”的完整性及其功能的有效性。

总之，通过蝴蝶结模型，把风险防控屏障转化为“关键任务”或“关键设备”，有效提高了风险防控措施的品质、质量，强化了措施的宣贯培训和监督检查，起到了有效防控风险之目的。

第三，蝴蝶结模型是一种完全（完整）的风险管理模式，且具有风险防控与应急处置双重功能。在一些常见的风险评估方法中，有的只是对风险程度的评价，评估的是风险水平的高低，并不兼顾对风险的管控；有的则是单纯的风险防范，并没有防范失控后的应急处置。唯有蝴蝶结模型能够把一个危害因素可能的各种失控途径辨识出来，并制定措施加以控制，使其得到有效防控。同时，蝴蝶结模型还能够把“顶级事件”可能的发展途径辨识出来，以防万一发生了失控，做好紧急情况下的应急处置，降低事故后果。

蝴蝶结模型对于高风险危害因素的防控至关重要。因为风险防控可能会因种种原因而失败，而防控失败之后，能否妥善进行应急处置，关乎事故后果的严重程度。这对于高风险类危害因素，尤其是后果严重或易于产生次生事故的危害因素风险的防控尤为重要。壳牌公司在其风险管理方面明确要求，对高风险类危害因素的防控必须采用蝴蝶结模型等形式，在对其进行风险防控时，既要制定风险防范措施、预防风险失控，又要制定应急处置措施，以做好万一失控发生后的应急处置。

第四，蝴蝶结模型不同于其他单纯用于风险辨识、评估的工具、方法，它能够通过风险控制，建立起与 HSE 管理体系间的直接联系。通过蝴蝶结模型上的 HSE 关键任务、HSE 关键设备，角色与责任，HSE 关键程序等，与 HSE 管理体系的运行有机联系在一起。同时，通过管理体系运行过程中的 PDCA 循环，持续改进，也能够进一步改进蝴蝶结模型对风险的控制。例如，无论是蝴蝶结模型中的防范屏障还是应急屏障，都会被转化为“关键任务”被分配到相关责任人身上，或通过 HSE 关键设备与责任人联系在一起。在分配“关键任务”时，必须考虑责任人是否具有相应条件与能力。同时，还要把对关键任务的执行细化为 HSE 关键程序。这样，通过对“关键任务”的执行，不仅与操作规程、规章制度联系起来，还与责任人能力、培训以及对“关键任务”相关活动的监控等管理体系诸多相关要素联系在了一起(图 2-5-4)。

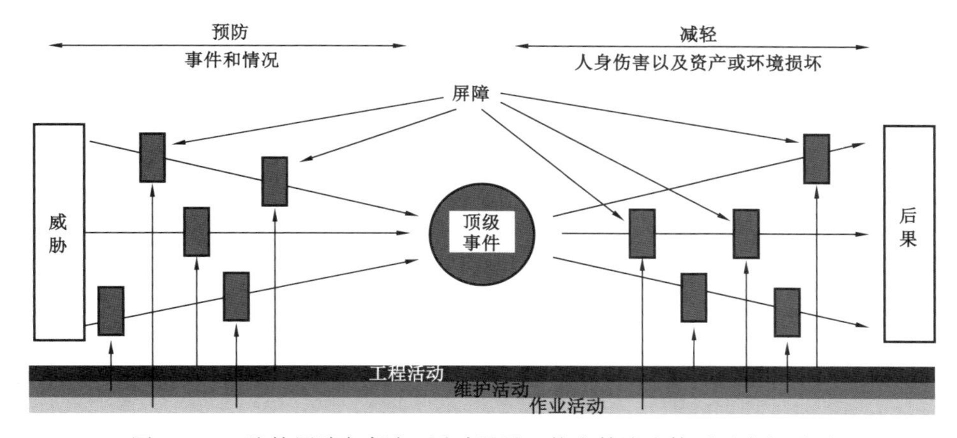

图 2-5-4　防控屏障与任务、活动及员工能力等诸多体系要素相联系

三、蝴蝶结模型的开发编制

蝴蝶结模型的编制过程应在有关专家的指导下，由专业人员和岗位员工参与开发编制。

1. 蝴蝶结模型编制的基本步骤

第一步：辨识出源头类危害因素。

第二步：通过危害因素推断出由于其失控而引发的顶(级)事件。

第三步：由顶(级)事件识别出可能导致其发生的几种途径或原因，即威胁。

第四步：推断出顶(级)事件进一步恶化可能导致的各种潜在的后果。

第五步：为防止威胁可能引发的顶(级)事件，针对不同威胁设置相应防范屏障。

第六步：为减缓各种潜在的不利后果，针对不同的潜在后果设置应急屏障。

第七步：辨识出影响屏障(既包括防范屏障也包括应急屏障)发挥作用的各种屏障缺陷——衍生类危害因素(这里称之为“升级因素”)。

第八步：针对不同的升级因素，设置第二级屏障，即弥补屏障。

第九步：把各类屏障[防范屏障、应急屏障及升级因素(弥补)屏障等]设计成为“关键任务”或“关键设备”，分配到岗位员工或关键设备等硬件设施上。

第十步：针对具体关键任务，完善制度、规程、规范、标准等，并对具有相应能力的执行责任人进行有效的培训、宣贯。

第十一步：监督、检查、验证各种防控、应急措施的落实情况，并进行持续改进。

2. 编制案例

现以“笼中的老虎”(注：笼中的老虎可形象表示为处在屏障屏蔽状态下的危害因素，如储罐或装置中的高温、高压或有毒、有害气体，高处作业的势能，电路中的电能等)这一危害因素的防范为例(图 2-5-5)，分析说明蝴蝶结模型编制的基本流程。

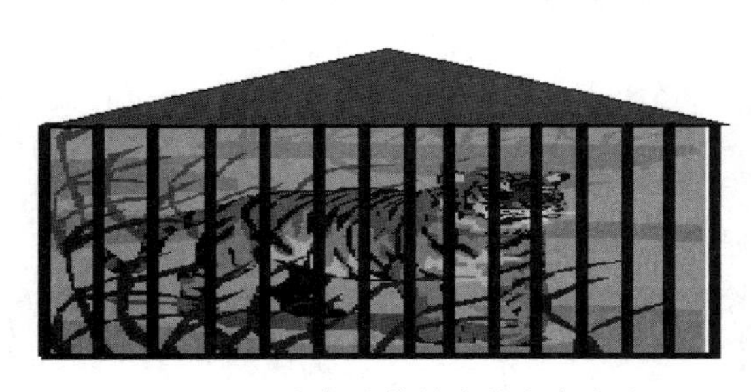

图 2-5-5　如何防控笼中的老虎出逃

第一步：辨识源头类危害因素。辨识产品、活动或服务等可能存在的危害因素，如本例中的“笼中老虎”。

第二步：确定顶级事件。确定该危害因素失控可能导致的顶级事件。在本例中，“笼中老虎”失控就会造成“老虎出逃”。

第三步：判断失控方式。分析判断该危害因素可能的几种失控方式，即威胁。这实质上就是在做危害因素的辨识，如在本例中，造成“老虎出逃”的原因或“老虎出逃”的途径，可能有诸如笼门未关好上锁、老虎笼破损……这些就是蝴蝶结模型中所谓的“威胁”。

第四步：确定事故后果。分析判断顶级事件的发展情况，预测顶级事件的可能后果，即顶级事件发生之后，可能会造成的事故后果。如在老虎出笼外逃后，可能会造成老虎伤人，或老虎被人打死，或造成社区公众恐慌等多种可能的后果。

第五步：设置防范屏障。针对各种“威胁”，分析研究其产生的原因，在此基础上，制定针对性措施进行防范，即针对不同的“威胁”设置相应的防护屏障，防止“威胁”的发生。如针对“笼门未关好上锁”而造成老虎出逃的“威胁”，可通过配置安全门锁、制定“关门上锁”相关规定等软、硬件屏障，防止因“笼门未关好上锁”而造成老虎出逃。

第六步：设置应急屏障。针对顶级事件发展可能造成的后果，分析确定如何控制或减轻其后果严重性的措施，即针对可能出现的不同的事故后果设置相应的应急处置屏障，以减缓后果严重程度或防止该不良后果的发生。如针对老虎出逃后可能造成“老虎伤人”的后果，可采取诸如及时通过各种媒体广而告之，提请公众注意防范等相关措施，以防止“老虎伤人”后果的发生。

第七步：辨识衍生类危害因素——“升级因素”。对于设置的各种屏障，无论是风险防范屏障还是事故应急屏障，都有可能会因故失去作用，从而导致失控发生。为此，首先应辨识出是何种“升级因素”，从而为防范“升级因素”风险做好准备。如在本例中，针对“笼门未关好上锁”而造成老虎出逃的“威胁”，所设置的要求“关门上锁”的屏障，可能会因为“规定（包括操作规程、作业程序等）的可操作性不强，无法执行”，或“培训不到位，不知如何执行”等方面原因，而导致规定、规程没有得到执行，从而使得该屏障失去了屏障作用。这里，“规定、规程、程序等的可操作性不强”或“培训不到位”等就是防控屏障——“关门上锁”相关规定等上的缺陷、漏洞，或称“升级因素”（图 2-5-6）。

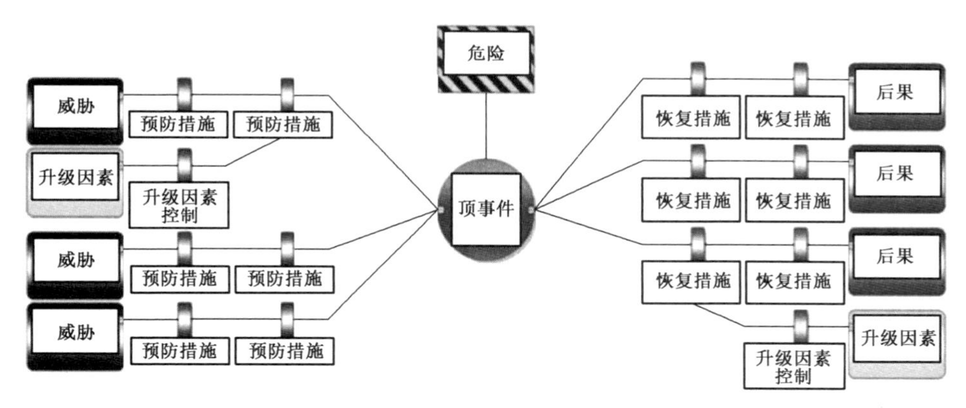

图 2-5-6 升级因素及其防控

第八步：设置“升级因素”屏障——“堵漏屏障”。为确保屏障有效发挥作用，从而防止失控发生，应针对上一步所辨识出的屏障漏洞，即“升级因素”，再设置一道新的屏障，对原屏障的漏洞进行弥补、封堵，即对“升级因素”设置相应的屏障进行屏蔽。如明确要求规定、规程、程序必须严格审查、验证，确保其具有可操作性。再如，为堵塞应急处置屏障“及时通过各种媒体广而告之”的漏洞（“升级因素”）——“与媒体沟通不良”，应设置相应的屏障——“建立并维持与媒体间的良好关系”等。

第九步：把各类屏障转化为“关键任务”。这里的屏障既包括防范屏障、应急屏障，也包括防范“升级因素”的弥补屏障等。为提升屏障防控效果，把各类屏障转化为“关键任务”，

"关键任务" 应分配到有能力且已接受培训的员工身上，以强化各类措施的落实。总之，"关键任务" 应易于执行且行之有效。如果防护屏障属硬件设施，即 "关键设备"，应关注该设备的完整性、功能的有效性，并强化对其的检查、维护，确保 "关键设备" 功能的发挥。

第十步：落实责任人，分配 "关键任务"。通过上述工作已经把各种防范屏障作为 "关键任务" 进行设置，屏障能否发挥作用，最终要看 "关键任务" 是否能够得到贯彻落实。为此，需要遴选合乎条件的责任人承担这项 "关键任务"。作为 "关键任务" 责任人，既要有过硬的业务能力，也必须具有满足任职条件的身体素质，在此基础上，通过有效的宣贯、培训或交底等形式，使所有责任人都清楚明白自己的措施是什么、如何去做、何时去做、做到什么程度等。如为防止 "笼中的老虎" 出逃，经过上述步骤制订出的各项措施，分别落实到相应的责任人身上。其中，既有对管理人员的工作要求，也有对一线员工（如老虎饲养员）操作行为的规范，并通过对责任人的宣贯、培训或沟通、交底，使他们能够清楚明白这些规定和要求，从而为各项措施的落实创造条件。同理，也应把 "关键设备" 落实相关责任人身上，确保 "关键设备" 得到妥善的检查与维护。

第十一步：执行过程的监督检查，确保措施的执行。作为防范屏障的制度、规程等相关措施已作为 "关键任务"，分配到具体责任人身上，同理，也把 "关键设备" 的检查与维护责任落实相关责任人身上，之后还要通过宣贯培训相关责任人，使其清楚明白如何去做。但这些承担任务的责任人最终能否按照要求正确履职，还必须通过监督、检查进行验证，通过监督、检查督促措施的落实，从而使屏障真正发挥其屏蔽作用。另外，通过过程监管，还能够发现执行过程中存在的问题，以有的放矢，解决问题、持续改进。例如，出现了措施不落实问题，是由于可操作性不强等措施本身存在技术问题，还是因为监管不到位、员工贪图捷径而不去执行等，从而有的放矢地采取相应措施，做到持续改进。

以上 11 个步骤是构建蝴蝶结模型的基本工作程序。在本例中，首先要通过预防手段，确保 "老虎" 不会出逃；与此同时，还要做好应急准备，以防措施一旦失败而导致 "老虎出逃"，通过应急措施，就能够降低因 "老虎出逃" 可能造成的损失。

四、蝴蝶结模型编制的注意事项

1. 蝴蝶结模型编制的注意事项

（1）蝴蝶结模型的开发编制应集思广益，避免闭门造车。

无论是只具有蝴蝶结模型开发经验的人员，还是只具有行业实践经验的人员，都不可能独立开发出有关该行业 HSE 风险防控的高质量蝴蝶结模型，只有这两个方面的人员相互配合、优势互补，共同开发的蝴蝶结模型才可能达到预期效果。事实上，在开发蝴蝶结模型时，应尽可能多地动员一线作业人员、运维人员、安全人员及其他管理人员等多方面人员的广泛参与，尤其是专业人士。针对同样的专业风险，不同人员所开发出的蝴蝶结模型可能会不尽相同，关键问题是危害因素辨识是否正确，关键控制点及关键任务是否能在所编制的蝴蝶结模型中全部囊括。

（2）屏障责任人不能都止于经理人员层面。

为确保屏障的有效性，所设置的屏障之间应该是相互独立的，并且要把关键任务分配给有能力承担的人。同时，应能够对其完成任务的情况进行验证，以确保关键任务分配的正确性。虽然站队长、经理层面的人员掌握更多资源，但由于他们管理着各种日常事务，通常比较繁忙。因此，不能动辄把一些关键任务都分配到他们头上，否则，可能会导致他们负担过重而无暇顾及，达不到应有目的。应视风险的严重程度，科学分配关键任务给合适的责任人。如当开发一种高危风险（如可能造成多人死亡、重大环境污染、重大财产损失或产生国际影响）的蝴蝶结模型时，责任人则可以定位在站队长、经理层面的人员身上；而大量单项岗位业务范围内的关键任务，其责任应分配到相应的岗位员工身上。

（3）根据蝴蝶结模型的用途决定其编制的繁简程度。

应根据其应用对象确定蝴蝶结模型的繁简程度。当编制蝴蝶结模型用于教学演示时，最好要编写得详细些，尽可能把所有细节都包括进去，以全面介绍该模型的原理等相关内容。但是，如果蝴蝶结模型是用于正常工作中的风险防控，这时的蝴蝶结模型就不能编制得过于详细，只要把整体轮廓、关键节点等全面反映清楚，其细节问题可以通过关键任务向相关人员解释清楚，而不必在图形上绘制得过于复杂，以免干扰了对它的正确理解。

（4）屏障的数量固然重要，但也不要刻意计较。

蝴蝶结模型是一种定性的风险评价和管理工具，它能够定性地反映出风险是否被控制在“合理、实际且尽可能低”的程度。需要指出的是，原则上，高风险危害因素的防范屏障数量应多于低风险危害因素的防范屏障数量，但在实际应用过程中，不能动辄就去数屏障的数量，而更应该关注的是：是否还有其他可行的防控措施。理论上讲，应该针对不同风险等级确定防控屏障的数量标准，但在实际工作中，如果过分强调屏障数量，可能为追求满足屏障的数量指标而不顾客观现实条件，导致屏障质量的下降。同时，也可能会因为屏障的数量已满足标准，而人为放弃那些行之有效的防控屏障。

（5）验证控制措施与任务。

蝴蝶结模型的编制质量取决于参与编制的人员情况。比较危险的情况是，蝴蝶结模型只是个别人的观点，或把模型编制得过于简单，省略了很多重要内容，从而使得模型难以反映客观真实情况。为避免这种情况出现，应对新开发的模型，在使用前进行审核或检查，如审核验证模型的客观真实性，验证屏障是否存在、关键任务是否能够得到落实等。这对于一项新活动风险的控制特别有益，由于其资料信息有限，任务角色尚未明确，有待后面的持续、规范开发，在这种情况下，通过验证性审核就能够发现并解决诸多问题。

（6）蝴蝶结模型编制中值得关注的若干技术问题。

要打造高质量、实用型的蝴蝶结模型，应在模型编制时重点关注以下几个技术细节问题。

① 威胁、后果：针对一个“顶（级）事件”，无论是威胁还是后果，都要尽可能辨识出来，惟其如此，才能够通过设置相应的屏障去防控或减缓。因此，对“顶（级）事件”威胁、后果的准确判断，是开发编制好蝴蝶结模型重要的前提条件之一。

② 关键任务与关键设备：防控屏障转化为“关键任务”落实到责任人或 HSE 关键设备、设施上。每个防控屏障可转化为一项或多项“关键任务”。壳牌公司要求“一道防控屏障至少应确认一项 HSE 关键任务”。同时，要使“关键任务”得以有效落实，还需有切实可行、行之有效的制度、规程等予以支持，而且还要对承担“关键任务”的责任人进行遴选，以保证其具有相应的能力。另外，对于承担防控屏障的硬件设备设施，应将其确定为 HSE“关键设备”，予以重点关注，以使其功能正常，确保其作用发挥。

③ 升级因素的辨识与升级屏障的设置：升级因素就是衍生类危害因素，对于升级因素的辨识和升级屏障的设置，是确保蝴蝶结模型作用得以有效发挥之关键。因为如果存在的升级因素没有辨识出来或相应的“堵漏”屏障没有设置，能量或有害物质失控而意外释放的可能性就会大为上升，就会使蝴蝶结模型防控风险的有效性大打折扣。在蝴蝶结模型编制过程中，就有辨识屏障“堵漏”的专项环节。因此，要充分发挥蝴蝶结模型的优势作用，一定要重视升级因素的辨识与升级屏障的设置。

（7）蝴蝶结模型应用中的其他问题。

在蝴蝶结模型应用过程中，可能会由于工作不到位等原因，风险防控的不完整性会凸显出来。如当模型的轮廓一经完成，分析研究工作即告终止。这样，所给出的只是一个风险防控的轮廓展示，不能再提供更多信息。如果这样，蝴蝶结模型就会如 HAZOP 等一些风险管理方法类似，其优势和特点就可能得不到应有的发挥和展示，可能就会把所设置的防控屏障与将来的责任人和规程等之间的联系割裂开来，这样也就无法保证该模型在今后风险管理工作中的持续有效性。要避免这种情况，就要对那些对防控屏障起着重要作用的关键任务及关键程序进行辨识并形成记录，以保证防控屏障与责任人、规程等之间的有机联系。

2. 编制流程方面的实用建议

尽管蝴蝶结模型结构简单，易于理解、沟通，但与任何风险防控方式方法一样，要真正编制完成一个风险控制全面、防控功能强大且具操作性的蝴蝶结模型，不仅需要花费一定的时间、精力，还需要相关人员的参与、配合。鉴于蝴蝶结模型的诸多优点和长处，它适用于对高风险危害因素，尤其是后果严重或易于产生次生灾害的高风险危害因素的控制。

蝴蝶结模型的策划与编制，应在有关专家的指导下，由专业人员和岗位员工广泛参与。同时，应为蝴蝶结模型的编制创造良好氛围，如公开、透明、开放，使参与者能够群策群力、畅所欲言，把以往一些事故、事件案例等都贡献到蝴蝶结模型的编制中去。具体的编制工作应在遵循具体步骤的前提下，一般应由以下几个阶段完成。

（1）动员全体员工，根据将要开展工作的性质、特点，选择适宜的方法，对需要进行风险管理的对象，开展系统、全面、彻底的危害因素辨识，尽可能把可能存在的危害因素都辨识出来。

（2）在有关专家的参与、指导下，选择适宜的风险评估方法，对所辨识的危害因素进行客观的评估，从中筛选出风险程度高，尤其是那些后果严重或易于产生次生灾害的危害因素。

（3）针对那些风险程度高、后果严重或易于产生次生灾害的危害因素，首先要判断这些高风险的危害因素，能否采取“釜底抽薪”的“消除”措施，把它们进行彻底消除。否则，看是否能够采用“替代”方法，把该危害因素的风险降低到可接受的水平。如果通过上述措施未能把高风险危害因素层级有效降低，则应考虑采用蝴蝶结模型对其进行控制。相反，一些低风险、后果轻微或无不良后果的危害因素的防控就不宜采用蝴蝶结模型。

（4）进入蝴蝶结编制流程，具体工作流程参上“蝴蝶结模型的编制基本步骤”，此处不再赘述。

另外，为编制好蝴蝶结模型，还应重点关注以下几个方面的问题。

（1）准备工作：通常情况下，在风险识别和现场踏勘过程中，应尽可能多地收集相关的信息资料，在此基础上，才能进行蝴蝶结模型的编制。

（2）审查、修改：至关重要的是，各方面有关人员应广泛参与，至少应有操作、维修、安全、管理等方面的人员，参与对蝴蝶结模型草案（框图）的编制与审查，以确保蝴蝶结模型能够客观地反映真实情况，而不是不符合实际的主观臆断。

（3）确定框架结构：蝴蝶结模型编制完成后，即使通过了审查也不要立即投入使用，最好再冷处理一段时间，以便回顾反思，弥补其中不足。

（4）确定每道屏障的关键任务：准备好“关键任务”清单，因为对各种“威胁”的控制是通过这些“关键任务”完成的。针对通过“关键任务”对各种“威胁”的控制问题，编制人员应再到作业现场与工作人员进行实地交流、座谈，确保蝴蝶结模型中的“关键任务”能够控制相应的“威胁”。“关键任务（设备）”可能涉及的面很宽，不仅仅局限于前述的工程活动、维护活动及作业活动等，而是整个寿命期全过程的各个环节。从规划设计、设备设施等硬件系建造开始，到检维修活动及日常操作等各个方面、各个环节，都有可能成为蝴蝶结模型中的“关键任务（设备）”（图 2–5–7）。

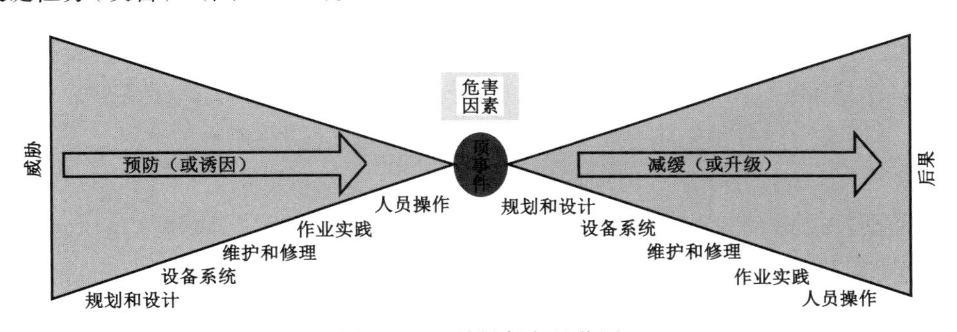

图 2–5–7 关键任务的范围

（5）与员工一起审查关键任务：与现场执行“关键任务”的员工一道审查“关键任务”，确保他们对任务理解准确，能够正确采取相应措施。

五、蝴蝶结模型的应用

1. 蝴蝶结模型的一般应用领域

蝴蝶结模型作为一种科学的风险防控模式，已广泛用于日常风险管理工作中。需要指出的是，蝴蝶结模型的应用并不仅仅局限于狭义的某个具体风险的防控，通过蝴蝶结模型的应用，也可以提升整体风险管理水平。

下面简单总结一下蝴蝶结模型在 HSE 风险管理其他方面的一些功能及用途，以便大家在工作中参考使用。

（1）蝴蝶结模型用于衍生类危害因素的辨识。

在前面危害因素辨识中曾提及，危害因素辨识不全面是制约风险管理作用发挥之大敌。同时，要辨识齐全危害因素，难度确实很大，尤其是衍生类危害因素。目前，在一般的风险管理活动中，辨识危害因素是个薄弱环节，至于对衍生类危害因素的辨识，更是差强人意，其中最主要的原因就是缺少行之有效的辨识方法。通过蝴蝶结模型的应用，能够较好地解决这一问题。因为在蝴蝶结模型编制过程中，有一个特定的环节（“蝴蝶结模型开发编制”：蝴蝶结模型开发编制的第七步）就是对所设置的防护屏障上的漏洞（升级因素）的辨识，实际上就是对衍生类危害因素的辨识。因此，通过“蝴蝶结”模型的应用，查找、辨识其中的屏障“升级因素”——衍生类危害因素，为辨识衍生类危害因素提供了一个有效途径。通过对升级因素的防控，使得风险防控的有效性大为提升，从而有效提升风险管理的有效性。

（2）蝴蝶结模型用于识别“关键设备”硬件系统。

关键硬件系统就是指那些或导致、或预防、或检测、或控制、或减缓事故（事件）及其后果的硬件设备设施，即“关键设备”。在一般情况下，这些关键硬件系统与其他硬件设施并没有什么两样，因而也无法受到应有的重视，有时甚至被视作可有可无的设备附件而被忽视。通过编制蝴蝶结模型，关键硬件系统就能够以防范屏障或以应急屏障的形式清楚地展示出来，即能够直观显示出这些硬件设施在风险防控中的重要作用而受到应有的重视。如从对设备设施的设计、采购、建造安装开始，包括对其日常维护、保养，直到其报废（更换）为止，其整个寿命周期都会受到格外重视。当然，也包括对此类设备设施的完整性管理。通过蝴蝶结模型，使“关键设备”硬件系统得以识别，受到应有的关注，从而确保其正常功能、作用的发挥，为通过关键设备设施防控事故的发生及降低事故后果发挥重要作用。

（3）蝴蝶结模型强化了第一时间内的岗位应急。

本书前面反复提及的风险管理“三步曲”，即危害因素辨识、风险评估及风险的削减与控制，它们是风险管理中的核心内容。但作为完整的风险管理过程还不够完善，尤其对于后果严重的风险失控后的管理，更是缺少关键的岗位应急管理。事实上，风险防范固然重要——因为通过风险防范能够有效降低事故的发生，但第一时间内的岗位应急处置更是必不可少，尤其对于事故后果严重或易于产生次生事故的风险的管理。因为所有风险防范都不可能做到万无一失，一旦防范工作某个环节工作不到位，面临风险的失控，这时，如果能够在第一时间做出迅速、有效的响应，继而通过科学有效的岗位应急处置，就能够有效地控制即将失控的局面，从而把事故消灭在萌芽状态，就能够做到“小事化了”。反之，如果第一时间内的应急处置工作没有跟上，遇到突发状况就手忙脚乱、不知所措，坐等良机错失，即使通过外部救援力量进行处置，最好的结果也只能是“大事化小”，而多数情况，即使通过外部救援也会造成严重的后果、巨大的损失。

由上述分析可知，蝴蝶结模型是一种既能够用于风险防范又能够兼顾事故应急的风险管理工具。通过蝴蝶结模型的应用，可以做到在风险防范的同时，兼顾第一时间内的岗位应急处置，强化了高风险危害因素的应急管理，也完善了风险管理的内容，尤其对于后果严重的高风险危害因素的防控至关重要。

（4）蝴蝶结模型便于沟通交流和展示，可用作法律、法规符合性的证明。

蝴蝶结模型以图示化的形式，一目了然，便于为各个层级的非专业人士的理解，上至公司高层领导，下至一线岗位员工，以及政府部门管理人员、社区相关方公众等，都可以借助蝴蝶结模型，对相关风险管理进行有效的交流与沟通。因此，该模型不仅成功地用于安全研讨会、工作前计划会，而且还能够很好地用于与政府及相关方人员的沟通交流。

蝴蝶结模型能够很好地展示对风险的管控，尤其是当需要展示风险管控与管理体系关系时更是如此。由于蝴蝶结模型能够把某项活动的风险是什么、可能的后果如何、对应的防控与应急措施又是什么等清晰展示出来，从而不仅证明了该危害因素是否得到了有效管控，而且还把一旦失控可能的应对措施都进行了清楚明了地展示，因此，蝴蝶结模型风险防控方式得到了美、英、澳、新等多国政府部门的认可。虽然也有一些方式方法能够展示危害因素与防控措施之间的关系（如表格形式），但都没有蝴蝶结模型那样直观明了。

（5）蝴蝶结模型不仅关注宏观层面的管理问题，更关注具体风险防控中的人员能力与工作程序。

如前所述，通过蝴蝶结模型与管理体系要素的关联，能够有效改进安全管理工作。同时，蝴蝶结模型更关注每一项风险防控工作的细节问题。在采用蝴蝶结模型进行风险防控时，需要与关键任务的责任人一道把关键任务分解为操作规程、工作程序或工作任务描述等内容，与此同时，还与责任人的能力有机地联系在了一起。如对某种危害因素可能引发的风险进行防范时，要有具体可操作的工作程序、规程等防范措施，并落实到具体的人员身上，这就与其本人是否具有承担该项措施的能力联系在了一起。如果这些措施的实施需要登高作业，而承担者本人具有“恐高症”，或其他不适于高处作业的身体条件（如高血压、心脏病等），他就不能承担该项风险防控措施，这对于临时任务安排以及新员工岗位的分配具有一定的指导意义。另外，通过蝴蝶结模型把关键任务分配到每个岗位员工身上，能够对每个岗位员工所承担的工作量进行梳理，能够清楚地获悉哪些岗位员工承担了关键任务、承担了多少关键任务，进而与员工岗位薪酬挂钩，进一步激励员工的责任意识，从而为更好地完成任务创造了条件。

（6）蝴蝶结模型可用于改进组织管理。

在蝴蝶结模型中，每个防控屏障都能够与管理体系要素相联系。一方面，把蝴蝶结模型用于事故原因分析，通过蝴蝶结模型能够直接发现被突破的薄弱屏障，通过把这些屏障与管理体系要素相联系，从而查找出事故发生的深层次原因，发现管理体系的薄弱环节（要素），进而有的放矢地持续改进管理体系短板，有效促进管理水平的整体提升。另一方面，上述做法也可反向使用，即在开发编制蝴蝶结模型时，通过把蝴蝶结模型中防控屏障的属性与管理体系要素评估柱状图相联系（图 2-5-8），能够及时发现哪些类型防控屏障的保障是薄弱的

（在柱状图中，低分值的柱状代表的就是弱项管理要素，属于此类要素的防控屏障就是薄弱屏障），进而通过增设屏障或调整屏障属性等，确保屏障效用的发挥。如可通过改变屏障属性，把其中一两个或全部弱势屏障（如“管理控制措施”），转变为强势屏障（如“工程控制措施”），以防止薄弱屏障被突破，达到强化风险防控措施之目的。

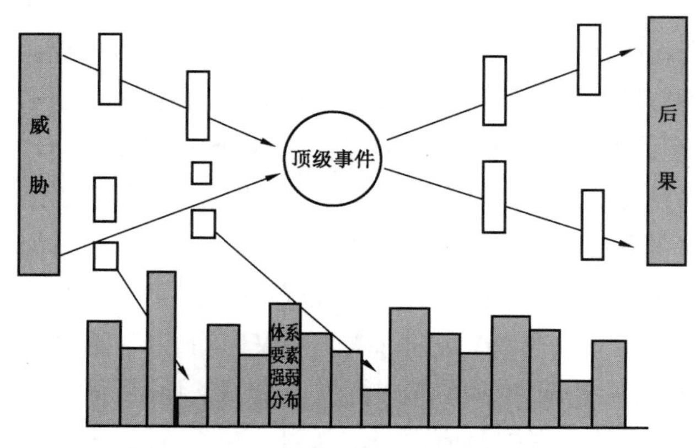

图 2-5-8　蝴蝶结模型与管理体系因素

2. 蝴蝶结模型应用案例

壳牌公司是最早把蝴蝶结模型用于企业风险防控实践活动的企业。几十年来，壳牌公司一直致力于蝴蝶结模型在风险防控中的探索、应用，并且取得了非常好的风险防控效果，几十年来的安全生产业绩一直是石油石化高风险行业内的佼佼者。

1）壳牌公司蝴蝶结模型应用于对高风险的管理

壳牌公司在风险管理规范中明确规定，对位于“风险评估矩阵”红色高风险区域的风险，应采用蝴蝶结模型法进行风险防控。下面介绍壳牌石油公司采用蝴蝶结模型的具体管理措施。

首先，对辨识出的危害因素，经过“风险评价矩阵”筛选出其中位于红色区域内的高风险危害因素，遵照“合理、实际”的原则，采用“消除”或“替代”的方式进行处置，降低其风险程度，使之回到蓝色低风险区域。

其次，对经过处置不能降低到蓝色低风险区域的危害因素，应采用“蝴蝶结法”等行之有效的风险控制和应急处置措施。

（1）确认所设置的屏障，预防升级因素及顶级事件发生，并采取恢复措施降低事故后果。

（2）对每一个屏障至少应确认一项 HSE 关键任务。

（3）把所确认的 HSE 关键任务分配给指定的关键人员或关键作业活动。

（4）确认 HSE 关键装置及绩效标准，并在关键作业活动或关键作业程序中予以保持。

（5）确定“合理、实际且尽可能低”的指标参数，并用之于风险控制中。

（6）做好展示以及把风险控制在“合理、实际且尽可能低”情况的相关记录：

① 记录下蝴蝶结或所采用的其他风险控制技术，其中应包括危害因素、危险、顶级事件、后果、防范与恢复措施、绩效表现指标及其监测方法，以及关键作业活动、关键岗位或关

键作业过程，并且还要把其中所采取的纠正或改进措施、行动予以记录；

② 记录把风险控制在“合理、实际且尽可能低”所做出的决定、指标，以及所采取的纠正措施等。

（7）准备一个补救方案，以备对存在差距的补救。

此外，对位于矩阵黄、红色区域的危害因素的控制，应注意实施过程中因为各种变更对控制和恢复措施有效性造成的影响，并通过对相关记录的总结分析，必要时予以调整。

实际上，壳牌公司不仅要求对高风险的危害因素采用蝴蝶结模型进行严格控制，而且已经把蝴蝶结模型应用于日常的风险管理活动中。现以一个含硫天然气集输站为例，说明采用蝴蝶结模型对硫化氢这个危害因素的防控过程。一般而言，通过蝴蝶结模型对于一个危害因素的防控，通常始于设计阶段，首先，从设计阶段开始，针对硫化氢危害的特点，严格按照含硫天然气设计标准进行设计，如采用耐硫化氢腐蚀的材质，设计含硫天然气集输站硬件设备设施。通过高标准的设计，提升了设备设施的本质安全水平，而这些硬件设备设施就构成了蝴蝶结模型中的硬件屏障。其次，在运行阶段，主要是依靠现场运维人员，一是通过对硬件设备设施的检查、维护使之有效发挥屏障作用，二是作业人员通过按操作规程操作或执行其他风险防控措施，构筑起其他相关防控和应急屏障，并使相关功能屏障有效发挥作用。当然，如果在日常检查中发现硬件屏障存在隐患或其他问题，可能就意味着该功能屏障失效，如果这样，应在治理完成之前，增加相应防控措施，反映在领结图上，应以某种行之有效的屏障暂时取代该失效屏障，直到该问题得以解决，屏障功能得以恢复为止。

2）壳牌公司把蝴蝶结模型理念用于风险管理

一般地，我们习惯把危害因素辨识、风险评估及风险的削减与控制，称之为风险管理的“三步曲”。对比蝴蝶结模型，我们可以明显看出，我们日常进行的风险管理“三步曲”并不完善，它只具有蝴蝶结模型的左半边功能，即对风险的防范，一旦风险防控失败，发生紧急事态，只有风险管理“三步曲”无法做到紧急情况下的事故应急。壳牌公司采用蝴蝶结模型进行风险管理就有效解决了这个问题。同时，壳牌公司还把蝴蝶结模型这种全面风险管理的理念用于日常风险管理工作当中，对于日常工作中的任何一种风险，即使不采用蝴蝶结模型的方式进行风险管理，但在其防控措施中一定会增加一项内容，即制定应急处置措施以备失控发生。所以，在壳牌公司，他们通常进行的风险管理不是“三步曲”，而是在“三步曲”上再增加一步应急处置，构成风险管理的“四步曲”，即包括以下几个部分。

（1）系统辨识危害因素及其影响。

（2）辨识出的危害因素进行风险评价，记录高风险危害因素。

（3）制定并采取适宜措施，确保其风险降低到“合理实际且尽可能低”的水平。

（4）制定应急处置措施以防失控发生。

目前，国际上有许多专注于研究蝴蝶结模型的咨询服务公司，如像 Risktec、Cgerisk 等一些国际安全管理咨询公司，已把蝴蝶结模型成功地推广应用于许多高风险行业的风险管理业务，并取得了良好的风险防控效果。

第六章　事故防控的微观模型

在本书上篇中，从事故防控的战略角度，剖析有效实施事故防控的宏观机制，构建了事故防控的宏观模型。本章将从具体风险的防控、事故原因分析等微观技术层面，探究风险防控的微观机理，分析事故发生的各种原因，构建事故防控的微观模型。

第一节　三类危险因素的重新划分

在本篇第一章“危害因素辨识”中，根据危害因素自身性质，划分为“第一、二类危险源（危害因素）”。实际上，“第二类危险源”还可以进一步细分，从而形成第一、二、三类危险源（危害因素）。就其性质而言，第一类危害因素属于源头类危害因素，而第二、三类危害因素属于衍生类危害因素，但由于在本章中所述的三类危害因素与三层防护屏障间存在一一对应的关系，故在本章将采用“第一、二、三类危害因素”的称谓。

一、三类危险源（危险因素）划分背景

1995年，东北大学陈宝智教授提出了两类危险源划分理论，把危害因素（危险源）分为两类，第一类危险源（源头类危害因素），主要是指能量或有害物质，第二类危险源（衍生类危害因素），主要是指那些导致约束、限制能量措施失效或破坏的各种不安全因素。2001年，西安科技大学田水承教授在两类危险源划分理论的基础上，提出了三类危险源划分理论，该理论认为，第一类危险源为能量载体与危险物质，第二类危险源为物的故障与物理环境因素，第三类危险源为组织失误与人的不安全行为，并给出了其事故致因机理（图2-6-1）及三者的相互关系（图2-6-2）。

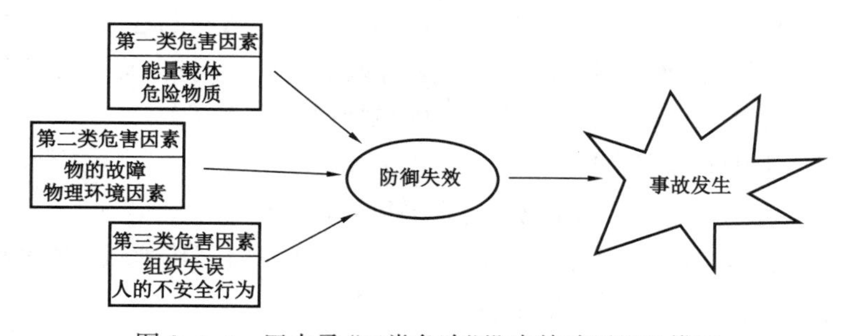

图2-6-1　田水承“三类危险源”事故致因机理模型

田水承教授的三类危险源划分理论，实质上就是对陈宝智教授“两分法”中第二类危险源的进一步细分。因为在田水承教授的“三分法”中，第一类危险源（危害因素）与陈宝智教授的“两分法”相同，都是能量（载体）及有害物质，只是把“两分法”中的第二类危险源（危

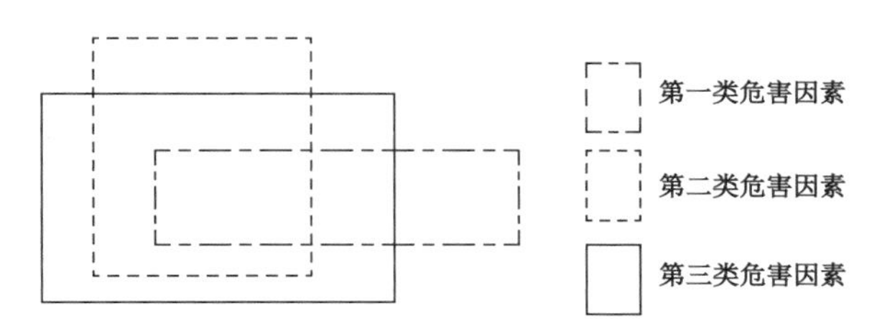

图 2–6–2　田水承“三类危险源”之间相互关系图

害因素)——导致约束、限制能量措施(屏障)失效或破坏的各种不安全因素,细分成了两类,即第二类为物的故障与物理环境因素,第三类为组织失误与人的不安全行为。

二、三类危险源(危险因素)的重新划分

认真分析这种分类方法,可以发现这种分类方式并不妥当。因为按照这种分类方式,不仅把物的故障、物理环境因素以及人的不安全行为等划分在一起,还把它们与组织失误划分到了一个层次。事实上,物的故障、物理环境因素以及人的不安全行为等与组织失误并不在一个层面,它们之间不是并列关系,而是因果关系。因为组织失误(如组织的监管缺失等)导致了诸如物的故障、人的不安全行为以及物理环境因素等方面的问题,组织失误是因,物的故障、人的不安全行为以及物理环境因素不良是果,它们是因果递进关系,而不是像田水承教授“三分法”中所述的并列关系或交叉重叠关系。

通过分析各种事故致因因素之间的相互关系,对田氏“三分法”中的三类危险源进行了重新划分,提出了危险源(危害因素)的新“三分法”。新、旧“三分法”相同的是,都保留了陈宝智教授对第一类危险源的划分,都是将第二类危害因素(即衍生类危害因素)细分成两类,不同的是进一步细分的两类危险源具有截然不同的性质。新“三分法”把“两分法”中第二类危险源(危害因素)划分为这样两类:一类是人的不安全行为、物的不安全状态等,它们是导致约束、限制能量措施失效或破坏的各种不安全因素,是事故发生的直接原因。另一类是组织监督管理、组织(安全)文化等方面的缺陷,包括组织监管、组织文化、规则、制度等方面存在的问题,它们是导致人的不安全行为、物的不安全状态等产生的原因,是事故发生的间接原因。

另外,在旧“两分法”中,第二类危险源除了人的不安全行为、物的不安全状态外,还包括环境不良及管理上的缺陷等,在新“三分法”中,把“环境不良”划归为人的不安全行为、物的不安全状态之类的事故发生的直接原因,把“管理上的缺陷”划归到“组织监督管理、组织(安全)文化等方面的缺陷”等事故发生之间接原因范畴(图 2–6–3)。

新“三分法”划分的实质,就是将导致约束、限制能量措施失效或破坏的各种不安全因素,进一步细分为“屏障(约束)失效的因素”与“造成‘屏障(约束)失效的因素’的原因”两类,即人的不安全行为与物的不安全状态,以及导致它们产生的原因——组织的监管问题。按照这种危害因素划分方式,新三类危害因素分别是:一是能量或有害物质,二是人的不安全行为与物的不安全状态,三是组织的监管问题(图 2–6–3)。

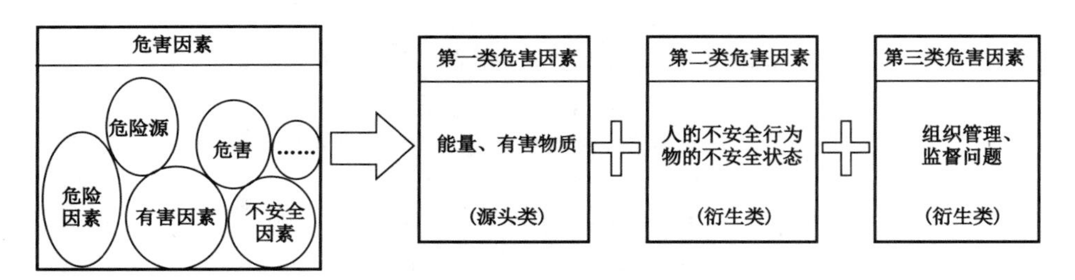

图 2-6-3　三类危害因素的重新划分

第一类危害因素是指能量或有害物质，它是事故发生的物质性前提，是事故发生的根源、源头，是事故发生的内因，它影响着事故发生的后果的严重程度。第二类危害因素包括个体人的失误、物的故障（包括环境不良等物理性环境因素），概括为人的不安全行为与物的不安全状态，这类危害因素是导致约束、限制能量屏蔽措施（屏障）失效或破坏的各种不安全因素，即屏障上的缺陷、漏洞，它们是事故发生的触发条件、必要条件，是事故发生的外因，也就是导致事故发生的直接原因。第三类危害因素是指不符合安全规范的组织因素，包括组织的监管缺位、不良的安全文化，等等，它是诱发第二类危害因素产生的原因，是事故发生的一个组织性前提，是事故发生的间接原因，由于它们是组织管理、监督方面的问题，故又称为管理原因。

通过上述分析可以看出，第三类危险源是诱发第二类危害因素产生的原因，而第二类危害因素又是触发第一类危害因素失控的原因，三者之间是互为因果的递进关系。

对三类危险源（危害因素）的重新划分有着十分重要的意义。它有助于深入分析事故发生的管理原因，从而提出治本之策，不仅能够举一反三，防止类似事故的发生，而且能够关注事故发生的深层次原因——不良的安全文化，进而能够通过提升安全领导力，培育良好安全文化，打造实现安全生产长治久安的机制。

另外，这样划分出来的三类危害因素，与前面通过蝴蝶结模型的屏障及其漏洞之间存在着某种相互对应的关系，下面就根据蝴蝶结模型的风险防控机理，探讨它们之间存在的这种相互关系。

第二节　三级屏障防控风险机理分析

从能量意外释放论理论可以看出，要防范事故的发生，就要确保由能量或有害物质所构成的源头类危害因素不能失控，即可增加屏障数量或提升屏障质量，但若靠一味增加屏障数量，不仅需要增加人财物力，而且还有可能因屏障过多而“过控”，并最终导致失控的发生。因此，通过减少或消除屏障存在的漏洞，有效提高防控屏障的质量，使所设置的防控屏障能够发挥作用才是上策。

下面将以三类危害因素的划分为基础，结合上一章蝴蝶结模型，分析、研讨对三类不同危害因素的防控问题，探求风险防控的微观原理，进而探索建立风险防控的长效机制。

一、三级屏障及其防控机理

科学的事故防控模式就是根据事故防控客观规律，针对危害因素的特性，设置相应的屏障，进行有针对性的防控。

1. 第一级屏障："个体" 与 "硬件"

为控制第一类危害因素——能量或有害物质，能够按要求流转而不发生意外释放，其直接防控屏障就是"个体"与"硬件"（图 2-6-4）。所谓"个体"就是基层组织一线岗位个体员工，如一线员工遵章守纪依规操作，就能够防控能量或有害物质的失控。"硬件" 是指在用的机器、设备等硬件设施，其中既包括生产设施，如高压储罐，也包括安全防护设施，如叶轮防护罩等。由于只有一线员工及其所操作、维护设备设施，直接与能量或有害物质 "密切" 接触，因此，防控能量或有害物质失控的直接屏障，是且只能是一线个体员工及其所操作或维护现场的设备、设施等硬件系统。例如，针对"笼中老虎"这一危害因素，由"笼子"这个硬件控制，而 "笼子" 等硬件设施是由人——一线岗位员工（本例中的饲养员）管理，所以说，个体与硬件是屏蔽能量或有害物质（源头类危害因素）的直接屏障（图 2-6-4）。

图 2-6-4　"个体" 与 "硬件"

如上所述，对能量或有害物质施加的屏障，就其性质而言，无外乎个体员工或硬件设备，因此，若发生了事故，其直接原因当然也是个体员工或硬件设备方面的原因所引起，即要么是由于人的不安全行为（个体员工），要么是因为物的不安全状态（硬件设备），这样，人的不安全行为与物的不安全状态就分别构成了 "个体" 与 "硬件" 屏障上的漏洞，它们是第二类危害因素。人的行为是否规范，当然主要就是取决于当事人自己，至于物的状态安全与否，要么是靠本属地岗位员工的检查发现，要么靠运维人员的巡检、维护等，也是由一线岗位员工所直接管理，因此，一线岗位员工就是 "个体" 与 "硬件" 屏障的执行主体。

总之，"个体" 与 "硬件" 是防止能量或有害物质失控的直接屏障，而一线员工就是该层屏障的执行主体，他们遵章守纪、依规操作，就能够使 "个体与硬件" 屏障有效发挥屏蔽作用，否则，"个体与硬件" 屏障就会出现漏洞——人的不安全行为或物的不安全状态，也正是由于屏障上漏洞的存在，可能会导致能量或有害物质失控，从而造成事故的发生，为此，必须设置相应屏障，堵塞 "个体与硬件" 屏障上的漏洞（第二类危害因素），即对第二类危害因素进行有的放矢地防控。

2. 第二级屏障：组织监管

如前所述，为确保诸如“笼中老虎”这样的能量或有害物质受控，必须使第一级屏障发挥其应有作用，为此，必须确保第一级屏障的执行主体——基层组织的一线操作（维护）人员有效履职。而一线员工的不作为所导致的人的不安全行为或物的不安全状态，就构成了第一级屏障“个体与硬件”上的漏洞，因此，要有效防范事故发生，还必须设置相应的屏障进行弥补，以堵塞上一级屏障上的漏洞。人的行为是否安全，涉及当事人的观念、理念、知识、技能等方方面面，而物的状态是否安全则牵涉到设计、加工（施工建造）、监测、检查、维护等诸多环节，因此，要确保人的行为规范、物的状态安全，就要确保一线员工有效履职，最终还要靠各级组织、各职能部门采取科学的方式，进行有效的监督与管理，如员工行为是否安全，取决于其是否得以有效培训，出现违章、不作为等问题能否得以有效处理等，所有这些都是组织监管行为（图 2–6–5），因此，要堵塞人的不安全行为或物的不安全状态形成的漏洞，必须设置“组织监管”屏障对其进行弥补。也就是说，通过组织（这里的“组织”并非安全管理部门，而是各级直线组织、各职能部门）行为，发挥安全监管作用，有效规范员工作业行为，提升物的本质安全水平，从而避免人的不安全行为或物的不安全状态情况的出现，达到防控事故发生的最终目的。

图 2–6–5　组织的监管对实现安全生产十分重要

这里，“组织监管”是指在安全生产方面，组织采用一定的管理模式，如 HSE 管理体系当然也可能是传统的安全监管模式等，并通过管理模式的有效运行，各级直线组织、各职能部门都能够各负其责，切实负起在安全监管方面的责任。第二级屏障的执行主体是各级组织、各职能部门的管理人员，如生产或工艺技术部门管理人员负责规定、程序的制修订，培训部门管理人员负责对一线员工进行规定、程序的培训；规划计划部门负责安全投入的计划及时拨付资金对隐患进行整改；安全部门负责对安全监管技术层面的咨询与指导，各级直线组织则应负责对本组织内员工行为的监督管理，等等。另外，组织的监管模式科学与否，也影响着安全监管工作的效率。

总之，设置“组织监管”屏障就是为了堵塞“个体与硬件”屏障上的漏洞，组织的管理人员是该层屏障的执行主体，他们通过科学的监管模式主动作为，就能够促使该层屏障有效发挥作用，避免不安全行为或物的不安全状态的出现，从而有效防控事故的发生。相反，组织的不作为等一些负面因素则又构成了第二道屏障“组织监管”上的漏洞，其表现形式就是组织在安全生产上管理不到位或监督缺位，它们构成第三类危害因素，也就是第二级屏障“组织监管”上的缺陷、漏洞，或者称为“升级因素”。

要使第二道屏障“组织监管”有效发挥其应有作用，就要再设置新的防控屏障，以弥补第二级屏障“组织监管”上的漏洞，由于这些漏洞就是第三类危害因素，因此，所设置的屏障又称为第三级屏障。

3. 第三级屏障：安全文化

所有事故发生的原因，都能追溯到管理层面存在的监督管理问题。各级直线责任组织在安全生产管理、监督方面的缺位或不到位就是第二级组织监管屏障上的缺陷、漏洞，那么，如何弥补这些漏洞，即如何使各级组织、各职能部门管理人员，能够通过科学有效的方式，履行各自在安全生产管理工作方面的责任，从而使该层级屏障真正发挥其应有作用呢？

传统安全管理模式就是靠上级主管部门督促，如由安全监管部门强迫它们做好各自的安全监管工作。在这种情况下，他们能否有效履职就与上级部门的监督、检查情况联系在了一起：监督、检查抓得紧、力度大，效果就会好一些；反之，就不理想。但无论如何，通过检查监督方式，没有触及问题的实质，只能是解决一时一事的问题，更何况由于当事人不自觉，只能是被动地解决问题。另外，单靠监督者的监督来保证其履职，使第二级屏障有效发挥作用，就人财物力来说也不现实，传统安全监管模式的失败就是例证（表 2–5–2）。

通过分析不难发现，各职能部门、直线组织在安全监管方面不主动作为，是导致这些漏洞出现的核心问题，当然，安全管理模式不科学对于监管效率也有一定影响。那么，它们为什么在安全监管方面不主动作为呢？分析原因，主要有以下两点。

首先，很多直线组织、职能部门不认可自己对安全监管工作负有责任，认为安全监管就是安全部门的事，安全生产工作与自己关系不大。有些直线组织虽然表面认可，但内心深处仍有抵触情绪，口服心不服，由于思想上没有转过弯来，没有兴趣认真学习掌握安全监管知识，在工作中自然也就不会尽心尽力。归根结底，制约他们作为的原因就是思想认识问题，是落后的观念、理念方面的问题。

其次，由于事故发生的特点，使人们对安全生产工作的重视程度不够，存在侥幸心理。即使一些直线组织、职能部门认可对自己业务范围内的安全工作负责，但鉴于事故发生的随机性和概率性，并非出现了人的不安全行为或存在物的不安全状态，就会导致事故发生，因而使得这些直线责任组织，对人的不安全行为或存在物的不安全状态，习以为常、见怪不怪，之所以出现这种对安全生产管理工作心存侥幸、不重视的问题，归根结底还在于人们的安全意识不强、安全理念落后等观念、理念方面的问题。

至于安全管理模式科学性问题，它虽影响监管效率，但并不是决定因素，更何况包括管理科学在内的科学技术发展到今天，完全能够解决安全管理问题，因此，问题的关键不是有没有科学、先进的管理模式，而是科学、先进的管理模式能否发挥作用的问题，譬如，当今一些采用先进、科学的 HSE 管理体系的企业，并没有真正按照管理体系要求去做，究其原因仍然是思想认识问题。

由此可知，要打造一个天衣无缝的屏障，就要有效解决上述问题，必须彻底扭转人们在安全生产方面的传统观念、理念，必须提升人们在安全生产方面的思想认识，换而言之，就是要培育良好的企业安全文化，使人们心甘情愿、主动作为，这是问题的症结所在。

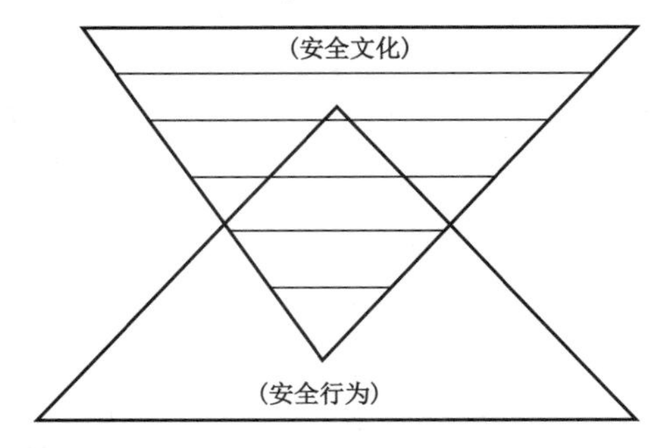

图 2-6-6　安全文化与安全行为的关系图

美国学者 Dejoy 在其 2004 年的一获奖论文中，给出了安全文化模式（图 2-6-6）。Dejoy 认为安全文化应是由高层领导所在的决策管理层发起，并自上而下传播，即由高层领导（一把手）带动其直接下属，下属再影响自己的下属，逐步带动、感染、传播。通过身边环境、氛围的影响等，耳濡目染，使各级管理人员提高对安全生产重要性的认识，进而转变其观念，从而才能自觉主动地做好安全生产监管工作。实际上，良好安全文化建设与培育需要顶层驱动，要求其上级领导作出表率，做有感领导，起到模范带头作用，从而影响、带动其下属一起行动。

由此可见，安全文化的培养靠的是组织的高层领导，一把手的作用至关重要，美国学者 E.H. 沙因（Schein）认为，领导层在安全生产管理方面唯一真正重要的事，就是培育良好的安全文化。由此可见，组织安全文化的培育是该组织高层领导"一把手"的事，因此，第三级安全文化屏障的执行主体应该是该组织的高层领导，是"一把手"，各级"一把手"在安全管理工作方面身体力行，做出表率，就能够感染、感动进而带动各级领导干部和管理人员，对安全管理工作的重视，从而促使组织各级管理者能够心甘情愿地做好安全生产的监管工作，即通过安全文化建设，打造致密的第三级屏障，从而使得第二级防护屏障——"组织监管"的漏洞得以弥补，该级屏障就能发挥应有作用。更为重要的是，正如上所述，良好安全文化氛围的形成，不但能使第二级防护屏障——"组织监管"发挥应有作用，也间接作用于第一级屏障，使其发挥其应有发挥作用，而且还能够直接作用于一线员工，激发全员参与热情，使第一级屏障有效发挥作用。

因为在这种良好安全文化氛围熏陶之下，不仅组织的各级管理人员通过提升安全意识、增加安全知识，心悦诚服地主动履职，不仅乐于采用先进、科学的管理模式，而且能够使其有效运行，从而把对员工的监管工作做足、做好、做到位，而且在各级领导的影响、感召下，广大一线员工也能够在这种氛围中，耳濡目染，积极主动投身于安全生产的各项工作之中，自觉遵章守纪，并且会以违章违纪为耻，以遵章守纪为荣，从而实现从"要我安全"向"我要安全"的转变。这样一来，各级屏障作用都能够正常发挥，就不可能再有能量或有害物质失控的可能，也就不会再有各类事故发生的可能，而这种态势不是高压之下的应急反应，也不是严格监督之下的被动应付，而是一种人们发自内心的自觉行为，是一种常态，是一种习惯，具有可持续性，因此，建立在良好安全文化之下的安全生产自然就能够做到长治久安。

任何事故的发生，虽然都是由于一线岗位员工不作为或乱作为，造成"个体或硬件"屏障存在漏洞，导致能量或有害物质的意外释放而引起，但一线岗位员工的问题都能够追查到组织监督管理方面的原因，并最终都与不良的企业安全文化脱不了干系。相反，良好安全文化的氛围、环境,既能够作用于各级管理人员,使科学的管理模式发挥作用,也能够影响到广大一线员工,使得多重屏障共同发挥作用,有效防控由能量或有害物质的意外释放,从而防范各类事故的发生。

二、两种不同类型屏障的辨析

本章前面所讨论的“第 X 级”屏障,与以前奶酪模型或蝴蝶结模型中的设置了“几道(层)”或“多少道(层)”屏障,有着本质的区别,它们是两种不同性质的屏障。

首先,在奶酪模型或蝴蝶结模型中,设置的“几道(层)”或“多少道(层)”屏障,这些屏障要么是“硬件”,要么是“个体”(“管理型措施”),它们都是客观存在的、现实的东西,而为堵塞其上漏洞所设置的堵漏屏障,即本章前面所说的第二、三级屏障,则是针对原来已设置的屏障,为堵塞其上漏洞所做的分析、处理工作。一般而言,这些堵漏屏障并不是真正意义上又增设了一道现实的屏障,而是为分析方便所虚拟的。如上述分析针对某“个体”或“硬件”屏障,为堵塞其上的漏洞,设置“组织监管”屏障为其堵漏,但“组织监管”屏障并非新增加的一道真实屏障,而是针对“个体”或“硬件”屏障漏洞所做的分析,其目的是堵塞其上的漏洞,提升该“个体”或“硬件”屏障的质量,使其真正发挥作用。真正客观存在的只有“个体”或“硬件”屏障,而“组织监管”“安全文化”屏障都是为分析工作而虚拟的屏障。

其次,奶酪模型及蝴蝶结模型中,那些客观现实的屏障之间必须是相互独立的,否则,就会存在各式各样的问题。相反,本节所分析的“X 级”或“第 X 级”堵漏屏障之间,则是密切关联在一起。因为所虚拟的上一“级”屏障就是针对下一“级”屏障的特点,为封堵其上的漏洞而设置的,如“组织监管”屏障(第二级)的设置,是为了堵塞“硬件”或“个体”屏障(第一级)上的漏洞所做的分析,同样,“安全文化”屏障(第三级)的设置,是为了堵塞“组织监管”屏障(第二级)的漏洞所做的分析(图 2-6-7),因此,它们之间是相互联系的。

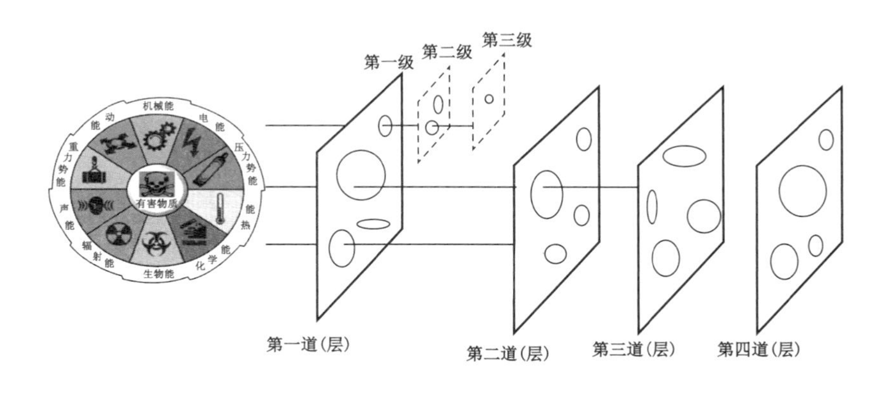

图 2-6-7　现实屏障与虚拟屏障之区别

另外,如前所述,在蝴蝶结模型中,为使所设置的防控屏障发挥作用,在每一道(层)屏障设置后,都应对其上的“升级因素”(漏洞)进行辨识,这实际上就是对衍生类危害因素的辨识。在此基础上,为堵塞其上的漏洞,应设置相应屏障进行堵漏,这种在工作中所设置的屏障,也是一种客观存在,不同于这里所言的“第 X 级”屏障。

第三节　事故防控微观模型——“3×3”模型

通过上述分析可知，能量或有害物质作为第一类危害因素，由作为第一级防控屏障的“个体与硬件”担当，但无论“个体”屏障还是“硬件”屏障，其上都有“漏洞”，这些“漏洞”就是第二类危害因素，其有与之相应的屏障防控。这样，兵来将挡、水来土掩，对不同的危害因素构筑相应的防护屏障进行防控，就构成了事故防控的层层屏障，从而构建起了事故防控的微观模型。

一、事故防控微观模型（“3×3”模型）的构建

1. 第一类危害因素与第一级防控屏障

为使能量或有害物质不发生失控，必须由相应的屏障（约束）进行防控，防控能量或有害物质（第一类危害因素）失控的屏障（约束）一般表现为“硬件与个体”，“硬件与个体”分别或联合作用，就能够防控各类事故的发生。这种针对第一类危害因素（能量或有害物质）所设置的“硬件与个体”防护屏障被称为第一级防控屏障。该层级屏障的执行主体就是一线岗位员工，如果一线岗位员工能够正确履职，“硬件”“个体”就能够有效发挥作用，也就是说，一线岗位员工能够按照规程操作，确保人的行为安全，能够按要求检查、维护各种设备、设施，确保物的状态安全，就能够确保能量或有害物质受控，从而有效防范事故的发生。

第一类危害因素由第一级防控屏障进行防控，如图 2–6–8 所示。

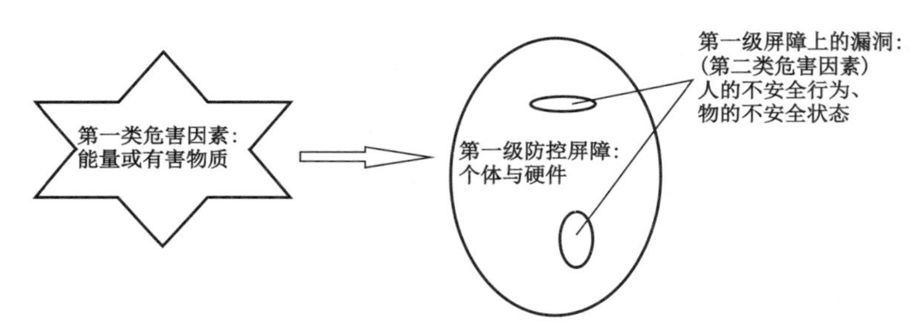

图 2–6–8　第一类危害因素与第一级防控屏障

2. 第二类危害因素与第二级防控屏障

若一线岗位员工能够正确履职，就能够确保第一级防控屏障发挥作用，反之，如果一线岗位员工不作为，就会出现的人的不安全行为或物的不安全状态，表现为第一级防控屏障的“升级因素”（漏洞），“个体”屏障的漏洞为人的不安全行为，“硬件”屏障的漏洞为物的不安全状态。第一级防控屏障存在的漏洞或缺陷就构成了第二类危害因素，其主要表现为员工行为的不规范，如违章违纪、不按规程操作，以及因检查维护不到位或整改不及时所存在的物的不安全状态，如设备隐患等。要管控人的不安全行为，必须通过直线组织的监管活动，对一线岗位员工进行有效的管理与监督，而要管控物的不安全状态，同样，也必须通过直线组织，强化对运维人员的管理与监督，以便对设备设施的及时检查与妥善维护，同时，还有对

发现的设备、设施隐患及时投入人财物力进行整改，等等。因此，要堵塞由一线员工作为执行主体的第一级屏障这些漏洞（“升级因素”），就需要再设置由直线组织管理人员为执行主体的另外一级屏障去封堵、弥补，只有这样才能确保第一级屏障有效发挥防护作用。因为该级屏障是对第一级防控屏障上的漏洞——“升级因素”（第二类危害因素）的防控，因此，该级屏障就称为第二级防控屏障，其作用就是通过组织的监管，规范员工作业行为，实现物的状态安全，故第二级防控屏障被称为“组织监管”，该层级屏障的执行主体是各级组织及其管理人员。

第二类危害因素由第二级防控屏障进行防控，如图 2-6-9 所示。

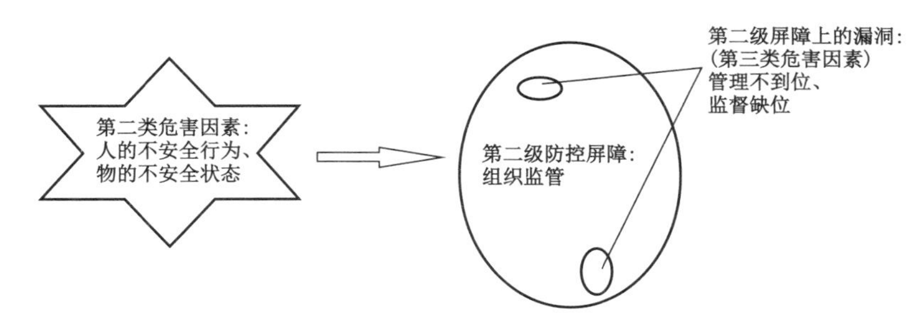

图 2-6-9　第二类危害因素与第二级防控屏障

3. 第三类危害因素与第三级防控屏障

第二级屏障的执行主体是直线组织或职能部门的管理人员，他们的有效履职是确保一线岗位员工有效履职的必要条件。如果管理人员的不作为，如管理不到位、缺乏监督等，就会造成一线岗位员工的不作为，从而导致能量或有害物质失控而造成事故的发生。监管人员的不作为就构成了第二级屏障上的“升级因素”（漏洞），它们又被称为第三类危害因素。为此，需要设置与之相匹配的第三级屏障以防控第三类危害因素，即堵塞第二级屏障上的漏洞。一般企业第三级屏障就是专职部门的监督，其执行主体就由主管安全部门担当，这就是典型的传统安全管理模式。由于传统安全管理中的诸多弊端，使得该级屏障漏洞百出，起不到应有的防护作用。因此，唯有积极推进良好安全文化建设，使企业安全文化由“严格监督”进入“自主管理”及其以上阶段，才能够真正筑好这道屏障，所以，在科学的事故防控模型中，该级屏障应由“安全文化”担当。事实上，要使组织的管理人员在安全生产方面有效履职，就要培育良好的安全文化，提升各级管理人员的安全理念、意识。

总之，真正坚固的第三级屏障是通过培育良好的安全文化来实现的，故该层级屏障被称为“安全文化”。第三级屏障的执行主体为企业高层领导及各级“一把手”。如前所述，由于领导（尤其是“一把手”）具有强大的领导力，是一个组织的旗帜，引领着组织行进的方向，它影响带动组织达到预定目的，对组织的管理活动起着至关重要的作用。通过提升安全领导力，尤其是安全文化的培育，达到促进各级管理人员及广大一线员工自觉有效履职的目的。

第三类危害因素由第三级防控屏障进行防控，如图 2-6-10 所示。

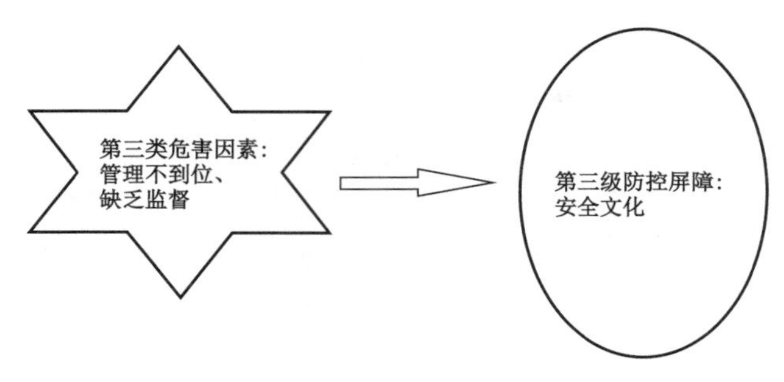

图 2-6-10　第三类危害因素与第三级防控屏障

三类危害因素与三级屏障分别存在着一一对应关系，把它们依次对应并结合在一起，就构成了“3 × 3”微观事故防控模型（表 2-6-1）。

表 2-6-1　三类危害因素与三级屏障之“3 × 3”事故防控模型（事故防控微观模型）

序号	危害因素（危险源）	防控屏障		执行主体（或责任主体）
1	第一类危害因素： （1）能量； （2）有害物质	第一级屏障：个体与硬件 （1）个体（一线员工规范操作）； （2）硬件（设备、设施、安全附件等完整可靠）	第一级屏障上漏洞 *： （1）人的不安全行为； （2）物的不安全状态	一线个体员工：如饲养员、驾驶员、飞行员、检维修人员等
2	第二类危害因素 *： （1）人的不安全行为； （2）物的不安全状态	第二级屏障：组织监管 （1）直线组织的管理； （2）直线组织的监督	第二级屏障上漏洞： （1）管理不到位； （2）缺乏监督 （安全文化不良）	各级组织、各职能部门管理人员
3	第三类危害因素： （1）管理不到位； （2）缺乏监督 （安全文化不良）	第三级屏障：安全文化 （1）安全领导力； （2）良好安全文化	（安全文化屏障无漏洞）	组织的“一把手”、高层管理人员

* 上一级屏障的漏洞就构成了下一级的危害因素。

二、事故防控微观模型（“3 × 3”模型）的意义

事故防控宏观模型主要用作对事故防控的管理模式、发展方向等宏观层面问题的探讨，而事故防控微观模型解决的则是事故的原因分析、事故防控的技术技巧等微观层面的问题，但即便如此，从微观模型中也能佐证一些宏观方面的道理。

1. 找到了传统安全管理模式下事故多发的理论依据

与前述“科学的事故防控模式”相反，传统安全管理之下的事故防控模式就是由安全管理人员所“承包”了的“单打一”管理模式，由于其既不科学也不合理，故此种事故防控模式，不能够做到对事故的有效防控。具体到事故防控模式而言，有以下几个特点。

（1）针对第一类危害因素——能量或有害物质，客观存在的第一级屏障与前述科学的事故防控模式是相同的，都是“个体与硬件”。因为他们在客观上直接接触的就是能量或有

害物质，如容器、管道等一些硬件设施存储的就是能量或有害物质；一线员工则是这些硬件设施设计者、建造者、操作者或维护者等，硬件设施的功能是否正常，一线员工能否尽职尽责，就关乎第一级屏障的屏蔽作用能否正常发挥。

（2）第一级屏障——“个体与硬件”屏障上的漏洞，构成了第二类危害因素——人的不安全行为与物的不安全状态。对第二类危害因素的防控，与前述科学的事故防控模式，就有了很大的差异。在传统安全管理中，无论是对人不安全行为的监督，还是对物的不安全状态的管理，都是由基层组织的安全监管人员负责。因为在传统安全管理中，设置安全监管部门，其职责就是管理安全，天经地义。但由于安全管理人员地位不高、权力有限，加之安全管理的工作性质，致使安全管理人员工作积极性不高，且人数也有限，不可能面面俱到（有关传统安全管理的弊端详见上篇第一章内容），导致他们对人的不安全行为与物的不安全状态的监管效果并不理想。为防控第二类危害因素所设置的以安全管理人员为责任主体的第二级防控屏障，达不到预定的效果，如把其喻作物理性屏障，可谓漏洞百出。

（3）为堵塞漏洞百出的屏障，解决安全管理不得力、安全监督不到位等问题，在传统安全管理模式下，上一级安全主管部门负责对下级安全部门及下级组织的监督管理，但由于前述传统安全管理诸多缺陷与弊端，单靠上级安全管理部门，不可能实现对下级安全部门及下级组织的有效监督管理，即无法有效堵塞屏障上的漏洞。只要直线组织不参与，单靠安全监管部门，无论有多少层屏障，事故防控屏障上的漏洞始终得不到有效的消除，最终的结果就是能量或有害物质通过这些漏洞，导致事故的发生，见表 2–6–2。

表 2–6–2　传统的微观事故防控模式

序号	危害因素（危险源）	防控屏障		执行主体（或责任主体）
1	第一类危害因素： （1）能量； （2）有害物质	第一级屏障：个体与硬件 （1）个体（一线员工规范操作）； （2）硬件（设备、设施、安全附件等完整可靠）	第一级屏障上漏洞 * （1）人的不安全行为； （2）物的不安全状态	一线个体员工：如饲养员、驾驶员、飞行员、钻工、检维修人员等
2	第二类危害因素： （1）人的不安全行为； （2）物的不安全状态	第二级屏障：安全部门监管 基层安全人员的监督与管理；	第二级屏障上漏洞： （1）管理不得力； （2）监督不到位	基层组织安全管理人员
3	第三类危害因素： （1）管理不得力； （2）监督不到位	第三级屏障：安全部门监管 上一级安全部门监管	第三级屏障上漏洞： 监管不力 （低效、短效）	上一级安全主管部门的监督人员、安全管理人员
…	……	……	……	更上一级安全主管部门的监管

* 上一级屏障的漏洞就构成了下一级的危害因素。

2. 佐证了直线组织安全监管的合理性、安全文化建设方向的正确性

通过科学的微观事故防控模型（表 2–6–1）可以看出，通过良好安全文化的培育，不仅能

够堵塞第二级屏障——组织监管的漏洞，使其有效发挥屏蔽作用，而且还能够促使第一级屏障——"个体与硬件"发挥更为有效的作用，从而能够完全堵塞屏障上的漏洞，使能量或有害物质受控，有效避免事故的发生。相反，"传统的微观事故防控模型"在进行事故防控时就存在许多缺陷与问题（表 2-6-2）：无论有多少层屏障，漏洞始终存在。这就意味着，在这种管理模式下，能量或有害物质最终仍会通过漏洞而意外释放。传统安全管理模式下事故频发的事实，也提供了事实根据。实际上，在上篇分析有关传统安全管理存在问题时，就论述了安全生产管理工作的特点，以及传统安全管理所存在的种种缺陷，通过构建事故防控的微观模型，尤其是通过与"科学的微观事故防控模型"的对比分析，可以更进一步地看清传统安全管理模式下的缺陷与问题。

通过"传统的微观事故防控模型"与"3×3 事故防控模型"的对比分析可以看出，科学的事故防控方式之所以能够有效防范事故的发生，首先，直线组织的监管发挥着不可替代的作用，有且只有直线组织，才能够胜任对其自身安全生产工作的监管。事故防控的微观模型，从理论上论证了直线责任安全管理模式的科学性，靠安全管理部门，既管不了、更管不好安全生产工作。要做好安全生产管理工作，必须坚持谁主管、谁负责，管生产、管安全，管工作、管安全，只有这样才能够真正实现安全生产。其次，为使直线组织有效发挥作用，培育良好的安全文化至关重要。在确定了直线组织对其自身安全生产工作的监管职责之后，要使直线组织的安全监管作用得以充分发挥，必须使管理人员安全理念、意识得以有效提升，否则，就会因其安全观念、理念的落后而不作为，同样也管理不好安全生产工作。而要转变人们的安全观念、理念，提升人们的思想、意识，就必须通过良好安全文化的培育，使人们真正认识到做好安全监管工作的重要意义，从而增强做好安全生产监管工作的积极主动性。

总之，通过事故防控的微观模型，从理论上佐证了直线组织安全监管的合理性和安全文化建设发展方向上的正确性。

3. 事故防控微观模型用于事故原因分析

在《企业职工伤亡事故调查分析规则》（GB 6442—1986）中，关于事故原因分析，事故原因分直接原因与间接原因。直接原因是直接导致事故发生的原因，一般是指人的不安全行为与物的不安全状态；间接原因是指直接原因得以产生和存在的原因。根据事故防控微观模型，直接原因就是"个体与硬件"屏障上的漏洞——人的不安全行为、物的不安全状态；而间接原因则是导致人的不安全行为、物的不安全状态产生和存在的原因，就是组织监管层面存在的问题，因此，间接原因也称作管理原因。

如图 2-6-11 所示，在进行事故原因分析时，可遵循以下几个步骤。

（1）分析事故单位是否辨识出了源头类危害因素，即事故的致因物。事故致因物就是构成源头类危害因素的能量或有害物质，它是导致事故发生的根源所在。只有辨识出了源头类危害因素，才能有针对性地制定风险防控措施予以防控。因此，在分析事故原因时，首先就要看事故单位是否辨识出该源头类危害因素。如本篇第一章开篇所举的案例 1，进入罐内发生的亡人事故，就是因为没有辨识出源头类危害因素——储罐内可能存在的有毒气

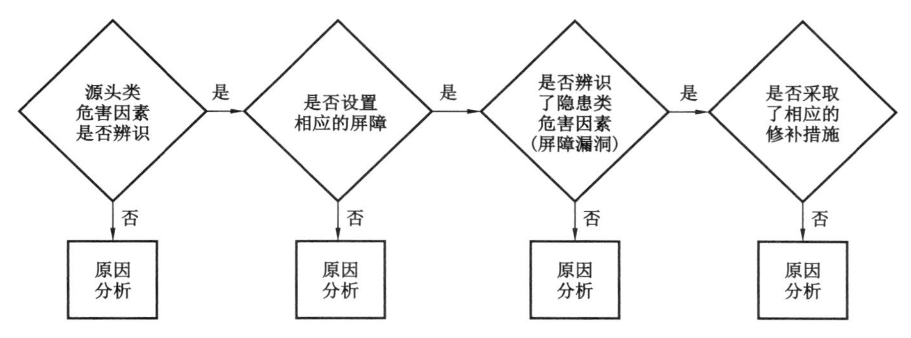

图 2-6-11　事故原因分析技术流程图

体等影响当事人呼吸的有害物质或氧气缺乏，未设置任何防控屏障（措施），而盲目进入导致事故的发生。

（2）分析事故单位是否为该源头类危害因素施加了防护屏障。一般而言，只要辨识出了源头类危害因素，都会施加相应的屏障进行防护，尤其是管理较为规范的国有企业，基本上都能够做到。国有企业一般都会具有完好的设备设施、安全附件、PPE 等硬件性屏障，以及较为完善的安全管理规章制度、规程、措施等软件性屏障。但一些尚处于资本原始积累阶段的私有制企业，如一些高危行业生产经营的个体户（春节前临时的鞭炮私人作坊，前些年山西小煤矿业主等），由于家底单薄，安全意识淡薄，再加上管理不规范，可能既没有安全生产规程、制度，也缺乏必要的安全附件、PPE 等，且设备设施还有缺陷，他们就是抱着赌一把的侥幸心理，所以导致事故的频发。

（3）分析事故单位是否对所设置防护屏障可能存在的漏洞、缺陷进行了辨识，即是否辨识出了与源头类危害因素相对应的衍生类危害因素。这是风险防控的薄弱环节，是导致事故的高发区，因此也是事故原因分析的重点所在。事故统计资料表明，80% 以上的事故都是由于人的不安全行为所致，因此，要有效防控事故的发生，必须重视对防护屏障漏洞——衍生类危害因素的辨识，尤其是“个体”屏障漏洞的辨识。

由于“个体”屏障实质上就是通过软性“管理型”措施，规范一线员工的行为而发挥作用的，因此，与“硬件”屏障相对应，“个体”屏障也就是“软件（通过软件措施规范人的行为）”屏障。对于“硬件”屏障，一般是通过日常的巡回检查、检维修活动等，发现并及时修补漏洞；而对于“软件”屏障的维护要相对复杂一些，除包括对员工安全意识、工作能力的培训考核，规程、制度的定期评审、修改完善等之外，还应特别注意对新出台的“管理型”措施的评审，它们都属于对“软件”屏障的维护，它与对“硬件”屏障开展检维修活动同样重要，但却往往为人们所忽视。在作业许可管理流程中，对票证的书面审核起到的就是这个作用，否则，制定的措施没有针对性或不可操作，就达不到风险防控目的。

（4）分析事故单位的直线责任组织是否对已辨识出的防控屏障漏洞、缺陷进行了修补，以确保能够发挥应有的风险防控作用。就“硬件”屏障而言，对其可能存在漏洞的修补，主要就是通过日常的检维修活动，以及对隐患整改等。就“软件”屏障而言，对它可能存在漏洞的修补要复杂一些，包括针对规程、制度、防控措施等不可操作、防控效果差等相关问题出台规程、制度的相关部门是否采取针对性的修改完善措施进行了修改完善；针对操作规程、措施、制度等不掌握、不熟练等员工素质、技能问题，主管培训的部门是否有的放矢地强化了教育培训等相关措施；针对员工违章违纪、执行力不强等不安全行为，直线组织是否采取了针对性措施加以防控，如严格监管，设置“雷区、红线”等不可逾越的惩罚性措施等。这种因人的不安全行为而导致的事故的发生，是事故发生的另一类直接原因。

（5）分析直接原因的产生和存在缘由，即直线责任组织在监管方面存在的问题。要确保人的行为规范、物的状态安全，不仅取决于一线员工“个体”，更重要的是要靠直线组织的监督与管理。如员工是否得以有效培训，出现违章违纪等不安全行为能否得以及时、有效地处理等。即便是员工基本素质差，也与组织管理工作脱不了干系，如招工时的把关问题，入厂后的培训、管理问题等。物的不安全状态存在的根本原因，同样在于组织管理问题。因为物的不安全状态之所以存在，要么是一线员工不能够及时发现，要么是发现的隐患没有得到及时的整改。而员工不能够及时发现隐患或问题的原因，可能由于员工素质不高，也可能因为员工不作为，但不管何种原因都会像发生员工不安全行为那样，属于组织对员工监管存在问题。至于隐患得不到及时整改而出事，则更是由于组织的安全管理问题。事故发生的间接原因，就是直线责任组织对安全生产工作的监管不到位所致。通过分析事故发生的间接原因，能够及时发现组织监管中存在的问题，从而找到安全生产监督、管理工作中的短板所在，进而有的放矢改进事故防控工作，有效防止事故的发生。

（6）进一步追溯、发掘深层次问题。要进一步追溯间接原因产生的根源，就要看是什么深层次原因导致了间接原因的产生或存在。为什么事故单位的直线责任组织对于隐患整改不重视？不愿意花钱整改隐患？为什么对员工的不安全行为熟视无睹、听之任之？不能够采取断然措施加以制止？究其原因，还是企业不良的安全文化。由于企业不良的安全文化，人们对安全生产管理产生了侥幸心理，不愿意花钱整改隐患，对员工违章违纪听之任之，最终导致事故的发生，这是其一；其二，由于人们落后的安全观念，一些直线组织及其他职能部门往往认为，安全生产监管工作都是安全部门的事，所以，对安全监管工作心不甘、情不愿，不是主动作为，而是被动应付，最终导致事故的发生。前者属于安全意识淡薄，后者则属于安全理念落后。虽然这两个方面的原因，都是由于长期不良的安全文化浸染所致，但在事故原因分析时，应注意分析何种因素为主要成因，以便有的放矢采取更具有针对性的对策。

总之，由事故防控微观模型可知，事故之所以发生，第一，一定存在着失控的能量或有害物质，它们是事故发生的根源所在；第二，进一步查找出事故发生的直接原因，是由于人的不安全行为还是物的不安全状态，因为能量或有害物质之所以失控，一定是由于人的不安全行为或者物的不安全状态所引起；第三，之所以出现人的不安全行为或存在物的不安全状态，其背后的原因是因为直线责任组织在安全监督管理方面存在这样或那样的问题；第四，直线责任组织之所以在安全监督管理方面出现问题，其根源就在于企业不良的安全文化，使其不能够真正重视安全生产工作，存在着得过且过的侥幸心理等（图 2-6-12）。

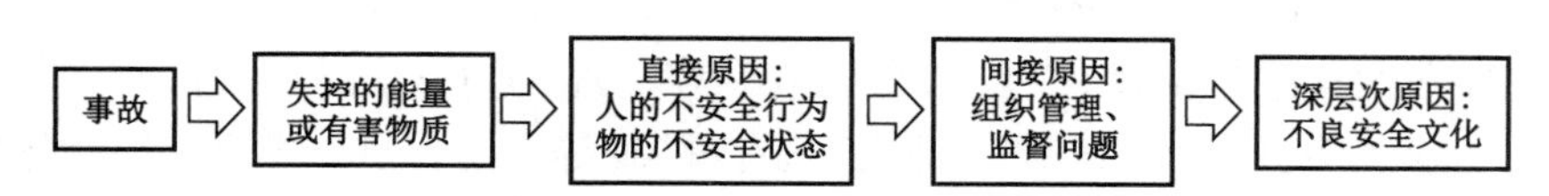

图 2-6-12　事故原因追溯

4. 由事故防控微观模型演绎出事故致因金字塔模型

除了不良安全文化之外，是否会有技术、管理等方面难以解决的问题？事实上，科学技术发展到今天，只要我们真心实意重视安全，完全能够解决事故防控方面的问题。技术含量低的行业自不必说，即使高技术行业同样如此，如发生在美国的两起航天发射器爆炸事故（1986 年的挑战者号与 2003 年哥伦比亚号），以及苏联切尔诺贝利核电站爆炸事故等，所有高新技术行业发生的事故，并非遇到了什么难以解决的技术问题，其深层次原因都是因为安全文化方面的问题，因此，事故的防控不存在科学技术方面的问题。

当然，安全管理模式是否科学，的确会影响事故防控的效率，但如同科技发展一样，管理科学发展到今天，有诸如 HSE 管理体系、职业健康安全管理体系等诸多科学、适宜的管理模式为我所用，关键是我们是否真心实意想实现安全生产，仍然是安全观念、理念等安全文化层面的问题，因此，只要我们的安全文化优良，发自内心想做好安全生产工作，就一定能够找到适于自身特点的科学安全管理模式为我所用。

如果把上面得出的结论进行逆向推理，可以看出：第一，由于企业不良的安全文化，使人们对安全生产工作不够重视，从领导到员工普遍存在着侥幸心理；第二，正是由于人们对安全生产工作不重视、存在侥幸心理，就可能会使得一些直线组织（管理人员）在安全生产监督、管理方面不作为；第三，由于直线组织在安全生产监督、管理方面不作为，就可能致使人的不安全行为大量出现、物的不安全状态普遍存在；第四，由于不安全行为大量出现、物的不安全状态普遍存在，就会使得“个体与硬件”屏障漏洞显著增加，从而就会增加导致能量或有害物质失控的概率；第五，由于能量或有害物质的失控，失控的能量或有害物质波及敏感受体，产生事故，否则，就是未遂事故。通过上述五个方面之间相互关系的分析可以看出，每一个原因都是其结果产生的必要而非充分条件，如，第二层与第一层之间：即使发生了能量或有害物质失控，但如果失控的能量或有害物质所波及的对象对其不敏感，则可能是事件或未遂事故，而非事故，其余各层间的关系同样如此。因此，如果把这些条目按照由下而上的顺序叠放在一起，这样，由于原因是结果的必要而非充分条件，上小下大，叠放在一起，就形成了金字塔形状。这就是事故致因金字塔模型（图 2-6-13）。

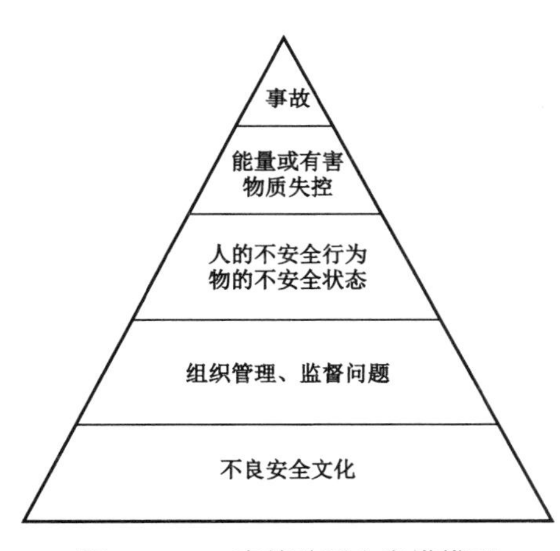

图 2-6-13　事故致因金字塔模型

图 2-6-13 的事故致因金字塔模型是事故防控微观模型的变形，只是它与事故防控模型的角度相反，是从事故致因角度反映问题。从该图可以看出，事故防控微观模型同样反映的是安全文化与管理模式（组织监管）的问题，因此，事故防控微观模型与事故防控宏观模型，有着异曲同工之妙，不仅事故防控宏观、微观模型相互印证，而且都印证了安全文化建设的重要性，要从根本上杜绝事故的发生，必须培育良好的安全文化，这是事故防控的治本之策。

5. 事故微观模型在事故防控方面的其他作用

根据事故防控微观模型，有效防范事故的发生，不仅要辨识出源头类危害因素，还要辨识出与源头类危害因素相对应的衍生类危害因素，从而达到有效提升事故防控效果之目的。该模型中，除第一类危害因素属于源头类外，第二、第三类危害因素都属于衍生类危害因素。

1）运用微观模型分析当前风险管理工作普遍存在的问题

目前，在风险管理活动中，基本上是按照风险管理“三步曲”——辨识、评估与控制，开展 HSE 风险管理工作，并不对防控措施的可行性、有效性等进行评审。事实上，所有风险防控措施都像“奶酪片”那样，都有可能会存在着许多这样、那样的问题，诸如，它的可操作性如何，该措施对风险控制的充分性、必要性，是否该措施会产生其他新的危害等，更何况该措施未必是最优的，正因这些问题的存在，很可能会使得风险防控达不到预定目的，因此，要做好风险管理工作，最好应在措施制定之后、付诸实施之前，对防控措施质量进行评审，即辨识措施屏障上的缺陷、漏洞，在此基础上，再对措施进一步修改、完善，之后再付之于实施。

另外，如果所辨识出的是源头类危害因素，按照风险管理“三步曲”，只是制定出措施后即告终止，就失去了对与源头类危害因素相对应的衍生类危害因素的辨识，单就危害因素辨识而言，也是不全面的。

2）微观模型佐证了科学合理的风险管理流程

如上所述，如果我们在风险管理的策划阶段，只是开展了风险管理“三步曲”是不全面的，很可能会起不到应有的风险防控作用而导致事故发生。

事实上，纵观目前所发生的事故，很少是由于没有必要的防控措施而失控，基本上都是因为防控措施自身及其相关问题所致，因此，在风险防控措施实施之前的评估，一定意义上而言就是查找防控屏障上的漏洞，也就是在进行衍生类危害因素的辨识。通过分析评估所发现的缺点、不足，就是防控屏障上所可能存在的漏洞，譬如，措施自身是否存在质量问题，措施的可操作性强不强，是否复杂难以理解而需要额外培训，是否是关键环节需要强化现场监管，等等，从而或进一步完善防控措施，或对其中的漏洞进行弥补等，以确保不会因防控措施自身的问题而导致事故发生。相反，在措施实施之后的效果评估，只是总结经验、汲取教训，以利于今后风险管理工作的改进，但鉴于本次风险防控已成为“过去时”，对于本次风险防控无济于事，而在措施实施之前，恰好是审视控制措施效果的绝佳时期，因为此时措施还未实施，发现问题进行修正还来得及，因此，在风险防控措施实施之前，开展的对“措施效果评估”，以便发现其中漏洞或缺陷以进行弥补，对于有效发挥措施的作用，防范事故的发生极为重要，尤其是对于重大风险的防控，该步骤更是不可或缺，这要比措施实施之后再进行评估更有意义。

当然，为以防万一，对后果严重的风险的防控，还需增加应急处置措施，这与 HSE 风险管理流程完全一致，因此，通过事故防控微观模型，再次佐证了前面所构建的风险管理流程的科学合理性。

3）关于两类危害因素的防控屏障问题探讨

源头类危害因素是导致事故发生的源头，为防止事故发生，必须为其设置屏障。如前所述，为提高事故防控的有效性，对辨识出的源头类危害因素，在对其制定防控措施后，一定要顺藤摸瓜进一步辨识出其屏障上的漏洞——衍生类危害因素，进而采取相应措施以堵塞这些漏洞，从而提升防控屏障的有效性。例如，本篇第一章开篇时所举的案例2，针对辨识出硫化氢毒气，制定了穿戴正压呼吸器措施，但未对该措施可能存在的漏洞进行辨识，其结果正是因为员工因偷懒未穿戴而出事。因此，一定要在对辨识出的源头类危害因素制定措施之后，再进一步辨识出其屏障（措施）上的漏洞——衍生类危害因素，进而采取相应措施以堵塞这些漏洞，才能够使所设置屏障发挥有效作用，真正能够防控事故的发生。

那么，对于辨识出的衍生类危害因素，在制定措施之后，是否仍然需要像源头类危害因素那样进一步追溯，去辨识新设置的堵漏屏障上的漏洞呢？一般而言，绝大多数情况下可以到此为止，没有必要无穷尽循环下去，一方面，因为衍生类危害因素本身就是为防止源头类危害因素失控所设置屏障上的漏洞，针对衍生类危害所制订防控措施就是在堵塞漏洞，因此，在设置了新的屏障去堵塞漏洞后，其防控风险的有效性就有了一定程度的提升；另一方面，每个源头类危害因素都会有多层防护屏障，我们只是从多层事故防控屏障中，拿出其中一层进行分析，每一层都与之类似，如果每一层屏障都能辨识出其上的漏洞——衍生类危害因素，并采取行之有效的措施堵塞漏洞，使所有屏障的风险防控能力都得以有效提升，就能够有效防范源头类危害因素的失控，达到了风险防控的基本要求，因此即可就此止步，无需进一步辨识。

综上所述，一般而言，对于辨识出的衍生类危害因素，在制定措施之后，不必再像对待源头类危害因素那样进一步追溯，去堵塞漏洞之漏洞了。但需注意的是，如果所防控的源头类危害因素一旦失控后果严重，且其防控屏障层数很少，如在辨识出源头类危害因素——硫化氢之后，出台了防控措施——维修人员穿戴正压呼吸器，必须再进一步辨识该措施之漏洞。考虑到当时的特定情况（员工急于看春晚且由于穿戴正压呼吸器不熟练过于耗时，加之员工安全意识淡薄），就不难辨识出员工可能“不穿戴正压呼吸器”这一衍生类危害因素。针对其中员工“不穿戴正压呼吸器”，再行制定措施——派人进行现场监督，确保进入车间人员穿戴正压呼吸器。但针对“派出现场监督”这一措施（屏障），还需要进一步辨识其中可能存在的问题，因为对高风险源头类危害因素——硫化氢的防控，仅有此一层屏障，且其一旦失控后果相当严重，更何况目前很多监督人员责任心差，不能够尽职尽责者，因此，对于这种极端情况应作进一步分析，以选派责任心强、具有严格监督能力的人员充当这个角色，以使该屏障真正发挥作用。

总之，对于需要防控的源头类危害因素，在制定措施进行防控后，一定要再评估措施的有效性、可行性等，要进一步辨识出防控措施（屏障）上的缺陷、漏洞——衍生类危害因素，然后再行制定措施去堵塞这些屏障上的漏洞，而对于所制定的堵漏措施，除非特殊情况，一般无需再进一步辨识其上的漏洞。

另外，由事故防控的微观模型可知，防控屏障漏洞的逐级分析的最终结果，就是需要培育良好的安全文化。因为只有通过培育良好安全文化，才能够真正堵塞第二级乃至第一级屏障的漏洞，从根本上消除事故隐患，确保安全生产。这就是为什么像核电等事故后果严重的高危行业，普遍重视安全文化建设的原因。虽然事故防控的微观模型主要是有关事故防控的微观层面问题，但从模型自身的几个发展阶段来看，最终仍自然而然地指向了安全文化建设这一安全管理的终极目标。由此可见，安全文化建设是安全生产管理的最终归宿，对于实现安全生产长治久安意义重大！

三、安全文化建设

1. 安全文化建设的价值

事故防控宏观模型，从宏观的角度分析了 HSE 管理体系无法有效运行的原因，认为主要是因为人们落后的安全意识、理念与先进、科学的管理模式不相适应，从而制约、阻碍了管理体系的有效运行。要使 HSE 管理体系得以有效运行，必须建立与培育良好的安全文化，使之逐渐适应并进而引领管理体系的运行。因此，培育良好的企业安全文化对于管理体系的有效运行意义重大。事故防控的微观模型，则是从微观的角度分析了事故防控屏障存在的漏洞，通过对三重屏障漏洞的逐级分析，揭示了屏障漏洞产生并存在的深层次原因，就在于人们落后的安全意识、理念，由此所导致的对安全生产的不重视，所抱有的侥幸心理，即不良安全文化所致。因此，要有效堵塞漏洞，使防控屏障有效发挥作用，必须通过培育良好的安全文化，促使人们转变安全观念、理念，提升大家的安全意识，堵塞屏障的漏洞，从而有效防控事故的发生。

总之，无论事故防控的宏观模型还是微观模型，都无一例外地指向了安全文化。可见良好的安全文化的确是通往安全生产的必由之路，对于最终实现安全生产意义重大（图 2-6-14）。

图 2-6-14　安全文化的作用与意义

2. 关于安全文化及其建设工作的几点建议

有关安全文化及其相关问题已在“宏观策略篇”作过介绍，它是安全生产管理工作发展的方向，是个大课题，内容很多，需要专题探索。鉴于本书的研究方向及篇幅所限，恕不深入探讨，仅就安全文化作用及其建设（培育）工作的意义作几点解释性说明，以期澄清人们对安全文化的错误认识。这对于安全文化建设工作将不无裨益。

（1）正确认识安全文化的含义，科学把握安全文化的发展阶段。

就安全文化而言，正像前述那样，不论你关注与否，它始终存在于我们日常工作生活之中。但似乎一沾上“文化”二字，就有些阳春白雪之嫌。安全文化实质上就是一个组织影响安全的文化，即安全价值观，如是把安全真正作为其核心价值，还是将生产、效益等凌驾于安全之上。前者就是积极或良好的安全文化，后者则属于消极或不良安全文化。就组织而言，一个组织的安全文化就是该组织范围内的安全气候（Safety Climate）或氛围、环境，是在组织内部所形成的一种对待安全管理的气氛、人文环境；就个人而言，安全文化是一个人在安全方面的素质、修养，是由其自身安全价值观所表现出来的安全修养（素质）、安全态度等。总之，安全文化并不高深莫测、高不可攀，不是什么不接地气的“高大上”，而是建立在当前客观存在基础之上的安全观念、理念。安全价值观一旦形成，又反作用于安全生产工作，影响着我们在安全方面的一言一行。因此，必须充分认识到安全文化的重要性。

首先，要正确认识安全文化发展的阶段性，并根据当前安全文化的特点，采取适宜对策，有的放矢地做好安全生产管理工作。当前我国绝大多数企业都处于严格监督阶段，那么，就应该采取与严格监督阶段相适应的对策、措施，如成立监督机构、实行严格监管等。惟其如此，才能有针对性地做好当前的安全生产工作，否则，可能就会因频繁的失控而导致事故频发。

其次，由于安全文化反作用于安全生产管理工作，既能够促进也能够制约安全生产管理工作。为做好安全生产管理，必须想方设法打造积极良好的安全文化，引领生产管理工作的开展，尤其是当前的安全文化已经严重制约了先进科学管理模式发挥作用。因此，主动引领、积极培育良好安全文化，使安全文化与科学的管理模式相适应，就更有必要性、更具紧迫感。为此，应根据当前安全文化所处阶段，做好安全监管工作的同时，还要积极主动地采取切实可行的措施，引领安全文化的发展。要在采取严格监督措施的同时，还应注意发挥正向激励机制的作用，如在“惩劣、罚懒”的同时，更要注意“奖勤”，树正面典型，对遵章守纪的模范、安全生产标兵，要正向激励，树立楷模、榜样，弘扬正气、新风，使广大员工能够找到学习仿效的目标、看到前进的方向，从而积极主动做好安全生产工作。如在日常监督管理过程中，应注意采取诸如“安全观察与沟通”等科学的交流、沟通方式，扑下身子、放下架子，尽可能与员工心平气和地交流沟通，通过实际行动，使员工能够感受到我们的监管工作是为了他们的生命安全，而不是在利用自己的职权，居高临下发威、耍脾气，从而促使被监督者从思想上转变对安全生产工作的认识。

另外，即使在对员工进行处罚的同时，也应对其动之以情、晓之以理，使其认识到自己的错误，心服口服，这样处罚才有价值。因为只有从内心认识到违章违纪的害处，认识到安全生产管理的重要性，才能够逐步克服侥幸心理，进而做到自觉主动遵章守纪，员工的安全意识、素质才能得以提升，这就是安全文化的进步。

（2）采用科学的方法、途径，有效促进安全文化的提升。

需要澄清的是，像贴标语、喊口号、开大会、搞比赛等一些轰轰烈烈的活动，其本身并不是安全文化，充其量是安全文化的建设（培育）过程中采取的一种形式。安全文化是一回事，而安全文化的建设（培育）的方式、方法是另一回事。安全文化是一种状态，文化建设则是一种文化转变过程中采取的方式、方法等。建设或培育安全文化的方式方法很多，既有像贴标语、喊口号、办展览、搞演讲等轰轰烈烈的活动，也有像春风化雨般润物细无声的感化、熏陶，如楷模、榜样的树立，甚至对个别人员通过促膝谈心般地一对一帮扶等，形式多种多样，它们都是安全文化建设过程中所采用的不同形式。至于它们能否对安全文化的培育起到作用，关键看其能否持之以恒，只要能够坚持下去，都会不同程度地促进安全文化的提升。须知，这些活动的本身决不代表安全文化的先进与落后，不要认为一个企业搞了一阵轰轰烈烈的安全文化建设活动，就代表该企业已具有了很高的安全文化水平，误认为安全文化不过如此而已，并不能起到什么作用。因为这些活动形式并非安全文化，更不是什么先进的安全文化，所有这些都是形式、过程。实现安全文化由落后到先进或良好的转变，绝不是一朝一夕的功利之举，不可能通过举办几次活动，刮上一阵风，就能够完成这个转变。要实现这个转变需要长期坚持不懈的努力。因此，与其轰轰烈烈的一阵风、搞运动，倒不如树立恒心、练就定力，朝着既定的方向，采取心口如一的实实在在方式，通过天长日久的熏陶和风细雨式的沉浸，培育安全文化。

他山之石，可以攻玉。西方一些在安全文化建设上走到前面的企业，很少采取轰轰烈烈的造势运动，如壳牌公司采取了“心与意（Hearts and Minds）”的活动方式，以一种人性化的关怀手段，从心灵（Hearts）与意识（Minds）上关怀员工，使大家真正感受到安全生产的价值、意义，从而在活动中提升其安全理念，增强其安全意识。也正因活动生动有趣，致使企业员工自觉主动参与活动。通过活动的开展，宣贯科学安全知识、传播先进安全理念，提升员工在安全方面的修养、素质。挪威国家石油公司（Statoil）有秩序、分阶段开展安全文化建设工作。首先，通过体系文件的开发，建立书面体系文件，在建立管理体系之后，即把 HSE 写在纸上；然后，再通过持续不断的宣贯培训，让员工把书面的东西记到脑子里，即把 HSE 记在脑中；最后，通过安全文化建设，真正使员工提升安全意识。员工不仅能够把文件要求记在脑子里，而且能够自觉自愿地按照体系文件的规定要求去做，把其融化在血液里，形成良好的 HSE 文化（图 2-6-15）。

图 2-6-15　挪威国家石油公司（Statoil）HSE 管理体系与安全文化建设

（3）坚定信念，积极良好的安全文化作用巨大。

如前所述，不要认为一个企业进行了一阵子轰轰烈烈的安全文化建设活动，就代表该企业已具有了很高的安全文化水平，因此误以为安全文化不过如此，起不了什么作用。实际上，那些贴标语、喊口号等形式，并不是良好安全文化的表现，真正的优良安全文化威力无比、作用巨大。

第一，安全文化是本质的改变，具有持久性。众所周知，一个具有良好文化素养的人，能够做到言谈举止落落大方、文雅得体。他们的言谈举止并非矫揉造作、附庸风雅，而是内在修养的外在表现，具有持久性。一位儒雅的绅士，不随地吐痰、脏话连篇，这种修养来自长期的培养、熏陶，绝不是外部的监管或禁令的约束，而是自身素养的展现。同时，正是由于其为自然而然的表现，所以，具有长期持久性，能够持之以恒。试想，在良好安全文化环境影响之下的员工，其遵章守纪也应该是自然而然形成的，人们会发自内心地自觉主动遵章守纪，而不再需要外部的监督或各种惩罚措施。总之，文化一旦形成具有长期一贯性，能够持之以恒。

第二，安全文化能够影响人、改变人。氛围感染人，环境影响人，文化造就人，良好的安全文化对于组织或个人都具有持久的正向激励作用。譬如，由于大都市办公室拥有文明环境，不用说个人素质高的白领阶层，就是那些初来乍到的乡下保洁服务人员，置身于这样一个窗明几净的文明环境之中，受到这些白领们言行举止的感染，也会十分注意自己的言谈举止。在这种环境中，不会再像乡野村妇那样高声喧哗、口无遮拦。因为文明的环境，造就了文明的氛围，如果再我行我素，即使别人不说，自己也会羞愧难当。这样就加快了良好习惯的养成。相反，在“文革”期间被下放的一些著名的文人雅士，在荒山郊野生活一段时间之后，大多都变得粗野暴躁，随地吐痰、脏话连篇，完全不见了往日的那种高傲、矜持与冷峻。这就是氛围、环境的影响——什么样的环境造就什么样的人。因此，培育良好的安全文化，缔造适宜的安全氛围，在这种环境氛围下，不要说本企业的员工深受影响，即使初来乍到的新员工或承包商员工，在这样良好的安全文化氛围中，也会自觉约束自己，努力使自己融入这个大家庭中去，“近朱者赤，近墨者黑”，就是这个道理。这就是氛围、环境的力量，这也是培育良好安全文化的意义所在。

第三，针对我国企业员工的特点，培育良好的安全文化，对于做好安全生产管理工作尤为重要。由于我们的员工聪明、智慧，善于发挥自己的主观能动性，如果能够顺势而为，充分发挥其优势、特点，就会达到事半功倍的效果。反之，如果不注意这些特点，或者反其道而行之，就可能陷入低效、无奈的泥潭。不幸的是，我国企业员工的这些特点，都成为了传统安全管理模式下的“短处”。因为事故发生是人的不安全行为和物的不安全状态的小概率事件，人们很容易观察到事故发生的这种特点而加以利用，而由于传统安全管理模式下，大家的安全意识淡薄，往往就会动歪脑筋、耍小聪明，在安全生产方面投机取巧，搞“上有政策、下有对策”，不守规矩，爱钻空子。“中国人过马路现象”就是典型案例。

因为诸如此类的投机取巧，并不会立即引发事故而受到惩罚，反而会省点力气，甚至提高点效率，从而使投机取巧者尝到了甜头，助长人们不按规矩办事的风气，使得许许多多风险防控措施得不到执行而流于形式。这也正是为什么在现阶段要慎用“管理控制”措施的原因。

综上所述，如果员工主观意愿不强，迫使其接受某种做法，就会因为他们的不配合、耍小聪明，而使得一些规章制度形同虚设，一些“管理控制”措施得不到落实，从而造成安全管理工作效率低、难度大。相反，通过培育良好的安全文化，营造良好的环境、氛围，使广大员工都能够沉浸在良好的安全文化氛围之中，潜移默化、耳濡目染，从思想、理念上发生转变，使其安全意识得以升华，实现从“要我安全”向“我要安全”的转变。就能够扬长避短，使其自身禀赋特点得以充分发挥，使原来的短处变为长处、缺点成为优点，达到意想不到的效果。因为在这种情况下，由于员工安全意识得以很大提升，真正想要做到安全生产，大家就能够利用头脑聪明、善于发挥自己的主观能动性等优点，通过群策群力，出主意、想办法，发现更多问题，不仅能够辨识出更多的危害因素，而且还能够想出更多、更好的防控办法。这样不仅能够把可能存在的各种危害因素都辨识出来，而且也能够找到更为得力、有效的措施对其进行控制，更为重要的是，一线员工们安全意识提高了，想方设法把这些措施落到实处，对各种类型事故的防控屏障构筑得更加致密、坚固，就能够有效防控各类事故的发生，进而实现安全生产的长治久安（图 2-6-16）。

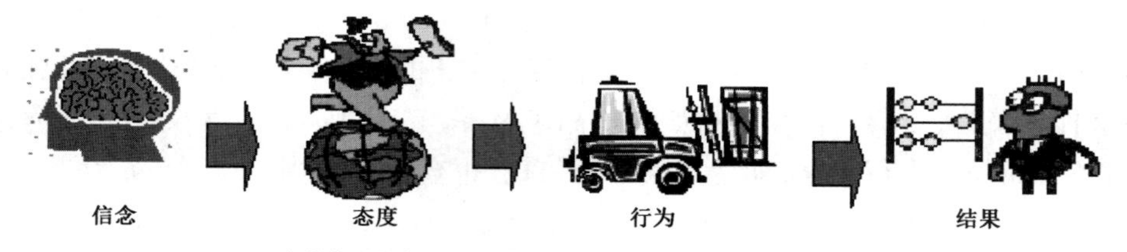

图 2-6-16　良好的安全文化决定了安全生产的长治久安

这里借用一位安全文化专家的话来概括总结安全文化的价值与意义，“安全生产工作不是能不能做好的问题，而是愿不愿做好的问题，当然，这里的意愿不是某个人一时心血来潮，而是一个群体（组织）发自内心的共同心愿（价值观）和执着追求，这就是群体（组织）的安全文化”，因此，安全文化对于安全生产工作至关重要，是实现安全生产长治久安的必由之路。

后　记

开宗明义，撰写本书既不是无病呻吟更不想滥竽充数，而是基于多年来在对企业 HSE 管理体系的审核评估、现场调研、事故调查及日常工作交流等过程中，发现的 HSE 管理体系、HSE 风险管理等方面所暴露的一些突出问题，有感而发。旨在能够通过自己的努力，为提升 HSE 风险管理对防范事故的有效性做点贡献

我曾长期从事科研工作，大学毕业分配到石油部勘探开发科学研究院，参与了国家“七五”“八五”与“九五”攻关课题方面的研究。1994 年，我考取了清华大学博士研究生，但由于各种原因未能就读，随后调入机关从事安全管理工作。虽然离开了科研工作岗位，在日后的工作中也渐渐悟出了一些道理：安全管理也是一门科学，科学的安全管理能够有效防控事故的发生，实质上就是在积德行善做好事，挽救人的生命。

我接触安全生产管理业务之际，恰逢大力推行 HSE 管理体系之时。HSE 风险管理究竟为何物？HSE 管理体系到底是什么？这是我到了安全管理岗位遇到的首要问题。众所周知，我们现行的 HSE 管理体系标准源自西方，其核心就是 HSE 风险管理，最先由壳牌公司提出，后由国际标准化组织（ISO）《石油天然气工业健康、安全与环境管理体系》（ISO/CD 14690）草案同等转化而来。在翻译转化时缺乏国内外相关资料参考，也没有旁证、案例，翻译难度大，由于要求以标准化术语表达，因此出现了一些刻板的标准化术语，乃至晦涩拗口的语句。上述诸多原因汇集一起，自然就影响了人们对体系标准的理解，使人们难以真正理解 HSE 管理体系之要义。时至今日尚有一些业内人士，对 HSE 管理体系的理解，如同雾里看花，人云亦云，甚至以讹传讹，出现了很多曲解、误解。由于对 HSE 管理体系的理解存在问题，也直接影响到了其核心——HSE 风险管理应有作用的发挥，造成实际工作中出现不少偏颇之处乃至误区。这种如鲠在喉的感觉，诱发了我搞科研工作时留下的职业病——一定要“打破砂锅问到底”。

在浏览了国内一些有关 HSE 管理体系的翻译、注释资料之后，我开始涉猎国外文献、资料，阅读了不少 HSE 风险管理方面的原著。在后来的实际工作中，有了心得体会，或取得一些进展，就形成文字记录下来。我把这些流水账般的素材稍作梳理、编排，发送给一些同行、专家、教授，得到了大家的广泛认可，都一致认为内容新颖、视角独特，有独到见解，对于认识和处理当前 HSE 风险管理面临的问题不无益处，尤其是所构建的两个模型，既具有理论价值也具有现实意义，纷纷鼓励我公开出版，以便使更多人能够从中受益。另外，我还利用自己身为美国 SPE 期刊、英国 Business & Management Review 等刊物学术审稿人的便利，审阅了很多来自世界各地的风险管理等方面的最新学术研究论文，不仅进一步提升了自己的学术水平，也逐渐摸清了国际风险管理领域的一些发展动态，自认为有能力同时更有责任发挥自己的一技之长，澄清人们对风险管理等方面的一些模糊认识，为勘误匡正工作尽自己的一点绵薄之力。这就是我出版本书的初衷。

就在本书即将付梓之际，我收到了德国兰伯特（LAP）出版社的邀请函，称要免费为我们

出版英文版《两书一表》论著。因为由我们所研发的HSE“两书一表”风险管理模式已在国际HSE管理领域引起关注，他们愿出版相关书籍。事实上，在我参加的一些国际HSE学术研讨会上，每当涉及“两书一表”方面的议题，总会引起与会专家学者们关注、热议，壳牌公司专家对我们的HSE“两书一表”赞赏有加，认为HSE“两书一表”较之HSE case更趋科学、合理。我们在HSE管理方面的工作能得到国际专家、同行的赞赏，作为HSE“两书一表”主创者之一，我倍感欣慰。回想近些年来的心路历程，提笔写下这段文字，权且作为本书的后记。

在本书撰写、整理与出版的过程中，得到了业界前辈、专家、同行的关心、支持、帮助和鼓励。安全科学开创者、首都经济贸易大学刘潜教授的谆谆教诲犹在耳旁，中国矿业大学（北京）傅贵教授，中国石油大学（北京）梁伟教授，天津理工大学陈全教授，重庆科技学院龙政军教授，国务院安全生产专家彭力，中国安全生产科学研究院副总工程师王如君，安全文化专家栾兴华，安全生产专家山志峰等专家学者，对于本书的写作给予了很多指导和帮助。中国安全生产科学研究院原院长、院学术委员会主任刘铁民十分认可本书的价值，并亲自作序推荐，大庆职业学院院长王志恒、杜邦公司大中国区总经理谢荣军、挪威船级社安全与风险管理咨询部门总经理Chohing Lee、壳牌（中国）公司安全经理周兴臣、华邦安全研究院副院长赵守超等安全专家审阅书稿并给予了高度评价。特别是寰球工程公司李森副总监拨冗两次审阅书稿，安全环保研究院牛蕴副所长更是不辞辛苦，百忙之中还就一些专题深入探讨，提出了十分宝贵的意见、建议，安全环保研究院梁爽工程师逐字逐句审校原稿，在此表示深深的敬意与由衷的感谢。来自企业及科研、培训、出版机构的领导、专家与同仁李建林、马秋宁、徐非凡、杜民、李世森、罗远儒、高峻岫、李新明、周庆华、程连谱、刘青、单志刚、王桂兰、张凤英、吴东平、刘金良、刘伟、茹阿鹏、张敏、张学光、曲爱平、丁雪、陈骞、吴莺、陈朋、林勇、刘宝林等同志在审阅书稿的过程中提出了很多宝贵的意见建议。尤为重要的是，无论是在本书编撰过程中，还是在日常工作中，都得到了单位领导和同事们的关心、帮助与支持，没有他们的大力支持和悉心指导，就不可能有本书的问世。

最后，需要特别说明的是，尽管撰写此书意在勘误、纠偏，也企图旁征博引、消弭已见，但鉴于本人才疏学浅，难免存在一些观点上的偏颇、认识上的误区，敬请专家、同行和读者朋友批评指正。

胡月亭

2016年3月12日夜于北京

再版后记

说句心里话，当本书第一版出版时，我的内心是忐忑不安的，不知道自己辛辛苦苦编写出来的东西，能否被广大业内读者所认可，发挥其应有作用。令人欣慰的是，本书出版发行后，不仅受到专家、学者的认可——当年被评为全国石油石化行业管理创新二等奖，而且还得到了广大读者朋友的青睐——销量不断攀升，不仅二次印刷，而且还再版发行。

为回馈广大读者朋友的厚爱，在本书第二版中，我仍然沿用第一版的编排方式，分上篇与下篇，分别介绍事故防控的策略与技术，同时，还在第一版的基础上，把自己在安全生产领域所取得的、得到公认的研究成果全部纳入：

——整合了一条术语：我把与 Hazard 相关的各种名词、术语，统一整合为"危害因素"，再把"危害因素"细分为"危险源"与"隐患"两类，既科学合理，也符合实际。后来在对《职业健康安全管理体系》(2020 版)翻译时，专家们接受了本人观点，把 Hazard 由"危险源"改译为了"危害因素"，该术语已进入国家标准。这样就解决了多年来我国安全生产领域基础名词、术语的多、杂、乱的难题，同时，也厘清了危害因素、危险源、隐患及风险之间的相互关系，为做好我国安全风险管理工作奠定了基础。

——构建了三个模型：它们分别是事故防控的基础模型(屏障模型)、微观模型、宏观模型，其中，屏障模型是对奶酪模型的修改，得到了奶酪模型发明人瑞森教授的肯定，屏障模型已成为屏障理论的基础模型得到公认；微观模型是基础模型(屏障模型)的拓展；宏观模型是微观模型在宏观环境中的映射。这些模型不仅通过论文发表、在国际会议上宣讲等形式得到国内外专家、学者们的广泛认可。更重要的是，由于它们是为解决实际工作中遇到的问题而研发的，因此，这些模型都正在日常事故防控工作中发挥着积极的作用。

——提出了一个观点：根据 PDCA 闭环管理原则，针对我国企业风险管理出现的形式主义问题，提出了"风险管理策划阶段的评审"的理论观点，不仅解决了当前安全风险管理"策划"阶段不闭环的理论问题，而且还克服了实际工作中因此而出现的风险管理形式主义问题，有效促进了风险管理在事故防控中作用的发挥。目前，该理论观点正在一些企业、军队风险管理工作中发挥着越来越大的作用，并即将进入国家标准而被固化下来。

——培育了一种模式：即 HSE"两书一表"风险管理模式。本人一直以来致力于该模式研发、推广与完善工作，目前该模式经过长期从理论到实践的循环往复、不断完善，简单易行、行之有效，不仅已成为具有中国石油特色的基层组织 HSE 风险管理模式，而且也引起国际同行的高度关注与广泛认可，成为了当前唯一被国际社会所认可的中国安全生产管理模式。

所有这些，都是我根据风险管理理论，结合日常安全生产管理工作实践，探索总结出来的阶段性成果，都已经过了理论证明、实践检验，正在日常安全管理工作中发挥着作用。譬如，本书新增的屏障模型，实际上在本书第一版写作时，我已构建完成，但由于没有得到充分验证，就没放进去，仍然以奶酪模型解释事故致因。目前，屏障模型通过论文发表，得到了包括奶酪模型发明人瑞森教授的国内外专家的广泛认可，屏障模型已成为屏障理论的基础模型得到公认，我才把其纳入书中。衷心这些成果能够通过本书得以更为广泛的传播，发挥其应有作用。

我已过了知天命之年，不在意那些虚无缥缈的身外之物，我看重的是自己的付出是否能够真正发挥作用，因此，每当我得知自己的成果能够在自己所在的企业、其他行业领域乃至军队的事故防控工作得以应用并见到成效时，倍感欣慰、充实和满足，但愿本书的再版也能如此。

再次感谢读者朋友的厚爱，谢谢！

胡月亭

2023年4月16日于北京

参 考 文 献

[1] HU Y, WU S J. "2+1" Programme [M]. Germany: Lambert Academic Publishing, 2016.

[2] HU Y. Risk management in construction projects [M]. U. K.: Intechopen, 2019.

[3] HU Y. A concise and practical barrier model [J]. Open journal of safety science and technology, 2019, 09 (3): 93–111.

[4] HU Y, QIU S . A study on the method of HSE risk management of engineering projects [J]. Asian social science, 2011, 7 (8): 154–158.

[5] HU Y, HE R, WU S, et al. An innovative model of HSE risk management applied in first–line organizations [J]. International journal of humanities and social science, 2011, 1 (4).

[6] HU Y, QIU S, LU J . A case study on emergency management in grassroots organizations [J]. Business & Management review, 2011, 1 (2).

[7] HU Y. The exploration and practice on the management of different kinds of HSE risks [J]. International review of management and business, 2014, 3 (4).

[8] HU Y, QIU S. A shortcut to prevent accidents for traditional industries [J]. International journal of environmental planning and management, 2016, 2 (1).

[9] HU Y, QIU S . A study on the method of HSE risk management of engineering projects [R]. Amsterdam: Proceedings of the IADX HSE Conference and Exhibition, 2006.

[10] HU Y. The principle and application of the model of "two documents & one checklist" [C]// Proceedings of 2010 (Shenyang) International Colloquium on Safety Science and Technology, 2010.

[11] HU Y. The improvement of the model of "two documents and one checklist" [R]. Proceedings of the Third World Conference on Safety of Oil and Gas Industry. Beijing, 2010.

[12] HU Y. The adaptation and improvement on the mode of HSE case [R]. Proceedings of the API Conference and Exhibition, Beijing, 2013.

[13] AHMAD M, PONTIGGIA M . Modified swiss cheese model to analyse the accidents [J]. Chemical Engineering transactions, 2015, 43 : 1237–1242.

[14] VANOMMEREN J . A practical approach to hazard identification for operations and maintenance workers(CCPS book subcommittee member) [M]. 2010.

[15] CCPS. Layer of protection analysis—Simplified process risk assessment [M]. New York: Center for Chemical Process Safety of the American Institute of Chemical Engineers, 2001.

[16] DEKKER S. The field guide to human error investigations [M]. Farnham: Ashgate Press, 2002.

[17] DUIJM N J, HALE A R, GOOSSENS L H J, et al. Evaluating and managing safety barriers in major hazard plants [J]. Springer London, 2004.

[18] REASON J, HOLLNAGEL E, PARIES J. Revisiting the "swiss cheese" model of accidents [J]. Journal of clinical engineering, 2006, 27 : 110–115.

[19] GIBSON J J. The contribution of experimental psychology to the formulation of the problem of safety–A brief for basic research [J]. In behavioral approaches to accidental research, 19615 (2): 77–89.

[20] HARMS–RINGDAHL L . Assessing safety functions—Results from a case study at an industrial workplace[J]. Safety Science, 2003, 41 (8): 701–720.

[21] HADDON W . The basic strategies for reducing damage from hazards of all kinds [J]. 1980, 16 (5): 8–12.

[22] HEINRICH W H. Industrial accident prevent [M]. New York: McGraw–Hill Book Company, 1980.

[23] HUDSON P . Integrating organizational culture into incident analyses: extending the bow tie model [C]. Rio De Janeiro: SPE International Conference on Health, Safety and Environment in Oil and Gas Exploration and

Production，2010.

［24］HOLLNAGEL E. Barrier and accident prevention ［M］. Hampshire：Ashgate Publishing，2004.

［25］FESTOR R，GOMBARD G . Standardization of barrier definitions ［J］. The International Association of Oil & Gas Producers Report，2016，4（1844）：44–45.

［26］JANSEN B. A holistic approach to safety barrier management ［C］// Norway：Presentation at the SPE International Conference and Exhibition on Health，Safety，Security，Environment and Social Responsibility held in Stavanger，2016.

［27］KECKLUND L J，EDLAND A，WEDIN P，et al. Safety barrier function analysis in a process industry：A nuclear power application ［J］. International journal of industrial ergonomics，1996，17（3）：275–284.

［28］NEOGY P. Hazard and Barrier analysis guidance document ［J］. Office of operating experience analysis and feedback，1996.

［29］Occupational health and safety management system–Requirements：OHSAS 18001 ［S］.

［30］Principles for barrier management in the petroleum industry ［R］. Norway：Petroleum Safety Authority，2013.

［31］PITBLADO R. Bow Tie Method，DNV training material ［Z］. 2009.

［32］REASON J. Human Error ［M］. New York：University of Cambridge Press，1990.

［33］REASON J. The contribution of latent human failures to the breakdown of complex systems ［J］. Philosophical Transactions of the Royal Society（London），series B，1990，327（1241）：475–484.

［34］REASON J T. Managing the risks of organizational accidents ［M］. Aldershot：Ashgate Publishing Limited，1997.

［35］REASON J. A Principled Basis for Safer Operations ［Z］. The Hague：Shell Internationale Petroleum Maatschappij（Exploration and Production），1989 .

［36］ROLLENHAGEN C. Event investigations at nuclear power plants in Sweden：reflections about a method and some associated practices ［J］. Safety science，2011，49（1）：21–26.

［37］ROSNESS R. Ten thumbs and zero accidents? About fault tolerance and accidents ［M］. Kjeller：Institute for Energy Technology. 2005.

［38］SHAPPELL S A，WIEGMANN D A . Applying reason：The human factors analysis and classification system（HFACS）［J］. Gastroenterology research，2001.

［39］SKLET S. Safety barriers：Definition，classification and performance ［J］. Journal of loss prevention in the process industries，2006（19）.

［40］SKLET S，HAUGE S. Reflections on the concept of safety barriers ［C］//Probabilistic Safety Assessment and Management. Berlin：Springer Link，2004.

［41］SCHUPP B. The safety model language. ADVISES tutorial in human error analysis，barrier and the safety modellinglanguage. Germany：Paderborn. 2004.

［42］SVENSON O. The accident evolution and barrier function（AEB）model applied to incident analysis in the processing industries ［J］. Risk analysis，1991，11（3）.

［43］One MAESTRO audit Protocol Revision 02 ［R］. PSR/HSE/AUDIT Division，2018.

［44］DEJOY D M . Behavior change versus culture change：Divergent approaches to managing workplace safety［J］. Safety Science，2005，43（2）：105–129.

［45］ACFIELD A P，Weaver R A . Integrating safety management through the Bowtie concept a move away from the safety case focus ［C］// Australian System Safety Conference. Australian Computer Society，2012.

［46］The Stationery Office. Safety representatives and safety committee regulations ［M］. London，1977.

［47］The Royal Society. Risk Assessment：A Study Group Report ［M］. U.K.：Cambridge University Press，1983.

［48］PETERSEN D C. Techniques of Safety Management ［M］. 2nd ed. New York：McGraw–Hill，1978.

［49］The Royal Society. Risk：analysis，perception and management ［M］. London：The Royal Society，1992.

[50] COX S. Safety systems and people [M]. Oxford : Butterworth-Heinemann, 1996.
[51] CROCK G N. An introduction to risk management [M]. Cambridge: Woodhead-Faulkner, 1980.
[52] 胡月亭 . 安全风险预防与控制[M]. 北京: 团结出版社, 2019.
[53]《预见风险》编写组 . 预见风险: 石油石化员工 HSE 风险预控与辨识手册[M]. 北京: 石油工业出版社, 2016.
[54] 孙华山 . 安全生产风险管理[M]. 北京: 化学工业出版社, 2006.
[55] 何学秋等 . 安全科学与工程[M]. 徐州: 中国矿业大学出版社, 2008.
[56] 罗云等 . 风险分析与安全评价[M]. 2 版 . 北京: 化学工业出版社, 2016.
[57] 李素鹏 . ISO 风险管理标准全解[M]. 北京: 人民邮电出版社, 2012.
[58] 陈全 . 职业健康安全风险管理[M]. 北京: 中国质检出版社, 2011.
[59] 罗云 . 安全科学导论[M]. 北京: 中国质检出版社, 2013.
[60] 傅贵 . 安全管理学[M]. 北京: 科学出版社, 2013.
[61] 美国化工过程安全中心 . 基于风险的过程安全管理[M]. 白永忠, 韩中枢, 党文义, 译 . 北京: 中国石化出版社, 2013.
[62] 栾兴华 . 化险为益[M]. 深圳: 海天出版社, 2009.
[63] 邵辉 . 系统安全工程[M]. 北京: 石油工业出版社, 2008.
[64] 张宝智 . 危险源辨识与评价[M]. 成都: 四川科学技术出版社, 2004 : 310.
[65] 埃里克·郝纳根 . 安全 - Ⅰ与安全 - Ⅱ 安全管理的过去与未来[M]. 北京: 中国工人出版社, 2015.
[66] 田水承, 李红霞, 王莉, 等 . 从三类危险源理论看煤矿事故的频发[J]. 中国安全科学学报, 2007, 17(1): 6.
[67] 田水承, 李红霞 . 关于危险源及第三类危险源的几点浅见[C]// 安全科学与技术产学研论坛 . 2005.
[68] 田水承, 李红霞, 王莉 . 3 类危险源与煤矿事故防治[J]. 煤炭学报, 2006, 31(6): 5.
[69] JODI L. 通过领导力指导和反馈提高工作安全分析质量[C]// 2012 年 SPE 油气勘探和生产健康安全环境国际会议, 2012.
[70] PEUSCHER W. 一家大型石油企业显著减少致命事故的方法[C]// SPE 油气勘探和生产健康安全环境国际会议, 2012.